中国石油和化学工业行业规划教材

高职高专"十三五"规划教材
国家级精品资源共享课教材

日用化学品配方与制造工艺

龚盛昭 孟潇 舒鹏 等 编著

U0376145

化学工业出版社
·北 京·

内 容 提 要

本书全面贯彻党的教育方针，落实立德树人根本任务，有机融入党的二十大精神，简要介绍了日用化学品基本知识，重点介绍了表面活性剂、香料与香精、肥皂与香皂、合成洗涤剂、化妆品和口腔卫生用品等日用化学品的原料组成、配方设计、生产工艺和质量控制，并列举了日用化工企业生产过程中出现的大量生产案例。产品配方和生产工艺均来自企业正在使用的配方和工艺，实用性强。

本书注重理论与实际相结合，书中内容与日化产业发展实际保持了高度一致，体现了日化产业最先进的技术元素，非常适合高校精细化工类专业学生作为教材使用，同时也适合日化企业配方工程师和生产管理技术人员参考。

图书在版编目（CIP）数据

日用化学品配方与制造工艺/龚盛昭等编著. —北京：
化学工业出版社，2020.6 （2024.7重印）
ISBN 978-7-122-36523-1

Ⅰ.①日… Ⅱ.①龚… Ⅲ.①日用化学品-配方②日用
化学品-生产工艺 Ⅳ.①TQ072

中国版本图书馆 CIP 数据核字（2020）第 050505 号

责任编辑：张双进 提 岩　　　　　　　　　装帧设计：王晓宇
责任校对：王素芹

出版发行：化学工业出版社（北京市东城区青年湖南街 13 号　邮政编码 100011）
印　　装：河北延风印务有限公司
787mm×1092mm　1/16　印张 25½　字数 617 千字　　2024 年 7 月北京第 1 版第 6 次印刷

购书咨询：010-64518888　　　　　　　　　售后服务：010-64518899
网　　址：http://www.cip.com.cn
凡购买本书，如有缺损质量问题，本社销售中心负责调换。

定　　价：68.00 元

编写人员名单

龚盛昭	广东轻工职业技术学院
孟　潇	广州环亚化妆品科技股份有限公司
舒　鹏	深圳市护家科技有限公司
龚德明	广州广妆生物科技有限公司
李仁衬	广州天芝丽生物科技有限公司
符　劲	广州玮弘祺生物科技有限公司
黄伟雄	澳思美日用化工（广州）有限公司
李传茂	广东丹姿集团有限公司
李小军	广东珍宝健康日用品科技有限公司
李赛红	广州市魅卡化妆品有限公司
林立峰	广州丹葶日用品实业有限公司
林宇祺	广州玮弘祺生物科技有限公司
刘志光	广州市创赢化工有限公司
陈庆生	广州环亚化妆品科技股份有限公司
王明派	广州发妍化妆品制造有限公司
徐勇威	广州宏众生物科技有限公司
朱德勇	广州市暨源生物科技有限公司
朱永闯	广东轻工职业技术学院

前言

改革开放以来，我国的日用化工已取得了巨大的进步，形成了科研、生产和应用基本配套的工业体系。但我们也要清醒地认识到，本土日化产业与"中国制造"整体发展水平有落差，亟待日化企业抓住个性化需求的机遇，以产品质量安全为底线，在强化研发、精准营销和品牌建设等方面同步发力，推动国产化妆品行业提档升级。

近年来，民族日化品牌有崛起的趋势，但与国际知名品牌相比，无论产品还是配方设计大都处于模仿阶段。产品配方与工艺作为日化技术的核心，应当引起日化生产企业重视了！

本书是为了提升整个日化产业的配方与工艺技术水平而编写的，编写团队将多年的研发经验融入了全书的编写过程。本书简要介绍了纯水、防腐剂、抗氧化剂和着色剂等化妆品通用原料，重点介绍了表面活性剂、乳化类化妆品、液洗类化妆品、水剂类化妆品、彩妆类化妆品、气雾类化妆品、特殊用途化妆品、口腔卫生用品、肥皂与香皂等日化产品的原料组成、配方设计、生产工艺和质量控制，列举了大量日化企业生产过程中的生产案例，编写了大量的实训项目。书中产品配方和生产工艺技术均来自企业正在使用的最新配方和工艺，实用性强，参考价值大。

本书注重理论与实际相结合，突出实用性，书中内容与日化产业发展实际保持了高度一致，体现了日化产业最先进的技术元素，非常适合作为高校化工技术类等专业用教材，同时也非常适合作为化妆品企业技术人员和配方工程师的参考书。为了深入贯彻党的二十大精神，落实立德树人根本任务，本书在重印时不断完善，有机融入文化自信、工匠精神、绿色发展、依法治国等理念，弘扬爱国情怀，树立民族自信，培养学生的职业精神和职业素养。

与本书配套的课程"日用化学品制造原理与工艺"于 2007 年被评为国家级精品课程，于 2013 年升级改造为国家级精品资源共享课程，课程团体制作的教学录像、演示文稿、习题与作业、生产案例等丰富教学资源放在课程网站上，读者可点击网址 http://www. icourses. cn/home/sCourse/course_ 3377. html，或者扫码直接进入课程网站学习。课程网站资源非常适合本书的读者自学使用。

本书由龚盛昭、孟潇、舒鹏、龚德明、李仁衬、符劲、黄伟雄、李传茂、李小军、李赛红、林立峰、林宇祺、刘志光、陈庆生、王明派、徐勇威、朱德勇、朱永闯等工程师编写。本书是在国家、省、市等各级科研项目支持下完成的，广州环亚化妆品科技股份有限公司、广州玮弘祺生物科技有限公司、广州广妆生物科技有限公司、艾依诺科技有限公司、佛山市顺德信元生物科技有限公司、佛山博诗尼澳生物科技有限公司、澳思美日用化工（广州）有限公司、广东丹姿集团有限公司、广东琴叶健康日用品科技有限公司、广州天芝丽生物科技有限公司、圣迪斯哥（深圳）生物科技有限公司、广州丹葶日用品实业有限公司、广州市创龤化工有限公司、广州市奥雪化工有限公司、深圳壹博士生物科技有限公司、广州发妍化妆品制造有限公司、广州宏众生物科技有限公司、广州市魅卡化妆品有限公司、广州市暨源生物科技有限公司等企业为本书提供了大量生产配方、生产案例和原料资讯，确保了本书先进性，达到了产学研的完美结合。华南理工大学博士生导师程建华教授对本书进行了审阅，提出了许多宝贵意见，在此一并表示感谢。

本书每章配套的教学课件以及相关的视频资料可向化学工业出版社索取。

限于编著者水平有限，不足之处在所难免，恳请广大读者批评指正。

编著者

目录

───── **绪 论** ─────

───── **第 1 章　表面活性剂** ─────

第 **3** 章　香料与香精

第 4 章　肥皂和香皂

第5章　合成洗涤剂

第6章 洗护类化妆品

第 7 章　乳化类护肤用化妆品

第 8 章　水剂类化妆品

第 **9** 章　气雾类化妆品

第 **10** 章　彩妆类化妆品

第**11**章　特殊用途化妆品

第12章　口腔卫生用品

第13章　化妆品配方研发创新设计思路

附　录

参考文献

二维码资源目录

绪　论

第1节　日用化学品概念与分类

日用化学品是指日常生活中使用的化学品，主要包括表面活性剂、肥皂和香皂、合成洗涤剂、化妆品以及口腔清洁卫生用品等。

一、表面活性剂

表面活性剂（surfactant），一般是指具有固定的亲水亲油基团，在溶液的表面能定向排列，并能使表面张力显著下降的物质。表面活性剂的分子结构具有两亲性：一端为亲水基团，另一端为憎水基团；亲水基团常为极性基团，如羧基、磺酸基、硫酸基及其盐，以及氨基，也可以是羟基、酰氨基、聚醚等；而憎水基团常为非极性烃链，如含8个以上碳原子的烃链。

表面活性剂按亲水基团的离子属性可分为离子型表面活性剂和非离子型表面活性剂等。

表面活性剂具有润湿、渗透、起泡、去污、分散、乳化等功能，一般不作为产品直接使用，而是作为肥皂、香皂和洗涤剂的主要活性成分被应用于生活中。

二、肥皂和香皂

皂是脂肪酸金属盐的总称。通式为RCOOM，式中RCOO为脂肪酸根，M为金属离子。日用肥皂中的脂肪酸碳数一般为10～18，金属主要是钠或钾等碱金属，也有用氨及某些有机碱如乙醇胺、三乙醇胺等制成特殊用途皂的。广义上讲，油脂、蜡、松香或脂肪酸等和碱类起皂化或中和反应所得的脂肪酸盐，皆可称为皂。

皂能溶于水，有洗涤去污作用，用于生活中洗涤衣物和洗手、沐浴。皂也具有乳化作用，能用于乳液类化妆品的制备。

按照用途不同，皂可分为肥皂和香皂。根据外观不同，香皂又可以分为不透明香皂和透明香皂等。

三、合成洗涤剂

合成洗涤剂是由表面活性剂（如烷基苯磺酸钠、脂肪醇硫酸钠）和各种助剂（如三聚磷酸钠）、添加剂配制而成的一种洗涤用品。

按产品外观不同，合成洗涤剂可分为固体洗涤剂和液体洗涤剂。固体洗涤剂产量最大，习惯上称为洗衣粉，包括细粉状、颗粒状和空心颗粒状等，也有制成块状的；液体洗涤剂近年来发展较快。还有介于二者之间的膏状洗涤剂，也称洗衣膏。

按产品用途不同可分为民用洗涤剂和工业用洗涤剂。民用洗涤剂是指家庭日常生活中所用的洗涤剂，如洗涤衣物、盥洗人体及厨房用洗涤剂等；工业洗涤剂则主要是指工业生产中所用的洗涤剂，如纺织工业用洗涤剂和机械工业用的清洗剂等。本教材将着重介绍民用洗涤剂。

此外，按泡沫高低分为高泡型、抑泡型、低泡型和无泡型洗涤剂；按所含表面活性剂种类多少分为单一型和复配型洗涤剂。

四、化妆品

化妆品是指以涂抹、喷洒或者其他类似方法，散布于人体表面的任何部位，如皮肤、毛发、指甲、唇齿等，以达到清洁、保养、美容、修饰和改变外观，或者修正人体气味，保持良好状态为目的的精细化工产品。

化妆品的种类繁多，其分类方法也多种多样。可按剂型分类，也可按内含物成分分类，按使用部位和使用目的分类，按使用年龄、性别分类等。

通常按剂型分类，即按产品的外观性状、生产工艺和配方特点，可分为如下13类。

（1）水剂类产品　如香水、花露水、化妆水、营养头水、奎宁头水、冷烫水、祛臭水等。

（2）油剂类产品　如发油、发蜡、防晒油、浴油、按摩油等。

（3）乳剂类产品　如清洁霜、清洁乳液、润肤霜、营养霜、雪花膏、冷霜、发乳等。

（4）粉状产品　如香粉、爽身粉、痱子粉等。

（5）块状产品　如粉饼、胭脂等。

（6）悬浮状产品　如香粉蜜等。

（7）表面活性剂溶液类产品　如洗发香波、浴液等。

（8）凝胶状产品　如抗水性保护膜、染发胶、面膜、指甲油等。

（9）气溶胶制品　如喷发胶、摩丝等。

（10）膏状产品　如泡沫剃须膏、洗发膏、睫毛膏等。

（11）锭状产品　如唇膏、眼影膏等。

（12）笔状产品　如唇线笔、眉笔等。

（13）珠光状产品　如珠光香波、珠光指甲油、雪花膏等。

五、口腔卫生用品

口腔卫生用品是指专门用于口腔清洁，保持口腔健康和预防口腔疾病的一类日用化学品。主要包括牙膏、牙粉和含漱水三类产品。

第 2 节　皮肤与日用化学品

　　日用化学品，特别是化妆品大多涂擦在人的皮肤表面，与人的皮肤长时间接触。使用安全的化妆品能起到清洁、保护、美化皮肤的作用；相反，使用不当或使用质量低劣的化妆品，会引起皮肤炎症或其他皮肤疾病。因此，为了更好地研究化妆品的功效，开发与皮肤亲和性好、安全、有效的化妆品，有必要对相关的皮肤科学进行深入了解。

一、皮肤的结构

　　皮肤是人体的主要器官之一。它覆盖着全身，起着保护人体不受外部刺激或伤害的作用。人的皮肤从表面来看是薄薄的一层，如果把它放在显微镜下面仔细观察，就会清楚地看到皮肤由表及里共分三层：皮肤的最外层叫表皮；中间一层叫真皮；最里面的一层叫皮下组织。皮肤的结构如图 0-1 所示。

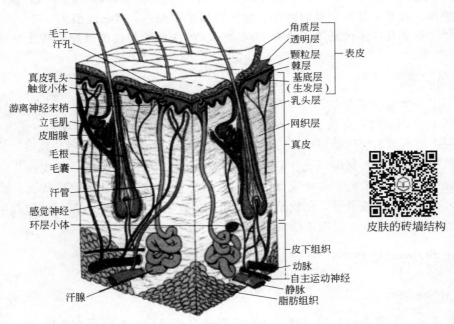

图 0-1　皮肤的结构示意图

二、皮肤的生理作用

　　皮肤的作用主要是保护作用、感觉作用、体温调节作用、吸收作用、呼吸作用、汗液和皮脂的分泌排泄作用等。

　　皮脂是由皮脂腺分泌出来的，主要含有脂肪酸、甘油三脂肪酸酯、蜡、甾醇、角鲨烯和烷烃等物质。根据皮脂分泌量的多少，人类的皮肤分为干性、油性和中性三大类，这是选择化妆品的重要依据。

　　皮肤吸收的主要途径是渗透通过角质层细胞膜，进入角质层细胞，然后通过表皮其他各层而进入真皮；其次是少量脂溶性及水溶性物质或不易渗透的大分子物质通过毛囊、皮脂腺和汗腺导管而被吸收。通常角质层吸收外物的能力很弱，但如使其软化和在透皮促进剂作用下，则可加快吸收。通常情况下，水及水溶性成分不能经皮肤吸收，但油脂和油溶性物质可以从角质层和毛囊被吸收。在对油脂类的吸收方面，其吸收顺序为：动物油脂＞植物油＞矿物油。猪油、羊毛脂、橄榄油等动植物油脂能被吸收，而凡士林、白油、液体石蜡等几乎不能吸收。酚类化合物、激素等易被吸收。对维生素来讲，具有油溶性的维生素 A、维生素 D、维生素 E、维生素 K 等比较容易被皮肤吸收，而水溶性维生素 C、维生素 B 难吸收。

三、皮脂膜和天然保湿因子

1. 皮脂膜

皮肤分泌的汗液和皮脂混合，在皮肤表面形成乳状的脂膜，这层膜称为皮脂膜。它具有阻止皮肤水分过快蒸发、软化角质层、防止皮肤干裂的作用，在一定程度上有抑制细菌在皮肤表面生长、繁殖的作用。皮脂膜中主要含有乳酸、游离氨基酸、尿素、尿酸、盐、中性脂肪及脂肪酸等。由于这层皮脂膜的存在，皮肤表面呈弱酸性，其 pH 值为 4.5～6.5，并随性别、年龄、季节及身体状况等而略有不同。皮肤的这种弱酸性可以起到防止细菌侵入的作用。

2. 天然保湿因子

角质层中水分保持量为 10％～20％时，此时皮肤适度张紧，富有弹性，是最理想的状态；水分在 10％以下时，皮肤干燥，呈粗糙状态；水分再少则发生龟裂现象。正常情况下，皮肤角质层中的水分之所以能够被保持，一方面是由于皮脂膜防止水分过快蒸发；另一方面是由于角质层中存在天然保湿因子（natural moisturing factor，NMF），使皮肤具有从空气中吸收水分的能力。NMF 由多种成分组成，主要有氨基酸、吡咯烷酮羧酸、乳酸盐、尿素、尿酸、无机盐、柠檬酸等。化妆品的保湿剂大多数就是以 NMF 为模型，如近年来采用的氨基酸、吡咯烷酮羧酸、透明质酸等。

四、皮肤老化与保健

1. 皮肤的老化

人体衰老是一个复杂的过程，也是生命发展的自然规律，其原因有内因和外因两个方面：内因主要是内分泌、遗传、细胞、组织等；外因包括工作和生活环境、营养状态等。

人的成长经历幼年期、少年期、青春期、壮年期、老年期，皮肤的状态也随之发生相应的变化。一般来讲，24 岁左右是人体皮肤的转折点，24 岁之后人体皮肤的弹性纤维逐渐变粗，弹性减弱。到 40～50 岁时皮肤开始明显衰退。衰老是一个非常复杂的过程，皮肤衰老的具体特征是：皮肤失去弹性和柔软性，出现皱纹，干燥角化，色素过量沉积，皮肤松弛干燥，老年色斑，免疫力降低等。

关于皮肤老化的机理，目前比较完善的有七八种观点，如"消耗学说""细胞突变学说""自身免疫学说""生物分子自然交联学说""自由基学说"等。下面以"自由基学说"为例说明人体皮肤老化的机理。

自由基学说认为：老化是自由基产生和消除发生障碍的结果。正常情况下，生物体内氧自由基的产生与消除处于相对平衡状态，但某些病理或紫外线的照射可以增加氧自由基的形成。自由基形成后，它们可以进攻、浸润和损伤皮肤细胞结构，并引起如下变化：

① 长命分子（如胶原蛋白、弹性纤维和染色体物质）中的累积性氧化变异，使皮肤逐渐失去弹性和张力，皱纹不断增加；

② 黏多糖（如透明质酸）分解和细胞间质（如神经酰胺）流失，使皮肤干燥角化；

③ 惰性物质的积累和衰老色素（如脂褐素）的积累；

④ 脂质过氧化引起细胞膜和质膜的变化；

⑤ 动脉和毛细血管的纤维化；

⑥ 酶活力降低和免疫力降低，促进衰老。

皮肤老化的原因多种多样，应是多种因素作用的共同结果，但有一点是公认的，即紫外线照射是加速皮肤老化的最重要的外部原因。

2. 皮肤的保健

皮肤是人体自然防御体系的第一道防线，皮肤健康，防御能力就强。而且健康美丽的皮肤，不仅使人显得年轻，还能给人以美的享受，给人以轻松、愉快、清秀之感。健康美丽的皮肤应该是：清洁卫生；湿润适度，柔软而富有弹性；具有适度的光泽和张紧状态；肤色纯正，有生机勃勃之感。

因此，保护好皮肤，特别是面部皮肤，对于美化容貌、延缓衰老，是非常重要的。在皮肤保健中护肤化妆品的作用不可忽视，护肤化妆品的作用是清洁皮肤表面，补充皮脂的不足、滋润皮肤、促进皮肤的新陈代谢。它们能在皮肤表面形成一层护肤薄膜，可保护或缓解皮肤因气候变化、环境影响等因素所造成的刺激，并能为皮肤提供正常生理过程中所需要的营养成分（如神经酰胺、维生素、氨基酸），清除活性氧自由基，使皮肤柔润、光滑，从而防止或延缓皮肤衰老，并预防某些皮肤病的发生，增进皮肤的美观和健康。

第 3 节　毛发与日用化学品

毛发是人体一个重要组成部分，健康的秀发又是外表俊美的重要标志之一，一头浓密漂亮的头发能产生引人注目的美感。头发经过人为加工修饰，女性佩戴各种饰物后，更增加美感和风采。很多日用化学品，例如，洗发香波、护发素、啫喱水、烫发剂、染发剂等化妆品均用于毛发。因此，为了更好地研究毛发用化妆品的功效，开发与皮肤亲和性好、安全、有效的发用化妆品，有必要了解有关的毛发知识。

一、毛发的结构

毛发分为毛干和毛根两部分，如图 0-2 所示。

1. 毛干

毛干是露出皮肤之外的部分，即毛发的可见部分，由角化细胞构成。毛干由含黑色素的细长细胞所构成，胞质内含有黑色素颗粒，黑色素使毛发呈现颜色。毛发的色泽与黑色素含量的多少有关。

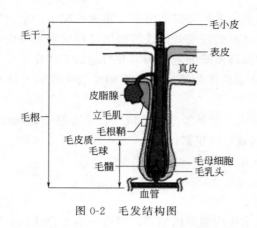

图 0-2　毛发结构图

图 0-3　毛干剖面图

毛干组织可分为表皮、皮质及髓质三层，如图 0-3 所示。

表皮层是由角质结构的鱼鳞状细胞顺向发尾排列而成，一般毛发的表皮层由 6～12 层毛鳞片所包围，保护头发抵御外来的伤害。在头发湿润时，表皮鳞片膨胀而易受到伤害，通常头发在碱性状况下，毛鳞片更容易打开。

皮质层是由蛋白细胞和色素细胞所组成的，占头发的 80%，是头发的主体，它含有以下连接物：盐串、硫串、纤维状的皮质细胞扭绕如麻花状，从而给予其弹性、张力和韧性，头发的物理性和化学性归因于这种纤维结构。头发的天然色（黑色素）存在于皮质内，是两种色素构成的，即：黑色素、红黄色素，而红黄色素是由红色至黄色排列的，它们决定头发的颜色。

髓质层是在毛发的最内层，被皮质层细胞所包围，成熟的头发里有的结构呈连续或断续状。髓质层碱量低，并且有一种特殊的物理结构，对化学反应的抵抗力特别强。

2. 毛根

毛根是埋在皮肤内的部分，是毛发的根部。毛根长在皮肤内看不见，并且被毛囊包围。毛囊是上皮组织和结缔组织构成的鞘状囊，是由表皮向下生长而形成的囊状构造，外面包覆一层由表皮演化而来的纤维鞘。毛根和毛囊的末端膨大，称毛球。毛球的细胞分裂活跃，是毛发的生长点。毛球的底部凹陷，结缔组织突入其中，形成毛乳头。毛乳头内含有毛细血管及神经末梢，能营养毛球，并有感觉功能。如果毛乳头萎缩或受到破坏，毛发停止生长并逐渐脱落。毛囊的一侧有一束斜行的平滑肌，称为立毛肌。立毛肌一端连于毛囊下部，另一端连于真皮浅层，当立毛肌收缩时，可使毛发竖立。有些小血管会经由真皮分布到毛球里，其作用为供给毛球毛发部分生长的营养。

二、毛发的生长

毛发的制造工厂叫毛囊，在毛囊的底端存在着毛囊干细胞，可以进一步分化为角质细胞，而角质细胞就是毛发的加工与生产车间。毛发根部上皮细胞是在人体中分裂较快的细胞之一，超过不少癌症细胞，因此，许多攻击快速生长的癌细胞的化学药物会攻击到毛囊，造成脱发。

人出生后毛囊的数量是恒定的，在不同的时期，产生不同的毛发，是受身体内环境，主要是激素调节的。在胎儿期间，长的是胎毛，胎毛还常发现于畸胎瘤中。胎儿长到 33～36

周，就换成了细毛。到了青春期，在性激素的刺激下，身体上不少部位，比如面部、胸部、腋下、耻部、腿部、前臂等，都换成了粗壮的终毛。老年性的秃头，掉的是终毛，又换成了细毛，看不见为秃，实际上多半还是一根不少的。

毛发有一个周期生长过程，大致分为三个阶段：生长期、退化期与静息期。毛发的生长期为 3～7 年，而退化期只有 2～3 周，迅速过渡到静息期，静息期约为 3 个月。

人的毛发 85％～90％都处于生长期，持续不断地以每个月 1cm 的速度生长，到了静息期，毛发不再生长，陆续地脱落，这是为什么每天梳头会掉几十根毛发的根本原因。毛发掉了之后，毛囊会重新长出新的毛发，进入下一个周期。可以通过在不修剪毛发的情况下测量毛发的自然长度，来计算生长期。只有生长期特长的人，才会长出很长的毛发来，眉毛生长期只有几个月，故而眉毛一般较短。

胡须可能是唯一在生长速度上赶得上甚至超过头发的，其他部位的毛发生长速度要慢得多。体毛大多处于静息期，生长期只有数月或者更短，故而其长度有限。

三、毛发的功能

毛发的功能很多，它能帮助调节体温，同时也是触觉器官，当轻触到身体表面时，毛发的根部就会产生轻微的动作；这动作会立刻被围绕在毛干四周的神经小分支物所截取，然后经由感觉神经传送到大脑去。另外，头发具有防晒作用。

四、毛发的主要化学成分

毛发的主要成分是角蛋白。角蛋白是由氨基酸组成的多肽链。毛发角蛋白是由多种氨基酸组成的，其中胱氨酸的含量最高，可达 15.5％，蛋氨酸和胱氨酸的比例为 1∶15。毛发结构的稳定性是由多肽链间的各种作用力所决定的，这些作用力包括氢键、盐键（氨基与羧基间形成盐）和二硫键等，其中二硫键是最为关键的一种。二硫键是胱氨酸分子中存在的一种化学键，胱氨酸分子结构式如下：

$$
\begin{array}{ccc}
\text{OH} & & \\
| & & \\
\text{O=C} & & \text{NH}_2 \\
| & & | \\
\text{CH} - \text{C} - \text{S} - \text{S} - \text{C} - \text{CH} \\
| \quad \text{H}_2 \quad\quad\quad \text{H}_2 \quad | \\
\text{NH}_2 & & \text{C=O} \\
& & | \\
& & \text{OH}
\end{array}
$$

毛发中胱氨酸含量越大，二硫键的数目就越多，毛发纤维的刚性越强。自然头发中，胱氨酸含量为 15％～16％。紫外线、还原剂和强酸、强碱、氧化剂等因素都对二硫键具有破坏作用。烫发后，胱氨酸含量降低为 2％～3％，同时出现烫发前没有的半胱氨酸，这说明烫发有损发质。

其次较多的是水分。通常在空气中毛发中含有 10％～15％的水分。洗发后会提高到30％～35％。即使经吹风机干燥后毛发中仍保持着 10％左右的水分。如毛发受损，毛发的保湿能力变弱，含水量下降，会呈现出受损状态。

毛发对湿度变化非常敏感，随着湿度变化毛发中的含水量也随之变化。含水量过多，使毛发失去弹性。反之，变得干枯，给光泽带来较大影响。

毛发中的脂质，分存于毛发内部的皮脂中和从头皮脂腺处分泌出来（一部分附着在毛发表面，一部分渗透至毛发内部）的皮脂中。它们的组成部分几乎相同，均起着防止干燥、保护毛发的作用。

黑色素是决定毛发颜色的成分。存在于毛母细胞中的色素细胞内，以氨基酸之一的酪氨酸作为原料，使其氧化聚合成黑色素后被角朊蛋白吸收。

毛发中含有 0.5%～0.9% 的微量元素。除了铁、铜、钙、锰等金属外，还含有磷、硅非金属等 30 多种无机成分。这些微量元素也许是污垢、灰尘、美发用品等外部附着物，或来自体内的积蓄，或是毛母细胞在分裂增殖中作为不可缺的成分而必然存在。但毛发被认为有将有害金属排出体外的功能，通过测定毛发中的微量元素，可察觉身体的物质代谢变化，得知健康状态。

五、头发的保养

头发会影响仪表，要秀发保持光泽亮丽，应该从以下几个方面进行头发保养。

1. 从饮食着手，注意营养和饮食均衡

含硫氨基酸的食物可强壮发质。富含半胱胺酸与甲硫胺酸的食品有助于秀发生长，这些氨基酸多存于动物性食品中，如蛋就是最佳的来源，除此之外还有豆类与包心菜。

维生素 B_6 可预防白发。富含维生素 B_6 和维生素 E 食物有预防白发和促进头发生长的作用，如包心菜、麦片、花生、葵花子、豆类、香蕉、蜂蜜、蛋类、猪肝、酸乳酪等食品。

海产食物可助生发。如紫菜、小鱼干、蚬等，有助于保持血液酸碱度的平衡；尤其是海鲜中的碘、硫、铜和蛋白质，是生发及养发的必要物质。

蔬果可抑制酸性。如菠菜、芹菜、豆类、柠檬、橘子等为碱性食品，不仅有抑制酸性作用，还含有许多构成发质所必需的微量元素，对头发的营养帮助很大。

保养好头发，忌糖、忌油腻、忌烟酒、忌辛辣，生活中应注意这几方面的饮食习惯。

2. 注意头发清洁和保养

头皮有许多汗腺和皮脂腺，经常分泌汗液和油脂。由于头发覆盖，散热不易，分泌物易和尘埃、头皮屑积聚，促使细菌繁殖和藏污纳垢，伤害毛囊和发质，所以要经常保持头发清洁。洗发时应以温水洗头为佳，因水温过低难以去除油垢，过热则易损伤头皮，增加头皮屑。洗净后，应自然风干，避免用电吹风。

如果头发过于粗糙和干涩，可适当使用护发素。但不宜过于频繁使用，以免护发素成分在头发上残留过多，增加头发和头皮负担，引起头皮过敏。

3. 染发及烫发对头发伤害大

染发剂及烫发剂会溶于毛皮质的脂肪中，伤及神经系统之毛髓质，引致脱发及变白发。烫发太多会使头发失去光泽，容易折断脱落。所以，应尽量间隔长一点时间再去烫发和染发。图 0-4 为健康头发与受损头发的对比图。

图 0-4　健康头发与受损头发的对比图

4. 不要经常戴帽

长时间戴假发及帽会令头发长时间不透气，热气

和汗水挥发不去，易感染细菌，导致头发脱落。

5. 保持愉快心情

情绪紧张、熬夜、便秘会导致内分泌失调，影响头皮油脂分泌，所以应经常保持愉快的心情。

第4节　日用化学品开发过程

日用化学品的开发大致包括以下几个过程：

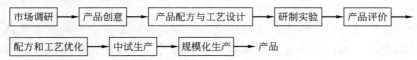

一、产品创意

产品的创意一般由企业市场营销人员、策划部门经过广泛的市场调查，了解目前国内外日用化学品市场最热销最流行的产品行情后，向研发部门提出建议。当然，研发人员也可根据市场流行趋势和自身企业的产品方向，形成具有创意的产品开发意向。在产品创意构思方面，研发人员应与营销人员、策划人员充分讨论，确定企业的新产品开发计划。切忌无序、无计划地开发，浪费人力、物力和财力。

二、产品配方设计

绝大部分日用化学品是复配型产品，所以配方就是日用化学品最为核心的技术。产品配方设计就是按照企业新产品开发计划，根据产品的功能要求和性能目标，通过试验、性能评价和优化，合理选用原料，并确定各种原料的用量的过程。

1. 初始配方的设计

配方工程师应根据产品的功能和性能要求设计初始配方。为了更好地理解配方设计，下面举一个实例。

【实例】　要设计一款低价位的洗洁精配方，成本要求 1 元/kg 以下。可按下列步骤进行初始配方的设计。

第一，洗洁精的功能是去除油污，所以配方中要加入具有去污功能的表面活性剂，如阴离子表面活性剂和非离子表面活性剂。

第二，洗洁精应具有很好的起泡性能，而非离子表面活性剂起泡性能不佳，所以不能以非离子表面活性剂为主，而是应该以采用阴离子表面活性剂为主，例如 LAS、AES、MES 等。

第三，洗洁精应配制成具有一定黏度的液体。所以，可用水作溶剂，并加入能与阴离子表面活性剂形成增稠体系的原料，如 6501、氯化钠等，做成黏稠的水溶液。

第四，根据成本要求确定物质用量。LAS 的价格约为 9 元/kg，同时考虑到其他物质的成本，LAS 用量应控制在 8% 以内。

第五，根据以上分析，并结合专业知识，可设计洗洁精初步配方为：LAS 7%；6501

2%；氯化钠 0.1%；凯松防腐剂 0.1%；香精 0.1%；去离子水为余量。

2. 产品评价

初始配方设计好后，按照生产工艺配制出来，并通过系列评价，看产品是否达到设计的目标要求。产品评价主要包括感官评价、理化指标评价、卫生指标评价、功效评价和安全评价等，具体评价方法可参考已有的相关产品的国家标准或行业标准。

3. 产品配方优化

根据产品评价结果来优化产品配方。以上述洗洁精配方为例，如果评价结果产品的黏度偏低，可适当增加 6501 或氯化钠用量。

4. 配方设计原则

（1）安全性应放在首位　因为日用化学品，特别是化妆品是人们在日常生活中每天、长期和连续使用的产品，因此其安全性被视为首要质量特性。日用化学品的安全性指的是日用化学品应无毒（经口毒性）、对皮肤（毛发）及眼黏膜无刺激性和无过敏性等。很多原料在日用化学品，特别是化妆品中是限用或禁用的物质。所以在进行日用化学品配方设计时，应按照最新《化妆品安全技术规范》要求，如果是禁用的物质，就绝对不能加到产品配方中，如果是限用的物质，则在配方中不得超过限用的量。

（2）稳定性作为重点　当前，我国日用化学品产品在保质期内出现质量问题主要表现在两方面：一是微生物污染的卫生安全性问题；二是产品出现析水、析油、分层、沉淀、变色、变味和有膨胀现象等稳定性问题。当然，不同类型的产品出现稳定性问题的原因各有不同，但主要原因多是其配方设计不合理，故产品稳定性是配方设计的重点内容。

（3）配伍性是关键　绝大部分日用化学品是由许多组分经过适当的工艺混合复配而成的产品。一个产品所使用的原料有时多达 30 种以上，因此各组分间的配伍性是设计配方选取组分的一个关键，因它不仅可以影响产品的最终质量和特性，而且还可决定产品是否稳定。如果配方中各组分间的配伍性良好，相互间不发生化学反应，而且还具有协同作用，就可认定该配方是合理的。

日用化学品的原料有近万种之多，就是常用的，也有 3000 多种，要使配方中各组分间具有良好的配伍性，重要的是对各类原料的理化性质要有充分的了解，要注意原料之间的配伍禁忌、互溶性和 pH 值适用范围等。

（4）功效性要充分体现　每一种日用化学品都有着它特定的功效性，如遮盖、清洁、保湿、防晒、抗皱、美白等；此外还有由色彩、香气等产生的感官功效。特别是我国 9 类特殊用途化妆品，更具有其特定的功效作用。在化妆品配方设计中，必须选择添加适量的功效组分，以达到预计的功效。

（5）感观效果不可忽视　消费者购买日用化学品时，一般行为是"一看，二闻，三涂抹"，所以要求它具有良好的外观和使用感觉。如膏霜产品应具有香气怡人、膏体细腻、光滑柔软及有良好的涂抹性和铺展性。产品配方的优劣，首先就表现在感观效果上，即使有着良好的功效但因其色泽暗、膏体粗和有异味，消费者也难以接受，配方设计时应注意。

（6）要顾及生产可操作性　在设计化妆品的配方和生产工艺时，必须考虑该配方在实际生产时的可行性问题，要尽量顾及生产操作的方便。

（7）要考虑经济性　目前常以产品的性价比大小作为评估化妆品产品配方水平的指标，性价比越高，表明该产品的配方设计水平越高。因此，在设计化妆品配方时，应根据配方中各组分的价格对该配方的成本进行核算，通过对配方的进一步修正改进，以求得用较低的成本，配制出高性能的产品。

5. 生产工艺设计

绝大部分日用化学品是复配型产品，并不涉及化学反应，只是一个简单的混合过程，所以生产工艺相对比较简单。但不同产品的生产工艺还是稍有差异，例如，膏霜和乳液需要高速剪切乳化工艺，而爽肤水不需要乳化。另外，即使同一类型的产品，不同配方，工艺参数也具有不同之处，例如，加料顺序、加料温度、搅拌速度和搅拌时间等工艺参数都会对最终产品的质量产生很大的影响。所以，生产工艺设计也是非常重要的环节，应予以重视。

6. 产品生产

产品配方和工艺设计、优化完成后，下一步就进入生产环节。日用化学品生产工艺虽然简单，但控制不好也会出现很多质量问题。有的产品在实验室研制阶段，产品质量很好，但投入大规模生产后往往出现质量不稳定的情况。所以，任何一种产品在投入大规模生产前应采取逐步放大的方式，最好经过2~3次的中试生产，待产品质量稳定后才投入大规模生产。

三、产品配方及解析

1. 配方实例

表0-1为一款婴幼儿润肤霜配方。

表 0-1　婴幼儿润肤霜配方

序号	成分	质量分数/%	作用
1	水	74.6	溶解
2	甘油	6.0	保湿
3	油橄榄（OLEA EUROPAEA）果油	6.0	润肤
4	角鲨烷	5.0	润肤
5	鲸蜡醇	3.0	润肤
6	聚二甲基硅氧烷	2.0	润肤
7	聚山梨醇酯-60	1.5	乳化
8	山梨坦硬脂酸酯	0.8	乳化
9	苯氧乙醇	0.5	防腐
10	卡波姆钠	0.4	增稠
11	生育酚乙酸酯	0.2	抗氧化

2. 配方解析

由于是婴幼儿使用的产品，所以配方应精选已知安全、温和且纯度高的化妆品常用原料，使用尽量少的原料品种及添加量（水除外）。产品的基本功能为滋润与保湿，配方不使用超出这两点基本功能的其他功效添加成分（必要的乳化剂、稳定剂等除外）。配方中各种成分的作用，表0-1中已经进行了大致描述。下面主要针对其用量安全性进行解析。

配方中的第1~6号原料是基于滋润与保湿的产品性能选用的。

第2号原料甘油是已知的化妆品常用多元醇保湿剂，配方中选用的甘油纯度大于98%，其中杂质二甘醇残留量小于 0.05%。相关指标均高于国家食品药品监督管理局发布的"化妆品用甘油原料要求"。本配方中甘油用量为 6%，在安全的用量范围之内。

第 3 号原料油橄榄（OLEA EUROPAEA）果油来源于天然的植物油橄榄果，安全、可食用，也是使用多年的化妆品原料，化妆品配方中没有用量的限制，本配方用量是 6%。

第 4 号原料角鲨烷是人体皮脂中的天然成分，美国 CIR（化妆品成分评估，Cosmelic Ingredient Review，CIR）评论认为，其用于化妆品中是安全的，配方最大安全使用量为 31%。本配方中添加量是 5%。

第 5 号原料鲸蜡醇，美国 CIR 评论认为其用于化妆品是安全的，化妆品中最大安全用量达 50%。本配方中添加量是 3%。

第 6 号原料聚二甲基硅氧烷在化妆品配方中应用多年，化学性质稳定，美国 CIR 评论其在化妆品中最大安全用量为 24%，因此在本配方用量（2%）下应该不会有安全风险。

配方中的第 7、8 号原料是使用非常普遍的非离子型乳化剂，也是形成乳化膏霜的必要原料。聚山梨醇酯-60、山梨坦硬脂酸酯的添加量分别为 1.5% 和 0.8%，属于较低的用量水平。美国 CIR 对于聚山梨醇酯-60 及山梨坦硬脂酸酯的评价结论是其用于化妆品是安全的，两种原料最大安全用量均为 25%。

本产品选用的防腐剂是第 9 号原料苯氧乙醇，其在《化妆品安全技术规范》中的限用量为 1%，本配方添加 0.5%，大大低于其限量。

第 10 号原料卡波姆钠是在化妆品中有多年使用历史的增稠剂，本配方使用的是卡波姆 940 经碱中和后的原料，使用时无须再中和。美国 CIR 评论卡波姆 940 在化妆品中最大安全用量为 2%，本配方的用量（0.4%）大大低于这一数值。

第 11 号原料是化妆品中较常用的抗氧化剂之一，其作用主要是防止配方中的油脂发生氧化、酸败而导致的产品变质，本配方中的用量（0.2%）低于一般常用量（美国 CIR 统计其在化妆品配方中的最大用量达 36%），在本产品中应用应该是安全的。

综上所述，从配方整体分析及所用原料看，本配方用于婴幼儿产品应该是安全的。

💡 思考题

1. 为什么皮肤呈弱酸性？扫描看答案。

2. 维生素 C 还是维生素 E 容易被皮肤吸收？为什么？

思考题答案

第1章
表面活性剂

第1节 表面活性剂基本知识

一、表面与表面张力

多相体系中相之间存在着界面（interface）。习惯上人们仅将气-液、气-固界面称为表面（surface）。

通常，由于环境不同，处于界面的分子与处于相本体内的分子所受力是不同的。在水内部的一个水分子受到周围水分子的作用力的合力为0，但在表面的一个水分子却不是如此。因上层空间气相分子对它的吸引力小于内部液相分子对它的吸引力，所以该分子所受合力不等于零，其合力方向垂直指向液体内部，结果导致液体表面具有自动缩小的趋势，这种收缩力称为表面张力。简单地说，表面张力是指促使液体表面收缩的力。

在自然界中，可以看到很多表面张力的现象和对张力的运用。例如，露水

露珠

总是尽可能地呈球形，荷叶上的水珠也是呈球形，将自来水管慢慢关闭的最后水滴呈近球形滴下，而某些昆虫则利用表面张力可以漂浮在水面上。

二、表面活性剂的定义

凡是加入少量就能显著降低溶液表面张力，改变体系界面状态的物质称为表面活性剂（surfactant）。表面活性剂是一大类有机化合物，它们的性质极具特色，应用极为灵活、广泛，具有改变表面润湿作用、乳化作用、破乳作用、泡沫作用、分散作用、去污作用等作用，是肥皂、洗衣粉、洗发香波、沐浴液、洗洁精等日用品的主要有效成分。

下面，列举 2 个实例来体验表面活性剂对表面张力的降低作用。

【实例 1-1】 准备一盆清水和一根绣花针，将针小心翼翼地、水平地、放在平静的水面，针就会浮在水平面。这是因为水分子紧紧地结合在一起，产生了表面张力，支撑针浮在水面上。如果往水里滴几滴洗洁精，针就沉下去了，这是因为洗洁精中含有大量的表面活性剂，降低了水的表面张力，所以针沉下去了。

【实例 1-2】 准备一根细长的牙签，用小刀雕刻成独木舟的样子，在独木舟的一端沾上一点沐浴液，再将它放在一盆清水中，不用任何动力，独木舟就自己走了起来。这是因为沐浴液中含有表面活性剂，这些表面活性剂可以减弱水的表面张力，因此独木舟上沾有沐浴液一端的周围的水表面张力减弱，而其另一端的张力不变，两端的张力差形成了对独木舟的推力，独木舟自然就会自己前进了。

三、表面活性剂的结构

表面活性剂的分子结构均由两部分构成。分子的一端为非极性亲油疏水基，有时也称为亲油基；分子的另一端为极性亲水的亲水基，有时也称为疏油基或形象地称为亲水头。两类

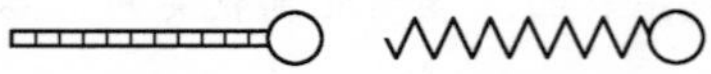

图 1-1　表面活性剂双亲结构

结构与性能截然相反的分子碎片或基团分处于同一分子的两端并以化学键相连接，形成了一种不对称的、极性的结构，因而赋予了该类特殊分子既亲水、又亲油，却又不是整体亲水或亲油的特性。表面活性剂的这种特有结构通常称为双亲结构（amphiphilic structure），表面活性剂分子因而也常被称做双亲分子。可用图 1-1 表示。

（1）亲油基　亲油基部分一般是由长链烃基构成，结构上的差别较小，它们是：

① 直链烷基（$C_{8\sim20}$）；

② 支链烷基（$C_{8\sim20}$）；

③ 烷基苯基（其中烷基为 $C_{8\sim16}$）；

④ 烷基萘基（其中有两个烷基，烷基为 $C_{3\sim7}$）；

⑤ 松香衍生物；

⑥ 高分子量的聚氧丙烯基；

⑦ 长链全氟（或氟代）烷基；

⑧ 低分子量全氟聚氧丙烯基；

⑨ 硅氧烷等。

（2）亲水基　亲水基部分的基团种类繁多，但概括起来主要有两大类，一是离子，如

—COO⁻、—SO₃⁻ 等；二是能与水形成氢键的基团，如—OH、—NH₂、—O— 等。

亲水基相对于亲油基的位置对表面活性剂性能影响很大，如果亲水基在亲油基的末端，这种表面活性剂净洗作用强，润湿性差；如果亲水基夹在亲油基的中间，则相反。

四、表面活性剂的分类

按照溶解性分类，表面活性剂有水溶性和油溶性两大类。

根据疏水基结构进行分类，分直链、支链、芳香链、含氟长链等。

根据亲水基进行分类，分为羧酸盐、硫酸酯盐、季铵盐、PEO 衍生物、内酯等。

有些研究者根据其分子构成的离子性分成离子型、非离子型等，还有根据其化学结构特征、原料来源等各种分类方法。但是众多分类方法都有其局限性，很难将表面活性剂合适定位，并在概念内涵上不发生重叠。因此，本书采用一种综合分类法，以表面活性剂的离子性划分，同时将一些属于某种离子类型、但具有其显著的化学结构特征，已发展成表面活性剂一个独立分支的品种单独列出。在基本不破坏分类系统性的前提下，使得分类更明确，并对表面活性剂各个近代发展分支有较为清晰的了解。按极性基团的解离性质分类如下。

（1）阴离子表面活性剂　如硬脂酸钠、氨基酸型，十二烷基苯磺酸钠。

（2）阳离子表面活性剂　如季铵化物。

（3）两性离子表面活性剂　如咪唑啉、甜菜碱型。

（4）非离子表面活性剂　如脂肪酸甘油酯、脂肪酸山梨坦（司盘）、聚山梨酯（吐温）。

五、表面活性剂的性质

为了达到稳定，表面活性剂溶于水时，可以采取两种方式：在液面形成单分子膜和形成胶束。当表面活性剂浓度低时，表面活性剂首先在液面形成单分子膜，随着浓度的升高，表面活性剂溶于水中，并将亲油基结合在一起，随着浓度的进一步升高，形成胶束，如图 1-2 所示。

1. 在液面形成单分子膜

将亲水基留在水中而将疏水基伸向空气，以减小排斥力。而疏水基与水分子间的斥力相当于使表面的水分子受到一个向外的推力，可以抵消表面水分子原来受到的向内的拉力，亦即使水的表面张力降低，这就是表面活性剂的发泡、乳化和湿润作用的基本原理。

2. 形成胶束

胶束可为球形，也可为层状结构，每一种结构都尽可能地将疏水基藏于胶束内部而将亲水基外露。在单分子膜和胶束结构中，如以球形表示极性基，以柱形表示疏水的非极性基，如图 1-2 所示，当溶液中有不溶于水的油类，即可进入球形胶束中心和层状胶束的夹层内而溶解。

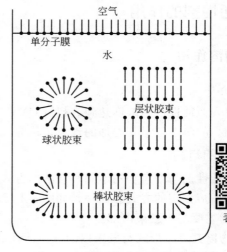

图 1-2　表面活性剂在水中的排列方式

在浓度相同时，表面活性剂中非极性成分越大，其表面活性越强。即在同系物中，碳原子越多的表面活性越大。但碳链太长时，则因在水中溶解度太低而无实用价值。

3. 临界胶团浓度 CMC

表面活性剂的表面张力、去污能力、增溶能力、浊度、渗透压等物理化学性质均在某一特定浓度发生突变，突变点时的溶液浓度称临界胶团浓度（critical micella concentration, CMC）。如前所述，表面活性剂在溶液中超过一定浓度时会从单个离子或分子状态缔合成胶态聚集物即形成胶团，这一过程称为胶团化作用，胶团的形成导致溶液性质发生突变。图 1-3 为表面活性剂十二烷基硫酸钠水溶液的一些物理性质随浓度的变化关系。

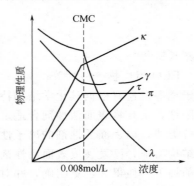

图 1-3　十二烷基硫酸钠水溶液
物理性质随浓度变化关系
κ —比电导；γ —表面张力；τ —浊度；
π —渗透压力；λ —摩尔电导

4. 表面活性剂在水中的溶解度——Krafft 点与 C.P 值

离子型表面活性剂在水中的溶解度随温度的升高而慢慢增加，但达到某一温度后，溶解度迅速增大，这一点的温度称为临界溶解温度，也叫做 Krafft 点。临界溶解温度是各种离子型表面活性剂的一种特性常数。一般来说，Krafft 点越高，CMC 值越小。这是因为温度升高，不利于胶团的形成。因此，离子型表面活性剂的临界胶团浓度会随温度的增加而略有上升。

非离子型的表面活性剂溶液，当加热到达某一温度时，溶液会突然变浑浊，也就是说温度升高会使非离子型的表面活性剂溶解度下降。当溶液出现浑浊时的温度，称为非离子型的表面活性剂浊点，即 C.P 值。产生该现象的原因是非离子型表面活性剂在水中的溶解性是由分子中的氢原子与水形成氢键决定的，温度升高氢键作用下降。因此，随着温度升高，非离子型表面活性剂的亲水性下降，溶解度变小，甚至变为不溶于水的浑浊液。

六、表面活性剂的作用

（一）增溶作用

1. 增溶的定义

当溶液中表面活性剂的浓度达到或超过 CMC 时，原来不溶于水或微溶于水的物质（大多数为有机物）的溶解度显著增加的现象，称为表面活性剂的增溶作用。

2. 增溶剂的方式

由于表面活性剂与增溶物的不同，增溶的方式也不同。实验表明：被增溶物与胶团的相互作用方式即增溶作用的方式有四种，如图 1-4 所示。

① 有机物主要溶于胶束内部。

② 有机物以其分子形式与胶束内的表面活性剂分子一起穿插排列而溶解。

③ 有机物以吸附于胶束表面的形式而溶解。

④ 有机物被包含于胶束的外壳而溶解。

以上 4 种增溶方式中，增溶量的规律为：④＞②＞①＞③。

3. 增溶剂的应用

表面活性剂的增溶作用在洗涤工业、石油工业和皮革工业等领域都有广泛的用途，例如

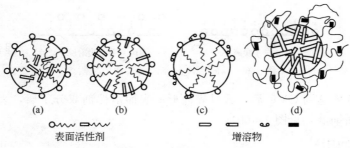

图 1-4　四种增溶方式

洗涤剂就是利用了表面活性剂的增溶作用将油污溶解到水中，达到洗涤目的。再如，做水剂类化妆品时要将香精用表面活性剂增溶，避免香精不溶于水而析出。

（二）润湿作用

润湿是指固体表面的气体或液体被另一种液体代替的过程，通常润湿是指用水或水溶液将液体或固体表面上的空气取代，能增强这一取代能力的物质称为润湿剂。润湿作用是一种表面和界面过程，因而与表面活性剂密切相关。

1. 接触角

表示润湿的程度常以固-液界面之间的接触角大小来衡量，接触角又叫润湿角。如图 1-5 将液体滴在固体表面，液体或铺展或形成一液滴停留于固体表面。在固、液、气三相交界处自三相交点处作气液界面的切线。此切线与固液交界线之间的夹角称为接触角，液体对固体表面能否润湿取决于几个表面张力的大小。图 1-5 中三种表面张力相互作用，固-气间表面张力力图使液滴沿左向伸展，而液-气间表面张力和液-固间表面张力则力图使液滴收缩。

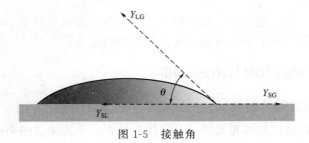

图 1-5　接触角

当达到平衡状态时，各界面张力的关系如式（1-1）所示：

$$Y_{SG} - Y_{SL} = Y_{LG} \cos\theta \qquad (1-1)$$

若 $\theta = 0°$，液体在固体表面上铺展成一层薄膜，称为完全润湿。

若 $0° < \theta < 90°$，接触角为锐角，液体呈凸透镜状，液体能够润湿。

若 $90° < \theta < 180°$，接触角为钝角，液体不能润湿。

若 $\theta = 180°$，液滴为一球形，称为完全不润湿。

2. 润湿作用

表面活性剂能降低表面张力，从而减小接触角，达到润湿的目的。下面以表面活性剂促进水对云母的润湿为案例说明润湿作用。

图 1-6(a) 中表面活性剂以单分子层覆盖在云母表面，水不能在上面铺展，润湿性变差。

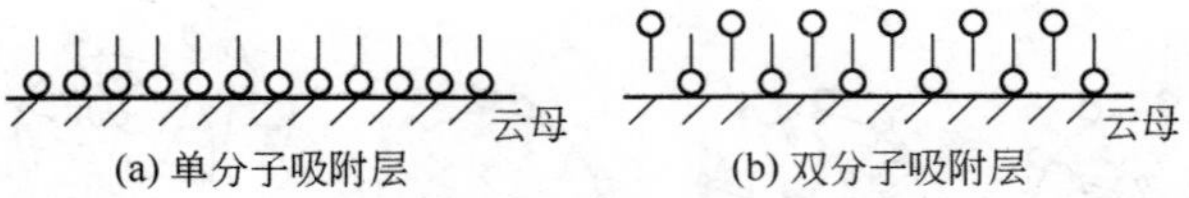

(a) 单分子吸附层　　　　(b) 双分子吸附层

图 1-6　表面活性剂在云母表面的吸附

但当表面活性剂浓度达到 CMC 后，云母表面形成表面活性剂双分子层，表面亲水性大大提高，水可以在上面铺展，见图 1-6(b)。

3. 润湿剂和应用

常用的润湿剂一般是阴离子表面活性剂和非离子表面活性剂，特别是一些亲水基位于碳链中部且带有支链的表面活性剂，如琥珀酸二异辛基酯磺酸钠。阳离子表面活性剂一般不宜作为润湿剂使用。

润湿剂在矿物泡沫浮选、金属的防锈与缓释（常用油溶性表面活性剂）、织物的防水防油处理和农药等方面均有很大用途。如喷洒农药时添加了润湿剂后，能均匀地覆盖在植物茎叶上，从而保证了药效。

（三）表面活性剂的乳化

1. 乳化作用

乳化是液-液界面现象。两种互不相容的液体如油与水，在容器中分成两层，密度小的油在上层，密度大的水在下层。若加入适当的表面活性剂，在强烈搅拌下，油被分散在水中，形成乳状液，该过程叫乳化（emulsification）。

具体的乳化机理与乳化体的稳定性详见第 7 章第 1 节。

2. 乳化剂的应用

乳化剂在食品、农药、化妆品、金属加工、乳化沥青和原油开采方面均有广泛应用。例如，化妆品工业应用乳化剂来制备膏霜、乳液等类型的化妆品。

（四）表面活性剂的发泡与消泡作用

1. 表面活性剂的发泡作用

泡沫是气体和液体构成的两相系统，是气体分散在一个连续液相中的现象。当将空气通入含有表面活性剂（如洗衣粉）的溶液时，表面气泡具有双重壁膜。如图 1-7 所示为表面活性剂存在下泡沫的形成过程。

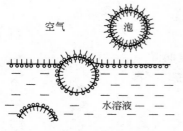

图 1-7　泡沫的形成过程

2. 泡沫的稳定性

泡沫是一种热力学不稳定体系，破泡后体系总表面积减少，能量降低，这是一种自发过程，泡沫最终还是要破坏的。

泡沫破坏的过程，主要是隔开气体的液膜由厚变薄，直至破裂的过程。因此，泡沫的稳定性主要取决于排液快慢和液膜的强度，影响泡沫稳定性的主要因素，就是影响液膜厚度和表面膜强度的因素。

3. 消泡作用

在工业生产中，泡沫的产生会带来操作的不便，甚至带来产品质量问题，所以需要添加消泡剂。

消除泡沫大致有两种方法：物理法和化学法。工业上经常使用的是化学法中的消泡剂消泡。常用的消泡剂都是易于在溶液表面铺展的有机液体。它在溶液表面铺展时，会带走邻近表面层的溶液，使液膜局部变薄，直至破裂，达到消泡的目的。有效的消泡剂不但能够迅速破坏泡沫，还要有持久的消泡能力（即在一段时间内防止泡沫生成）。

常用的消泡剂主要有脂肪醇、脂肪酸及其酯、硅油、聚醚类等。

（五）表面活性剂的去污作用

1. 去污作用的定义

从一种物质（基质）表面把另外的物质（一种或数种）除掉，使之成为清洁的物质的过程称为去污。这是表面活性剂应用最为广泛、具有最大实用意义的基本特性。

洗涤的过程可以表示如下。

物体表面·污垢＋洗涤剂＋介质 ⇌ 物体表面·洗涤剂·介质＋污垢·洗涤剂·介质

表面活性剂在洗涤过程中的作用主要有两个方面，一是降低水的表面张力，改善水对物体表面的润湿性；二是对污垢的分散和悬浮作用。当然，表面活性剂的增溶、乳化、发泡作用对洗涤也有一定的作用。

2. 污垢的去除

（1）液体污垢的去除　第一步：洗涤液（介质加洗涤剂）润湿被洗物表面。第二步：油污的去除。液体油污的去除是通过卷缩机理实现的。液体油污原来以铺展的油膜存在于被洗物表面，当被洗物浸入洗涤液后，洗涤液优先润湿固体表面，而使铺展的油膜卷缩成油珠，自表面除去，如图 1-8 所示。

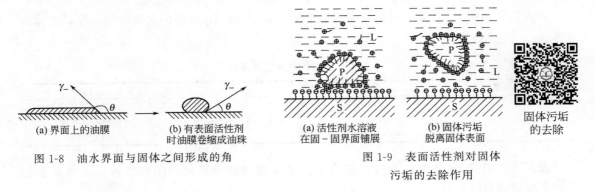

图 1-8　油水界面与固体之间形成的角

(a) 界面上的油膜　(b) 有表面活性剂时油膜卷缩成油珠

(a) 活性剂水溶液在固-固界面铺展　(b) 固体污垢脱离固体表面

固体污垢的去除

图 1-9　表面活性剂对固体污垢的去除作用

（2）固体污垢的去除　固体污垢的去除主要是由于表面活性剂在固体污垢和被洗物表面的吸附、润湿和铺展来实现的，如图 1-9 所示。扫码更直观。

（六）表面活性剂的其他作用

（1）分散和絮凝作用　用于使固体微粒均匀、稳定地分散于液体介质中的低、高分子表面活性剂统称为分散剂；用于使固体微粒从分散体系中聚集或絮凝的分散剂叫做絮凝剂。前者主要用于涂料、印刷油墨和钻井泥浆生产等方面，后者用于湿法冶金和污水处理等方面。

（2）柔软平滑作用　表面活性剂可有效降低纤维物质的静摩擦系数，油剂则可以降低纤维物质的动摩擦系数。静、动摩擦系数差值越小，柔软平滑性越强。表面活性剂在纤维表面形成疏水基向外的反向吸附，增大了彼此间的润滑性，同时也与吸湿和再润湿性有关。

（3）抗静电作用　合成纤维、塑料等导电性能差的材料，经表面活性剂作暂时或永久性处理后，摩擦减弱，表面导电性增大，从而不易聚集静电荷。作为抗静电剂，一般要求表面活性剂有比较大的疏水基和比较强的亲水基团。使用量最大、性能最好的是阳离子表面活性剂。高碳磷酸酯盐是抗静电剂中较好的阴离子表面活性剂。

（4）杀菌作用　分子结构中带苄基的季铵盐阳离子表面活性剂具有较强的杀菌性。阳离子电荷附于微生物的细胞壁上，破坏了细胞壁内的某种酶，影响微生物的正常代谢过程，最终导致微生物死亡。

（七）表面活性剂的 HLB 值与应用

HLB 值（hydrophilic-lipophilic balance number）是某一物质亲水或亲油的物理性质，为表面活性剂的亲水亲油平衡值。

$$HLB＝亲水基的亲水性/亲油基的亲油性$$

表面活性剂为具有亲水基团和亲油基团的两亲分子。表面活性剂的亲油或亲水程度可以用 HLB 值的大小判别，HLB 值越大代表亲水性越强，HLB 值越小代表亲油性越强，亲水亲油转折点 HLB 为 10。HLB 小于 10 为亲油性，大于 10 为亲水性。

HLB 值的概念是 1949 年由 Griffin 提出的。他将非离子表面活性剂的 HLB 值的范围定为 0～20，将疏水性最大的完全由饱和烷烃基组成的石蜡的 HLB 值定为 0，将亲水性最大的完全由亲水性的氧乙烯基组成的聚氧乙烯的 HLB 值定为 20，其他的表面活性剂的 HLB 值则为 0～20。随着新型表面活性剂的不断问世，已有亲水性更强的品种应用于实际，如月桂醇硫酸钠的 HLB 值为 40。所以，一般而言 HLB 值为 1～40。

表面活性剂的 HLB 值不同，其用途也不同。表 1-1 为 HLB 值的大致应用范围，供读者参考。

表 1-1　不同 HLB 值的应用

HLB 值	应用	HLB 值	应用
1～3	洗涤剂	8～13	润湿剂
3～6	消泡剂	13～15	O/W 型乳状液
7～9	W/O 型乳状液	15～18	增溶剂

表面活性剂的 HLB 值可通过计算得来，也可通过测定得出，还可以通过水溶解法估算，十分简便快捷，具体如下。

将待测物质加入水中后，搅拌分散，如果不分散，其 HLB 值范围为 1～4；如果稍分散，但分散不好，其 HLB 值范围为 3～6；如果激烈震荡后成乳状分散体，其 HLB 值范围为 6～8；如果能形成稳定的乳白色分散体，其 HLB 值范围为 8～10；如果形成半透明至透明分散体，其 HLB 值范围为 10～13；如果形成透明溶液，则其 HLB 值范围为大于 13。

另外，常见表面活性剂的 HLB 值可由有关手册或著作中查得，常用物质的 HLB 值可扫码查看，在此就不详述了。

第 2 节　阴离子表面活性剂

阴离子表面活性剂亲水基团带有负电荷，其分子结构如图 1-10 所示。

这类表面活性剂溶于水中时具有表面活性的部分为阴离子，例如 $C_{12}H_{25}OSO_3Na$ 溶于水时，具有表面活性的部分为 $C_{12}H_{25}OSO_3^-$。疏水基主要是烷基和烷基苯基，亲水基主要是羧基、磺酸基、硫酸基、磷酸基等，在分子结构中还可能存在酰氨基、酯键、醚键。

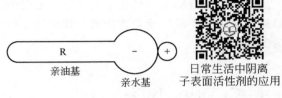

日常生活中阴离子表面活性剂的应用

图 1-10　阴离子表面活性剂
分子结构图

这类表面活性剂的特点是具有很强的起泡作用和去污作用，是日常清洁用品的主要有效成分，广泛用于洗衣粉、洗衣液、香波、沐浴液等清洁用品中，扫码可进一步了解。

一、羧酸盐

羧酸盐类阴离子表面活性剂俗称脂肪酸皂。分子通式为 RCOOM，其中 R＝$C_{8\sim22}$，M 为 K^+、Na^+、$[(CH_2CH_2OH)_3NH]^+$ 等。

羧酸盐是用油脂与碱溶液加热皂化而制得的，也可用脂肪酸与碱直接反应而制得，由于油脂中脂肪酸的碳原子数不同以及选用碱剂的不同，所制成的皂的性能有很大差异，常用的脂肪酸如表 1-2 所列。

表 1-2　羧酸盐表面活性剂常用的脂肪酸

序号	化学名	俗名	分子式
1	十二酸	月桂酸	$C_{11}H_{23}COOH$
2	十四酸	肉豆蔻酸	$C_{13}H_{27}COOH$
3	十六酸	棕榈酸	$C_{15}H_{31}COOH$
4	十八酸	硬脂酸	$C_{17}H_{35}COOH$
5	十八烯酸	油酸	$C_{17}H_{33}COOH$
6	二十二酸	山嵛酸	$C_{21}H_{43}COOH$

脂肪酸皂的碳链越长，其凝固点越高，硬度加大，水溶性则下降，起泡力也相应有所降低。

对于同样的脂肪酸而言，钠皂最硬，钾皂次之，胺皂则较柔软。钠皂和钾皂有较好的去污力，但其水溶液碱性较高，pH 值约为 10，而胺皂水溶液的碱性较低，pH 值约为 8。

用于制造各类洗涤用品的脂肪酸皂都是不同长度碳链的脂肪酸皂的混合物，以便获得所需要的去污力、发泡力、溶解性、外观等，例如，将月桂酸、肉豆蔻酸、硬脂酸混合，与氢氧化钾中和来制备皂基沐浴液等。

肥皂虽有去污力好、价格便宜、原料来源丰富等特点，但它不耐硬水、不耐酸、水溶液呈碱性，刺激性比其他阴离子表面活性剂要稍大些。

1. 硬脂酸钠

分子式：$C_{17}H_{35}COONa$。

性状：具有脂肪气味的白色粉末，溶于热水和热乙醇，在冷水、冷乙醇中溶解较慢。

制备方法：以氢氧化钠中和硬脂酸而成。

用途：硬脂酸钠是肥皂的主要成分，是皂类化妆品中的一种重要和主要的组分。雪花膏中以碱直接中和硬脂酸成为乳化剂，其钾盐、铵盐等都为皂类洗涤剂和乳化剂，用于膏霜和香波等制品。

2. 月桂酸钾

分子式：$C_{12}H_{23}COOK$。

性状：淡黄色浆状物，溶于水，有丰富泡沫。

制备方法：以氢氧化钾中和月桂酸而成。

用途：乳化剂、液体皂和香波的主要成分。

3. 油酸三乙醇胺

分子式：$C_{17}H_{33}COOHN(CH_2CH_2OH)_3$。

性状：淡黄色浆状物，溶于水，易氧化变质。

制备方法：以三乙醇胺和油酸反应而得。

用途：乳化剂。

二、烷基硫酸酯盐

烷基硫酸酯盐类阴离子表面活性剂的分子通式为 $ROSO_3M$，其中 $R＝C_{8\sim18}$，$M＝Na^+$、K^+、NH_4^+。这类表面活性剂具有很好的洗涤能力和发泡能力，在硬水中稳定，溶液呈中性或微碱性，它们是配制液体洗涤剂的主要原料。如果在烷基硫酸酯的分子中再引入聚氧乙烯醚结构或酯结构，则可以获得性能更优良的表面活性剂。这类产品中具有代表性的是月桂醇聚氧乙烯醚硫酸酯盐。

1. 月桂醇硫酸酯钠盐或铵盐

分子式：$C_{12}H_{25}OSO_3Na$ 或 $C_{12}H_{25}OSO_3NH_4$，商品代号分别为 K_{12} 或 $K_{12}A$。

制备方法：烷基硫酸酯盐的制备方法是将高级脂肪醇经过硫酸化后再用碱中和得到。

$$ROH \xrightarrow{硫酸化} ROSO_3H \xrightarrow{中和} ROSO_3M$$

性状：起泡能力强，去污作用好，乳化能力强。其中市售的 K_{12} 外观为白色粉末或针状，含量达到 98%，市售的 $K_{12}A$ 一般为黏稠状，含量为 70% 左右。可溶于水，有特征气味，HLB 值为 40 左右。这种表面活性剂稍有刺激性，其中钠盐的刺激性比铵盐要稍大些。

用途：泡沫剂、洗涤剂、乳化剂，大量用于牙膏及香波中作起泡剂和洗涤剂，亦可用于膏霜中作水包油型乳化剂。

2. 聚氧乙烯月桂醇醚硫酸酯钠盐或铵盐

分子式：$C_{12}H_{25}(OCH_2CH_2)_nOSO_3Na$ 或 $C_{12}H_{25}(OCH_2CH_2)_nOSO_3NH_4$，商品代号分别为 AES 或 AESA。

制备方法：由非离子表面活性剂月桂醇聚氧乙烯醚硫酸化而制得。

$$C_{12}H_{25}(OCH_2CH_2)_3OH \xrightarrow{\text{酸化}} C_{12}H_{25}(OCH_2CH_2)_3OSO_3H \xrightarrow{\text{中和}} C_{12}H_{25}(OCH_2CH_2)_3OSO_3M$$

性能：在硫酸化之前，先将醇与一个或几个环氧乙烷（EO）分子缩合，这样就改变了其亲水基团的性质。其中 n 一般为 1～5，随着 n 的增大，亲水性有所增加，但泡沫性反而有所降低，刺激性也有所降低。日用化学品中最常用的是聚氧乙烯（3EO）月桂醇硫酸钠，月桂醇加成更多摩尔数环氧乙烷即可制成较稠厚的液体。

用途：由于分子中具有聚氧乙烯醚结构，月桂醇聚氧乙烯醚硫酸酯盐比月桂醇硫酸酯盐刺激性更低，水溶性更好，其浓度较高的水溶液在低温下仍可保持透明，适合配制透明液体香波。月桂醇聚氧乙烯醚硫酸酯盐的去油污能力特别强，可用于配制去油污的洗涤剂，如餐具洗涤剂，该原料本身的黏度较高，在配方中还可起到增稠作用。

三、烷基磺酸盐

烷基磺酸盐的通式为 RSO_3M，其中 R 可以是直链烃，支链烃基或烷基苯，M＝Na、K、Ca、NH_4。这是应用得最多的一类阴离子表面活性剂，它比烷基硫酸酯盐的化学稳定性更好，表面活性也更强，是配制各类合成洗涤剂的主要活性物质。烷基磺酸盐的疏水基不同时，可以表现出不同的表面活性，可分别作为乳化剂、润湿剂、发泡剂、洗涤剂等使用。这类表面活性剂比较典型的产品是烷基磺酸钠和烷基苯磺酸钠，是一种廉价洗涤剂，有良好的发泡性和溶解度，但对皮肤有较强的脱脂和刺激作用，单独使用会引起头发和皮肤的过分干燥，现大量用作家用清洁剂和织物洗涤剂，很少用作化妆品的原料。现将烷基磺酸盐中的主要几种产品介绍如下。

1. 十二烷基苯磺酸钠

分子式：$C_{12}H_{25}C_6H_4SO_3Na$，商品代号 LAS。

制备方法：由烃氯化后，进行弗瑞德-克来福特反应使苯烷基化，再以氯磺酸或三氧化硫硫化，然后以碱中和，烷基苯磺酸钠具有良好的发泡力和去污力，综合洗涤性能优越，是合成洗涤剂中使用最多的活性物。

$$CH_3(CH_2)_{11}Cl + C_6H_6 \xrightarrow{AlCl_3} CH_3(CH_2)_{11}C_6H_5 + HCl$$

$$CH_3(CH_2)_{11}C_6H_5 + SO_3 \xrightarrow{NaOH} CH_3(CH_2)_{11}C_6H_4SO_3Na + H_2O$$

性能：去污力和起泡力均很强，但刺激性稍大，难以生物降解。

用途：大量用作洗衣粉、洗衣液和洗洁精的主要活性成分。

2. α-烯基磺酸钠

主要成分是烯基磺酸盐：$RCH = CH(CH_2)_nSO_3Na$ 和羟基烷基磺酸盐：$RCH(OH)(CH_2)_nSO_3Na$，商品代号为 AOS。

制备方法：由石蜡裂解生产的 $C_{15\sim18}$ 的 α-烯烃用 SO_3 磺化，然后中和便得到 α-烯基磺酸盐。

性能：AOS 的去污力优于 LAS，而且生物降解性能好，不会污染环境，AOS 的刺激性小，毒性低。AOS 与非离子表面活性剂及阴离子表面活性剂都有良好的配伍性能。AOS 与酶也有良好的协同作用，是制造加酶洗涤剂的良好原料。综合上述性能，可以预计 AOS 应有良好的发展前景。

用途：用于替代 LAS，用作洗衣粉、洗衣液和洗洁精的主要活性成分。

3. 月桂酰羟乙基磺酸钠盐

主要成分是月桂酰羟乙基磺酸钠盐 $[CH_3(CH_2)_nCH_2COOC_2H_4SO_3Na]$ 和月桂酸，商品代号为 SCI，常用的有 SCI-85、SCI-80。

性状：SCI 为白色片状产品，有轻微的脂肪酸气味。是一种温和、高泡沫的阴离子表面活性剂，可产生细致及乳状的泡沫，其在硬水和软水中均非常稳定。产品自身能产生珠光，无需添加珠光剂。易于冲水。

用途：SCI 既适合于生产透明液体产品，又适合于生产具有乳状或膏状的高黏度产品，如洁面乳、乳状沐浴液和香皂中均可使用。在洁面乳中使用，能形成条状珠光细腻的膏体，膏体黏度随温度变化小，成型容易，在沐浴液中添加少量可大大改善产品泡沫结构，改善冲水效果；在香皂中使用，能降低产品 pH 值，提高产品泡沫量，增加产品抗硬水性，减少刺激性。

4. 脂肪酸甲酯磺酸盐

脂肪酸甲酯磺酸盐的商品代号为 MES，其产物为混合物，其中 $RCH(SO_3M)COOCH_3$ 为主成分，$RCH(SO_3M)COOM$ 为副产物。合成方法如下：

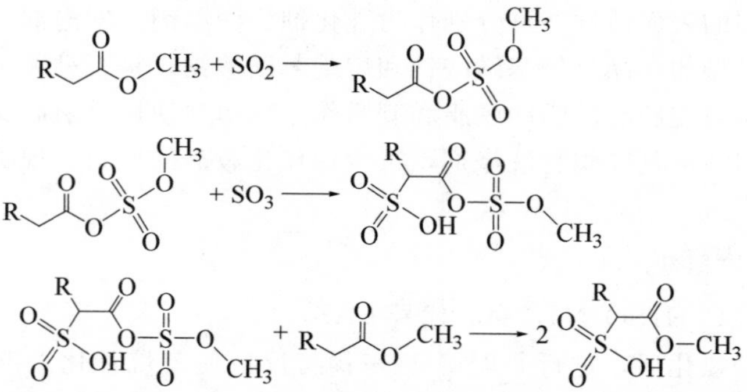

MES 是受当今国内外密切关注的最有发展潜力的廉价高效表面活性剂和钙皂分散剂，其有优良的去污性、抗硬水性、低刺激性和毒性，表面活性优于烷基磺酸钠（LAS），是国际上公认的用来替代烷基磺酸钠的第三代表面活性剂。现已用于洗衣粉、洗衣液、洗洁精等产品中，用来部分取代 LAS。

四、烷基磷酸酯盐

烷基磷酸酯盐也是一类重要的阴离子表面活性剂。可以用高级脂肪醇与五氧化二磷直接酯化制得。所得产品主要是磷酸单酯及磷酸双酯混合物：

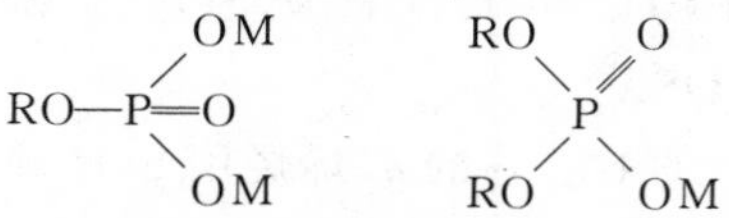

单酯盐　　　　　双酯盐

不同疏水基的产品和单酯盐、双酯盐含量不同时，产品性能有较大的差异，使产品适用于乳化、洗涤、抗静电、消泡等不同的用途，如十二烷基磷酸酯盐主要作为抗静电剂和洗涤剂，用于香波、沐浴液、洁面产品中。

主要的产品有：鲸蜡醇醚磷酸酯钾（CPK）、单十二烷基醚磷酸酯钾盐（MAPK）、单十二烷基醚磷酸酯三乙醇胺盐（MAPA）等。

五、氨基酸盐

氨基酸盐表面活性剂是由脂肪胺与卤代羧酸反应后经进一步与碱中和而制得的，其中具有代表性的产品是肉豆蔻酰基谷氨酸钠、N-月桂酰基谷氨酸盐、月桂酰基肌氨酸盐、椰油酰甘氨酸钠和 N-月桂酰基-L-天冬氨酸钠。

1. N-酰基谷氨酸钠

N-酰基谷氨酸钠系列产品是由谷氨酸缩合而成的性能优良的表面活性剂，分子结构式为：

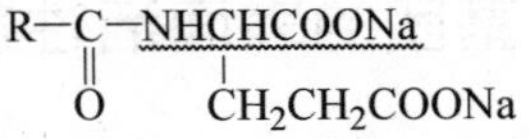

$$R-\underset{O}{C}-\underset{CH_2CH_2COONa}{NHCHCOONa}$$

根据亲油基的不同，常用的有 N-月桂酰-L-谷氨酸钠、肉豆蔻酸酯谷氨酸钠。

性能：来源于天然，易于生物降解；使用安全，对皮肤和眼睛刺激性低，无过敏反应；溶液呈弱酸性，与皮肤 pH 值相近；是皮肤非常温和的洗剂，它使皮肤具有柔软和滋润的感觉。耐硬水，能在碱性、中性和弱酸条件下使用。

用途：广泛用于化妆品、香皂、牙膏、香波、泡沫浴液、洗洁精等产品中。特别适合于制作氨基酸洁面产品等。

2. N-酰肌氨酸钠

N-酰基肌氨酸盐系列表面活性剂是由天然来源的脂肪酸和肌氨酸盐缩合而成的表面活性剂，目前常用的有月桂酰肌氨酸钠和月桂酰肌氨酸钾，月桂酰肌氨酸钠分子结构式为：

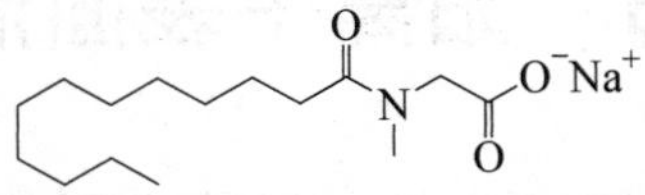

性能：具有洗涤、乳化、渗透、增溶等特性；具有优越的发泡性，泡沫细腻、持久，适用于作牙膏和化妆品的泡沫剂，也用作香波、刮脸涂膏的活性原料；具有抗菌杀菌性、防霉和抗腐蚀、抗静电能力；低毒、低刺激性；生物降解性好，对环境无污染。

用途：适宜配制香波、浴液、洗面奶、婴儿洗涤剂、餐具洗涤剂和硬表面清洗剂等产品。特别适合于制作氨基酸洁面产品。

3. 椰油酰甘氨酸钠

椰油酰甘氨酸钠表面活性剂是由天然来源的椰子油酸和甘氨酸缩合而成的表面活性剂。

性能：泡沫最丰富的氨基酸表面活性剂，泡沫丰富程度和月桂酸钾类似。类似皂基的过水感，不紧绷，可以方便地加入含 AES 的表活体系，增强过水感的同时降低刺激性；也可以加入皂基配方，在保证配方发泡性的同时有效降低皂基的脱脂力。与谷氨酸钠和肌氨酸钠表面活性剂相比，更易增稠。

应用：可应用于洁面乳、沐浴露、香波产品中。

六、牛磺酸盐

牛磺酸其实也是一种氨基酸，但与传统氨基酸不同的是，传统氨基酸羧基的位置被磺酸基取代了。牛磺酸盐是一类新型的阴离子表面活性剂。目前已经被应用到日用化学品中的牛磺酸盐表面活性剂是椰油酰甲基牛磺酸钠和椰油酰基牛磺酸钠，其中，椰油酰甲基牛磺酸钠的结构式如下：

$$R-CO-N-CH_2-CH_2-SO_3Na$$
$$\quad\quad\quad | $$
$$\quad\quad\quad CH_3$$

性状：市售产品为白色带珠光软膏体，基本无气味，有效物含量为30%。性能温和，能产生稳定、稠密而丰富的泡沫，即使在含油的条件下也有极佳的发泡性能。

应用：广泛用于泡沫洁面乳、香波和高泡沐浴液中。

七、分子中具有多种阴离子基团的表面活性剂

为了改进表面活性剂的性能，随着有机合成技术的进步，可在分子中引入多种离子型官能团。如月桂醇聚氧乙烯醚磺基琥珀酸单酯二钠，其商品代号为MESD，分子式为：

$$CH_3(CH_2)_{11}(OCH_2CH_2)_3OC-CH-CH_2-COONa$$
$$\quad\quad\quad\quad\quad\quad\quad\quad || \quad | $$
$$\quad\quad\quad\quad\quad\quad\quad\quad O \quad SO_3Na$$

性能：具有与酶相容性好、对皮肤刺激性小、低温洗涤力及钙皂分散力优异等优点，是一种优质的表面活性剂。

用途：用于取代LAS，用作洗衣粉、洗衣液和洗洁精的主要活性成分，也可用作香波、沐浴液的活性成分。

第3节　阳离子表面活性剂

阳离子表面活性剂亲水基团带有正电荷，其结构如图1-11所示。

阳离子表面活性剂溶于水中时，分子电离后具有表面活性的部分为阳离子，例如，$[C_{12}H_{25}N(CH_3)_2CH_2C_6H_5]^+\cdot Cl^-$溶于水中时，发生电离，离解成$[C_{12}H_{25}N(CH_3)_2CH_2C_6H_5]^+$和$Cl^-$两部分，其中具有表面活性的是$[C_{12}H_{25}N(CH_3)_2CH_2C_6H_5]^+$。几乎所有的阳离子表面活性剂都是有机胺的衍生物。

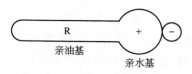

图1-11　阳离子表面活性剂分子结构图

阳离子表面活性剂的特点是具有很强的杀菌功能和抗静电功能，主要用作杀菌剂、柔软剂、破乳剂、抗静电剂等。阳离子表面活性剂的去污力较差，甚至有负洗涤效果。一般来说，阳离子表面活性剂与阴离子表面活性剂配伍性不好，两者混合后能形成不溶于水的复合物。

现将日化产品中常用的几种阳离子表面活性剂介绍如下。

一、季铵盐

季铵盐是阳离子表面活性剂中最常用的一类，一般是用脂肪胺与卤代烃反应生成季铵盐。

1. 十二烷基二甲基苄基氯化铵和溴化铵

分子式：十二烷基二甲基苄基氯化铵的分子式为 $[C_{12}H_{25}N(CH_3)_2CH_2C_6H_5]^+ \cdot Cl^-$，俗称洁尔灭；十二烷基二甲基苄基溴化铵的分子式为 $[C_{12}H_{25}N(CH_3)_2CH_2C_6H_5]^+ \cdot Br^-$，俗称新洁尔灭。

制备方法：本品用十二烷醇和二甲基胺反应生成叔胺，然后与氯化苄或溴化苄反应生成，如十二烷基二甲基苄基氯化铵的合成反应式如下。

$$ROH + NH(CH_3)_2 \longrightarrow RN(CH_3)_2$$

$$RN(CH_3)_2 + ClCH_2C_6H_5 \longrightarrow [RN(CH_3)_2CH_2C_6H_5]^+ \cdot Cl^-$$

性能和用途：这是一种杀菌功能非常强的阳离子表面活性剂，万分之几的浓度的溶液即可用于消毒。它无毒、无味，对皮肤无刺激，对金属不腐蚀，在沸水中稳定且不挥发，它的盐类对革兰阳性和阴性细菌都有杀灭作用，在 pH 值高时更有效。

2. 烷基三甲基氯化铵

分子式：$[RN(CH_3)_3]^+ \cdot Cl^-$，这类表面活性剂主要有十六烷基三甲基氯化铵（1631）、十八烷基三甲基氯化铵（1831）、二十二烷基三甲基氯化铵（2231）、双十八烷基二甲基氯化铵等。

性能和作用：这类表面活性剂有非常强的抗静电作用，也有较强的杀菌作用。主要用作护发素、发膜、纺织品的抗静电剂和柔软剂。

3. 山嵛酰胺丙基二甲胺山嵛酸盐

分子式：$C_{49}H_{100}N_2O_3$。

性能和作用：这种表面活性剂分子中并不含离子，溶于水后呈弱碱性，不会发生电离，需要用酸中和后才能表现出阳离子表面活性剂的特性，常用的中和剂为乳酸、柠檬酸、乙酸等有机酸，也可用盐酸等无机酸来中和。中和后的山嵛酰基丙基二甲胺具有很强的抗静电作用，是一种非常好的头发柔软剂，常用于发膜和护发素等护发产品中。

二、咪唑啉盐

咪唑啉化合物是典型的环胺化合物。用羟乙基乙二胺和脂肪酸缩合即可得到环叔胺，再进一步与卤代烃反应即得咪唑啉盐表面活性剂。例如：

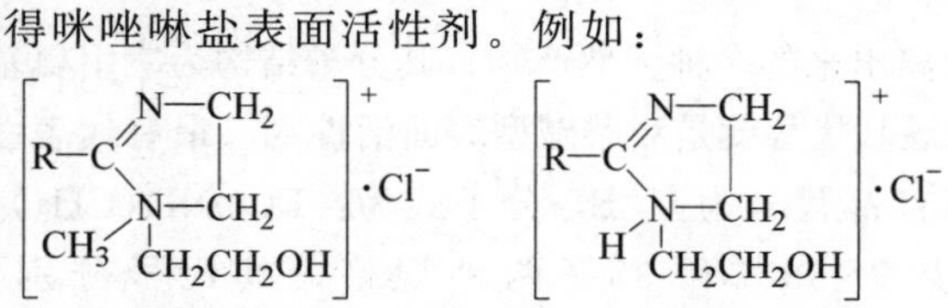

咪唑啉化合物的特性和缩合的脂肪酸有关，它能分散在热水中，在 pH≤8 时能完全溶解。由于活性基团带正电荷，能吸附在带负电荷的表面，而从溶液中消耗掉电荷。纸、玻璃和织物纤维一般都有带负电荷的表面，这种消耗根据要求的目的不同，有时是需要的，有时不需要。皮肤、头发和细菌都带有负电荷，由于牢固地吸附阳离子活性基团而达到滋润、调理、杀菌和抗静电等特殊的效果。

这类表面活性剂主要用作头发滋润剂、调理剂、杀菌剂和抗静电剂，也可用作织物柔软剂。

三、吡啶卤化物

卤代烷与吡啶反应，可生成类似季铵盐的烷基吡啶卤化物：

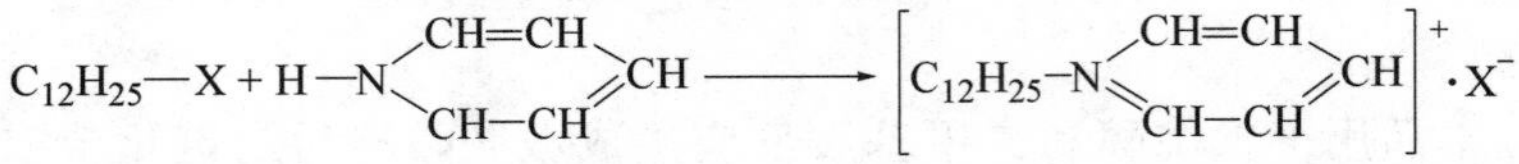

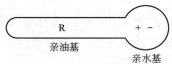

十二烷基吡啶氯化铵是这类表面活性剂的代表物，其杀菌力很强，对伤寒杆菌和金黄葡萄球菌有杀灭能力。在食品加工、餐厅、饲养场和游泳池等处作为洗涤消毒剂使用。

第 4 节　两性离子表面活性剂

两性离子表面活性剂亲水基团同时带有正电荷和负电荷，其分子结构如图 1-12 所示。

两性离子表面活性剂分子中既具有正电荷的基团，又具有负电荷的基团，带正电荷的基团常为含氮基团，带负电荷的基团是羧基或磺酸基。

两性表面活性剂在水中电离，电离后所带的电性与溶液的 pH 值有关，在等电点以下的 pH 值溶液中呈阳离子性，显示阳离子表面活性剂的作用；在等电点以上的 pH 值溶液中呈阴离子性，显示阴离子表面活性剂的作用。在等电点的 pH 值溶液中形成内盐，呈现非离子型，此时表面活性较差，但仍溶于水，因此两性表面活性剂在任何 pH 值溶液中均可使用，与其他表面活性剂相容性好。耐硬水，发泡力强，无毒性，刺激性小，也是这类表面活性剂的特点。

图 1-12　两性离子表面活性剂分子结构图

两性离子表面活性剂兼有阴离子表面活性剂和阳离子表面活性剂的功能，有起泡、去污和抗静电等作用，虽然效果比阴离子表面活性剂和阳离子表面活性剂相对弱一些，但性质非常温和，常用来降低其他表面活性剂的刺激性，可用于配制香波、沐浴液等化妆品。

下面介绍几种常用的两性表面活性剂。

一、甜菜碱型两性表面活性剂

甜菜碱是从甜菜中分离出来的一种天然产物，其分子结构为三甲氨基乙酸盐。如果甜菜碱分子中的一个甲基被长碳链烃基代替就是甜菜碱型表面活性剂。最有代表性的是椰油酰胺丙基（二甲基乙内酯）甜菜碱，其商品代号为 CAB，分子式为：$RCONH(CH_2)_3N^+(CH_3)_2CH_2COO^-$。市售的 CAB 有质量分数为 30% 和 35% 两种规格，其代号分别为 CAB-30、CAB-35。CAB 产品中一般含有 6% 左右的氯化钠，所以 CAB 与阴离子表面活性剂复配时具有增稠作用。

性能：和阴离子、阳离子、非离子及其他两性表面活性剂有较好的配伍性。柔软性好，泡沫丰富而稳定。具有良好的去污、调理、抗静电作用，并具有很好的黏度调节作用。在广泛的 pH 值范围内稳定，对皮肤和眼睛刺激性小。在香波中，与其他活性物配伍产生协同效应，表现出明显的调理作用，而且还有增稠效果。

用途：用于制备个人洗涤用品如香波、泡沫浴液、洗面奶等。尤其适合制作温和婴儿香波、婴儿泡沫浴液、婴儿护肤产品；在护发和护肤品配方中是一种优良的柔软调理剂。

二、咪唑啉型两性表面活性剂

它是由咪唑啉衍生物与卤代羧酸反应而制得的，如 1-羟乙基-2-烷基羧基咪唑啉。

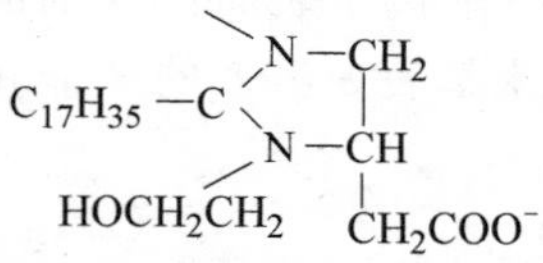

$$
\begin{array}{c}
\text{N—CH}_2 \\
\text{C}_{17}\text{H}_{35}\text{—C} \\
\text{N—CH} \\
\text{HOCH}_2\text{CH}_2 \quad \text{CH}_2\text{COO}^-
\end{array}
$$

这是一种优良的表面活性剂，刺激性很小，可用于婴儿香波和洗发香波中，还可用作抗静电剂、柔软剂、调理剂、消毒杀菌剂。

三、氧化胺

氧化胺，简称 OA，是氧与叔胺分子中的氮原子直接化合的氧化物，其分子式为 $RN^+(CH_2CH_2OH)_2 \rightarrow O$，式中，R 为 $C_{8\sim18}$ 的烷基。其结构式如下：

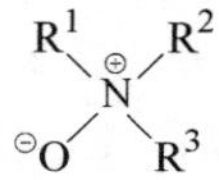

$$
\begin{array}{c}
R^1 \quad R^2 \\
{}^{\oplus}N \\
{}^{\ominus}O \quad R^3
\end{array}
$$

氧化胺分子中的氧，带有较多的负电荷，能与氢质子结合，是一种弱碱，但碱性要比母体叔胺弱。氧化胺的弱碱性使其在中性和碱性溶液中显出非离子特性，在酸性介质中呈阳离子性，是一种多功能两性表面活性剂。

氧化胺易溶于水和极性有机溶剂，是一种弱阳离子型两性表面活性剂，水溶液在酸性条件下呈阳离子性，在碱性条件下呈非离子性。具有良好的增稠、抗静电、柔软、增泡、稳泡和去污性能；还具有杀菌、钙皂分散能力，且生物降解性好，属环保型日化产品。

氧化胺的性质温和、刺激性低，可有效地降低洗涤剂中的阴离子表面活性剂的刺激性，其中十八烷氧化胺主要用于洗发香波，使头发更为柔顺，易于梳理，富有光泽；还可用于餐具、盥洗室、建筑外墙等硬表面清洗剂中，赋予产品以增稠、减少刺激和增效作用。它与传统的增稠剂 6501 相比，具有用量省、效率高、润湿性好、去垢力强的特点。还可赋予被洗涤物良好的手感和柔软性能。

十二烷基二甲基氧化胺则主要用于各类透明液体洗涤液，如餐具洗涤剂。沐浴液、香波等产品配方中作为增泡、稳泡剂，能改善增稠剂的相容性和产品的整体稳定性。

氧化胺还可用于纺织印染行业作为抗静电剂、真丝浸泡剂、后整理助剂的配方成分。

第 5 节　非离子表面活性剂

非离子表面活性剂在分子中并没有带电荷的基团，其分子结构如图 1-13 所示。

非离子表面活性剂在水中不电离，而其水溶性则来自分子中所具有的聚氧乙烯醚基、端点羟基、酰氨基和酯基等。由于非离子表面活性剂在水中不呈离子状态，所以不受电解质、酸、碱的影响，化学稳定性好，与其他表面活性剂的相容性好，在水和有机溶剂

图 1-13 非离子表面活性
剂分子结构图

中均有较好的溶解性能。亲水基中羟基的数目不同或聚氧乙烯链长度不同，可以合成一系列亲水性能不同的非离子表面活性剂，以适应润湿、渗透、乳化、增溶等各种不同的用途。

非离子表面活性剂的亲水基类型变化比较大，不同的亲水基表现出来的性能相差很大，现将常用的几种非离子表面活性剂介绍如下。

一、聚氧乙烯类非离子表面活性剂

这类表面活性剂是由高级脂肪醇、高级脂肪酸、烷基酚、多元醇酯等与环氧乙烷加成而制得的。它们是非离子表面活性剂中生产量最大，用途最广的一大类表面活性剂。

1. 脂肪醇聚氧乙烯醚

脂肪醇聚氧乙烯醚，其商品代号为 AEO，是近代非离子型表面活性剂中最重要的一类产品，由脂肪醇与环氧乙烷直接加成而得到，一般俗称 AEO，其通式为 $RO(CH_2CH_2O)_nH$，其中 $R=C_{12\sim18}$，$n=3\sim30$（n 值亦称 EO 值），随着 EO 数的增大，HLB 值增大，水溶性增加。EO 数较小时用作生产 AES 的原料以及乳化剂，EO 数较大时用于作润湿剂或洗涤剂，例如，表面活性剂平平加 O（peregal O）就是这类产品（其 R 为 C_{18}，n 为 15）。

生产 AEO 的起始原料醇可用 $C_{10\sim18}$ 的伯醇或仲醇。

$$C_{14}H_{29}OH + nH_2C \overset{\displaystyle}{\underset{O}{\diagdown}} CH_2 \longrightarrow C_{14}H_{29}(OCH_2CH_2)_n OH$$

$$C_7H_{15} \underset{OH}{\overset{\displaystyle|}{CH}} C_6H_{13} + nH_2C \overset{\displaystyle}{\underset{O}{\diagdown}} CH_2 \longrightarrow C_7H_{15} \underset{(OCH_2CH_2)_nOH}{\overset{\displaystyle|}{CH}} C_6H_{13}$$

AEO 常用作 AES 的生产原料，也广泛用作工业清洗剂和民用清洗剂及乳化剂。

2. 烷基酚聚氧乙烯醚

烷基酚聚氧乙烯醚，商品代号为 APEO，分子式为：$R-C_6H_4(CH_2CH_2O)_nH$，一般是在酚的羟基对位有一个带支链的烷基，其中 R 为十二碳原子以下的烷烃，其碳原子数通常在 $8\sim9$。与 AEO 相比，由于烷基为支链，所以生物降解性差；另一方面，低碳支链的烷基却能提高水溶性和洗涤效能。烷基酚聚氧乙烯醚在非离子型表面活性剂中应用范围仅次于 AEO，占第二位。这类产品最大的特点是化学稳定性好，壬烯可由丙烯三聚而成，然后用三氟化硼为催化剂与苯酚发生弗-克反应生成壬基酚，再进一步用环氧乙烷发生乙氧基化反应。

$$C_9H_{18} + C_9H_{19}\!-\!\!\!\!\bigcirc\!\!\!\!-OH \xrightarrow{BF_3} C_9H_{19}\!-\!\!\!\!\bigcirc\!\!\!\!-OH \xrightarrow[O]{nH_2C-CH_2} C_9H_{19}\!-\!\!\!\!\bigcirc\!\!\!\!-(OCH_2CH_2)_n OH$$

比较有代表性的烷基酚聚氧乙烯醚有壬基酚聚氧乙烯醚和辛基酚聚氧乙烯醚。

壬基酚聚氧乙烯醚的商品代号为 TX-10，具有极好的渗透、乳化、分散和洗涤性能，为容易使用的液体状态，对硫酸、盐酸、有机酸、一般还原剂、氧化剂及硬水稳定，对碱也稳定。可用作洗涤剂、染色助剂、乳化剂、渗透剂等。

辛基酚聚氧乙烯醚的商品代号为 OP-10，具有优良的匀染、乳化、润湿、扩散和抗静电性能。产品用途：在合纤工业中作为油剂的单体，显示乳化性能、抗静电性能，在合纤短纤维混纺纱浆料中作柔软剂。可用来提高浆膜的平滑性和弹性,对胶体有保护作用;可用作羊毛低温染色新工艺的匀染剂。在农药、医药、橡胶工业用作乳化剂,建筑行业可作为乳化沥青的乳化剂,又是金属水基清洗剂的重要组成之一;在洗涤剂行业是洗涤剂的主要成分,起去油作用;在金属表面技术行业,用作镀锡光亮剂的载体,帮助主光亮剂的溶解并提高阴极极化。

二、烷基酰醇胺

烷基酰醇胺是分子中具有酰氨基及羟基的非离子表面活性剂。常用的烷基酰醇胺表面活性剂主要有如下几种。

1. 月桂酰二乙醇胺

又名椰油酰二乙醇胺,分子式为 $C_{11}H_{23}CON(CH_2CH_2OH)_2$,商品代号净洗剂 6501,简称 6501。它是由脂肪酸与二乙醇胺在 N_2 气的保护下加热进行缩合反应而制得的。

$$C_{11}H_{23}COOH + 2HN(CH_2CH_2OH)_2 \longrightarrow C_{11}H_{23}CON(C_2H_4OH)_2$$

合成反应时其中 1mol 二乙醇胺并未形成酰胺,而是与烷基酰醇胺结合成复合物,使难溶于水的 $C_{11}H_{23}CON(C_2H_4OH)_2$ 变成水溶性,因此这类产品的水溶液呈碱性,pH 值(1%水溶液)为 8~11,在酸性介质中会降低其溶解性能。

性能:为浅棕色黏稠液,能分散于水中,溶于一般的有机溶剂,具有良好的起泡性、稳定性、增稠性、渗透性、防锈性和洗涤性,与其他活性物配伍性好。与 AES 表面活性剂复配使用,可达到比较好的增稠效果。

用途:在印染助剂中用作洗涤剂、增稠剂、稳泡剂和缓蚀剂;用作铜铁的防锈剂;用于香波、轻垢洗涤剂和液体皂中作泡沫稳定剂和黏度改进剂。

2. 椰子油脂肪酸单乙醇酰胺

分子式为 $C_{11}H_{23}CONHCH_2CH_2OH$,商品代号为 CMEA。

性能:为白色或淡黄色薄片状固体,不易溶于水,但与肥皂和其他表面活性剂复配时,可成为透明溶液。它具有优良的稳泡、增稠、润湿和抗硬水性能,生物降解性高,可用于固体、粉状及液体洗涤剂中。在香皂中应用,可以固香、增加光泽、防止腐败。在液洗产品中具有十分明显的增稠效果。配方中添加 1%,其黏度可达到甚至超过 6501,添加量为 2%~3% 的配方黏度,可降低调黏用的无机盐加量。特别适合于铵盐及磺基琥珀酸盐体系。

用途:可广泛用于香波、浴液、餐洗等各种洗涤剂,化妆品、纺织印染助剂及医药、橡胶工业等许多领域,也可用作润滑油添加剂、沥青添加剂、染色助剂、鸡饲料添加剂等。另外,也是合成其他表面活性剂的中间体。

三、失水山梨醇脂肪酸酯

山梨醇是由葡萄糖加氢还原而得到的多元醇,由于醛基已被还原,因此化学稳定性好。山梨醇与脂肪酸反应时可同时发生脱水和酯化反应,生成失水山梨醇脂肪酸酯,结构式如下:

这种失水山梨醇脂肪酸酯的代表性产品是乳化剂司盘（Span）。山梨醇可在不同位置的羟基上失水，构成各种异构体，实际上山梨醇的失水反应是很复杂的，往往得到的是各种失水异构体的混合物。

司盘（Span）是失水山梨醇脂肪酸酯表面活性剂的总称，按照脂肪酸的不同和羟基酯化度的差异，司盘系列产品的代号如表 1-3 所列。

表 1-3　司盘系列产品的代号和化学名称

代号	化学名称	代号	化学名称
Span-20	十二酸失水山梨醇单酯	Span-65	十八酸失水山梨醇三酯
Span-40	十四酸失水山梨醇单酯	Span-80	十八烯酸失水山梨醇单酯
Span-60	十八酸失水山梨醇单酯	Span-85	十八烯酸失水山梨醇三酯

司盘类表面活性剂的亲水性较差，在水中一般不易溶解。若将司盘类表面活性剂与环氧乙烷作用，在其羟基上引入聚氧乙烯醚，就可大大提高它们的亲水性，这类由司盘衍生得到的非离子表面活性剂称为吐温（Tween），吐温的代号与司盘相对应，即 Span-20 与环氧乙烷加成后成为 Tween-20，Span-40 与环氧乙烷加成后成为 Tween-40，其余类推。Span 与 Tween 混合使用可获得具有不同 HLB 值的乳化剂。由于这类表面活性剂无毒，常用于食品工业、医药工业和化妆品工业中。

四、蔗糖酯

蔗糖酯的全称为蔗糖脂肪酸酯（SE），系以蔗糖为原料，在适当的反应体系中，与脂肪酸进行酯化反应而生成。分子式为 $(RCOO)_n C_{12} H_{12} O_3 (OH)_{8-n}$，结构式如下：

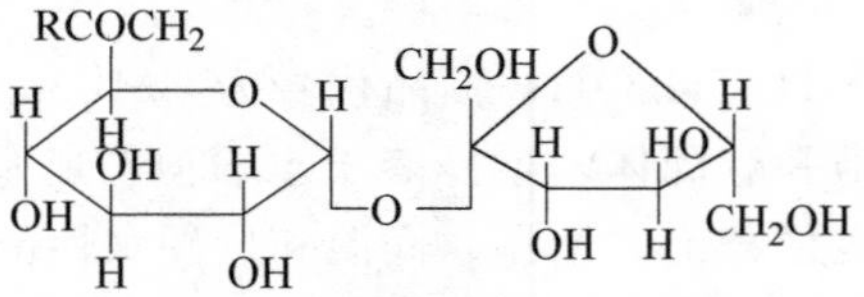

其中，R 为脂肪酸烃基；n 为蔗糖的羟基酯化数。是以蔗糖的—OH 为亲水基，脂肪酸的碳链部分为亲油基的一种乳化剂。因蔗糖上有 8 个—OH，故可接 1～8 个脂肪酸，常用的脂肪酸有硬脂酸、棕榈酸、油酸等高级脂肪酸。

蔗糖酯的分子量随脂肪酸链的长短而异。它为白色至棕黄色的粉末，无臭、无味。145℃以上时分解，120℃以下均稳定，具有旋光性。单酯能溶于温水，双酯、三酯则在水中难以溶解。蔗糖酯能溶于氯仿，易溶于乙醇、丙酮和丙二醇等。在弱酸弱碱条件下稳定，强酸强碱易使之水解。

蔗糖酯因其分子结构中含有亲水性的蔗糖基团和疏水性的脂肪酸基团，所以是一种非离子型表面活性剂，具有很强的表面活性。实验表明，蔗糖酯中单酯含量越高，亲水性越强，反之，双酯、三酯含量越高，疏水性就越强。因此，应用时要注意根据使用目的不同而选择不同型号（即不同 HLB 值）的蔗糖酯。由于其分子结构中含有强亲水性的蔗糖基团和亲油性的脂肪酸基团，所以它具有很强的表面活性，对油和水有良好的乳化作用。

蔗糖酯在人体内可分解成蔗糖和脂肪酸而被机体利用，且安全性高，它对皮肤和黏膜无刺激性，故广泛作为清洗剂、乳化剂应用于医药、食品和日用化学品中。

五、烷基糖苷

烷基糖苷，简称 APG，是由可再生资源天然脂肪醇和葡萄糖合成的，是一种性能较全面的新型非离子表面活性剂，兼具普通非离子和阴离子表面活性剂的特性，具有高表面活性、良好的生态安全性和相容性，是国际公认的首选绿色功能性表面活性剂。

市售的烷基糖苷为淡黄色液体，活性物含量大于 50%，pH 值（10%水溶液）为11.5～12.5。

该表面活性剂具有如下特点：表面张力低，去污性好；配伍性能好，能与各种离子型、非离子型表面活性剂复配产生增效作用；起泡性好，泡沫丰富细腻；溶解性好，耐强碱和电解质，有良好的增稠能力；与皮肤相容性好，显著改善配方的温和性，无毒、无刺激、易生物降解，可用于香波、沐浴液、洁面膏和洗洁精等去污产品中。

六、多元醇酯类

多元醇酯类是将以甘油为主的各种多元醇的一部分羟基合成为脂肪酸酯，并以残余的羟基作为亲水基团的一种表面活性剂。所使用的多元醇有羟基基数为 3 的甘油、三羟甲基丙烷，羟基基数为 4 和 5 的季戊四醇、山梨糖，羟基基数为 6 的山梨糖醇，羟基基数为 8 的蔗糖，羟基基数在 8 以上的聚甘油、棉籽糖等。这些多元醇和高级脂肪酸可以合成一元酯链到数个酯链的化合物。多元醇酯类表面活性剂有优良的滋润性能，用于膏霜类化妆品中作为亲油乳化剂，如单硬脂酸甘油酯（简称单甘酯）等。

第 6 节　天然表面活性剂

天然表面活性剂多来自动植物体，为较复杂的高分子有机物。由于其亲水性强，因而能形成乳浊液。而这类物质多有较高的黏度，有益于乳化稳定性。如卵磷脂、胆甾醇、羊毛脂、茶皂素、蛋白质、皂苷类、糖类及烷基多苷等。此类表面活性剂一般表面张力能力较小，乳化能力也不尽相同。但有的具有较强的表面活性，如茶皂素、烷基多苷等，去污活性强，可直接应用于沐浴用品、洗发用品。大多数天然表面活性剂具有优良的乳化性能，且具有其他方面的特性和功能，在医药、食品、化妆品及洗涤用品等方面应用广阔。这类表面活性剂多数无刺激、无毒副作用，安全性能高，易生物降解，配伍性能好。是未来表面活性剂的发展方向，特别是在日化产品中有着广阔的应用前景。

1. 卵磷脂

卵磷脂存在于生物细胞中，如动物卵、脑等组织及植物的种子或胚芽中，卵黄磷脂从蛋黄中提取；大豆中含有丰富的卵磷脂。卵磷脂具有乳化、分散作用及抗氧化等生理活性，是天然优良的表面活性剂，重要的乳化剂。

2. 胆甾醇

胆甾醇亦称胆固醇。存在于动物大脑、神经组织、羊毛脂与卵黄中，是一种天然乳化剂。其分子结构中，疏水基作用力强，所以适宜于 W/O 型乳状液。皮肤中皮脂分泌物含有丰富的胆甾醇及其衍生物，所以胆甾醇有护肤和护发的作用。其亦是一种助乳化剂，具有促进和增强其他表面活性剂的功能。应用于唇膏及眼部化妆品制剂，有益于色素和乳液的稳定。多使用于油脂性护肤品。

3. 羊毛脂

是羊的皮脂腺的分泌物，多从羊毛中提取，具有很强的乳化和渗透作用。易为头发和皮肤吸收，其配伍性能亦好。羊毛脂的衍生物多有乳化作用。

（1）羊毛脂蜡　是优异的 W/O 型乳化剂，对多种化妆品成分有很好的分散作用，多用于唇膏。

（2）羊毛脂酸异丙酯　亲水作用力强，也具有 W/O 性乳化特性，可用于膏霜制剂。

（3）羊毛脂醇　具有较强的 W/O 乳化特性，也能稳定 O/W 乳液。

（4）氢化羊毛脂　其既是 W/O 乳化剂，又是 O/W 型乳液稳定剂，吸水性强，易被皮肤吸收，常用于唇膏等。

（5）羊毛脂酸皂　有钾、钠、三乙醇胺等，具有乳化作用，在气容式产品中，可促进原料的分散和稳定。总之由羊毛脂及其衍生物制得的乳液，稳定性好，且易被皮肤吸收，润肤性能好，所以多用于膏霜及油性乳状液。

4. 茶皂素

茶皂素是茶叶中的提取物，结构是一种三萜类皂苷，有较强的表面活性，抗硬水能力和起泡能力均很高。茶皂素具有乳化、去污、润湿、分散及起泡等多种功能。利用其乳化性能，可开发不同的油相乳化剂。用茶皂素直接洗涤毛丝织物，可保持织物的艳丽色彩，并有保护织物的作用；用于洗发剂，具有洗发、护发、乌发及去头屑、防脱发的功能。其乳化能力超过油酸皂、烷基磺酸盐及聚氧乙烯脂肪醇醚等乳化剂，是一种优异的天然表面活性剂。多应用于高档的洗发用制剂和洗涤用品。

5. 蛋白质

蛋白质由氨基酸构成，既有亲水基，又有疏水基，其实质上是高分子表面活性剂。蛋白质是人体必需营养物，多用作食品乳化剂，其种类亦多，如牛奶、卵蛋白、酪蛋白、大豆蛋白等，均具有乳化、起泡及胶体的保护作用，在食品工业多用于食品乳化剂。

6. 植物甾醇

植物甾醇可由黄豆油提取。由谷甾醇、豆甾醇、菜油甾醇、维生素 E 等组成，与胆固醇有相似的物化性质。具有微弱的表面活性及杀菌消炎作用，对头发有护理作用，以其配制成的香波与硅氧烷产品效果相当。可减少静电，改善梳理性，有护发和乌发的作用，应特别指出的是，植物甾醇具有液晶结构，多被用于制备脂质体。豆甾醇亦是一种植物甾醇，亦具表面活性，是一种助乳化剂，还具有抗氧化作用。用于护肤化妆品有明显的皮肤保水能力，是优异的保湿剂、营养剂及调理剂。若与磷脂配合使用，效果会更好。多用于乳液及护发产品。

7. 皂苷类

含有皂苷类的植物很多，多有去垢功能和乳化作用，是一类重要的天然表面活性剂。

（1）远志皂苷　具有表面活性，可用作乳化剂和分散剂，用于洗发水，具有洗发和刺激生发的双重功能。

（2）七叶皂苷　其钠盐有表面活性，可用作洗涤剂和起泡剂，有抑菌消炎作用，具有吸湿、保湿的性能，是化妆品优异的调理剂，并有稳定乳液的作用。

（3）皂树酸　属皂苷成分，具有良好的表面活性及较强的发泡力。可广泛应用于香波化妆品乳液，在香波中可替代去污成分，能赋予头发柔软和光泽。

（4）山茶皂苷　也具有一定的表面活性，可作乳化剂，有起泡、润湿及分散功能。用于洗发护发用品，可软化头皮，有去屑止痒及防脱发作用。

（5）无患子皂苷　是野生落叶乔木无患子果皮的提取物，主要表面活性成分为三萜皂苷类（Ⅰ）、倍半萜糖苷类（Ⅱ）、脂肪油和蛋白质，是一种天然的非离子型表面活性剂，纯天然产品，未添加任何人工合成的洗涤剂、香精、色素和防腐剂成分。具有很强的降低表面张力的作用，用于皮肤清洁（沐浴、洗脸、洗手、洗发）和衣物洗涤，清洁性能好，能有效清除污垢，无异味，抗菌美容，增白、祛斑、祛痘、防治皮肤病。100%可降解，温和无刺激，不会产生对人体健康和环境有害的残留物。

 案例分析

事件过程：2009 年 3 月美国一非盈利消费者组织安全化妆品运动发布检测报告称，目前市场上销售的部分婴儿卫浴产品含有甲醛及二噁烷（1,4-二氧杂环乙烷）等有毒物质，涉及强生、妙思乐及帮宝适等品牌。

中新网 3 月 20 日电：国家质检总局发布消息称，在获悉美国安全化妆品运动组织公布对美国市场上强生公司等部分婴幼儿洗浴用品检测出微量二噁烷和甲醛的消息后，质检总局迅速组织有关部门和检测机构进行了调查和了解。

经质检部门组织国家化妆品质检中心对强生（中国）有限公司生产的 26 种 31 个批次的婴幼儿洗浴用品产品进行检验，检验结果显示：这些产品的甲醛指标均符合标准规定；26 种 30 个批次的产品未检出二噁烷，仅有一种产品——婴儿香桃沐浴露中的一个批次，检出含有微量的二噁烷。

2010 年 7 月，根据《壹周刊》的报道，当地机构对霸王集团旗下生产的中草药洗发露、首乌黑亮洗发露以及其生产的追风中草药洗发水进行了化验，这几款洗发水中均检出了含有致癌物二噁烷。

《壹周刊》曝出霸王系列洗发水含致癌化学物二噁烷之后，又有香港媒体报道称，有市民将飘柔各一款含中药成分的洗发水送检，结果显示飘柔洗发水中含有二噁烷 8.8mg/kg。

疑问：二噁烷来自哪里？是人为添加的吗？

原因分析：二噁烷，有机化合物，别名二氧六环、1,4-二氧己环，无色液体，稍有香味。属微毒类，对皮肤、眼部和呼吸系统有刺激性，并且可能对肝、肾和神经系统造成损害，急性中毒时可能导致死亡。主要用作溶剂、乳化剂、去垢剂等。

事件曝光的所有品牌产品中二噁烷含量均非常低，不存在违规添加的问题。所以，应该是原材料中含有微量的二噁烷。

含有聚氧乙烯醚结构的表面活性剂，如 AES、AEO 等制造过程中烷氧基化时产生二噁烷等杂质，虽然后处理过程中能将绝大部分二噁烷去除，但仍会有微量二噁烷残留。制作化妆品时如果使用了这些表面活性剂，将导致化妆品中也含有微量二噁烷。

现在，市面上在售的大部分香波和沐浴液含有 AES，所以导致了上述事件的发生。

其实，对于二噁烷的残留问题也并没有媒体炒作的那样可怕。美国食品药品管理局（FDA）2000 年后对化妆品中二噁烷含量的规定为不大于 20mg/kg；澳大利亚卫生部认为，日常消费品中（食品和药品除外），二噁烷的理想限值是 30mg/kg，含量不超过 100mg/kg 时，在毒理学上是可接受的。

实训　常用表面活性剂的认知

一、实训目的
1. 对常用表面活性剂的外观进行初步认知。
2. 对常用表面活性剂的性能进行初步认知。

二、实训内容
1. 实训材料

硬脂酸钠、AES、AESA、K_{12}、$K_{12}A$、1831、$K_{12}A$、AEO-9、AEO-3、CAB-35、6501、单甘酯、Span-60、Tween-60 等表面活性剂。

2. 外观观察

对上述材料的状态、颜色等进行观察，并通过互联网查阅有关生产企业、活性物含量等信息，填写表 1-4。

表 1-4　外观形态数据表

序号	名称	状态	颜色	生产企业名称	活性物含量
1	硬脂酸钠				
2	AES				
3	AESA				
4	K_{12}				
5	$K_{12}A$				
6	1831				
7	AEO-9				
8	AEO-3				
9	CAB-35				
10	6501				
11	单甘酯				
12	Span-60				
13	Tween-60				

3. 溶解性观察

取上述材料少量（约 0.1g），加入试管中，再加入 10mL 纯净水，充分摇动，静置 5min，观察这些表面活性剂的溶解性，并填写表 1-5。

表 1-5　溶解性能表

能溶于水的表面活性剂	不能溶于水的表面活性剂

4. 起泡能力观察

取 250mL 烧杯一个，装入 100mL 纯净水，将观察完溶解性的表面活性剂溶液从 30cm 高度处缓慢倒入烧杯中，观察泡沫情况。洗净烧杯，用另一种表面活性剂溶液重复以上实验（不溶于水的表面活性剂不进行此项实验），并填写表 1-6。

表 1-6　起泡性能表

序号	名称	泡沫描述
1		
2		
3		
4		
5		
6		
7		
8		
9		
10		

5. AES 与 1831 去污能力、柔软性对比

将 AES 与 1831 配成 1％水溶液 200mL，装于 250mL 烧杯中，将两块用墨汁染污的污布放入烧杯中，用玻璃棒搅拌 10min，观察去污情况。将布取出，直接晾干后，用手直接触摸，感受手感，填写下表。

序号	名称	去污能力描述	柔软性描述
1	AES		
2	1831		

思考题

1. 什么是表面张力？什么是表面活性剂？

2. 什么是临界胶团浓度？在临界胶团浓度前后，表面活性剂性能有什么变化？

3. 什么是 krafft 点和 C.P 值？

4. 表面活性剂有哪些作用？其作用原理如何？

5. 导致乳状液稳定的因素有哪些？导致乳状液不稳定的因素又有哪些？

6. 什么是表面活性剂的 HLB 值？HLB 值不同的表面活性剂对应哪些作用？

思考题答案

7. 阴、阳、两性、非离子表面活性剂的结构特征是什么？其主要性能和作用是什么？

8. 阴离子表面活性剂与阳离子表面活性剂能复配使用吗？扫描查答案。

第2章
纯水、防腐剂、抗氧化剂和着色剂

💡 **知识点** 去离子水；离子交换；反渗透；防腐剂；抗氧化剂；着色剂。

💡 **技能点** 制备去离子水；控制化妆品微生物；选用防腐剂；设计防腐体系；选用抗氧化剂；设计抗氧化体系；选用着色剂。

💡 **重　点** 去离子水的制备；防腐剂的选用；抗氧化剂的选用；着色剂的选用。

💡 **难　点** 防腐体系的设计；抗氧化体系的设计。

💡 **学习目标** 掌握去离子水的制备方法；掌握纯水的灭菌方法；掌握化妆品微生物的控制方法；能进行防腐剂、抗氧化剂和着色剂的选用；能进行防腐体系和抗氧化体系的初步设计。

第1节　纯水的制备技术

水在日用化学品生产中是使用最为广泛、最价廉、最丰富的原料。在液体洗涤剂、香波、浴液、各种膏霜和乳液等大多数化妆品中都含有大量的水，水在这些化妆品中起着重要的作用。水对很多物质具有很好的溶解性，在产品中是最廉价的均质介质，同时也是一种重要的润肤物质。所以，生产用水的质量直接影响到产品生产过程和最终产品的质量。

一、日化用品生产用水的要求

为了满足日用化学品，特别是化妆品高稳定性和良好使用性能的要求，对生产用水主要有两方面的要求：电解质浓度和微生物含量均要控制在很低的含量，最好是不含有电解质和微生物。

1. 电解质浓度

经过初步纯化的水源（如自来水）仍然含有钠、钙、镁、钾、铜离子，而且还有微量的重金属、汞、镉、锌和铬，以及流经水管夹带的铁和其他物质。到达用户的自来水水质比自来水厂出口的要差。这些杂质对日用化学品，特别是化妆品生产有很多不良的影响。下面，举几个实例。

【实例 2-1】　在制造古龙水、须后水和化妆水等含水量较高的产品时，微量的钙、镁、铁和铝能慢慢地形成一些不溶性的残留物，更严重的是一些溶解度较小的香精化合物会共沉淀出来，导致产品出现浑浊等质量问题。

【实例 2-2】　在洗涤剂生产中，水中钙、镁离子会和表面活性剂作用生成钙、镁皂，影响制品的透明性和稳定性。

【实例 2-3】　一些有机酚类化合物，如抗氧化剂、紫外线吸收剂和防腐剂等可能会与微量金属离子反应形成有色化合物，甚至使之失效。

【实例 2-4】　香波常用的去头屑剂——吡啶硫酮锌（ZPT）遇铁会变色，一些具有生物活性的物质遇到微量重金属可能会失活。

【实例 2-5】　在乳化工艺中，大量的无机离子，如镁、锌等离子的存在会干扰某些表面活性剂体系的静电荷平衡，引起原先稳定的产品发生分离。

【实例 2-6】　水中矿物质的存在构成微生物的营养源，普通自来水中所含杂质几乎已能供给多数微生物所需的微量元素，含电解质的水有利于微生物的生长和繁殖。

所以，化妆品用水需去除水中的电解质，一般要使含盐量降至 1mg/L 以下，即电导率需降低至 $1\sim6\mu s/cm^2$。

2. 微生物含量

水是生命之源，自来水中虽然加有漂白粉等杀菌剂，但经过很长的输送管道到达生产企业时，自来水中会含有一定量的微生物。

自来水（即生活饮用水），其水质标准细菌总数＜100CFU/mL（CFU 为 colony-forming units 的缩写，指单位体积中的活菌个数）。经过水塔或贮水池后，短期内细菌可繁殖至 $10^5\sim10^6$CFU/mL。这类细菌只限于对营养需要较低的细菌，大多数为革兰阴性细菌。这类细菌很容易在水基产品，如乳液类产品中繁殖。另一类细菌是自来水氯气消毒时残存的细菌，即各种芽孢细菌，它在获得合适培养介质时才会继续繁殖。

日用化学品，特别是化妆品生产用水的另一要求是不含或尽量少含微生物。《化妆品安全技术规范》规定：一般化妆品菌落总数不得大于 1000CFU/mL 或 1000CFU/g，霉菌和酵母菌总数不得大于 100CFU/mL 或 100CFU/g；耐热大肠菌群、金黄色葡萄球菌和铜绿单胞菌不得检出。眼部、口唇、口腔黏膜用化妆品及婴儿和儿童用化妆品菌落总数不得大于 500CFU/mL 或 500CFU/g。而微生物在日用化学品中会繁殖，结果使产品腐败，产生不愉快气味，产品变质，对消费者造成伤害。任何含水的产品都可能滋长细菌，而且，最常见的细菌来源可能是水本身，因此，生产用水必须使用没有被微生物污染的水（主要是原料用水），需要对自来水进行除菌处理。

值得注意的是，微生物在静态或停滞不流动的水中繁殖得最快，所以生产用水最好是现处理现使用，切勿放置太长时间。隔夜的生产用水需做防腐处理，否则细菌往往会超标。

二、纯水生产过程

水处理设备所用的水源一般都是天然水；这种天然水源无论是地表水还是地下水都含有

很多不同的杂质。水体中杂质种类繁多，一般是按杂质粒度大小和存在状态的不同，分为三类。

第一类：悬浮物。水中凡是颗粒直径在 10^{-4} m 以上的杂质统称为悬浮物。天然水中悬浮物的主要成分是泥沙和黏土，其次还有原生动植物遗骸、微生物、较大分子有机物聚合物等。这些杂质可以通过沉淀、过滤将其有效地去除。

第二类：胶体物。水中凡是颗粒直径在 $10^{-4} \sim 10^{-7}$ m 以上的杂质统称为胶体物。天然水中胶体颗粒是由许多分子和离子的集合体，这种细微的颗粒具有较大的比表面积，从而使它具有特殊的吸附能力，而被吸附的物质往往是水中的离子，因此胶体一般是带有一定的电荷。而同种胶体就带有同种电荷，从而胶体之间就具有一定的电排斥力。所以这种颗粒在水中一般不容易沉淀和聚集，而是无规律散布于溶液之中，使胶体在水中维持分散运动的稳定状态。

第三类：溶解物。水中凡是颗粒直径在 10^{-7} m 以下的杂质统称为溶解物。溶解物质一般是以分子和离子形式存在于水中的。

这些杂质对日用品，特别是化妆品制作有较大影响，必须去除。目前，绝大部分日化企业的纯水生产采用的是图 2-1 所示的工艺流程。

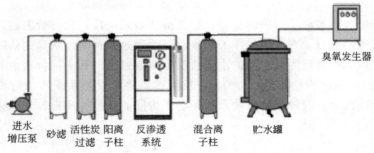

图 2-1　纯水生产工艺流程

1. 砂滤

水中含有的悬浮物质和胶体物质，如泥沙等的去除方法主要有电凝聚、砂滤和微孔过滤，其中砂过滤是最常用的方法。

2. 活性炭过滤

水中有机物的性质不同，去除的手段也各异。悬浮状和胶体状的有机物在过滤时可除去 $60\% \sim 80\%$ 腐殖酸类物质。对所剩的 $20\% \sim 40\%$ 有机物（尤其是其中 $1 \sim 2$ mm 粒径的颗粒）需采用吸附剂，如活性炭、氯型有机物清除器、吸附树脂等方法予以除去，活性炭吸附应用较普遍。

活性炭吸附法是利用多孔性固体物质，使水中一种或多种有害物质被吸附在固体表面而去除的方法，如除去水中有机物、胶体粒子、微生物、余氯、臭味等。常用粒状活性炭，粒径为 $20 \sim 40$ 目，比表面积为 $500 \sim 1000$ m^2/g。活性炭除余氯的效率更大，可达 100%，此外，活性炭还可除去部分胶体硅和铁。活性炭吸附法在纯水制备预处理中应用很广泛。

3. 阳离子柱

主要是为了去除钙、镁、铁、锰等阳离子，因为这些离子会在反渗透膜表面结垢，加速反渗透膜的老化。因此，应在反渗透装置前安装阳离子柱，防止反渗透膜表面结垢。

阳离子交换柱内装填的是阳离子交换树脂（RH），其工作原理（以去除 Na^+ 为例）见下列反应式：

$$RH+Na^+ \longrightarrow RNa+H^+$$

【请思考】 从阳离子柱出来的水的酸碱性应该是怎样的？

阳离子交换树脂吸附饱和后，需要用 HCl 溶液再生，其工作原理为：

$$RNa+H^+ \longrightarrow RH+Na^+$$

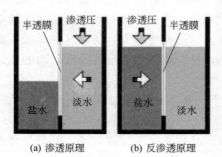

图 2-2　渗透与反渗透原理

4. 反渗透系统

渗透与反渗透的原理如图 2-2 所示。

因为在浓溶液（盐水）和稀溶液（淡水）之间存在渗透压，所以自然界中渗透现象是水从稀溶液中通过渗透膜到浓溶液中。反渗透（RO）则是与之相反的过程，是在浓溶液侧加压，克服渗透压，使水从浓溶液通过膜进入稀溶液中。通常采用多级 RO 并联组串联的方式运行（见图 2-3），从而获得较大的产水率和较高的除盐率。

在反渗透膜的表面布满了极细的膜孔，盐类溶质被膜排斥，化合价态越高的离子被排斥得越远，膜孔周围的水分子在反渗透压力的推动下，通过膜孔流出从而达到除盐的目的。当离子孔径小于反渗透膜孔范围时，盐的水溶液就会泄漏过膜，其中一价盐泄漏较多，二价盐次之，三价盐最少。RO 膜的孔径<1.0nm，反渗透是整个脱盐系统的执行机构，其作用是脱除水中的可溶性盐分、胶体、有机物及微生物。也能滤除各种病毒，如流感病毒、脑膜炎病毒、热原病毒。

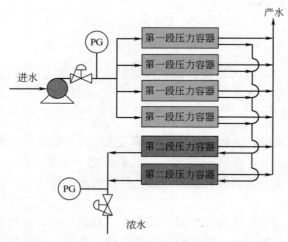

图 2-3　多级 RO 并联组串联的运行方式示意图

5. 混合离子柱

阴、阳离子交换树脂按一定比例混合装填于同一交换柱内的离子交换装置称为混合离子交换柱，简称混床（MB）。混床中装填有阴阳离子交换树脂，阳离子交换树脂用于去除水中的阳离子，阴离子交换树脂用于去除水中的阴离子。均匀混合的树脂层阳离子交换树脂与阴离子交换树脂紧密地交错排列，每一对阳离子交换树脂与阴离子交换树脂颗粒类似于一组复床，故可以把混床视作无数组复床串联的离子交换设备。

混床中离子交换树脂的工作原理如下。

交换：

$$RH + NaCl \longrightarrow RNa + HCl \qquad 阳离子交换树脂$$

$$ROH + HCl \longrightarrow RCl + H_2O \qquad 阴离子交换树脂$$

再生：

$$RNa + HCl \longrightarrow RH + NaCl$$

$$RCl + NaOH \longrightarrow ROH + NaCl$$

通过离子交换可较彻底地除去水中的无机盐。混合床离子交换可制取纯度较高的高纯水。

三、纯水的灭菌和除菌

原水经过反渗透处理后，大部分微生物被去除了，但仍有少量的微生物污染。

减少或消除化妆品厂用水的微生物污染有化学处理、热处理、紫外线消毒和臭氧消毒。它们可单独使用或多种方法结合使用。

（一）化学处理

沾污的树脂床和供水管线系统可使用稀甲醛或氯水（一般用次氯酸溶液）稀溶液进行消毒。在消毒前必须完全使盐水排空，防止甲醛可能转变为聚甲醛和次氯酸盐产生游离氯气。一般方法是用质量分数为 1% 的水溶液与树脂浸泡过夜，然后，清洗干净。

进水通过去离子后，确保微生物不在贮水池和供水系统内繁殖的一种方法是添加一定剂量的（低浓度）灭菌剂。在去离子后的贮罐中添加氯气（一般使用氯水或次氯酸钠溶液）$(1 \sim 4) \times 10^{-6}$ mg/L 可使其中微生物污染降至 100CFU/mL 的水平。一般氯气在 5×10^{-6} mg/L 浓度水就可闻到氯的气味，这样水平的氯对大多数化妆品没有影响。可采取计量泵在管道系统中添加氯。

较不常用的获得消毒水或接近消毒水的方法是用防腐剂和加热处理，例如，用 0.1% ~ 0.5% 的对羟基苯甲酸甲酯，加热到 70℃ 几乎完全消毒，这也可用于清洗设备。

（二）热处理

在反应容器中加热灭菌是化妆品工业最常使用的灭菌方法。水相在容器中加热到 85 ~ 90℃ 并保持 20 ~ 30min，这个方法足以消灭所有水生细菌，但不能消灭细菌芽孢（一般细菌芽孢很少存在于自来水中）。如果有细菌芽孢，加热处理可能会引起芽孢发育，但如果加热后间歇 2h 再重新加热，这样反复加热 3 次是绝对安全的。

另一种加热灭菌方法是将水呈薄膜状加热至 120℃，并立即冷却。这种方法称为超高温短期消灭法（简写 UHST），据称可除去所有的细菌。

【请思考】为什么化妆品配制过程中，水和水溶性物料需要加热到 85 ~ 90℃ 并保温一段时间，而油混合物一般不需要保温，或保温很短时间？

（三）紫外线消毒

波长低于 300nm 的紫外辐射可杀灭大多数微生物，包括细菌、病毒和大多数霉菌。紫外线灭菌的机理是紫外辐射对细菌细胞膜 DNA 和 RNA 的作用。由于紫外线较难透过水层，只有当水流与紫外线紧密接触时才有效，这就意味着水流必须呈薄膜状或雾状，因而，它对供水系统有限制，水流很慢时才有效。

尽管紫外线消毒是对空气和一些设备消毒有用的方法，但必须确保紫外线源的效率。光源表面黏液的积聚或光源发光效率衰减会导致灭菌效率的下降。紫外线消毒作为水处理冷式消毒方法不是很有效，即使很有效的系统，往往也有残存的微生物。尽管在化妆品生产用水系统中也常使用，但其有效性是较差的。

【请思考】为什么化妆品制造车间安装紫外灯可以达到很好的消毒效果？

（四）臭氧消毒

臭氧（O_3）是氧的同素异形体，它是一种具有特殊气味的淡蓝色气体，其密度是氧气的 1.5 倍，在水中的溶解度是氧气的 10 倍。臭氧是一种强氧化剂，能破坏分解细菌的细胞壁，很快地扩散透进细胞内，氧化分解细菌内部氧化葡萄糖所必需的葡萄糖氧化酶等，也可以直接与细菌、病毒发生作用，破坏细胞的核糖核酸（RNA），分解脱氧核糖核酸（DNA）、RNA、蛋白质、脂质类和多糖等大分子聚合物，使细菌的代谢和繁殖过程遭到破坏。与次氯酸类消毒剂不同，臭氧的杀菌能力不受 pH 值变化和氨的影响，其杀菌能力比氯大 600～3000 倍，它的灭菌、消毒作用几乎是瞬时发生的，在水中臭氧浓度为 0.3～2mg/L 时，0.5～1min 内就可以杀死细菌。

第 2 节　微生物污染和防腐剂

日用化学品，特别是化妆品是在生产、贮藏和使用过程中都难免受到微生物的污染。微生物的危害，首先表现在感官上使产品的色、香、味发生变化，导致质量下降，失去商品价值；更主要的是病原微生物及其代谢产物会导致人体健康受到危害。为此，有必要采取防止微生物污染的措施。除了在产品生产过程中加强卫生管理外，为了达到防腐、防霉的目的，大部分产品中必须加入防腐杀菌剂。

一、微生物对产品的危害

一般来说，只要有水、碳源、氮源、矿物质、微量的金属、氧和合适的温度及合适的pH 值，微生物就能生长繁殖，日用化学品中一般都具备微生物这些生长和繁殖的条件。特别是近年来大量营养物质（如人参提取液、胎盘提取液、水解蛋白和维生素等）在化妆品中的使用，为微生物的生长创造了更好的营养条件。

霉菌能在产品的表面繁殖导致产品发霉，而细菌可在产品内外各部分繁殖导致产品腐败，微生物污染的产品表现出如下现象。

① 产品内外都变色。这是由于细菌产生色素所致。

② 产品表面形成红色、黑色、绿色等颜色霉斑。这是由于霉菌产生不同色素所致。

③ 产品发生气胀现象。这是由于微生物特别是酵母菌产生气体或难闻气味所致。

④ 产品散发酸味。这是由于微生物分解有机物产生酸，使产品的 pH 值降低。

⑤ 乳化体破坏和分层。可能是由于细菌、霉菌分解膏体内的有机营养物，使乳化体受破坏，稳定性变差，出现黏度变化、分层和失去光泽等不同程度的变化。

二、微生物污染的来源

日用化学品中造成微生物污染的主要途径有两个方面：一是生产过程中由于原料、操作、工艺、设备、运输中被微生物污染，称为一次污染；二是在使用过程中由于不注意卫生而引起的微生物污染，称为二次污染。

1. 一次污染来源

一次污染的来源主要是以下几方面。

（1）原材料　特别是一些含水的原材料（如动植物提取液）和一些吸附性强的粉状原料往往容易被微生物污染。

（2）生产用水　生产纯水的某些环节，如反渗透后的离子交换树脂在使用过程中也容易被微生物污染，从而使生产的纯水污染。另外，纯水静置过程中，微生物能大量繁殖。

（3）设备　由于一些直接与内容物接触的设备在构造上较难分解拆卸，导致弯头、接缝处不易彻底清洗干净造成微生物污染。

（4）制造环境　制造环境对保证产品的品质有着非常重大的意义，由于布局不合理，人流物流不分，相应的卫生设施，如空气过滤除尘装置、给排气装置、消毒杀菌设备等不健全，都非常容易造成制造环境的污染。

（5）从业人员　是一个大污染源，如果对从业人员不进行相应的卫生培训教育和健康管理，是很难保证产品的卫生品质的。

2. 二次污染来源

二次污染来源于人的手、大气等，主要为革兰阳性菌和霉菌等，消费者在使用和保管上的不当是造成产品变质的主要原因，主要有以下几点。

① 已经将产品取到手中时发现量过多，又倒回瓶中。

② 产品超期使用，一些季节性产品使用量不大但轮换周期长。

③ 产品为使用方便而摆放在洗脸池边或浴室里，由于温度湿度较大，不仅容易滋生微生物，同时也会对产品的稳定性造成影响。

三、微生物污染的控制

对于微生物污染的控制，一方面是针对微生物污染的来源，从产品生产过程和使用过程进行控制；另一方面，是在产品配方中加入适量的防腐剂，在产品内部构建一个良好的防腐体系，抑制微生物的生长与繁殖。下面主要介绍产品生产过程中的微生物控制方法。

1. 生产环境的卫生控制

《化妆品生产企业卫生规范》对选址、厂房设计、设备布局及建筑上的要求都有具体规定。总体来说，生产车间按照生产流程应划分为制造室、半成品存放室、罐装室、包装室和容器清洗、消毒、干燥、存放室以及仓库，检验室和办公区等，做到上下工序衔接，人流物流分开，避免交叉污染。在生产区域内应划分洁净等级，内容物制造、充填等内容物有暴露可能的生产环节应设在洁净等级较高的洁净区内，洁净区内的空气必须经过净化过滤处理，而且需要维持一定的压差，不同等级洁净区之间的压差应不小于 49Pa，与室外的压差应不小于 9.8Pa。洁净区与非洁净区之间应设缓冲间，操作者进入洁净区必须经过更衣、风淋。建筑上生产车间的地面使用不渗水、不吸水、无毒害的材料做成，表面平整、耐磨、防滑。墙面应用浅色、无毒、耐热、防潮、防霉的涂料，表面光滑、不起灰，便于清洁和消毒。对生产环境的消毒方式有日常的紫外线辐射消毒和定期的化学药剂消毒。定期消毒的药剂，地面、墙面一般采用 0.05％的次氯酸钠及 0.5％的新洁尔灭等，操作室一般在密闭状态下采用 1％～5％的福尔马林及 0.05％～0.2％的新洁尔灭等喷雾。

2. 制造设备的微生物控制

产品的制造设备有制造釜、搅拌机、过滤器、泵、热交换器、管道、储槽、充填器等，凡直接接触产品原料、半成品、成品的容器、设备、管道必须采用无毒、耐腐蚀、不脱屑、能够反复清洗和消毒的材料制成。

操作台表面、设备器具的外表面一般采用不小于 25min 的 $70\mu W/cm^2$ 紫外线灭菌灯照射；制造釜、贮槽、过滤器、管道等一般采用 80℃以上灭菌去离子水 30min 冲洗，必要时还可加上 75％消毒酒精或其他杀菌剂消毒。

【请思考】任何浓度的乙醇都可用来消毒吗？扫码看答案。

3. 原材料的微生物控制

生产产品的主要原料有水、表面活性剂、油脂、蜡、保湿剂、增稠剂及粉末等，其他还有氨基酸、维生素、酶制剂等。原料的灭菌方式应根据原料不同而选择适宜的方式。例如粉末类被污染的微生物主要是革兰阳性菌和霉菌，通常采用 EO 环氧乙烷和干热灭菌等方式；而制造用的去离子水中多为革兰阴性菌，可以采用加热灭菌、过滤灭菌和紫外线灭菌；相比

问题答案

较而言，油脂、蜡、保湿剂被微生物污染的机会较小，在加热制造的工艺中就可以保证微生物没问题；对酶制剂等稳定性较差的产品，到目前为止还没有找到行之有效的方法。

4. 作业人员的微生物控制

在《化妆品卫生监督条例》中明确规定，直接从事产品生产的人员每年必须进行健康检查并取得健康证，而且 8 种疾病患者或带菌者不得从事产品生产活动。来自人的污染主要来源于人手、衣服和头发等，微生物类别主要是革兰阳性菌和霉菌。为防止人员带来的微生物污染，必须经常进行卫生管理方面的教育和培训，以提高操作人员的个人卫生意识，勤洗手、勤剪指甲、勤更衣，真正理解《化妆品生产企业卫生规范》中要求穿工服、戴帽、戴口罩、戴手套和定期消毒等的重要意义。

5. 制品的微生物控制

除香水、指甲油、净甲液等产品本身所使用的原料就具有极高的防腐效果外，大多数产品防腐能力不强，需要添加防腐剂。

四、防腐剂和防腐体系设计

防腐剂（preservatives）是指可以阻止产品内微生物生长或阻止与产品发生反应的微生

物生长的物质。

防腐剂防腐原理，主要通过以下三个方面来发挥作用：一是破坏微生物细胞壁或抑制微生物细胞壁的形成；二是破坏微生物的细胞膜或影响细胞膜的功能，使微生物细胞内物质泄漏而致死；三是抑制微生物细胞内的酶或蛋白质合成或使蛋白质变性，致使微生物死亡。

理想的防腐剂应具备下述一些特性：

① 具有广谱抗菌能力；

② 能溶于水或常用的化妆品原料中；

③ 不应有毒性和皮肤刺激性；

④ 在较大的温度范围内都应稳定而有效；

⑤ 不应产生有损产品外观的着色、褪色和变臭等现象；

⑥ 不应与配方中的有机物发生反应，降低其效果；

⑦ 应是中性的，至少不应使产品的 pH 值产生明显变化；

⑧ 应该经济实惠，容易得到。

（一）常用防腐剂

目前，可用于日用化学品的防腐剂有 50 多种，但常用的并不多，这里仅就几种常用防腐剂介绍如下。

1. 布罗波尔

布罗波尔（Bronopol）化学名为 2-溴-2-硝基丙烷-1,3-二醇。为白色结晶或结晶粉末，稍有特征气味，能释放甲醛，通过缓慢释放甲醛达到杀菌目的。Bronopol 的最佳使用 pH 值范围为 4～8。它在 pH＝4 时最稳定，随介质 pH 值增加其在溶液中的稳定性下降。在碱性条件下，长时间日光照射使 Bronopol 溶液变成黄色或棕色，但对抗菌活性影响不大。另外，含有巯基的原料，如巯基乙酸和半胱氨酸等会降低 Bronopol 的抑菌活性。铝盐也能降低 Bronopol 的抑菌活性。

Bronopol 与配方中使用的各类表面活性剂配伍，能保持其抗菌活性。最高允许使用量为 0.1％。常用浓度：香波为 200mg/kg，护肤膏霜为 300mg/kg，牙膏、防晒用品和婴儿用品为 200mg/kg，原料和表面活性剂为 100mg/kg。

2. 杰马系列

杰马（Germall）系列防腐剂（如表 2-1 所列）的主要成分为咪唑烷基脲，能释放甲醛。可在较广的 pH 值范围（pH＝3～9）内使用，稳定性好，可与所有类型离子表面活性剂和

表 2-1　杰马系列防腐剂名称、性能及应用

商品名称	化学名称	性能及应用
杰马 A(Germall Ⅱ)	双(羟甲基)咪唑烷基脲	广谱抗菌剂，但对霉菌的抗菌性能稍差，应与羟苯酯类复合使用，与化妆品原料配伍性好，用量 0.03％～0.3％
杰马 B(Germaben Ⅱ)	丙二醇/双(羟甲基)咪唑烷基脲/羟苯酯	广谱抗菌防腐剂，易加到各种配方中，用量 0.25％～1％
杰马 P(Germall Plus)	双(羟甲基)咪唑烷基脲/碘代丙炔基氨基甲酸酯	高效广谱抗菌防腐剂，能与所有化妆品组分配伍，用量 0.05％～0.25％
杰马 BP(Liqiud Germall plus)	40％杰马 P 和 60％丙二醇	对霉菌和细菌都有很好的抗菌效果，使用方便，用量 0.06％～1％

非离子表面活性剂、蛋白质配伍，也可与大多数化妆品原料配伍，广泛应用于乳化体系和水溶性产品中，在产品中的限量为 0.6％（以咪唑烷基脲含量计）。

3. 凯松-CG（Kathon G）

凯松-CG（Kathon G）的活性成分为异噻唑啉酮类化合物，为 5-氯-2-甲基-4-异噻唑啉-3-酮和 2-甲基-4-异噻唑啉-5-酮的混合物，为淡琥珀色透明液体，气味温和，也会释放出甲醛。最佳使用 pH 值范围为 4～8，pH＞8 时稳定性下降，失去防腐活性。可与阴离子、阳离子、非离子和各种离子型的乳化剂、蛋白质配伍。胺类、硫醇、硫化物、亚硫酸盐和漂白剂以及高 pH 值均会使凯松-CG 失活。其活性不受温度限制，80℃ 以下为佳，100℃ 以下有效率 90％ 以上。市售产品（含活性物 1.5％）推荐用量为 0.1％。主要用于洗发液、护发素、沐浴液等洗涤类产品中，也可用于染发液、膏霜和乳液等。应避免用于直接接触黏膜的制品，如牙膏、口红、眼部用品等。

4. N-羟甲基甘氨酸钠

市售 N-羟甲基甘氨酸钠（Suttocide A）是 50％ 透明碱性水溶液，有轻微特征气味。Suttocide A 是广谱防腐剂，特别是在 pH＝8～12 范围内保持良好的防腐活性。一般使用浓度为 0.03％～0.3％。主要用于皂基沐浴液、皂基洁面膏等碱性产品中。

5. 羟苯酯

羟苯化学名为对羟基苯甲酸酯，俗称尼泊金酯由于它具有酚羟基结构，所以抗细菌性能比苯甲酸、山梨酸都强。其作用机制是：破坏微生物的细胞膜，使细胞内的蛋白质变性，并可抑制微生物细胞的呼吸酶系与电子传递酶系的活性。主要有羟苯甲酯、羟苯乙酯、羟苯丙酯等。羟苯酯是一类广谱杀菌剂，对霉菌有较强的抑制能力，有效 pH 值范围为 4～9，酸性条件下，更有利于防腐效果。多用于膏霜类化妆品中，一般将羟苯甲酯和羟苯丙酯一起使用。另外，有文献报道，甲基纤维素、乙二醇、聚乙烯吡咯烷酮会与羟苯酯作用而降低其抗菌性能。

6. DMDM 乙内酰脲

化学名为 1,5-羟甲基-5,5-二甲基乙内酰脲，市售 DMDM 乙内酰脲是质量分数为 55％ 的水溶液，为无色透明液体，会释放甲醛，带有甲醛气味，适用的 pH 值范围为 5～9，对多种细菌的抗菌性能好，但霉菌的抗菌性能稍差，使用时应与其他防腐剂（如羟苯酯、凯松等）一起使用，一般用于液洗类化妆品中。

7. 三氯生

三氯生（Triclosan）的化学名为二氯苯氧氯酚，又名"三氯新""三氯沙"等。三氯生常态为白色或灰白色晶状粉末，稍有酚臭味。不溶于水，易溶于碱液和有机溶剂。高浓度用量时用作杀菌剂，用于消毒类产品中；低浓度用量时，作为防腐剂使用，是一种广谱抗菌剂，被广泛应用于肥皂、牙膏等日用化学品之中。

8. 苯氧乙醇

为无色稍带黏性液体，微香，味涩。溶于水，可与丙酮、乙醇和甘油任意混合。对铜绿单胞菌有较强的杀灭作用，对其他革兰阴性细菌和阳性细菌作用较弱。一般不单独使用，需要与其他防腐剂配合使用，在化妆品中的使用限量为 1％。

9. 苯甲酸及其盐/山梨酸及其盐

苯甲酸及其盐/山梨酸及其盐是一些广谱的防腐剂，但其防腐效果受 pH 值限制较大，在 pH＞5.5 的产品中抑菌效果很差，使用时应注意。

(二) 影响防腐能力的因素

防腐剂只有在足够的浓度并且与微生物细胞直接接触的情况下，才能产生作用。除了防腐剂用量和接触时间两方面外，下列这些因素也会影响防腐剂的防腐能力。

1. 水分活性

水是微生物生长的必要条件，产品中的水分活性直接影响产品的防腐能力。含有甘油、丙二醇、丁二醇等多元醇的产品，由于这些多元醇能与水结合，从而降低水分活性，使体系防腐能力增强。

2. pH 值

细菌生长繁殖较佳的 pH 值为弱碱性，而霉菌和酵母菌则易在酸性条件下生长繁殖。产品的 pH 值会影响产品的防腐效果，一般有机酸类防腐剂在酸性-中性范围内效果较好，而在碱性范围内效果就大大降低了。布罗波尔 pH＝4 时非常稳定，而 pH＝7 时其活性只有几个月。

3. 防腐剂的活性

一般来说，防腐剂的浓度越高，防腐效果越好。有时产品配方中的某一成分会使防腐剂的活性降低而使防腐效果下降，特别是粉末类原料容易吸附羟苯酯类防腐剂，或与其反应导致变质等。主要体现在如下几个方面。

① 少量的表面活性剂能增强防腐效果，但用量大时形成胶束，增溶能力增强，能包裹防腐剂而使防腐剂活性浓度下降，特别是非离子表面活性剂尤甚。

② 金属离子如钙、镁、锌、铜等对防腐剂的活性有很大影响，一方面可与防腐剂作用生成难溶物，另一方面可加速防腐剂与其他成分的化学反应。

③ 高浓度的蛋白质能对微生物形成保护层，而且能促进微生物生长，从而降低防腐剂的作用效果。

④ 产品中的粉类物质、高分子物质会吸附防腐剂，降低防腐剂活性。

⑤ 淀粉类物质对羟苯酯类防腐剂的防腐效果有影响。

4. 油水分配率

在油水乳液中，水层或界面处存在的防腐剂直接影响产品的防腐能力。相同剂量的防腐剂只有防腐剂在水中的分配率越高，防腐效果才越好。如 1,3-丁二醇、丙二醇等多元醇能够提高羟苯酯在水中的浓度，因此有防腐协同作用；而氯化钾、吡咯烷酮羧酸钠、甘氨酸等使水中的羟苯酯浓度下降，导致防腐能力下降。

5. 容器

容器是减少产品二次污染的重要因素，一般膏霜类为广口瓶，直接用手蘸取内容物，所以防腐要求就要高，而软管、喷头类产品防腐要求相应低一点。此外，容器材质对防腐剂有吸附作用，也会引起防腐剂浓度下降。

6. 防腐剂的变质

光、热、空气中的氧都会引起防腐剂的分解，例如，酚类防腐剂、洗必泰在光照下或高温加热时均会发生分解。另外，防腐剂与配方中其他成分发生化学反应也会引起防腐剂失效。

（三）防腐体系的设计

化妆品防腐体系的设计要遵从安全、有效、有针对性以及与配方中其他成分相容的原则，同时设计的防腐剂应尽量满足以下要求：

① 广谱的抗菌活性；

② 良好的配伍性；

③ 良好的安全性；

④ 良好的水溶性；

⑤ 良好的稳定性；

⑥ 在使用浓度下，应是无色、无臭和无味的；

⑦ 成本低。

防腐体系的设计可按以下步骤进行。

1. 所用防腐剂种类的筛选

应根据产品类型、pH 值、使用部位和产品配方组合相容性等选择相应的防腐剂。

（1）根据产品类型选用　不同产品类型会受到不同微生物的影响，对防腐剂的选用要求也不同。另外，不同产品在皮肤上的停留时间也不同，对防腐剂的要求也不同。表 2-2 列出了几类化妆品对防腐剂的要求。

表 2-2　不同类型化妆品对防腐剂的要求

类型	产品名称	产品特点	微生物污染	防腐剂要求
洗去型化妆品	香波、沐浴液、洗面奶、洗手液	与皮肤接触时间短	易受以铜绿单胞菌为主的革兰阳性菌污染	广谱抗菌，对刺激性无明显要求，成本低
驻留型化妆品	护肤膏霜、乳液，护肤爽肤水，唇膏	与皮肤接触时间长	易受以酵母菌、细菌等大多数微生物污染	广谱抗菌，刺激性低
粉末型化妆品	香粉、粉饼、胭脂、眼影	与皮肤接触时间长	不含水，但粉有吸附性，会受酵母菌、霉菌等微生物污染	广谱抗菌，刺激性低
面膜	无纺布面膜	与皮肤接触时间 10～30min	易受酵母菌、细菌等大多数微生物污染	广谱抗菌，刺激性低

（2）根据产品 pH 值选用　大多数防腐剂在酸性和中性条件下才能发挥好的防腐效果，在碱性条件下防腐效果弱。但季铵盐类防腐剂和 N-羟甲基甘氨酸钠却在 pH 值大于 7 时才有防腐效果，所以开发产品时要根据产品 pH 值选用防腐剂，例如，在开发皂基产品时，产品的 pH 值为 8～10，为碱性环境，只能选用季铵盐类和 N-羟甲基甘氨酸钠等耐碱性的防腐剂。

（3）根据不同选用部位选用　不同部位的肌肤敏感程度不同，选用防腐剂应有所区别。例如，用于眼部周围的产品的防腐剂就应选用刺激性非常小的防腐剂，尽量避免选用释放甲醛的防腐剂；儿童的皮肤娇嫩，所以儿童用化妆品的防腐剂刺激性要小。

（4）根据产品配方组分与防腐剂相容性选用　防腐剂和产品中的一些成分可能会发生作用，在选用防腐剂时应注意避免降低防腐效果的因素。

2. 防腐剂的复配

近年来，防腐剂生产企业推出了一些防腐剂的复配物，供企业选用。在配方设计的时候，也可以根据需要在产品中加入多种防腐剂构成复配体系。复配物的作用是扩展防腐剂的抗菌性，利用协同效应增加其抗菌活性，增加某些防腐剂的溶解度，改变其与各种表面活性剂和蛋白质的相容性，降低单一防腐剂的用量，从而提高产品安全性。复配物能构成更有效、经济的防腐剂体系。

防腐剂的复配方式一般有如下几种。

① 不同作用机制的防腐剂复配。这种复配方式，不是功效的简单相加，往往是相乘的关系，可大大提高防腐剂的防腐效能。

② 不同适用条件的防腐剂复配。这种复配方式可对产品提供更大范围内的防腐保护。

③ 适用于不同微生物的防腐剂复配。这种复配方式主要是拓宽防腐体系的抗菌谱，是目前日用化妆品防腐体系设计最常用的方式。

值得提醒的是，复配时应注意防腐剂之间的合理搭配，并注意避免防腐剂间的相互作用，同时注意复配后的抗菌广谱性。

【请思考】 有的企业采用羟苯甲酯、羟苯丙酯和苯氧乙醇复配作膏霜、乳液的防腐剂，你觉得是否可行？

3. 防腐剂用量的确定

如果采用多种防腐剂复配，可采用正交试验来确定各种防腐剂的最佳用量。如果只是采用单种防腐剂，则采用单因素试验来确定用量。但是，目前化妆品企业工程师基本上还是采用经验法来确定用量。

4. 无防腐剂体系的设计

随着对防腐剂安全性研究的深入，许多传统的防腐剂被证实具有一定的负面作用，例如，杰马等甲醛释放体释放甲醛，对人体有害；绝大部分的防腐剂均有刺激作用等。所以，安全的"无添加"防腐剂产品概念开始出现。但真正无防腐剂的产品不能保证保质期，所以仍未完全普及。这就存在着刺激性与保质期两者的矛盾，那么如何解决这个矛盾呢？一些国际原料公司，如德之馨等研究了一些没有纳入防腐剂系列的化合物，筛选出了一些具有防腐活性的醇类化合物，如己二醇、戊二醇等，具有非常好的防腐效果，并且能通过防腐挑战测试，详情可扫码查看。

无防腐剂体系
的设计

（四）几个常见问题

【疑问 1】 哪些防腐剂会释放甲醛？国家有限制吗？

回答： 布罗波尔、凯松、杰马、DMDM 乙内酰脲等防腐剂均会释放出甲醛。我国暂时对这些防腐剂的使用还没有禁用，但对其使用量进行了限制，属于限用范围，《化妆品安全技术规范》对我国使用的防腐剂的使用量进行了规定。欧美很多国家对这些防腐剂则是属于禁用的，所以做出口产品时要避免使用这些防腐剂。

【疑问 2】 为什么苯甲酸钠和山梨酸钾等防腐剂要在酸性条件下才能发挥防腐功效？

回答：苯甲酸钠和山梨酸钾的防腐作用需要在酸性条件下生成苯甲酸和山梨酸才能发挥出防腐的功效，所以要在酸性条件下使用，一般来说要在 pH 值小于 5.5 时使用。

【疑问 3】　防腐剂能作为杀菌剂使用吗？

回答：防腐剂的功效是抑制微生物的生长、繁殖，杀菌剂的功效是能在短时间内杀灭微生物。所以防腐剂不能作为杀菌剂使用。对于染菌程度严重的产品，防腐剂的防腐效果是很差的。

【疑问 4】　有天然的防腐剂吗？

回答：有。例如壳聚糖，特别是阳离子化的壳聚糖就有比较好的防腐效果。另外还有很多的天然物质也具有一定的防腐功效。

第 3 节　抗 氧 化 剂

含有油脂的日用化学品，特别是当产品中含有不饱和键的油脂时，很可能被氧化而引起变质，这种氧化变质现象叫做酸败。油脂被氧化的难易是随着其分子结构中不饱和键存在的多少而决定的，往往由于少量高度不饱和物的存在而促使氧化作用迅速地进行。

不饱和油脂的氧化是一种连锁（自由基）反应，只要其中有一小部分开始氧化，就会引起油脂的完全酸败。氧化反应生成的过氧化物、酸、醛等对皮肤有刺激性，并会引起皮肤炎症，还会引起产品变色，放出酸败臭味等，从而使产品质量下降，因此在产品的生产、贮存和使用的过程中，要尽力避免油脂酸败现象的发生。

一、引起酸败的因素

油脂酸败伴随着复杂的化学变化，一般认为氧气、热、光、水分、金属离子、微生物及酶等是促进油脂氧化分解的主要因素。

1. 氧

氧是造成酸败的最主要因素，没有氧的存在就不会发生氧化而引起酸败。因此在生产过程中要尽量避免混进氧，减少和氧的接触（如真空脱气、封闭式乳化等）。但要在化妆品中完全排除氧或完全避免与氧的接触是很难办到的。

2. 热

热会加速脂肪酸成分的水解，并提供微生物生长的合适条件，从而加剧酸败。因此，采用低温贮藏有利于延缓酸败。

3. 光

可见光虽然并不直接引起氧化作用。但某些波长的光对氧化作用有促进作用，用绿色或黄色玻璃纸或用琥珀色玻璃容器包装可以消除不利波长的光。

4. 水分

含水的脂肪中可能发育着霉和酵母，造成两种酵素：脂肪酶和氧化酶。脂肪酶水解脂肪，脂肪氧化酶氧化脂肪酸和甘油酯。所以由于酶的存在，若增高油脂中的水分，一方面会引起油脂的水解；另一方面能加速自动氧化反应，提供了微生物的生活环境，降低某些抗氧化剂如多元酚、胺等的活力。

5. 金属离子

某些金属离子能破坏原有或加入的天然抗氧化剂的作用。有时成为自动氧化的催化剂，而加速酸败。金属离子中铜对酸败程度的影响最为严重，其催化作用较铁强 20 倍，其他按顺序为铅、锌、锡、铝、不锈钢、铁、镍，所以在一般制造过程中，采用搪玻璃设备较好。

6. 微生物

微生物中的霉菌、酵母菌与细菌都能在脂肪介质中生长，并将其分解为脂肪酸和甘油，然后再进一步分解，加速油脂酸败，因此在生产过程中要严格控制卫生条件。

7. 酶

油脂中若存在能促进氧化作用的氧化酶，在适宜的温度与水分、光和氧的情况下，会加速酸败的发生。

二、抗氧化剂作用原理

油脂的氧化反应大多属自由基链式反应，在链式反应中自由基起着关键的作用。抗氧化剂的作用机理很复杂，它能阻滞油脂中不饱和键和氧的反应或者抗氧化剂本身能吸收氧，或者能与金属离子螯合，从而达到抑制氧化反应的作用，相应地阻止了油脂的氧化。

三、常用的抗氧化剂

1. 维生素 E

又名生育酚。大多数天然植物油脂中均含有生育酚，是天然的抗氧化剂。溶于脂肪和乙醇等有机溶剂中，不溶于水，对热、酸稳定，对碱不稳定，对氧敏感，对热不敏感。维生素 E 缺乏时，人体代谢过程中产生的自由基不能及时清除，不仅可引起生物膜脂质过氧化，破坏细胞膜的结构和功能，形成脂褐素；而且使蛋白质变形，酶和激素失活，免疫力下降，代谢失常，促使机体衰老。所以维生素 E 作为一种美容因子常用于化妆品中，具有抗衰老功效。

2. 维生素 C

又名抗坏血酸。是一种水溶性维生素，水果和蔬菜中含量丰富，具有很强的清除自由基的功能。维生素 C 的性质非常不稳定，极易受到热、光和氧的破坏而变色。而且由于其是水溶性物质，不易被皮肤吸收，为了改善其性能，通常将维生素 C 改性成酯，例如，维生素 C 棕榈酸酯等，才应用于化妆品中。

3. 叔丁基羟基苯甲醚

简称 BHA，是 5-叔丁基-4-羟基苯甲醚与 2-叔丁基-4-羟基苯甲醚两种异构体的混合物。它是作为矿物油的抗氧化剂而被开发出来的，应用于动植物油中，在低浓度下（0.005%～0.05%）即能发挥极佳效果，并允许用于食品中。易溶于脂肪，基本上不溶于水，与没食子酸丙酯、磷酸等有很好的协同作用，限用量 0.15%。

4. 2,5-二叔丁基对甲酚

简称 BHT，不溶于碱，且不发生很多酚类的反应。效果与 BHA 相等，但在高浓度或升温情况下，不像 BHA 那样带有不愉快的酚类臭味，也允许用于食品。和 BHA 一起使用能提高稳定性（协同作用），加入柠檬酸、抗坏血酸等协同剂，可增加抗氧化作用，限用量 0.15%。

5. 去甲二氢愈创酸

简称 NDGA，溶于甲醇、乙醇和乙醚，微溶于脂肪，溶于稀碱液呈深红色。对各种油脂均有效，但有一最适合量，超过这个适合量时，反而会促进氧化反应。与浓度低于 0.005% 的磷酸有协同作用。

6. 没食子酸丙酯

溶于乙醇和乙醚，在水中仅能溶解 0.1% 左右，溶于温热油中，不论单独使用或配合使用均有良好的抗氧化性，但颜色容易变深，限用量为 0.1%。

另外，超氧化物歧化酶（SOD）、金属硫蛋白、维生素 A 和天然提取物（如银杏、绿茶、芦荟等的提取物）也具有抗氧化功能，常用于化妆品中，作为人体自由基去除剂。上述氧化抑制剂中 BHA 是低浓度的，抑制力最大，对动物油脂的效能最好；BHT 对矿物油的效能大。此外，有时混合使用上述氧化抑制剂比单独使用时的效果大，这是因为使用两种以上氧化抑制剂具有协同作用，同时还可加大氧化抑制剂的用量。一些有机酸（如柠檬酸、酒石酸、EDTA 等）、醇（如甘露醇、山梨醇等）、亚硫酸盐等物质可促进上述抗氧化剂的抗氧化效果。

为了防止自动氧化，保持化妆品质量，并使之稳定，在选择适当的抗氧化剂种类和用量的同时，还须注意选择不含有促进氧化的杂质的高质量原料，选择适当的制备方法，并且要注意避免混进金属和其他促氧化剂。

四、抗氧化体系设计

1. 抗氧化剂的筛选

一种抗氧化剂并不能对所有的油脂都有明显的抗氧化效果，所以配方中选用抗氧化剂时要根据配方油脂类型来选择。例如，配方中含有动物油脂，可选去甲二氢愈创酸和安息香等酚类抗氧化剂，不宜用生育酚；植物油脂则宜选用抗坏血酸作为抗氧化剂；白矿油等矿物油则宜选用生育酚作为抗氧化剂。

2. 抗氧化剂的复配

单一抗氧化剂往往达不到理想的抗氧化效果，所以经常采用多种抗氧化剂复配使用，达到抗氧化的协同增效效果。例如，常把抗坏血酸与生育酚合用时，抗氧化效果显著增大。另一方面，也可将抗氧化剂与增效剂复配使用，常用的增效剂有柠檬酸、苹果酸、酒石酸、EDTA 等。

3. 用量确定

科学的方法是应该采用实验来筛选最佳用量，复配型采用正交实验法，单一型采用单因素实验法。但是，目前企业的配方工程师多采用经验法来确定用量。

第 4 节　着色剂与调色

日用化学品，特别是化妆品作为时尚品，其色泽对消费者心理具有较大影响，好的颜色往往能吸引消费者的眼球，刺激消费者的购买欲望。所以，调色在日用化学品开发过程中具有非常重要的地位。

一、日用化学品色泽的来源

市场销售的各种日用化学品具有各种不同的颜色，这些颜色主要来自以下几种途径。

① 各种原料组分混合后产生的混合色。例如，色泽较深的中药提取物加入透明无色的水剂类产品中，能使产品呈现浅黄色或棕红色等。

② 添加的原料溶解后，重结晶而表现出来的珠光白色。例如，珠光片融化后，冷却过程中结晶产生珠光白色；再如生产皂基沐浴液或皂基洗面奶的过程中，脂肪酸皂结晶出现珠光白色。

③ 油、水两相混合乳化形成乳状液，冷却后呈现白色的膏霜或乳液。

④ 产品中加入着色剂和色淀来调色。例如，在洗洁精中加入少量柠檬黄，使洗洁精呈现浅黄色；在胭脂中加入多种色淀，使产品呈现红色。

二、日用化学品的调色

依靠原料呈色和生产过程中产生的原色，往往不能满足产品对色泽的要求，此时只能依靠外加着色剂来调色。调色是指在产品的配方设计过程中，选用一种或多种颜色原料，把产品颜色调整到突出产品的特点，并使消费者感到愉悦的过程。

要达到产品色泽要求，依靠单种着色剂往往不能满足要求，而是需要将多种颜色按照一定的比例进行拼色，经过拼色达到的颜色称为复合色。表 2-3 列举了几种复合色的拼色方法。

表 2-3　几种复合色的拼色方法

复合色	拼色方法	复合色	拼色方法
熟褐色	柠檬黄色＋纯黑色＋玫瑰红色	粉绿色	纯白色＋草绿色
粉玫瑰红色	纯白色＋玫瑰红色	黄绿色	柠檬黄色＋草绿色
朱红色	柠檬黄色＋玫瑰红色	墨绿色	草绿色＋纯黑色
暗红色	玫瑰红色＋纯黑色	粉紫色	纯白色＋纯紫色
紫红色	纯紫色＋玫瑰红色	咖啡色	玫瑰红色＋纯黑色
褚石红	玫瑰红色＋柠檬黄色＋纯黑色	粉柠檬黄色	柠檬黄色＋纯白色
粉蓝色	纯白色＋天蓝色	藤黄色	柠檬黄色＋玫瑰红色
蓝绿色	草绿色＋天蓝色	橘黄色	柠檬黄色＋玫瑰红色
灰蓝色	天蓝色＋纯黑色	土黄色	柠檬黄色＋纯黑色＋玫瑰红色
浅灰蓝	天蓝色＋纯黑色＋纯紫色		

说明：任何一种颜色加入白色都会使之颜色变淡。珠光颜料使产品呈现珠光。

应注意的是，pH 值对着色剂的影响很大，往往在不同的 pH 值下呈现不同的颜色。所以，在产品开发调色时，应是调完 pH 值后，才进行拼色处理。

三、着色剂与选用

1. 着色剂要求

日用化学品用理想的着色剂应具有以下几个方面性能：

① 安全性好，应是无毒、无刺激、无副作用；

② 无异味；

③ 对光、热的稳定性好；

④ 化学稳定性好，不与其他原料和容器发生化学反应；

⑤ 着色效率高，使用量少；

⑥ 与溶剂相容性好，易分散；

⑦ 易采购，价格合理。

2. 着色剂类型

目前用于日用化学品的着色剂主要有如下几类。

（1）合成色素　合成色素就是通过化学合成的方法得到的色素，如溴酸红、曙红、酸性红、食品红、食品黄等。这类色素最大的优点就是稳定性好。

（2）天然色素　天然色素就是从天然动植物或微生物中提取分离得到的色素，如叶绿素铜钠、花色素苷、辣椒红色素等。这类色素最大的优点就是安全性好，最大的缺点就是稳定性不够好。

（3）色淀　色淀是指水溶性色素吸附在不溶性载体上而制得的着色剂。色淀一般不溶于溶剂，有高度的分散性、着色力和耐晒性。

（4）颜料　颜料是指不溶于水、油、溶剂和树脂等介质，且不与介质发生化学反应的粉末着色剂。如钛白粉、铬绿、铁红、铁黄、氯氧化铋珠光颜料等。

3. 着色剂的选用

绝大部分的日用化学品，特别是化妆品要与人体接触，安全性非常重要，《化妆品安全技术规范》对化妆品着色剂进行了限用规定，选择时要按照规范规定的品种、用量进行选用。

四、产品色泽问题与解决方法

着色剂的色泽易受产品中其他成分、金属离子、空气中氧气、紫外线和热的影响，使颜色发生变化或褪色。为了防止产品出现褪色的现象，可采取如下几方面措施：

① 在选用着色剂时应选用稳定性好的着色剂；

② 添加紫外线吸收剂，防止紫外线对产品色泽产生影响；

③ 添加抗氧化剂，防止色素被氧化；

④ 建立 pH 值缓冲体系，确保产品 pH 值稳定；

⑤ 添加螯合剂，解决金属离子对色泽的影响；

⑥ 建立好的防腐体系，以免微生物滋生产生色素。

 案例分析 1

事件过程：某化妆品企业生产水剂类化妆品和乳化类化妆品，出现了多批次霉菌和酵母菌总数超标（超出企业内控标准）的现象。

原因分析：经与品质管理部沟通和查阅相关检测记录单，发现每年到春季都会出现霉菌和酵母菌总数超标的现象，其他季节则很少出现超标的现象。经过查阅生产部的生产记录单，出现超标的产品有的是采用热配方式生产的，有的是采用冷配方式生产的。经过以上分析，总结出出现霉菌和酵母菌总数超标现象与季节有关，与配制方法关系不大。为了进一步查找原因，对生产车间环境（包括地板、桌面和空间）进行了微生物测试，发现多处地板、桌面出现霉菌和酵母菌总数超标。因为春季温度在 25℃ 左右，是霉菌适宜生长的温度。所以，化妆品生产车间在春季要特别注意采取防霉措施。

事故处理：将不合格品报废处理。对生产车间进行彻底的消毒处理。

 案例分析 2

事件过程：某化妆品企业在进行化妆品用纯水生产时，发现出水口有股怪味。对水质进行检测发现纯水中细菌总数达到 14000CFU/mL，属于严重超标。

原因分析：经检查纯水设备，发现该公司的纯水设备为反渗透处理装置，已经使用 3年，其间没有更换过反渗透膜和过滤用的滤砂、活性炭。打开滤砂柱和活性炭柱，即有一股难闻的臭味，这是由于长期过滤积累了大量的有机质，为微生物生长提供了很好的温床，导致微生物大量生长、繁殖，并排泄出难闻的有机物。另外，由于反渗透膜长期使用而老化，对微生物和有机物的隔绝功能丧失，导致出水微生物超标和产生难闻的怪味。

事故处理：立即更换反渗透膜和过滤用的滤砂、活性炭，对整个纯水系统进行彻底清洗。运行后，出水指标达到要求。

 案例分析 3

事件过程：某化妆品企业生产的一批润肤霜，发到市场 3 个月后发现膏体的表面出现了一点一点的黄色斑点。

原因分析：初步判断可能是霉菌超标。品管部挑取有黄色斑点的膏体进行霉菌和酵母菌总数测定，发现霉菌和酵母菌总数达到 500CFU/g，属于严重超标。查看生产记录单发现这批次膏体生产中只加了杰马 A 这种防腐剂，而配方中规定加入的羟苯甲酯和羟苯丙酯没有加。杰马 A 这种防腐剂对细菌具有较强的抑制效果，但对霉菌的抑制效果稍差，需要羟苯酯来加强，而配方中漏加了羟苯酯导致了这次事件。

事故处理：将所有市场上在售的产品追回销毁。

 案例分析 4

事件过程：某化妆品企业生产的一批爽肤水，调成了绿色，用透明无色玻璃瓶装，发到市场半年后发现产品的颜色变为无色，与标签标注的产品是绿色不符。

原因分析：由于配方设计时在生产前才确定添加叶绿素铜钠为着色剂，没有进行长时间的耐光实验就投入生产。可能是所添加的色素不稳定，存放过程中出现了褪色。

事故处理：产品召回。同时，配方工程师在原来配方基础上加入 0.05％的紫外线吸收剂，重新设计配方，放在太阳光下进行耐光实验一个星期，不变色，不褪色。按新配方生产后，再也没有出现褪色问题。

思考题

1. 电解质对化妆品的影响有哪些方面？
2.《化妆品安全技术规范》对化妆品中的微生物含量有什么规定？
3. 化妆品生产过程中微生物来源有哪些方面？应如何控制？
4. 目前，化妆品生产常用的防腐剂有哪些？其适用 pH 值范围分别为多少？
5. 在实际中，影响防腐剂作用的因素有哪些？
6. 影响化妆品酸败的因素有哪些？应如何处理？
7. 常用于化妆品中的抗氧化剂有哪些？
8. 化妆品对微生物含量有什么规定？扫描看答案。

思考题答案

第 3 章
香料与香精

知识点 香料；天然香料；动物香料；植物香料；合成香料；香精；香精应用；调香；评香。

技能点 选用香精；设计香精配方；按配方调配香精。

重　点 香精的组成；香精的配制方法。

难　点 调香的方法；香精的应用方法。

学习目标 掌握香料的分类方法；能进行香精的配制；能进行香精配方的初步设计。

香包括香气和香味，香气是由嗅觉器官感觉到的，香味是由嗅觉和味觉器官同时感觉到的。令人感到愉快舒适的气味称为香味，令人感到不快的气味称为臭味。通常把有气味的物质总称为有香物质或香物质，而把能够散发出令人愉快舒适香气的物质统称为香料。目前，在世界上已发现的有香物质大约有 40 万种以上。

第 1 节　香　　料

香料是调配香精的原料。根据有香物质的来源，香料可分为天然香料和合成香料。

天然香料是指从天然含香动植物的某些器官（或组织）或分泌物中提取出来经加工处理而含有发香成分的物质，是成分复杂的天然混合物。天然香料又可分为动物性香料和植物性香料。动物性香料是指从某些动物的生殖腺分泌物和病态分泌物中提取出来的含香物质；植物性香料是从发香植物的花、果等组织中提取出来的香料。

合成香料是指用单离、半合成和全合成方法制成的香料。用物理或化学的方法从精油中提取出的香料称为单离香料，如从丁香油中得到的丁香酚；利用某种天然成分经化学反应使结构改变后所得到的香料称为半合成香料，如利用松节油中的蒎烯制得的松节醇；利用基本化工原料合成的称全合成香料（如由乙炔、丙酮等合成的芳樟醇）。

一、天然香料

天然香料分为动物香料和植物香料两大类。动物香料主要有四种：麝香、灵猫香、海狸香和龙涎香，虽然品种少但较名贵，在调香中占有重要地位。它们能增香、提调、挥发性低、留香持久，因此多作为高档香水和化妆品中的定香剂，不但能使香精或加香制品的香气持久，而且能使整体香气柔和、圆润和生动。

目前已知的植物香料约有 1500 种以上，一般常用于生产和调香的只有 200 余种。植物香料不仅能使调香制品保留来自天然原料优美浓郁的香气和口味，而且安全可靠，所以在调香中，主要用于修饰或增加天然感。

（一）动物香料

动物香料主要有麝香、灵猫香、海狸香和龙涎香。

1. 麝香

麝香是雄麝鹿的生殖腺分泌物，用以引诱异性。初冬季节的发情期，麝香的分泌量增多、香气质量也较佳。主要产于印度、尼泊尔、西伯利亚寒冷地带和我国的云南等地。

动物香料

干燥后的麝香为红棕色到暗棕色粒状物质，几乎无香气，用水润湿后有令人愉快的香气。用碳酸钠盐类处理可增强香气。一般制成酊剂使用。

麝香的主要香成分为含量仅占 2% 左右的饱和大环酮——麝香酮，其结构式为：

$$CH_3-CH\underline{\quad\quad\quad}CH_2$$
$$\quad\quad|\quad\quad\quad\quad\quad|$$
$$(CH_2)_{12}\underline{\quad\quad}C=O$$

另外还含有麝香吡啶、胆固醇、酚类、脂肪醇类以及脂肪、蛋白质、盐类等。

麝香属于高沸点难挥发性物质，香气浓烈，扩散力强且持久，在东方被视为较珍贵的香料之一。因此，在调香中常作为定香剂，使各种香成分挥发均匀，提高了香精的稳定性，同时也赋予香精诱人的动物性香韵。天然麝香也是名贵的中药材。

2. 灵猫香

灵猫香是雌雄灵猫囊状分泌腺所分泌出来的褐色半流体。主要产于非洲埃塞俄比亚，亚洲的印度、缅甸、中国的云南、广西等地。

新鲜的灵猫香为淡黄色黏稠液体，久置被氧化成棕褐色膏状。浓时具有不愉快的恶臭，稀释后释放出强烈而令人愉快的香气。灵猫香易溶于乙醇、苯、氯仿，难溶于水，常制成酊剂使用。

灵猫香的主要香成分是含量占 3% 左右的不饱和大环酮——灵猫酮，其化学结构式如下。另外还含有 3-甲基吲哚、吲哚、乙酸苄酯、四氢对甲基喹啉等。

$$CH\underline{\quad\quad\quad\quad}(CH_2)_7$$
$$||\quad\quad\quad\quad\quad\quad\quad|$$
$$CH-(CH_2)_7\underline{\quad}C=O$$

灵猫香的香气比麝香更为优雅，常用作高级香水的定香剂。作为名贵中药材，它具有清脑的功效。

3. 海狸香

海狸香是从雌雄海狸生殖器附近的梨状腺囊中取得的分泌物。主要产于加拿大和西伯利亚等地。

新鲜的海狸香为乳白色黏稠物，经日晒或干燥后为红棕色的树脂状物质。海狸香不经处理有腥臭味，稀释后有令人愉快温和的动物香气。海狸香易溶于乙醇，难溶于水。一般也制成酊剂使用。

海狸香的成分比较复杂，主要香成分是由生物碱和吡嗪等含氮化合物构成，另外还有树脂、苯甲酸以及醇类、酮类、酚类和酯类等。

海狸香主要用作定香剂，配入植物精油中能提高其芳香性，增加香料的留香时间，是极其珍贵的香料，但由于受产量、质量等影响，其应用不如其他几种动物性香料广泛。

4. 龙涎香

龙涎香是在抹香鲸胃肠内形成的结石状病态产物，自体内排出在海上漂流或冲至海岸上，经长期风吹雨淋、日晒发酵而成的，也可从捕获的抹香鲸体内经解剖而取得，目前主要来自捕鲸业。龙涎香从海面上漂浮而来，因而常无一定产区，多产于南非、印度、巴西、日本等。

龙涎香是灰白色、棕黄或深褐色的黏稠蜡样块状物质，香气不像其他几种动物香料那样明显，但经过一定时间的成熟，会使香气格外诱人，其留香性和持久性是无与伦比的。龙涎香的留香能力比麝香强 20～30 倍，可达数月之久。龙涎香一般都制成酊剂，再经过 1～3 年熟化后使用。

龙涎香的主要成分是龙涎香醇和甾醇，龙涎香醇本身并不香，经自然氧化分解后，其分解产物龙涎香醚和 γ-紫罗兰酮，成为主要香气物质。所以龙涎香的熟化时间较长。

龙涎香具有清灵而温雅的特殊动物香气，在动物性香料中是最少腥臭气的香料。其品质最高、香气最优美、价格最昂贵。在高档的名牌香精中，大多含有龙涎香。

（二）植物香料

植物香料是从芳香植物的花、叶、枝、干、根、茎、皮、果实或树脂中提取出来的有机混合物。大多数呈油状或膏状，少数呈树脂或半固态。根据它们的形态常具有精油、浸膏、酊剂、净油、香脂和香树脂等产品。植物香料的含量不但与物种有关，也随着土壤成分、气候条件、生长季节、生长年龄、收割时间、贮运情况等而异。

我国是世界上香料植物资源较为丰富的国家之一。许多品种的产量已居世界前列，如薄荷油、桉叶油、山苍子油、桂油、茴油的年产量已位居世界第一。我国香料植物资源之丰富，天然香料的品种之广、数量之大，都已达到天然香料生产的国际先进水平。

植物香料的制品主要有以下几种。

精油是植物性香料的代表。此外，还有浸膏、净油、香树脂、油树脂和酊剂等制品。

（1）精油　天然香料制品中最常见的形态。通常采用水蒸气蒸馏法制取，少数采用冷榨、冷磨方法。精油通常透明澄清，呈无色至棕褐色，是具有挥发性特征的芳香油状液体，因而又称挥发油。精油具有易燃性和热敏性，一般不溶或微溶于水，易溶于有机溶剂，大多数精油的密度小于水。精油中的含氧化合物常为其主香成分。由于精油中的萜烯化合物易氧化变质，所以将萜烯成分除去后制成除萜精油。将精油中有效成分加以浓缩所得产品称为浓缩油，如二倍浓缩甜橙油等。除萜精油水溶性较好，是配制水溶性香精的重要原料。主要的精油有玫瑰油、香叶油、熏衣草油、檀香油、薄荷油等。

（2）浸膏   浸膏是采用溶剂萃取法制取的，为具有特征香气的黏稠膏状液体或半固体物，有时会有结晶析出。浸膏所含成分常较精油更为完全，但含有相当数量的植物蜡和色素，在乙醇中溶解度较小。浸膏色深，使用上受到一定限制，通常以此法制成净油或脱色的浸膏。常用的有茉莉花、桂花等浸膏。

（3）净油   净油是以纯净乙醇作溶剂，将浸膏在低温下进行萃取后再经过冷冻除蜡制成的产品。可直接用于配制各种高档香水。常用的有晚香玉、茉莉等净油。

（4）香树脂   香树脂是用乙醇为溶剂，萃取某种芳香植物器官，从而获得的有香物质的浓缩物，包括香膏、树胶、树脂等。香树脂多半呈黏稠液体，另有一些呈半固体，如橡苔香树脂等。

（5）油树脂   用食用挥发性溶剂萃取辛香料，制成既含香气、又有味道的黏稠液体和半固体。多数用作食用香精，如生姜油树脂等。

（6）酊剂   用天然芳香物质作原料，以一定浓度的纯净乙醇进行萃取，再将萃取液中溶剂适当回收制得的产品，如麝香酊、排草酊、枣子酊等。

二、合成香料

天然动植物香料往往受自然条件的限制及加工因素等条件的影响，造成产量和质量不稳定，无法满足众多加香制品的需求。利用单离香料或化工原料通过有机合成的方法制备的香料，具有化学结构明确、产量大、品种多、价格低廉等优点，可以弥补天然香料的不足，增大了有香物质的来源，因而得以长足发展。

目前文献记载的合成香料有 4000～5000 种，常用的有 700 种左右。国内能生产的合成香料约有 400 余种，其中香兰素、香豆素、洋茉莉醛等合成香料在国际上享有盛名。在香精配方中，合成香料占 85％左右，有时甚至超过 95％。

香料合成涉及了许多有机化学反应，如氧化、还原、水解、缩合、酯化、卤化、硝化、加成、异构、环化等，在此不详述。

三、芳香精油

芳香精油是指将芳香植物的花、叶、根、皮、树脂或果皮进行提取，得到具有特殊香气的精油。精油成分复杂，一般由萜烯类、醛类、酯类、醇类等化合物组成。不同的精油里包含很多不同的成分，例如玫瑰精油就由 250 种以上不同的化合物混合而成。精油具有亲脂性，很容易溶在油脂中。由于精油的分子链通常比较短，这使得它们极易渗透于皮肤，通过皮下脂肪下丰富的毛细血管而进入体内。精油具有高挥发性，可由鼻腔黏膜组织吸收进入身体，将讯息直接送到脑部，通过大脑的边缘系统，调节情绪和身体的生理功能，具有舒缓、净化等作用，人们称其为"芳香疗法"。随着美容行业和 SPA 的兴起，芳香疗法已经深入人心，芳香精油在生活中的应用也越来越广。

（一）芳香精油进入人体的方式

芳香精油的有效成分可以通过两种方法进入体内。一种是通过鼻腔吸入；另一种是直接从皮肤吸收。

1. 由鼻腔吸入

散发在空气中的芳香分子经由鼻腔吸收后，附着在嗅细胞上。当嗅细胞兴奋时，芳香分子所具有的化学情报就会变成信号，传达到大脑边缘系统。大脑边缘系统是控制、调节身体行动、愉快、愤怒、恐惧等情绪的自律神经。当"芳香"情报传达至此时，相邻的脑下垂体会立刻反应，引起身心的变化，调整人体的身体状况，改变人的心情。另外，由鼻腔吸入的精油分子还可以通过气管进入肺部，渗透入毛细血管而进入血液循环。

2. 由皮肤传入体内

利用精油进行按摩的过程中，精油被皮肤表皮吸收，渗透到皮肤内部的真皮组织，然后进入毛细血管和淋巴壁，在全身循环。

（二）芳香精油类型和作用

用于生活中的芳香精油有单方精油和复方精油两种类型。

1. 单方精油

是以单种芳香精油作为功效成分的精油产品。目前可用于人体"芳香疗法"的单方精油有几十种，在此介绍几种常用的单方精油。

（1）玫瑰精油　是从玫瑰花中提取的精油，也是世界上最昂贵的精油，被称为"精油之后"。玫瑰精油能调整女性内分泌，滋养子宫，缓解痛经，改善性冷感和更年期不适。而且还具有很好的美容护肤作用，能以内养外淡化斑点，促进黑色素分解，改善皮肤干燥，恢复皮肤弹性，让女性拥有白皙、充满弹性的健康肌肤，是适宜女性保健的芳香精油。

（2）薰衣草精油　是从薰衣草中提取得到的精油。具有清热解毒，清洁皮肤，控制油分，祛斑美白，祛皱嫩肤，祛除眼袋及黑眼圈的作用，还可促进受损组织的再生恢复。它能净化、安抚心灵，减轻愤怒和疲乏感，可以使人心平气和。而且还对心脏有镇静效果，可降低高血压、安抚心悸，对于失眠很有帮助。它是较好的止痛精油之一，能有效改善肌肉痉挛，对扭伤、肌肉酸痛以及风湿痛也有很好的缓解作用。

（3）茶树精油　是茶树的提取物。具有杀菌消炎，收敛毛孔的作用，对伤风感冒、咳嗽、鼻炎、哮喘有很好的疗效，可改善痛经、月经不调及生殖器感染。茶树精油适用于油性及粉刺皮肤，治疗化脓伤口及灼伤、晒伤、香港脚及头屑。还可使人头脑清醒，恢复活力，心情愉悦。

（4）依兰精油　是一种来自植物依兰的提取物。具有抗忧郁、抗菌、催情、降低血压、镇静等功效，它在平衡荷尔蒙方面的声誉卓著，用以调理生殖系统的问题。

（5）天竺葵精油　是从天竺葵花叶中提取的精油。具有止痛、抗菌、促进结疤、增强细胞防御功能、除臭、止血、补身等功效，还有深层净化和收敛效果，能平衡皮脂分泌；而且还能促进皮肤细胞新生，修复疤痕、妊娠纹。

（6）洋甘菊精油　是从洋甘菊花中提取得到的精油。具有心灵疗效，安抚效果绝佳。可舒解焦虑、紧张、愤怒与恐惧，使人放松，感觉祥和，减轻忧虑，让心灵平静，对失眠很有帮助。

2. 复方精油

是两种以上的精油混合物，精油与精油之间是相互协调的，具有增强疗效的作用，通常理想的调配方式是以 2～4 种精油来调出复方精油。

（三）芳香精油产品的组成

芳香精油产品一般由精油和基础油两大成分组成，为了防止精油的氧化变质，有的精油产品中也加入少量的抗氧化剂。其中精油含量为 0.5%～2.5%，优选使用为 1%。

基础油是用来稀释精油的一种油。因为纯精油刺激性十分强烈，直接抹在皮肤上，会造成伤害，所以精油在使用前，一定要稀释。基础油是将各种植物的种子、果实经由压榨后，第一次萃取的非挥发性油脂，可以作为皮肤保养用油，也是制作按摩油的基础油。植物基础油本身就具有疗效，是营养和精力的良好来源。常用作基础油的植物油有茶树油、橄榄油、葡萄籽油、霍霍巴油等。

（四）精油产品使用注意事项

精油成分易被吸收进入人体，所以精油产品的安全性一直备受争议。消费者在使用这类产品时应注意以下几个方面。

① 除了通过药监部门认定的专门口服精油外，其他精油产品不要口服。

② 怀孕初期最好避免使用精油按摩或泡澡，因为某些精油可能导致月经来潮。

③ 柑橘类精油（佛手柑、柠檬）会导致皮肤对紫外线过敏。因此，使用过后 8h 内请勿暴晒肌肤于阳光下。

④ 患有高血压、神经及肾脏方面疾病的人要慎用。

⑤ 精油不能取代药物。因此，使用后如症状未改善，请一定要看病就医。绝不可因使用精油而放弃原先已在使用的药物。

⑥ 精油必须稀释后才能使用。

⑦ 请按建议量使用。使用过量会导致反效果，甚至对身体造成过大负担。尤其是依兰、鼠尾草过量会引起睡意，在酒后或开车时应避免使用。

⑧ 精油必须贮存于密封完好的深色玻璃瓶内，并且放置于阴凉的场所避免阳光直射。以延长芳香精油的使用寿命。

⑨ 避免将精油放置于塑料等易被精油溶解的容器中，当稀释精油时，应使用玻璃、不锈钢或陶瓷器皿作容器。

⑩ 儿童不要使用精油产品。

⑪ 皮肤敏感者，应先进行敏感测试后才能使用。

第 2 节　香　精

将数种乃至数十种香料（包括天然香料、合成香料和单离香料），按照一定的配比调和成具有某种香气或香韵及一定用途的调和香料，通常称这种调和香料为香精（perfume compound），这个调配过程则称为调香。

一、香精的分类

香精是一种由人工调配出来的含有数种乃至数十种香料的混合物，具有某种香气或香韵及一定的用途。根据香气、香韵或用途不同，分类方法也不相同。

1. 根据香精的用途分类

根据香精的用途和性质，香精可分为日用香精、食用香精和其他用途香精。

2. 根据香精的形态分类

产品状态不同，其体系的性能也不同，为了保持加香产品基本的性能稳定，所加香精的性能（溶解性、分散性等）应和所处制品的基本性能相一致。因此按香精的形态可分为水溶性香精、油溶性香精、乳化香精和粉末香精。

3. 根据香型分类

香精的整体香气类型或格调称为香型，香精根据香型大概可分为花香型、果香型、幻想型香精等。

其中幻想型香精的名称，有的采用神话传说，有的采用地名，往往是美妙抒情的名称，如素心兰、古龙、力士、巴黎之夜、夏之梦、吉卜赛少女等。幻想型香精多用于制造各种香水。

二、香精的组成

香精是数种或数十种香料的混合物。好的香精留香时间长，且自始至终香气圆润纯正，绵软悠长，香韵丰润，给人以愉快的享受。因此，为了了解在香精配制过程中，各香料对香精性能、气味及生产条件等方面的影响，首先需要仔细分析它们的作用和特点。

不论是哪种类型的香精，按照香料在香精中的作用，大都是由以下六个部分组成。

1. 主香剂

亦称主香香料。是决定香气特征的重要组分，是形成香精主体香韵和基本香气的基础原料，在配方中用量较大。因此主香剂香料的香型必须与所要配制的香精香型一致。在香精配方中，有时只用一种香料作主香剂，但多数情况下都是用多种香料作主香剂。例如，玫瑰香精常用香叶醇、香茅醇、苯乙醇作为主香剂。

2. 和香剂

亦称协调剂。是调和香精中各种成分的香气，使主香剂香气更加突出、圆润和浓郁。因此用作和香剂的香料香型应和主香剂的香型相同。例如，玫瑰香精常用橙花醇作为和香剂。

3. 修饰剂

亦称变调剂。是使香精香气变化格调，增添某种新的风韵的组分。用作修饰剂的香料香型与主香剂香型不同，在香精配方中用量较少，但却十分奏效。在近代调香中，趋向于强香韵的品种很多，如较为流行的有花香-醛香型、花香-醛香-青香型等。广泛采用高级脂肪族醛类来突出强烈的醛香香韵，增强香气的扩散性能，加强头香。例如，玫瑰香精常用芳樟醇作为修饰剂。

4. 定香剂

亦称保香剂。定香剂不仅本身不易挥发，而且能抑制其他易挥发香料的挥发速度，从而使整个香精的挥发速度减慢，留香时间长，使全体香料紧密结合在一起，使香精的香气特征或香型始终保持一致，是保持香气持久稳定性的香料。它可以是单一的化合物，也可以是混合物，还可以是天然的香料混合物，可以是有香物质，也可以是无香物质。定香剂的品种较多，以动物香料最好；香根草之类高沸点的精油、安息香类香树脂及分子量较大或分子间作用力较强的苯甲酸苄酯类合成香料也常使用。例如，玫瑰香精常用麝香酮、秘鲁香脂、安息香、龙脑等作为定香剂。

5. 香花香料

亦称增加天然感的香料。其作用是使香精的香气更加甜悦，更加接近自然花香。主要采用各种香花精油作为香花香料。

6. 溶剂

为了降低成本，同时适当地把香味淡化，将结晶香料和树脂状香脂溶解和稀释，可加入一定量的溶剂。溶剂本身应无臭、稳定、安全而且价格低。例如，水溶性香精中可用乙醇、丙二醇作为溶剂，油溶性香精中可用苯甲醇、苄醇、苯甲酸苄酯、甘油三乙酸酯、棕榈酸异丙酯和植物油脂作为溶剂。

三、香精挥发度

除了按香料在香精中的作用来理解香精的配方外，还可根据香精配方中香料的挥发度和留香时间的不同，大体将香精分为头香、体香与基香三个相互关联的部分。

1. 头香

亦称顶香。挥发度大，是决定香精"形象"和"新鲜感"的重要因素。用作头香的香料一般是由香气挥发性较好的香料构成的，它的留香时间短，在评香纸上的留香时间在 2h 以下。头香的香料一般应选择嗜好性强、清新，能和谐地与其他香气融为一体，使全体香气上升并有些独创性的香气成分。常见的头香香料有柑橘型香料、玫瑰油、果味香料等。头香能赋予人们最初的良好印象，消费者通常比较容易受头香香气和香韵的影响，但头香并不代表香精的特征香韵。

2. 体香

亦称中香。是在头香之后，被嗅感到的中段主体香气，它能使香气在相当长的时间内保持稳定和一致，赋予香精特征香气。用作体香的香料是由具有中等挥发度的香料所配成的，在评香纸上的留香时间为 2~6h。体香香料一般由茉莉、玫瑰、丁香、康乃馨等花香香料，以及醛类、辛香料等组成。它是香精的主要组成，代表了所配制的香精的主体香气。

3. 基香

亦称尾香。是在香精的头香和体香挥发之后，留下来的最后香气，挥发度小。用作基香的香料一般是由高沸点的香料或定香剂所组成的，在评香纸上的留香时间超过 6h。基香香料主要由橡苔、檀香、香根、柏木、广藿香等木香成分及起定香剂的天然动物香和香脂、香豆素等香料组成。

在调香工作中，根据香精的用途，要适当调整头香、体香、基香香料的百分比。例如，要配制一种香水香精，如果头香占 50%，体香占 30%，基香 20%则不太合理。因为头香与基香相比，基香百分比太小，这种香水将缺乏持久性。一般头香占 30%左右，体香占 40%左右，基香占 30%左右比较合适。总之，头香、体香和基香之间要注意合理的平衡，各类香料百分比的选择，应使各类原料的香气前后相呼应。在香精的整个挥发过程中，各层次的香气能循序挥发，前后具有连续性，使它的典型香韵不前后脱节，达到香气完美、协调、持久、透发的效果。

四、调香

调香是一项复杂的工作。作为调香师（flavorist）既要具备香料的应用知识，丰富的经验，又要有灵敏的嗅觉和丰富的想象力，还要充分了解加香制品的性能。调香的过程与导演拍摄影片的过程相似。导演用影片来表达自己的情感，对生活的感受和对自然的热爱。好的导演在影片拍摄前，需要根据市场准确定位要拍的影片，再凭借经验选择合适的剧本、演员、场景等，编拍以达到预期的效果。调香师是根据使用者或加香制品的要求，借助经验对各种香料筛选、配制，最终用产品的香气来表现美丽的自然和美好的理想，因此调香同样是技术和艺术的结合。

有些香料可以互相搭配产生令人愉悦的气味，为互调型；有些香料单独存在时会散发一定的香气，但混合后却产生讨厌的气味，为不调和型。因此，要成功地配制一种香精，通常依靠调香师的经验，经过拟方、调配、闻香修改、加入制品观察、再修改、反复实践，才能最终确定配方。

目前主要的调香过程有"创香"和"仿香"两种。

（一）"创香"的基本步骤

"创香"是用各种香料配制成自然界存在的或理想中香韵风格的香精的过程。在"创香"过程中，首先要明确所需配制香精的香型和香韵（调香师可发挥自己的想象力设计独特香韵风格），以此作为调香的目标。其次应按照香精的应用要求，选择质量等级相应的头香、体香和基香香料。如在化妆品香精的配制中，应采用的香料是对皮肤无刺激性的化妆品级香料。在确定了香型和原料等级后，调香从基香部分开始，这是调和香料最重要的一步，即搭起各种香型香精的框架结构。基香配制完成后，加入组成体香的香料，体香起着连接头香和基香的桥梁作用，它可遮蔽基香部分的不佳气味，并使香气变得华丽、丰盈。在试制香料的主体成功后，加入头香部分，使香气轻快、新鲜，隐藏基香和体香中的抑郁部分，取得良好的"第一印象"。当然，每调入后一种香料后，都要与已初步确定的前一步试制的香料进行对比，略作调整，以求得在香气上的和谐、持久和稳定。最后，在配方基本确定后，根据评香结果，再加入适当的修饰剂，使香精增添新风韵，富有独创性。

在调香中还有一个需要注意的问题是：要考虑香气的平衡。头、体、基香的选择和配制百分比应前后呼应，形成流畅自然的整体芬芳香韵。如同合唱中的高、中、低音的协调搭配一样，形成美妙的合声部，而不是各种杂音混合的噪声。经过反复试配评价后，再将香精加入加香制品中作应用测试，观察并评估其持久性、稳定性、安全性和应用效果，并根据评价结果对已有香精配方作必要的调整。最后确定香精配方和调配方法。至此，"创香"的香精配方才算完成。

（二）"仿香"的基本步骤

与"创香"不同，"仿香"是模仿配制某种已有但不知其香精配方组成的过程。因为已有一个可借鉴的香精产品。因此，调香师首先要对所仿制的香气深入了解，通过嗅评准确判断被仿制对象的香气特征、香韵组成；同时利用分析仪器分析出被仿制香精的香料结构，以进一步推断它的组成和香韵。随后，同"创香"过程一样，按所确定的香韵确定合适的基香、中香、头香，试制后不断地与已有的香精产品对比评价，调整配方。应该说，"仿香"过程同样是复杂的，成功的概率并不高。

由于加香制品种类繁多，且理化性能也迥然不同，对不同种类的产品，所需香精香气及加香工艺条件的要求也不相同。因此，从某种程度上说，香精配方是随使用对象、原料等级、生产工艺与加香工艺的不同而不同的，有一定的"独特性""专用性"。

（三）调配流程

① 明确所配香精的香型、香韵、用途和档次。

② 考虑香精组成，即哪些香料可以作主香剂、协调剂、变调剂和定香剂。

③ 根据香料的挥发度，确定香精组成的比例，一般头香香料占 20%～30%，体香香料占 35%～45%，基香香料占 25%～35%。

④ 提出香精配方初步方案。

⑤ 正式调配。

现以调配食用黑加仑香精配方为例。黑加仑香气的主要特征是酸中带甜，具有果香、花香。

首先应确定具有黑加仑香韵的香料为主香剂，如选用覆盆子酮、布枯叶油等具有黑加仑的酸甜特征香气的香料为主香剂。

其次选择和香剂，也应是具有类似黑加仑酸甜香的香料为和香剂，如用二甲基硫醚模拟甜香，用 2-甲基戊烯-2-酸来模拟酸气；用丁香酚模拟焦甜香等。

第三选择修饰剂，以清香、果香为修饰剂，可用芳樟醇、乙醛等作为清香，以脂族酯、甜橙油作为果香。

第四选择定香剂，可用邻氨基苯甲酸甲酯、桂酸苄酯等。

第五选择香花香料，可选用使香精具有更加自然的香气的玫瑰醚、香叶醇、橙花醇等。

第六选择溶剂，可根据需要添加植物油，如花生油等作为溶剂。

经过实验确定组成含量后就可配制成具有独特风格的黑加仑香精。

五、香精的生产工艺

香精的生产工艺随香原料的性质、香精的类型和产品形态不同而不同，一般有以下几种生产工艺。

（一）不加溶剂的液体香精

若某些符合产品香气要求的天然香料和合成香料在允许温度下，通过搅拌能互溶，可按配方直接混合，制成液体香精。其生产工艺流程如图 3-1 所示。

图 3-1　液体香精生产工艺流程示意图

其中熟化是重要环节，经过熟化后的香精香气变得和谐、圆润而柔和。熟化是一个复杂的化学过程，目前尚得不到科学解释。常采取的方法是将配好的香精在罐中放置一段时间，令其自然熟化。

（二）水溶性和油溶性香精

水溶性香精一般易挥发，不适宜在高温下使用。此类香精中所用的天然香料和合成香料必须能溶于水溶性溶剂。常用的溶剂为 40%～60% 的乙醇水溶液，也可采用丙醇、丙二醇、丙三醇等代替乙醇作为水溶性香精的溶剂。采用乙醇为溶剂的香精一般占该类香精总量的 80%～90%。

油溶性香精一般较稳定，适合在较高温度下使用，如使用在糕点等需烘烤的食品中。油溶性溶剂常分为两类。一类为精制天然油脂，主要用于调配食用香精，占该类香精总量的 80%；另一类为有机溶剂，常用的有丙二醇、苄醇、苯甲酸苄酯、苯甲醇、甘油三乙酸酯、棕榈酸异丙酯等。

水溶性香精与油溶性香精的生产工艺流程如图 3-2 所示。

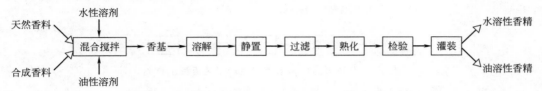

图 3-2　水溶性香精与油溶性香精工艺流程示意图

(三) 乳化香精

乳化香精 (emulsion flavor) 一般是 O/W 型的乳化体，使不溶于水中的香料在水中形成乳状液，成本较低，其主要成分有香料、乳化剂、稳定剂 (如明胶、果胶、海藻酸钠等)、抗氧化剂等。常使用在乳状果汁、冰淇淋、奶制品等食品和发膏、粉蜜等化妆品中。其生产工艺流程如图 3-3 所示。

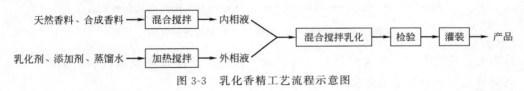

图 3-3　乳化香精工艺流程示意图

该香精中起乳化作用的主要是表面活性剂，常用的有单硬脂酸甘油酯、大豆磷脂、山梨醇酐脂肪酸酯、聚氧乙烯木糖醇酐硬脂酸酯等。在乳化香精中，通常还加入增稠剂，如果胶、明胶、阿拉伯胶、淀粉、海藻酸钠、羧甲基纤维素钠等，起稳定、增稠作用。

(四) 粉末香精

1. 粉碎混合法

当各种香料均为固体时，先粉碎固体香料，再均匀混合，过筛除去较大颗粒，然后包装得到所需粉末香精 (powder flavor)。粉碎混合法是最简便的香精生产方法，但受到原料状态的限制。

2. 熔融体粉碎法

利用熔融状的糖质原料与香精混合后冷却，再处理制得粉末香精。生产工艺流程如图 3-4 所示。

糖浆一般是蔗糖、山梨醇等糖质原料熔融后制得的。该方法的缺点是在加热熔融的过程中混合香精，香精易挥发或变质，制得的粉末香精的吸湿性也很强。

图 3-4　熔融体粉碎法粉末香精生产工艺流程示意图

3. 载体吸附法

用固体吸附剂粉末吸附浓的香精乙醇溶液，处理后制得粉类香精。其生产工艺流程如图 3-5 所示。

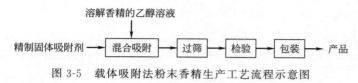

图 3-5　载体吸附法粉末香精生产工艺流程示意图

固体吸附剂通常为碳酸镁、碳酸钙。这类粉末香料一般用于制造香粉、爽身粉等粉类化妆品。

4. 微胶囊型喷雾干燥法

将香精包裹在微型胶囊（赋形剂）内形成的粉末状香精。常用的微型胶囊主要有明胶、阿拉伯胶、变性淀粉、聚乙烯醇等高分子化合物。其生产工艺流程如图 3-6 所示。

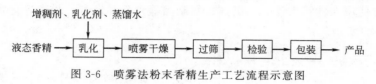

图 3-6　喷雾法粉末香精生产工艺流程示意图

这类香精稳定性好，留香时间长，易贮运。因此广泛使用在粉末饮料、果冻、粉末汤料、药品和塑料、纺织品等产品中。

六、香精的稳定性和安全性

（一）稳定性

香精的稳定性主要表现在两个方面：一是它们在香气或香型上的稳定性；二是自身或在制品中的物理、化学性能的稳定性。

香精是由合成香料、单离香料以及天然香料等所组成的，往往含有数十种甚至上百种不同分子结构的化合物。这些化合物的物理、化学性质不同，相互之间会发生复杂的变化，影响着香精的稳定性而且这些化合物的挥发度不同，要使香型或香气在整个挥发过程中保持一致，必须经过多次试验，取得相互之间的平衡。同时，还要考虑将其加入加香制品后以及使用过程中，香型和香气是否稳定、持久，整个挥发过程中能否保持一致，是否会影响制品的外观和应用性能等。

1. 影响因素

影响香精不稳定的因素可归纳为如下几个方面。

① 香精中某些香料分子之间发生化学反应，如酯交换、酯化、酚醛缩合、醇醛缩合等

反应。

② 香精中某些分子，如醇、醛、不饱和键等基团和空气之间发生氧化反应。

③ 香精中某些分子，如某些醛、酮、含氮化合物等遇光照后发生物理化学反应。

④ 香精某些成分与加香制品中某些组分之间难以配伍或发生物理、化学反应，如受酸碱度的影响而发生水解反应等。

⑤ 香精中某些成分与加香制品或包装容器材料之间的反应等。

2. 稳定性试验

为了尽快地了解某香精在加香制品中的稳定性，现在常用一些快速的方法检测。

(1) 加温法　将香精置于高于室温的温度下保存一定时间，评价香型的变化。

(2) 冷冻法　将香精及加香制品置于低温下，一定时间后观察其黏度、澄清度的变化。

(3) 光照法　用紫外线照射香精，一定时间内观察其黏度、色泽的变化和评价香型的变化。

(二) 安全性

香精的应用范围的日益扩大，使得人们在生活中与它接触的机会越来越多。许多加香制品，如食品、化妆品，前者直接入口，后者长时间与皮肤接触，其安全性是至关重要的，而加香制品的安全性又与所用原料的安全性密切相关。因此香精作为加香制品的主要成分之一，其安全性直接影响着制品的安全性。有关香精的安全性，"国际日用香料香精协会" (International Fragrance Association，IFRA) 要求对每一种香料要从如下六个方面测试：

① 急性口服毒性试验；

② 急性皮肤毒性试验；

③ 皮肤刺激性试验；

④ 眼睛刺激性试验；

⑤ 皮肤接触过敏试验；

⑥ 光敏中毒和皮肤光敏化作用试验。并公布了在日用香精中禁用或限用的香料。

总之，香料与香精的稳定性和安全性，往往关系到香精及加香制品的质量和使用效果，是调香工作者在制订配方时不容忽视的重要问题。

七、香精在日用化学品中的应用

香精是赋予化妆品以一定香气的原料，是化妆品制造过程中的关键原料之一。香精选用得当，不仅受消费者的喜爱，而且还能掩盖产品介质中某些不良气味。香精是由多种香料调配混合而成，且带有一定类型的香气，即香型。化妆品在加香时，除了选择合适的香型外，还要考虑所选用的香精对产品质量及使用效果有无影响，因此，不同制品对加香要求不同。

香精在各大产品中的建议添加量如下。

① 洗发水、沐浴露：0.5%～1.0%。

② 膏霜乳液：0.05%～0.15%。

③ 乳液：0.05%～0.15%。

④ 化妆水：0.01%～0.1%。

⑤ 面膜：0.01%～0.1%。

第 3 节　评　　香

一、香的检验

香的检验简称评香。目前主要是通过人的嗅觉和味觉等感官来进行香的检验。按评香的对象不同，可分为对香料、香精和加香制品的评香。作为调香工作者，要不断训练自己的嗅觉器官，以便能灵敏地辨别各种香料的香韵、香型、香气强弱、扩散程度、留香能力以及真伪、优劣等。对于香精和加香制品则要能够嗅辨和比较其香韵的优劣，头香、体香、基香之间的协调程度，留香的能力，与标样的相像程度，香气的稳定性等，并通过修改达到要求。

（一）单体香料的评价

单体香料的香检验有三个方面，即香气质量、香气强度和留香时间。

1. 香气质量的检验

直接闻试香料纯品、乙醇稀释后的单体香料稀释液或相应的评香纸。可将单体香料稀释到一定浓度（溶剂主要用水），放入口中，香气从口中通入鼻腔进行香气质量检验。有时因为香气质量随浓度发生变化，所以可以从稀释度与香气之间的关系评价香气质量。

2. 香气强度

人们把开始闻不到香气时的香料物质的最小浓度叫做阈值（flavor threshold），用阈值来表示香气强度。阈值越小的香料，香气强度越高；反之阈值越大的香料，香气强度越低。由于阈值随稀释剂不同以及其他杂质的存在而变化，故必须采用同一溶剂和较为纯净的香料测定阈值。

3. 留香时间

将单体香料沾到闻香纸上，再测定它在闻香纸上的保留时间，即从沾到闻香纸上到闻不到香气的时间。保留时间越长，留香性越好。

（二）天然香料的评价

天然香料的评价法和单体香料相同。但天然香料是多种成分的混合物，所以香料的检验又不同于单体香料。天然香料检验的重点是：在同一评香纸上检验出头香、体香和基香三者的香气平衡的变化。

（三）香精的评价

香精的香气质量、香气强度的评价方法和单体香料、天然香料基本相同。由于香精是多种成分的混合物，所以在同一评香纸上要检验出头香、体香和基香三者之间的香气平衡，是非常重要的。如果头香不冲，香气的扩散性（挥发性）就较差；如果体香不和，香气就不够文雅；如果基香不浓，则留香不佳，香气就不够持久。另外还要考虑其与标样的相像程度，有无独创性、新颖性等。

而对于食品香精、牙膏香精，除上述评价法外，香评价还包括味的评价，即采取把香精中加入一定量的水或糖浆后含入口中，对冲入鼻腔中的香气和口感同时进行评价的方法。

(四) 加香制品香的评价

对于市售加香产品，评香时一般即以此成品或在使用后用嗅辨的方法来辨评。如要进一步评比（如仿香），则可从产品中萃取出其中含有的香成分，再进行如上的评辨。

当香精加入加香制品中后，同一种香料或香精在不同的加香介质中，其香气、味道等会有不同，如受其他物质的影响，会产生香强度减弱或香气平衡被破坏的现象，并随着放置时间的延长而变化，导致香气劣化。因此欲知某香料或自己配制的香精在加香制品中的香气变化、挥发性、持久性和对产品外观的影响情况等，则必须将该香料或香精加入加香制品中，然后进行观察评比。视加香制品的性质，或考查一段时间，或经冷热考验，观察其香气、香韵、介质的稳定性、色泽等的稳定性，以便对调和香料做出最终评价。

二、评香中应注意的问题

在辨香与评香过程中，应注意下列问题。

① 要有一个清净安宁的工作场所。室内空气要流通、清洁，不能有其他香气的干扰。

② 要思想集中，嗅辨应间歇进行，避免嗅觉疲劳。一般，开始时的间歇是每次几秒钟，最初嗅的三四次最为重要。易挥发者要在几分钟内间歇地嗅辨；香气复杂的，有不同挥发阶段的，除开始外，可间歇 5～10min，再延长至 0.5h、1h、半天、1 天或持续若干天。要重复多次，观察不同时间中香气变化以及挥发程度（头香、体香、基香）。

③ 要有好的标样，并装在深色的玻璃小瓶中，置阴凉干燥处或冰箱内存放，防止变质。贮存到一定时间要更换。

④ 嗅辨时要用辨香纸（perfume blotter）。对于液态样品，以纸条宽 0.5～1cm、长 10～18cm 为宜；对固态样品，以纸片宽 5cm、长 10cm 为宜。辨香纸在存放时要防止被沾污和吸入其他任何气味。

⑤ 辨香时的香料要有合适的浓度。过浓，嗅觉容易饱和、麻痹或疲劳，因此有必要把香料或香精用纯净无臭的 95% 乙醇或纯净邻苯二甲酸二乙酯稀释至 1%～10%，甚至更低浓度来辨评。

⑥ 辨香纸的一端应写明辨评对象的名称、编号、日期和时间，另一头蘸样品。如果是两种以上样品对比，则要等量蘸取。如是用纸片，可将固态样品少量置于纸片中心。嗅辨时，样品不要触及鼻子，要有一定的距离（以刚可嗅到为宜）。

⑦ 随时记录嗅辨香气的结果，包括香韵、香型、特征、强度、挥发程度，并根据自己的体会，用贴切的词语描述香气。要分阶段记录，最后写出全貌。若是评比则写出它们之间的区别，如有关纯度、相像程度、强度、挥发度等意见，最后写出评定好坏、真假等的评语。

事件过程：2011 年 6 月，有报道称昱伸香料有限公司生产的食品添加物起云剂中加入有害健康的塑化剂（DEHP），用到了多种饮料和食品中，多家知名运动饮料及果汁、酵素

饮品已遭污染。此次污染事件规模之大为历年罕见，引起轩然大波，被称为"塑化剂事件"。国家食品药品监督管理局于 2011 年 7 月下发通知要求，保健食品配方中含增塑剂邻苯二甲酸酯类物质的，应当去除邻苯二甲酸酯类物质或使用符合相关规定的辅料代替。并对化妆品中邻苯二甲酸酯类增塑剂含量进行了限制。

原因分析： 邻苯二甲酸酯类物质是一种环境激素的总称，对人的生殖系统会造成一定的危害。在工业界被使用的邻苯二甲酸酯有 20 多种，主要作为增塑剂、软化剂、载体等应用在化妆品、洗涤用品、建筑材料和润滑油中。化妆品中的邻苯二甲酸酯类物质主要来自香精，这类物质一般用作香精的溶剂和定香剂。

事故处理： 化妆品香精的生产企业按照规定停用邻苯二甲酸酯类物质。化妆品生产企业加强了对邻苯二甲酸酯类物质的检测，确保化妆品中邻苯二甲酸酯类物质不超标。

实训 1　玫瑰香精的配制

一、实训目的

1. 了解香原料的性质及作用。
2. 初步掌握香精的调配方法和过程。
3. 了解香精的评价方式。

二、制备

1. 实训配方

实训配方见表 3-1。

表 3-1　玫瑰香精实训配方

香原料	质量分数/%	配方中的作用	香原料	质量分数/%	配方中的作用
苯乙醇	9	主香	丁香酚	1	修饰
香叶醇	40	主香	鸢尾油	1	修饰
香叶油	6	主香	壬醛	0.1	修饰
橙花醇	20	和香	十一醛	0.2	修饰
甲酸玫瑰酯	2	和香	十二醛	0.2	修饰
A-紫罗兰酮	4	修饰	麝香酮	0.8	定香
芳樟醇	1.5	修饰	香兰素	0.7	定香
乙酸香叶酮	3.5	修饰	玫瑰油	10	香花香料

2. 制备步骤

① 将苯乙醇、香叶醇和香叶油三种液体香料混合均匀后，按配方顺序逐种加入香料溶解均匀（注意每加入一种香料应仔细用心嗅辨香气的改变，并记录）。

② 在辨香室中，用辨香纸蘸取少量上述香精，进行嗅评，并记录。

③ 放置一段时间后，再嗅评，记录香气的变化。

三、实训结果

请根据实训情况填写表 3-2。

表 3-2　实训结果评价表

评香描述	
评香效果不佳的原因分析	
配方建议	

实训 2　花露水的配制

一、实训目的

1. 了解花露水用乙醇的处理方法和过程。
2. 掌握花露水的调配方法和过程。
3. 掌握花露水的评价方式。

二、制备

1. 实训材料

脱醛乙醇、花露水用香精、EDTA2Na、抗氧化剂 BHT、柠檬黄色素。

2. 实训配方

实训配方见表 3-3。

表 3-3　花露水实训配方

原料	质量分数/%	配方中的作用
花露水用香精	4	赋香
去离子水	25	稀释
EDTA2Na	0.1	螯合金属离子
抗氧化剂 BHT	0.1	抗氧化
柠檬黄色素	适量	赋色
脱醛乙醇	余量	溶解

3. 实训步骤

① 乙醇预处理：每升脱醛乙醇中加 2 滴 30%浓度的过氧化氢，在 25～30℃贮存 5 天。

② 用处理好的乙醇将柠檬黄色素配成质量分数为 0.1%的溶液。

③ 将 EDTA2Na 溶于水中，加入处理好的脱醛乙醇，加入花露水用香精和 BHT，溶解完全后，加入 1 滴柠檬黄色素溶液调色，即可。

三、实训结果

请根据实训情况填写表 3-4。

表 3-4   实训结果评价表

使用效果描述	
使用效果不佳的原因分析	
配方建议	

思考题

1. 香料与香精有什么区别？
2. 天然动物型香料有哪几种？各有什么特点？
3. 按照香料在乙醇中的作用，香精由哪些香气成分组成？
4. 按挥发性不同，乙醇由哪些成分组成？
5. 用于香水和花露水的乙醇应如何处理？
6. 香精加入化妆品的目的是什么？扫码看答案。
7. 能用塑料瓶来装香精吗？扫码看答案。

思考题答案

第 4 章
肥皂和香皂

💡 **知识点** 制皂用油脂；皂化反应；皂基；肥皂；香皂；透明香皂；香皂质量问题。

💡 **技能点** 配制皂基；配制肥皂；配制香皂；设计肥皂配方；设计香皂配方；解决香皂质量问题。

💡 **重　点** 皂基的制备方法；肥皂的制备工艺；香皂的制备工艺；皂生产常见质量问题。

💡 **难　点** 肥皂配方的设计；香皂配方的设计；质量问题的解决。

💡 **学习目标** 掌握皂基的制备方法；掌握皂基的选用方法；能正确地确定肥皂与香皂生产过程中的工艺技术条件；能根据生产需要自行制订肥皂与香皂配方并能将配方用于生产；能初步解决皂生产中遇到的质量问题。

　　肥皂和香皂是生活中不可缺少的日用洗涤品，其主要成分都是高级脂肪酸或混合脂肪酸的碱性盐类，简称为皂，化学通式可表示为：RCOOM，R 代表长碳链烷基，M 代表某种金属离子。具有去污作用的皂类主要是脂肪酸钠盐、钾盐和铵盐，用于制造肥皂和香皂的主要是脂肪酸钠盐。另外，还有脂肪酸的碱土金属盐（钙、镁）及重金属盐（铁、锰）等金属皂，这些金属皂均不溶于水，不具备洗涤能力，不能用作肥皂和香皂，主要用作农药乳化剂、金属润滑剂等。

　　近几十年来，虽然合成洗涤剂（洗衣粉、洗衣液、洗洁精等）的产量不断增加，但是由于肥皂耐用、去污力强等特点，仍是国内洗涤市场的主要用品之一。香皂则由于使用方便，去污效果好，价格便宜，刺激性低，花样品种多等特点，在国内外仍然是重要的皮肤清洁用品。特别是肥皂和香皂用的主要原料是天然油脂，是源于天然的日用化学品，深受崇尚自然的人群喜爱。

　　皂属于阴离子表面活性剂，具备离子型表面活性剂的物理化学性能。为了加深对肥皂和香皂的了解，下面介绍一些有关皂的知识。

【疑问】　有的方言将肥皂称为碱，例如广州话中将肥皂称为"方碱"，将香皂称为"香碱"。这说明肥皂和香皂呈碱性，为什么？

回答：因为肥皂和香皂的主要成分为脂肪酸钠（或脂肪酸钾），属于强碱弱酸盐，在水溶液中发生水解而使溶液呈弱碱性。

$$RCOONa \longrightarrow RCOO^- + Na^+$$

$$RCOO^- + H_2O \Longrightarrow RCOOH + OH^-$$

影响肥皂水解的主要因素有：皂液浓度、脂肪酸的相对分子质量和温度。通常皂液浓度越高，水解度越低；脂肪酸的碳链越长，水解度越高；温度越高，水解度越高。

【疑问】　用肥皂和香皂洗完衣物后的水是浑浊的，为什么？

回答：这是由于肥皂和香皂中脂肪酸盐水解生成的脂肪酸与未水解的脂肪酸盐结合，形成了不溶于水的酸性皂，使肥皂水溶液呈现浑浊。

$$RCOOH + RCOONa \Longrightarrow RCOOH \cdot RCOONa$$

乙醇等强极性有机溶剂能抑制肥皂的水解。所以，肥皂水中加入乙醇，可得到透明的肥皂水溶液。

【疑问】　山区使用肥皂和香皂洗衣物效果会差些，为什么？

回答：因为山区的水比较硬，也就是说水中钙、镁离子浓度相对比较高，硬水中的钙、镁离子会与肥皂反应生成不溶于水的钙皂和镁皂，降低肥皂的去污能力。

$$Ca^{2+} + 2RCOONa \longrightarrow (RCOO)_2Ca\downarrow + 2Na^+$$

$$Mg^{2+} + 2RCOONa \longrightarrow (RCOO)_2Mg\downarrow + 2Na^+$$

第1节　皂基的制备

皂基也叫皂粒，是一种制作肥皂和香皂的基础原料。随着制造业分工越来越细，生产肥皂和香皂的企业往往不生产皂基，而是外购皂基。皂基可以按制作材料（油脂）区分为以下两种。

（1）动物性皂基　采用动物性油脂，例如牛、猪的油脂制造而成，优点是成本比较低；缺点是动物性油脂会阻塞毛孔呼吸，不利于细胞组织再生，因此多使用在工业用途上。

（2）植物性皂基　采用植物性油脂，例如椰子油、棕榈油等制造而成，优点是洗后洁净，渗透性佳；缺点是成本较高，大多为高级香皂所采用。

皂基制备一般有直接皂化法和脂肪酸中和法两种，其工艺流程如图4-1所示。

一、直接皂化法制备皂基

1. 皂基制备的基本原理

皂化法是将油脂与碱直接进行皂化反应而制取皂基，可用以下化学反应式表示：

$$\begin{array}{c}
CH_2OOCR^1 \\
| \\
CHOOCR^2 \\
| \\
CH_2OOCR^3
\end{array} + 3NaOH \longrightarrow \begin{array}{c}
CH_2OH \\
| \\
CHOH \\
| \\
CH_2OH
\end{array} + \begin{array}{c}
R^1COONa \\
R^2COONa \\
R^3COONa
\end{array}$$

皂化法可分为间歇式和连续式两种生产工艺。间歇式生产是在有搅拌装置的开口皂化锅

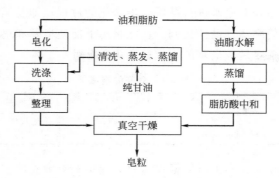

图 4-1　皂基生产工艺流程

中完成，因此又称大锅皂化法。这种方法设备投资少，目前仍广泛使用，但生产周期长、效率低。连续皂化法是现代化的生产方式，连续化的设备能使油脂与碱充分接触，在短时间内完成皂化反应，不仅生产效率高而且产品质量稳定。

2. 皂基的制备步骤

（1）皂化　皂化过程是将油脂与碱液在皂化锅中用蒸汽加热使之充分发生皂化反应。开始时先在空锅中加入配方中易皂化的油脂（如椰子油），首先被皂化的油脂可起到乳化剂的作用，使油、水两相充分接触而加速整个皂化过程。NaOH 溶液要分段加入，浓度也要由稀到浓逐步增加。若碱加入得过快、过多，会破坏乳化，皂基离析，且废液中碱含量过高，不易分离甘油；反之，碱加入过慢，则增加皂基的稠度，易结瘤成胶体。通常，开始时只加入 5%～7% 的稀碱液，使尚未皂化的油脂分散成乳液；第二阶段加浓度为 15% 的碱液，在此阶段皂化反应速率较快，主要的皂化过程在此时完成；第三阶段可加入 24% 左右的浓碱液，促使皂化反应完全，此阶段需要较长的时间。当皂化率达到 95%～98%，游离碱小于 0.5% 时皂化反应即告完成。皂化后的产物称为皂胶。皂化反应中还应注意加入蒸汽的量，皂化开始时蒸汽量要大，充分加热，但由于皂化是放热反应，当反应进入急速反应期，应及时调整蒸汽，或通入少量冷水，否则大量热会造成溢锅。

（2）盐析　皂化后的皂胶中除了肥皂外，还有大量的水分和甘油，以及色素、磷脂等原来油脂中的杂质。为此需在皂胶中加入电解质，使肥皂与水、甘油、杂质分离，这个过程就是盐析。一般用 NaCl 盐析，由于 NaCl 的同离子作用，使肥皂（脂肪酸钠）溶解度降低而析出。盐析时，皂胶中可能析出皂基（净皂）、粒皂（含电解质较多的肥皂）、皂脚（浓度低于 40% 的皂液，其中含有较多杂质）、废液（主要是甘油和水）等相。在实际操作中，究竟析出哪些相将取决于温度、肥皂浓度及食盐浓度等相分离的条件。加盐过多，皂胶中皂粒粗，皂胶夹水量大，废液含皂量大，故盐析时须控制食盐的投入量，旨在获得较多的净皂。为使肥皂与甘油、杂质分离干净，可以多次进行盐析。

（3）碱析　也称补充皂化，是加入过量碱液进一步皂化处理盐析皂的过程。将盐析皂加水煮沸后，再加入过量氢氧化钠碱液处理，使第一次皂化反应后剩下的少量油脂完全皂化，同时进一步除去色素及杂质。静置分层后，上层送去整理工序，下层称为碱析水。碱析水含碱量高，可以用于下一锅的油脂皂化。碱析脱色的效果比盐析强，并能降低皂胶中 NaCl 的含量。

（4）整理　整理工序是对皂基进行最后一步净化的过程，即是调整皂基中肥皂、水和电解质三者之间的比例，使之达到最佳比例。在此状态下能使皂基和皂脚充分分离，尽量增加皂基的得率。经过整理工序后，皂基的组成如表 4-1 所列。

表 4-1　皂基的组成

组分	含量/%	组分	含量/%	组分	含量/%
脂肪酸皂	60~63	甘油	约0.2	不皂化物	约0.5
食盐	0.3~0.7	游离碱	0.1~0.3	水分	约35

整理工序的操作也在大锅中进行。根据需要向锅中补充食盐溶液、碱液或水，使最终的皂基组成达到表 4-1 的标准。

皂基是生产香皂、洗衣皂、透明皂等产品的主要活性原料，根据透明度可分为透明皂基和不透明皂基，其色泽介于白色至乳黄色之间。

二、脂肪酸中和法制备皂基

皂基

中和法制备皂基比油脂皂化法简单，它是先将油脂水解为脂肪酸和甘油，然后再用碱将脂肪酸中和成肥皂，包括油脂脱胶，油脂水解，脂肪酸蒸馏及脂肪酸中和四个工序。油脂脱胶工艺在前面已经介绍过，因此下面将介绍水解、蒸馏、中和三个工序的知识。

1. 油脂的水解

油脂水解后生成甘油和脂肪酸，其基本原理可用以下化学反应式表达：

$$\begin{array}{l} CH_2OOCR \\ | \\ CHOOCR + 3H_2O \Longrightarrow \\ | \\ CH_2OOCR \end{array} \qquad \begin{array}{l} CH_2OH \\ | \\ CHOH + 3RCOOH \\ | \\ CH_2OH \end{array}$$

油脂的水解方法分催化剂法和无催化剂高温水解法两大类。现代油脂工业多采用无催化剂的热压釜法和高温连续法，前者适用于 20000t/年以下的规模装置，后者则适于 20000t/年以上的装置。在此介绍无催化剂热压釜水解法。

无催化剂热压釜水解工艺是间歇式生产，其工艺路线往往设计为二次水解，首次水解是将油脂和淡甘油水（淡甘油水是第二次水解后回收的）用泵输入热压釜中，通入 3.0MPa 蒸汽加热升温到 230℃，使油脂水解。待水解率达 85% 左右停止通入蒸汽，静置分离出甘油水，此时水中甘油浓度可达 15% 左右，可用于回收甘油。在分离去甘油水的油相中再加入定量的水，重新通入蒸汽加热使油脂继续水解，直到水解率为 95% 以上。静置使脂肪酸和甘油水分层，淡甘油水供下一次水解使用，脂肪酸输送到蒸馏工段。其工艺流程如图 4-2 所示。

2. 脂肪酸蒸馏

水解所得的粗脂肪酸中含水量小于 0.1%，游离脂肪酸 97%~98%，油脂 2%~3%，色泽差，必须经过蒸馏，使之脱色、脱臭，才能得到精制脂肪酸，用于制造优质肥皂。经蒸馏后，有 3%~4% 的残渣，残渣主要是未水解的油脂，可以重新投入水解工序。

现代化的脂肪酸蒸馏均采用高真空连续化方式进行。工艺过程大致为：粗脂肪酸经预热

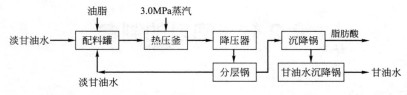

图 4-2　无催化剂热压釜水解工艺流程示意图

后进入脱气塔，脱气塔内压力为 6kPa 左右，温度在 60～90℃，使脂肪酸中的水分和空气脱去。脱气后的脂肪酸再进入蒸馏塔顶部，蒸馏塔内压力为 0.7～0.8kPa，温度在 200～250℃左右，脂肪酸在高温真空条件下沿塔板分布，受热蒸发为蒸气，汽化后残液通过降液管流入下层塔板，重新受热汽化，如此重复，直至下层塔板。最终使脂肪酸与难挥发的残渣及易挥发的有气味物质分离。

3. 脂肪酸中和

脂肪酸中和反应式如下：

$$RCOOH + NaOH \longrightarrow RCOONa + H_2O$$

中和反应在反应塔内连续进行。由于无甘油的存在，不需盐析、碱析等洗涤工序。塔内温度为 110℃，压力维持在 0.28～0.35MPa。脂肪酸由塔底进入，高浓度的碱和适当电解质水溶液在循环过程中加入，碱的加入量由 pH 计自动控制。反应物在塔内循环，由于反应速率快，在很短时间内就可完成，循环比控制在 20:1 左右。借塔内的压力，中和后的皂基直接喷入常压或减压干燥器内，部分水分发生汽化。如果中和时加入 50% 的浓碱液，可得到脂肪酸含量为 78%～80% 的皂基，冷却后可直接用于制造香皂。若需生产含脂肪酸 63% 的皂基，中和时只需加入 30% 的碱液即可。

三、油脂皂化路线与脂肪酸中和路线的对比

① 皂化法对油脂原料的质量要求较高，而中和法可以使用低级油脂原料，且对原料利用率较高。因为低级油脂经过水解和蒸馏过程，其中的杂质较彻底地分离，仍能制得优质肥皂。皂化法工艺虽对油脂有预处理过程，但如果油脂中杂质含量高，也难以完全除尽，且预处理过程中油脂损耗多，例如油脂中的游离脂肪酸在碱炼后只能转变为皂脚，而在中和法中这些游离脂肪酸仍可转变为优质皂基。

② 中和法可充分利用各种脂肪酸来进行科学的配比。如优质香皂是由一定比例的 $C_{12～18}$ 脂肪酸盐组成的。在中和法的蒸馏操作中可借助馏分切割获得各种脂肪酸，为肥皂中脂肪酸的合理配比提供原料。而皂化法只能将各种油脂按配方混合使用。

③ 甘油的主要来源之一是通过制皂工业生产的皂化废水、脂肪酸生产中油脂水解的甜水所得的。中和法中油脂水解所得的甘油水的质量优于皂化法的废液质量，它不含食盐、肥皂和其他杂质，含甘油量高，因此甘油水蒸发、蒸馏后得甘油率高。

④ 油脂皂化路线工艺步骤多、生产过程长、设备复杂、投资大。脂肪酸中和路线工艺过程短，设备较简单。

由于脂肪酸中和路线的技术经济指标明显优于油脂皂化路线，所以现代化大型油脂企业都是以油脂水解、脂肪酸蒸馏为主体。生产出的脂肪酸再作为肥皂等日用化学品的原料。

第 2 节　肥皂的制备

一、肥皂配方实例

肥皂的功能就是将衣物上的污垢（主要是油污和灰尘）清除掉，为了达到此目的，肥皂中主要含有皂基等去污作用的活性物质和一些辅助的添加剂。表 4-2 为肥皂的配方实例。

表 4-2　肥皂配方实例

组分名称	质量分数/%	作用
水玻璃	2	对污垢起到分散和乳化
钛白粉	0.2	增加肥皂的白度
碳酸钠	2	提高肥皂的硬度,中和游离酸
荧光增白剂	0.1	增白
AEO-9	0.5	钙皂分散剂
香精	0.1	赋香
肥皂用皂基	余量	主活性物,去污

二、肥皂的组分

肥皂的主要成分是脂肪酸钠，除脂肪酸盐外，为了改进肥皂的性能，提高去污能力，调整肥皂中脂肪酸的含量，降低肥皂的成本，使织物留香，在肥皂配制时还需要加入一定的填料和香精等组分。

1. 水玻璃

水玻璃（sodium silicate）又称为泡花碱，是肥皂中添加的填料之一，其中 Na_2O：SiO_2 之比为 1：2.44。它既可以在洗涤过程中对污垢起到分散和乳化作用，又能使肥皂光滑细腻，硬度适中。但是水玻璃添加过多会使肥皂收缩变形、冒霜。据国外资料介绍，如果将碱性的水玻璃先用等当量的脂肪酸中和，形成肥皂与硅酸的胶体，经研磨分散后加入肥皂中，可制成 SiO_2 含量高、质地坚硬、泡沫丰富的肥皂。

2. 钛白粉

钛白粉即二氧化钛（titanium oxide），可以增加肥皂的白度，改善真空压条皂发暗的现象，为肥皂增加光泽。同时还能降低肥皂的成本。一般添加量为 0.1%～0.2%。

3. 碳酸钠

碳酸钠（sodium carbonate）的加入可以提高肥皂的硬度，而它本身是碱性盐，也可以中和部分未皂化完的游离酸，一般添加量为 0.5%～3.0%，应将它与泡花碱溶液混匀后一起加入。

4. 荧光增白剂及色素

荧光增白剂（fluorescer）也是肥皂增白的染料之一，加入量很少，一般为 0.03%～0.2%；色素（pigment）的加入主要是掩盖原料的不洁感。色素以黄色为主，有酸性金黄 G

（酸性皂黄），也有加蓝色群青的肥皂。

5. 钙皂分散剂

为了防止肥皂在硬水中与 Ca^{2+}、Mg^{2+} 生成不溶于水的皂垢，降低表面活性；也为了减少皂垢凝聚使织物泛黄发硬，失去光泽和美感，在肥皂中需添加钙皂分散剂（lime soap dispersing agent）。钙皂分散剂也是一种表面活性剂，这些表面活性剂分子中都有较大的极性基团，并能与肥皂形成混合胶束，从而防止了肥皂遇 Ca^{2+}、Mg^{2+} 后，形成疏水性的脂肪酸钙胶束，形成皂垢。常用的钙皂分散剂有：椰子油酰单乙醇胺、烷基酰胺、聚氧乙烯醚硫酸盐、牛油甲酯磺酸钠等表面活性剂，对钙皂都有分散作用。

6. 香精

普通的肥皂加香只是为了遮掩原料不受欢迎的气味，一般可加入低档的芳香油及香料厂的副产品，如紫罗兰酮脚子等；高级肥皂则要求洗后有一定的留香时间，因此需加入质量较好的、气味浓郁的香精，如香茅油之类的香精，用量一般为 $0.3\%\sim0.5\%$。

三、肥皂的制备方法

一般以皂基加工生产肥皂的生产工艺可分为以下几个工序，如图 4-3 所示。

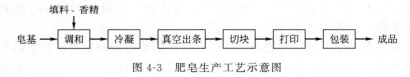

图 4-3　肥皂生产工艺示意图

将皂基、填料（如水玻璃、碳酸钠、荧光增白剂、钛白粉等）、香精等按配方比例加入调和缸中，于 $70\sim80℃$ 调和 $15\sim20min$，然后压进冷板车，用冷水冷凝 $45\sim50min$，取出大块皂片，送至真空出条机压出条，将条状皂切块机切块，然后打印（如商标等标志）、包装，即为肥皂成品。

第 3 节　香皂的制备

一、不透明香皂

（一）配方实例

香皂（toilet soap）是常用的人体清洁用品，对其质量的要求高于肥皂，一般应具备以下的基本性能：

① 含游离碱少，不刺激皮肤；
② 外形轮廓分明，贮存后不收缩、不开裂；
③ 在水中溶解能力适度，在温水中不溶化崩解；
④ 能产生细密而稳定的泡沫；
⑤ 洗净力适当，使用后皮肤感觉良好，洗后留幽香。

人们对香皂性能、外观等要求随着生活水平的提高不断增高，香皂中除了含有脂肪酸盐外，还添加了诸如填料、香料、多脂剂等添加剂，以改善香皂的性能，满足市场需要。表 4-3 所列是香皂配方实例。

表 4-3　香皂配方实例

组分名称	质量分数/%	作用
钛白粉	0.1	增加香皂白色
硬脂酸	1	赋脂
秋兰姆	0.6	杀菌
BHT	0.1	抗氧化
香精	0.5	赋香
EDTA-2Na	0.1	螯合
香皂皂基	余量	活性成分，去污

（二）组成与常用原料

1. 填料

填料（stuffing）是为了改善香皂的透明度、掩盖原料的颜色所加入的添加剂，对香皂产品的质量影响较大。常用的填料有以下几种。

（1）钛白粉与荧光增白剂　与肥皂一样，钛白粉的主要作用是增加香皂白色，降低透明度，特别使用在白色香皂中，也有的配方中以氧化锌代替钛白粉，但氧化锌的效果略差一些，一般加入量为 0.025%～0.20%。荧光增白剂可吸收日光中紫外线，与黄光互补，香皂皂体具有增白效果，通常加入量不超过 0.20%。

（2）染料与颜料　香皂赏心悦目的色彩是受到人们喜爱的主要原因之一。着色剂的加入可以调整香皂的色彩。通常用染料为香皂整体着色，用颜料为皂体局部着色。常用的有：皂黄、曙色红、锡利翠蓝等染料、酞菁系颜料和它们的配色色料。对这些着色剂的要求是：不与碱反应、耐光、水溶性好、色泽艳丽。

2. 多脂剂

香皂中皂基的碱含量较高，对皮肤有脱脂性，刺激性较大，为了减少这些副作用，加入多脂剂可以中和香皂的碱性，洗后留在皮肤表层，使皮肤滋润光滑。常用的多脂剂有：硬脂酸、椰子油酸、磷脂、羊毛脂、石蜡等，可单独使用，也可混合使用，加入量一般为 1.0%～5.0%。

3. 杀菌剂

为了杀死在皮肤表面聚集的细菌，消毒表皮，需在香皂中加入杀菌剂（bactericide）。常用的有秋兰姆、过碳酸钠，加入量为 0.5%～1.0%。目前也可选择杀菌祛臭的中草药代替杀菌剂。

4. 香精

香精既可以掩盖皂基原料的气味，又可以使香皂散发清新怡人的香味，受到人们的欢迎。香皂根据不同的使用对象采用不同类型的香精，常用的香型有：花香型、果香型、清香型、檀香型、力士型等，加入量为 1.0%～2.5%。但需注意香皂配方中应选择留香时间长，耐碱、遇光不变色、与香皂颜色一致的香精。

5. 抗氧化剂

为了阻止香皂原料中含有的不饱和脂肪酸被氧、光、微生物等氧化，产生酸败等现象，需加入一定的抗氧化剂（antioxidants）。一般要求抗氧化剂应溶解性较好，对皮肤无刺激，不夹杂其他气味等。常用的抗氧化剂有泡花碱，用量为 $1.0\%\sim1.5\%$；2,6-二叔丁基对甲基酚，用量为 $0.05\%\sim0.1\%$。

6. 螯合剂

为了阻止香皂皂基中带入的微量金属（如铜、铁等）对皂体的自动催化氧化，常加入金属螯合剂（chelating agent）EDTA-2Na（乙二胺四乙酸二钠），一般添加量为 $0.1\%\sim0.2\%$。

（三）生产工艺

由皂基生产香皂的工艺流程如图 4-4 所示。

图 4-4　香皂生产工艺流程示意图

图 4-5 所示为香皂成型生产线设备图。

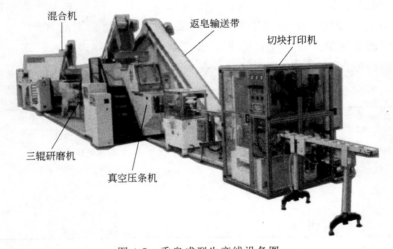

图 4-5　香皂成型生产线设备图

1. 拌料

拌料工序是将制造香皂的各种原料按配方混合均匀。因各种添加剂状态不同，为使它们与皂片均匀分散，须在搅拌机中进行混合，搅拌机是螺带式的，可将物料前后翻动使之混合均匀。混合以后的原料再进行均化处理。

2. 研磨

研磨处理就是借研磨或挤压等机械作用，将皂片与其他组分混合得更加均匀，同时使香皂的晶型发生转变，使之大部分转变为 β 相，即改善了香皂的应用性能：质地硬、泡沫丰富等。研磨设备主要采用辊筒研磨机。辊筒研磨机是借辊筒的研磨作用使香皂的晶型转变。

3. 压条成型、切块、打印

压条成型是将经研磨的皂粒经真空压条机压制成一定截面积的条形。压条机带有真空室，皂片进入后由真空室抽去皂条中的气泡，然后挤压成型。皂条的截面积可以调节，以便控制皂块的质量。

切块机具有可回转的链条圈，切割皂条的刀片安装在链条上，链条转动时可带动刀片连续切皂。

打印是将切割后的皂块在印模中压成规定的形状，并压出花纹或商标符号。打印要求印迹清晰、丰满，皂块不能粘模。现代打印机可采用冷冻印模，将印模的温度降低，从而防止粘模现象。

二、透明香皂

透明香皂（transparent soap）呈透明状，具有晶莹剔透的外观。据 McBain 的研究，透明香皂的结晶非常微细，其微细程度小于可见光的波长，因此光线能透过，扫码看图片。

透明香皂的制备方法有三种。

第一种采用椰子油、橄榄油、蓖麻油等含不饱和脂肪酸较多的油脂为原料，混合油脂凝固点应在 $35\sim38℃$，不经过盐析，生成的甘油留在香皂中有助于透明。此外添加多元醇、蔗糖、乙醇等作透明剂，还可加入结晶阻化剂提高透明度。透明香皂所用原料必须高度纯净，否则会引起浑浊。而且为了获得微细的香皂结晶，结晶过程须非常缓慢。但这类"加入"式透明香皂，因脂肪酸含量低，好看不耐用。表 4-4 所列为该种透明香皂的配方实例。

透明香皂

表 4-4　透明香皂配方实例（一）

组分名称	质量分数/%	作用
精制牛油	15	与碱皂化成皂
椰子油	15	与碱皂化成皂
蓖麻油	20	与碱皂化成皂
30%碱液	30	与油脂皂化成皂
蔗糖	8	溶解皂,透明
香精、色素	适量	赋香、赋色
乙醇(95%)	余量	溶解皂,透明

第二种是采用脂肪酸与碱中和成皂，然后加入多元醇，将皂溶解在多元醇中而透明。表 4-5 所列为该种透明香皂的配方实例。

表 4-5　透明香皂配方实例（二）

组相	物质名称	质量分数/%	作用
A	十二酸	4	与 NaOH 反应生成皂
	十八酸	14	与 NaOH 反应生成皂
	甘油	25	透明,溶解皂
	山梨醇	5	透明,溶解皂
	1,3-丁二醇	10	透明,溶解皂

续表

组相	物质名称	质量分数/%	作用
B	NaOH 去离子水	3 9	与脂肪酸反应成皂 溶解氢氧化钠
C	AES	5	增加泡沫和去污力
D	白糖 乙醇	12 13	透明,溶解皂 透明,溶解皂

氨基酸透明
香皂配方与
制备工艺

制备工艺：将 A 相加热到 88℃，然后将 B 相中的氢氧化钠与水混合搅拌也加热到 88℃，将 B 相混合液慢慢滴加到 A 相中，然后搅拌半个小时，使之完全皂化，再加入 C 相，最后加入白糖慢慢调节，最后出料快速冷却。

第三种透明香皂为"研压"式透明香皂，也称为半透明香皂（translucent soap），它的脂肪酸含量高，一般在 70% 左右，它是通过多次机械研磨、挤压等加工使原来不透明的香皂晶型转变成透明状态的晶型。这类半透明香皂一般不加入多元醇、蔗糖、乙醇等透明剂，因此呈半透明状，但与透明香皂相比，较硬、耐用，价格便宜，通常用作高级香皂。

除了用脂肪酸皂为主活性物外，目前也常用氨基酸型表面活性剂为主活性物制作透明香皂，请扫码学习。

三、其他香皂

目前香皂的品种都趋向于多样化、专用化，如老年人专用的、婴儿专用的、护肤的、杀菌的香皂和液体香皂等。在此简单介绍几种比较常见的品种。

1. 浮皂

浮皂（floating soap）是一种密度较小（相对密度约 0.8）的肥皂，之所以能浮在水面上，是因为皂体中含有许多细微的气泡。它的配方与一般的香皂相近，但制造浮皂的方法有些特别。一种方法是：在开始冷却成皂时，将空气或氮气与皂基一起送入混合机内，在高速搅拌下，使细小的气泡分散在肥皂中，再注框冷却，即成为内含多个微气孔的浮皂。另一种方法是在固体肥皂中部放置一个由石膏、塑料或多孔聚合物注成的空心模芯。

2. 药皂

药皂（medicated soap）也称为祛臭皂，是在皂中添加杀菌消毒剂，可洗去附在皮肤上的污垢和细菌，并利用抗菌剂阻止本身无菌的汗液被细菌分解成有气味的物质，在西方国家尤为盛行。这些药物必须具备能长期祛臭，广谱杀菌，易与皂类的其他添加剂良好相容，对皮肤低刺激等特点。早期生产的药皂以甲酚等作为杀菌剂，有不愉快的气味，对皮肤有刺激性。目前药皂中都用无臭味、刺激性低的双酚类杀菌剂，如六氯二苯酚基甲烷（六氯酚）、二氯二苯酚基甲烷、三氯羟基二苯醚等，它们对革兰阳性菌有很好的杀菌功能。一般用量为 0.1%～1.5%。表 4-6 所列为一种药皂的参考配方。

3. 大理石花纹皂和条纹皂

大理石花纹皂（marbleized soap）和条纹皂（striped soap）是一种外观很像大理石或彩色条纹的香皂，它改进了传统单色香皂的视觉效果，给人耳目一新的感觉，因此在市场上也

表 4-6　药皂参考配方

组分名称	质量分数/%	作用
羊毛脂	2	赋脂
钛白粉	2	增白
硬脂酸	1	赋脂
EDTA-2Na	0.1	螯合
六氯二苯酚基甲烷	0.5	杀菌
香精、色素	适量	赋香、赋色
皂基	余量	去污活性物质

占有一席之地。这种皂的生产主要借助于固-固混合技术和固-液混合技术，前者是将两种以上含不同染料，但黏度相同的皂基按比例缓缓挤入挤压机挤压形成不同条纹的成品；后者则是将皂基引入压条机，而将配好的液体染料从压条机的其他固定入口定位导入，着色后获得预期效果。一般染料含量为 1.0%～5.0%，染料附着在染料载体和表面活性剂的混合液中，具有良好的分散性和黏度。常用的染料载体为可溶性纤维素衍生物，如纤维素醚、羧甲基纤维素或聚乙烯醇等。

4. 复合皂

复合皂（compound soap）有复合香皂和复合肥皂，主要是在皂基中加入一定量的钙皂分散剂和其他助洗剂等添加剂，使复合皂在硬水中不形成皂垢，提高了皂类抗硬水能力和洗涤去污能力。一般复合皂中皂基的含量为 50% 左右，钙皂分散剂的含量为 3%～5%。表 4-7 为复合肥皂配方实例。

表 4-7　复合肥皂配方实例

组分名称	质量分数/%	组分名称	质量分数/%	组分名称	质量分数/%
椰子油钠皂	0.26	荧光增白剂	0.01	牛油甲酯磺酸钠	0.08
牛油钠皂	0.49	碳酸钠	0.05	泡花碱	0.10
香精、色素	适量	皂基	余量		

5. 液体皂

液体皂（liquid soap）中脂肪酸含量为 30%～35%，是以脂肪酸钾皂与其他表面活性剂复配后，加入一定的增溶剂、稳泡剂、护肤剂、螯合剂、香精等添加剂，形成的介于皂类与合成洗涤剂产品之间的洗涤产品，俗称皂基沐浴液。它与复合皂一样兼具皂类和合成洗涤剂的优点，且生产工艺、设备简单，对皮肤刺激性低，很受市场欢迎。具体内容参考第 6 章第 3 节中的介绍。

第 4 节　肥皂和香皂质量控制

皂类在生产、使用过程中，常会因为配方或生产工艺的不当导致皂的外观出现冒霜、出汗、酸败、表面白点等不正常现象，直接影响了皂类产品的质量，因此，在配制、加工中应特别注意某些条件。

一、冒霜和出汗

冒霜是指皂类经较长时间放置后，其体内的固体添加剂渗出体外，使表面呈现白霜的现象。产生该现象的主要原因是：皂内水分蒸发后，含有的固体填料、游离碱、自动氧化生成的低碳脂肪酸等与皂基的相容性发生变化，迁移出皂体。因此，一般应控制皂基中游离碱≤0.3%、NaCl≤0.2%、泡花碱≤3.5%；并加入抗氧化剂、螯合剂等防止皂基中自动氧化的生成物——不饱和脂肪酸酸败产生的低碳脂肪酸发生迁移。

出汗是指皂类在潮湿空气中因皂内的固体添加剂的吸潮，而水分无法在皂体表面和内部正常分布，使皂体表面呈现液滴的现象。因此应控制固体添加剂的配入量，并注意皂类的合理贮存。

二、酸败

酸败是指皂类在放置中出现变味、黑点等现象。酸败产生的原因主要是皂类油脂原料中含有皂化不完全的不饱和酸，或未分离完的甘油等物质，在光、热、氧环境中，自动氧化产生低碳脂肪酸、醛、酮等臭味物质。因此，要严格控制皂料的自动氧化进程，可加入适当量的泡花碱，在皂体外面形成致密保护层防止氧气进入皂内；加入抗氧化剂和螯合剂阻止自动氧化的进行；在肥皂中加一定的自身具有不饱和键，可以先与空气氧化，起抗氧化作用的物质，如松香或抗氧化剂 BHT 来防止皂类的酸败。

三、白点、花纹

白点、花纹是指皂体表面或内部出现的米粒大小的白点或色度深浅不一的花纹的现象。造成这种现象的原因很多，主要是在工艺生产中对皂片的碾压程度不够所产生的花色不匀；或送料泵速度不稳定产生了小气泡，但碾压压力不够未能及时消除气泡；或真空压条机真空度不够，未排出皂片内留有的小气泡等产生的白点；或配方中能与食盐、碳酸钠等电解质良好相容的月桂酸含量不足，导致电解质渗出产生白点。因此，要严格控制生产的工艺参数和设备的使用参数，并在配方中提高月桂酸的含量，尽可能减少白点、花纹的产生；当然，还可适当提高配方中钛白粉的量掩盖白点。

四、砂粒感

砂粒感是指触摸香皂皂体时感觉皂体不光滑细腻，有砂粒的感觉。形成砂粒感的主要原因是：皂基干燥时，皂片薄厚不一，水分蒸发不均匀，局部过干；或加入了大量的过干返工皂；或加入的皂体的固体添加剂研磨细度不够，产生局部粗粒。因此，应尽可能选择良好的干燥工艺，如真空干燥工艺比热空气干燥和闪急蒸发干燥工艺好；并控制好干燥温度；控制返工皂的量≤5%；将固体添加剂研磨成 100 目以下粉体等。

案例分析

事件过程：某公司在生产香皂出条过程中，出现了粘模现象，导致连续出条出现故障。

　　分析：生产中导致出条粘模的主要原因是皂中含水量过高或真空压条机真空度不够。经检测真空度，不存在真空度不够的问题。应该是皂基含水量过高。经过对该批皂基的水分含量测定，发现该批皂基含水量超出标准要求。

　　处理：将该批皂基分批与其他批次皂基（含水量低）混用。混用后，出条不再粘模。同时，供应部要求供应商赔偿损失。

实训　透明皂的制备

一、实训目的

1. 了解透明皂的性能、特点和用途。
2. 熟悉配方中各原料的作用。
3. 掌握透明皂的配制操作技巧。

二、实训内容

可根据条件选择下列方法中的一种进行实训。

（一）油脂皂化法制备透明皂

1. 制备原理

透明皂以牛羊油、椰子油、蓖麻油等含不饱和脂肪酸较多的油脂为原料，与氢氧化钠溶液发生皂化反应，反应式如下：

$$
\begin{array}{l}
CH_2OOCR^1 \\
| \\
CHOOCR^2 + 3NaOH \longrightarrow \\
| \\
CH_2OOCR^3
\end{array}
\begin{array}{l}
CH_2OH \\
| \\
CHOH \\
| \\
CH_2OH
\end{array}
+
\begin{array}{l}
R^1COONa \\
R^2COONa \\
R^3COONa
\end{array}
$$

反应后不用盐析，将生成的甘油留在体系中增加透明度。然后加入乙醇、蔗糖作透明剂促使肥皂透明，并加入结晶阻化剂有效提高透明度。可制得透明、光滑的透明皂，作为皮肤清洁用品。

2. 配方

实训配方见表 4-8。

表 4-8　油脂皂化实训配方

组分名称	质量分数/%	组分名称	质量分数/%
牛油	13	结晶阻化剂	2
椰子油	13	30%NaOH 溶液	20
蓖麻油	10	95%乙醇	6
蔗糖	10	甘油	3.5
去离子水	10	茉莉香精	适量

3. 制备步骤

① 用托盘天平于 250mL 烧杯中称入 30% NaOH 溶液 20g、95%乙醇 6g 和结晶阻化剂 2g 混匀备用。

② 同样，另取一 50mL 烧杯，称入甘油 3.5g，蔗糖 10g，蒸馏水 10mL，搅拌均匀，预

热至 80℃，呈透明溶液，备用。

③ 在 400mL 烧杯中依次称入牛油 13g，椰子油 13g，放入 75℃ 热水浴中混合融化，如有杂质，应用漏斗配加热过滤套趁热过滤，保持油脂澄清。然后加入蓖麻油 10g（长时间加热易使颜色变深），混溶。快速将①烧杯中物料加入③烧杯中，匀速搅拌 1～1.5h，完成皂化反应（取少许样品溶解在蒸馏水中应呈清晰状），停止加热。

④ 将②中物料加入反应完的③烧杯，搅匀，降温至 60℃，加入茉莉香精，继续搅匀后，出料，倒入冷水冷却的冷模或大烧杯中，迅速凝固，得透明、光滑透明皂。

（二）脂肪酸皂化法制备透明皂

1. 制备原理

$$RCOOH + NaOH \longrightarrow RCOONa + H_2O$$

2. 配方

实训配方见表 4-9。

表 4-9　透明香皂实训配方

组相	组分名称	质量分数/%	作用
A	十二酸	4	与 NaOH 反应生成皂
	十八酸	12	与 NaOH 反应生成皂
	山梨醇	9	透明，溶解皂
	1,2-丙二醇	7	透明，溶解皂
B	NaOH	2.6	与脂肪酸反应成皂
	去离子水	余量	溶解氢氧化钠
C	K$_{12}$	5	增加泡沫和去污力
D	白砂糖	30	透明，溶解皂
	改性单晶冰糖	15	透明，溶解皂
	乙醇(95%)	8	透明，溶解皂

3. 制备步骤

将 A 相加热到 88℃，然后将 B 相中的氢氧化钠与水混合搅拌也加热到 88℃，将 B 相混合液慢慢滴加到 A 相当中，然后搅拌半个小时，使之完全皂化，再加入 C 相，最后加入白糖和改性单晶冰糖慢慢搅拌溶解，最后加入乙醇，搅拌均匀后，出料快速冷却。

三、实训结果

请根据实训情况填写表 4-10。

表 4-10　实训结果评价表

使用效果描述	
使用效果不佳的原因分析	
配方建议	

思考题

1. 预处理油脂的步骤有哪些？各步骤设置的目的是什么？
2. 碱炼中的碱浓度越高越好吗？为什么说碱炼既可脱酸又可脱色？
3. 盐析的目的是什么？
4. 分析比较两种生产皂基的方法的优缺点。
5. 肥皂的基本组成有哪些？各起什么作用？
6. 香皂的生产工艺有哪几个重要步骤？各步骤设置的目的是什么？
7. 皂类常有哪些质量问题？生产中应怎样消除这些问题？
8. 为什么制备透明皂不用盐析，反而加入甘油？
9. 为什么用香皂洗澡后皮肤有涩感？请查码查答案。

思考题答案

第5章
合成洗涤剂

🖐 **知识点**   合成洗涤剂；洗衣粉；洗衣液；衣物柔软剂；餐具洗涤剂；蔬菜水果洗涤剂；厨房设备清洗剂；喷雾干燥。

🖐 **技能点**   生产洗衣粉；设计洗衣液配方；设计洗洁精配方；设计其他洗涤剂配方。

🖐 **重　点**   洗衣粉的组成与常用原料；洗衣粉的生产工艺；液体洗涤剂的组成；液体洗涤剂的配方设计。

🖐 **难　点**   液体洗涤剂的配方设计。

🖐 **学习目标**   掌握洗涤剂的生产原理；掌握洗涤剂生产工艺过程和工艺参数控制；掌握主要洗涤剂常用原料的性能和作用；掌握主要洗涤剂的配方技术；能正确地选择洗涤剂生产过程中的工艺技术条件；能根据市场需要自行制订洗涤剂配方，并能将配方用于生产。

    合成洗涤剂是由表面活性剂（如烷基苯磺酸钠、脂肪醇硫酸钠）和各种助剂（如三聚磷酸钠）、辅助剂配制而成的一种洗涤用品，是人们日常生活和工业生产中不可缺少的化学品。近二十年来，我国洗涤剂的生产获得巨大发展，1980年全国洗涤剂产量为39万吨，到1993年已增加到166万吨，2011年产量达851万吨，2019年产量达1000万吨，但人均消费量仍低于世界平均水平。因此，我国洗涤剂的生产和新产品开发是有广阔前景的。

第1节　洗　衣　粉

一、洗衣粉配方实例

    洗衣粉的功能，顾名思义就是用于衣物污垢的去除。那么如何实现这一功能？这就涉及洗衣粉的配方了。下面列举两个洗衣粉配方实例。

【实例 5-1】 普通型洗衣粉配方。如表 5-1 所列。

表 5-1 普通型洗衣粉配方实例

组分名称	质量分数/%	作用
烷基苯磺酸钠	30	主要活性成分,去污
三聚磷酸钠	16	洗涤助剂,软化硬水等
纯碱	4	洗涤助剂,碱性
硅酸钠	6	洗涤助剂,pH 值缓冲等
CMC	1.2	洗涤助剂,抗污垢再沉积
荧光增白剂	0.1	洗涤助剂,增白
对甲苯磺酸钠	3	洗涤助剂,助溶
过硼酸钠	1	洗涤助剂,漂白
硫酸钠	余量	洗涤助剂,填充,降低配方成本

【实例 5-2】 复配型洗衣粉的配方。如表 5-2 所列。

表 5-2 复配型洗衣粉配方实例

组分名称	质量分数/%	作用
烷基苯磺酸钠	20	主要活性成分,去污
AEO-9	5	辅助活性成分,去污
三聚磷酸钠	15	洗涤助剂,软化硬水等
纯碱	6	洗涤助剂,碱性
硅酸钠	6	洗涤助剂,pH 缓冲剂等
CMC	1.4	洗涤助剂,抗污垢再沉积
荧光增白剂	0.2	洗涤助剂,增白
对甲苯磺酸钠	2	洗涤助剂,助溶
过硼酸钠	1	洗涤助剂,漂白
硫酸钠	余量	洗涤助剂,填充,降低配方成本

实例 5-2 与实例 5-1 的区别在于:实例 5-1 只是采用烷基苯磺酸钠这种阴离子表面活性剂作为洗衣粉的活性物,而实例 5-2 则采用烷基苯磺酸钠这种阴离子表面活性剂和 AEO-9 这种非离子表面活性剂复配作为洗衣粉的活性物,从而降低了烷基苯磺酸钠的用量,降低了洗衣粉的泡沫,更适合于机洗。

二、洗衣粉用原料

(一) 表面活性剂

表面活性剂是洗衣粉的主要活性原料,以前都以配方中含表面活性剂的多少来衡量洗涤剂的优劣。现在,生产洗涤剂的企业一般都采用两种以上的表面活性剂进行复配,有时在较低的表面活性剂含量下,由于多种表面活性剂相互间的协同效应,使洗涤剂也具有良好的洗涤去污能力。很多表面活性剂都具有良好的去污、润湿、发泡、分散、乳化和增溶能力,在洗衣粉中常用的表面活性剂主要有如下几种。

(1) 阴离子表面活性剂 如烷基苯磺酸钠 (LAS)、脂肪醇硫酸钠、脂肪醇聚氧乙烯醚硫酸钠 (AES)、α-烯基磺酸钠 (AOS)、脂肪酸甲酯磺酸盐 (MES) 等。

(2) 非离子表面活性剂 如烷基酚聚氧乙烯醚、脂肪醇聚氧乙烯醚 (AEO) 等。

目前市场上出售的洗衣粉多为复配型洗衣粉，复配型洗衣粉一般以烷基苯磺酸钠为主要活性剂，再配以 AOS、AES、MES、AEO 等多种表面活性剂。另外，由于烷基苯磺酸钠难以生物降解，随着对环保的不断重视，烷基苯磺酸钠有逐渐被 AS、MES 取代的趋势。另外，烷基酚聚氧乙烯醚由于具有环境毒性，对环境不友好，也很少被用于洗衣粉的生产。

（二）洗涤助剂

1. 磷酸盐

磷酸盐的种类很多，在洗衣粉中常使用的磷酸盐主要是三聚磷酸钠（STPP）。

（1）三聚磷酸钠　三聚磷酸钠俗称"五钠"，分子式为 $Na_5P_3O_{10}$，外观为白色粉末状，能溶于水，水溶液呈碱性，它对金属离子有很好的配位能力，不仅能软化硬水，还能配位污垢中的金属成分，在洗涤过程中起使污垢解体的作用，从而提高洗涤效果。

三聚磷酸钠在洗涤过程中还起到"表面活性"的效果，对污垢中的蛋白质有溶胀和增溶作用；对脂肪类物质能起到促进乳化的作用；对固体微粒有分散作用，防止污垢的再沉积；此外，它还能使洗涤溶液保持一定的碱性，具有缓冲作用。上述这些作用使三聚磷酸钠起到了很好的助洗效果。

三聚磷酸盐配伍在洗衣粉中，还能防止产品结块，保持产品呈干爽的颗粒状，这对于产品的造型很重要。

由于三聚磷酸钠具有上述种种效果，是一种很重要的助洗剂，多用于洗衣粉中，添加量可达 10%～40%。

（2）三聚磷酸钠的代用品　三聚磷酸钠虽是一种优良的助洗剂，但它排放后会导致水质的过营养化（又称过肥现象）而污染水域，因此近 20 年来从事洗涤剂开发的科技工作者在三聚磷酸盐代用品方面做了大量工作。这些代用品主要是有机螯合物、高分子电解质和分子筛。

有机螯合剂是能与钙、镁等金属离子螯合的有机化合物，通过螯合作用将金属离子封闭在螯合剂分子中而使水软化。常用的有机螯合剂有乙二胺四乙酸钠（EDTA-4Na）、氮川三乙酸（NTA）等。有机螯合剂虽能软化硬水，但不像三聚磷酸盐那样对污垢具有乳化和分散的作用。

高分子电解质中被开发用于助剂的主要是聚丙烯酸钠，它对多价金属离子也有螯合作用，可以提高洗涤剂在硬水中的去污能力。聚丙烯酸钠还可以吸附于被洗物表面和污垢表面，增加被洗物与污垢之间的静电斥力，有利于污垢的去除。并能增加污垢的分散能力，防止污垢再沉积。聚丙烯酸钠与 STPP 复合使用有较好的助洗效果。

分子筛也是一种较有发展前景的助洗剂，可以部分代替 STPP，也称为人造沸石，它是硅铝酸盐的结晶。分子筛可按照孔径大小分为很多种类，作为助洗剂用的是"4A"沸石，其分子式为 $Na_{12}(AlO_2)_{12}(SiO_2)_{12} \cdot 27H_2O$，分子筛能将其晶格中的 Na^+ 与水中的 Ca^{2+}、Mg^{2+} 等进行离子交换而使水软化。它除了软化硬水外，还能吸附洗脱的污垢，有助于去污。将分子筛与 STPP 共用，助洗效果很显著，若分子筛完全取代 STPP，则去污效果及抗污垢再沉积效果都不够理想。

2. 硅酸钠

硅酸钠俗称水玻璃或泡花碱，分子式可表示为：$Na_2O \cdot nSiO_2 \cdot xH_2O$。商品硅酸钠为粒状固体或黏稠的水溶液,水玻璃的 Na_2O 和 SiO_2 的比值改变时,性质也随之变化,如果分子中 $Na_2O:SiO_2=1:n$,则此比值 n 称为模数。模数越低,碱性越高,水溶性也越好;反之模数越高,碱性越低,水溶性也越差。在洗涤剂中所用水玻璃的模数为 $1.6\sim2.4$,它在水中能水解而形成硅酸的溶胶。

水玻璃添加在洗衣粉中有显著的助洗效果,首先是硅酸钠对溶液的 pH 值有缓冲效果,使溶液的 pH 值保持在弱碱性,有利于污垢的洗脱。其次是它水解产生的胶体溶液对固体污垢微粒有分散作用,对油污有乳化作用。在洗衣粉中加入水玻璃还能增加粉状颗粒的机械强度、流动性和均匀性。

水玻璃的缺点是水解生成的硅酸溶胶可被纤维吸附而不易洗去,织物干燥后会令人手感粗糙,故洗衣粉中水玻璃的添加量不宜过多。

3. 硫酸钠

无水硫酸钠为白色结晶或粉末,俗称元明粉。含有 10 分子结晶水的硫酸钠俗称芒硝。硫酸钠常添加在洗衣粉中作为填充料,以降低成本。如果硫酸钠与阴离子表面活性剂配伍使用,由于溶液中 SO_4^{2-} 的增加,使阴离子表面活性剂的表面吸附量增加,并促使在溶液中形成胶团,因而降低了洗涤液的表面张力,有利于润湿、去污等作用。硫酸钠的加入还可降低料液的黏滞性,便于洗衣粉成型,综合上述性能,硫酸钠是一种很好的填充剂,它在洗衣粉中的添加量一般可达到 20%～45%。

4. 碳酸钠

碳酸钠工业品俗称纯碱或苏打。在洗衣粉中作为碱剂和填充剂,能使污垢皂化,并保持洗衣粉溶液一定的 pH 值,有助于去污。碳酸钠具有软化硬水的作用,能与硬水中的 Ca^{2+}、Mg^{2+} 反应生成不溶性碳酸盐。但碳酸钠的碱性较强,只能用在低档洗衣粉中。洗涤丝、毛纺织品的高档洗涤用品中不可加入碳酸钠。

5. 抗污垢再沉积剂

在洗衣粉中常用的十二烷基苯磺酸钠等阴离子表面活性剂对纤维上黏附的污垢虽有脱除能力,但与肥皂相比,其对污垢的乳化和悬浮能力不如肥皂,存在着脱落下来的污垢会重新附着在纤维上的缺点,即抗污垢再沉积能力差,洗后衣物表面泛灰、泛黄。为了克服这一缺点,必须在合成洗涤剂中加入抗污垢再沉积剂。

(1) 羧甲基纤维素钠盐 羧甲基纤维素钠盐(CMC)具有很好的抗污垢再沉积能力。其抗污垢再沉积作用的机理主要是 CMC 吸附在纤维的表面,从而减弱了纤维对污垢的再吸附,另外,CMC 能将污垢粒子包围起来使之稳定分散在洗涤溶液中。CMC 在棉纤维表面的吸附最显著,因此它对棉织物的抗污垢再沉积效果最好,而对毛织品及合成纤维织品的抗污垢再沉积能力则欠佳。

(2) 聚乙烯吡咯烷酮 聚乙烯吡咯烷酮是一种合成高分子化合物,英文缩写为 PVP (polyvinyl pyrrolidone)。用作抗污垢再沉积剂的 PVP 的平均分子量在 10000～40000,它对污垢有较好的分散能力,对棉织物及各种合成纤维织物均有良好的抗污垢再沉积效果。K-15 和 K-30 分别表示分子量为 10000 和 40000 的 PVP。PVP 不仅抗污垢再沉积能力强,而且在水中溶解性能好,遇无机盐也不会凝聚析出,与表面活性剂配伍性能好。所以 PVP 是一种性能优良的抗污垢再沉积剂,其缺点是价格昂贵。

6. 漂白剂

添加在洗衣粉中的漂白剂一般为氧化剂，它在洗涤过程中能将有色的污物分子氧化破坏，这样不仅能去除重垢污斑，而且可使衣物洁白，色彩鲜艳。洗涤剂中配入的漂白剂主要是次氯酸钠和过氧酸盐，现介绍常用的漂白剂如下。

（1）过硼酸钠　过硼酸钠的分子式为 $NaBO_3 \cdot 4H_2O$，不易溶于冷水，可溶于热水。它在水溶液中受热后分解释放出 H_2O_2 和 $NaBO_2$，H_2O_2 具有漂白功效，$NaBO_2$ 也有一定的助洗性能。因此洗衣粉中添加过硼酸钠将具有提高去除污斑能力，增加白度的效果。

过硼酸钠的漂白作用与温度有很大关系，温度在 80℃ 以上才能有漂白效果。为了使过硼酸钠在较低温度下发挥作用，需要添加活性剂，如异壬酸苯酚酯磺酸钠可使活化温度下降到 40℃。

（2）过碳酸钠　过碳酸钠的分子式为 $2Na_2CO_3 \cdot 3H_2O_2$，它在水溶液中分解为 Na_2CO_3 和 H_2O_2，因此它既有漂白作用，又可作为碱剂。过碳酸钠在 50℃ 温度下就有漂白作用，不必加入活性剂，价格也比过硼酸钠低。过碳酸盐的分解温度较低，吸湿后更易分解，为了防止重金属对过碳酸盐的催化分解，在配方中应添加 EDTA 等金属螯合剂，以提高其贮存稳定性。

7. 荧光增白剂

为了增加衣物洗后的白度，以往的方法是在洗衣粉中加入少量蓝色染料，使织物上增加微量的蓝色，与原有的微黄色互为补色，从视觉上提高了表观白度，但织物反射的亮度却降低了，这种增白的方式叫做加蓝增白。

现代使用的荧光增白剂是一种荧光物质，它可将肉眼看不见的紫外线吸收，并释出波长为 400～500nm 的紫蓝色荧光，这种紫蓝色荧光与织物上原有的微黄色互为补色，增加了白度。与加蓝增白不同的是它不仅增加了白度，还增加了亮度，使织物能反射出更多的光。荧光增白剂在洗涤用品中的添加量很少，一般为洗涤剂活性物质的 1% 左右。

8. 酶制剂

酶本身是一种蛋白质，能对某些化学反应起催化作用。例如，蛋白酶能将蛋白质转化为易溶解于水的氨基酸。在洗涤剂中添加酶制剂能有效地促进污垢的分解和洗脱。酶的品种很多，可用于洗涤剂中的主要有蛋白酶、脂肪酶、纤维素酶、淀粉酶等。

9. 稳泡剂和抑泡剂

对于手洗用的洗衣粉，使用时发泡的能力和泡沫的稳定性是很重要的，而且适当的泡沫可起携污作用，同时泡沫也对衣物的漂洗程度起到指示效果。但用洗衣机洗涤时，如果泡沫太多，就会妨碍洗衣机的有效工作。在配制洗衣粉和洗涤剂时，要根据应用目的的不同来控制泡沫的多少，洗涤剂的泡沫可由选用不同品种表面活性剂及其配比的变化来加以调节，也可以用加入稳泡剂或抑泡剂的方法来控制。甜菜碱型两性表面活性剂和烷基醇酰胺是常用的稳泡剂，特别是与磺酸盐型和硫酸酯盐型阴离子表面活性剂配伍时有很好的稳泡效果，同时它们本身也有洗涤功能。氧化叔胺也具有很好的稳泡效果，常用的有月桂基二甲基氧化胺和豆蔻基二甲基氧化胺等。

对于洗衣机应用的洗衣粉则需要较低的发泡力，需在配方中加入少量泡沫抑制剂，如果在磺酸盐、硫酸酯盐及非离子表面活性剂配制的洗涤剂中添加脂肪酸皂，则能起到抑泡的效果。对泡沫的抑制程度是随脂肪酸的饱和度和碳数的增加而增大的，如 C_{22} 脂肪酸皂是很好的泡沫抑制剂。聚醚和硅油也是常用的泡沫抑制剂，将这类物质配伍于洗衣粉中即成为低泡型洗涤剂洗衣粉。其中，聚醚是近年来生产低泡洗涤剂的常用抑泡剂，一般常用的是环氧乙烷和环氧丙烷共聚的产物，其添加到低泡洗衣粉中就有很好的抑泡效果。

10. 溶剂和助溶剂

洗衣粉中含有许多无机盐，无机盐的存在会降低表面活性剂的溶解性，为了使全部组分保持溶解状态就需添加助溶剂。常用的助溶剂有对甲苯磺酸钠、二甲苯磺酸钠和尿素等。

三、洗衣粉的配方设计

配方设计是洗衣粉生产中很重要的一个环节，配方的好坏涉及整个生产过程和产品质量问题。目前，还没有完整的理论依据来指导配方的制订，只能依靠试验和实际经验来决定，以下几点配方原则可供参考。

（1）活性物的选择　喷雾干燥成型时，由于温度较高，洗衣粉宜选择热稳定性好的活性物，如 LAS、AOS 和烷基磺酸钠等。非离子活性剂不耐热，宜在后配料时加入。目前复配型洗衣粉一般以烷基苯磺酸钠为主要活性剂，再配以脂肪醇硫酸钠、AES 等。

（2）泡沫问题　手洗用的洗衣粉习惯泡沫多些，故在配方中应考虑加入增泡剂和稳泡剂。而机洗用的洗衣粉希望泡沫少些，可配入泡沫少的十八醇硫酸钠、非离子活性剂、脂肪酸皂或其他抑泡剂。

（3）pH 值　重垢型洗衣粉溶液 pH 值一般为 9.5～10.5，碱性较强，不宜洗涤丝、毛等蛋白质纤维纺织品。如要洗涤丝、毛纺织品，最好用轻垢型的中性洗衣粉，配制中性洗衣粉的关键是不加入三聚磷酸钠和其他碱剂而仍能达到较好的洗涤效果。

（4）其他　根据需要加入适量的抗再沉积剂（如 CMC）、抗结块剂（如对甲苯磺酸钠）和荧光增白剂等。

四、洗衣粉的生产工艺

洗衣粉的生产方法有喷雾干燥法、附聚成型法、简单吸收法、中和吸收法，其中简单吸收法、中和吸收是两种落后的方法，适合于家庭作坊式的生产，附聚成型法是一种节能型的生产方法，喷雾干燥法是目前洗衣粉常用的生产方法。

喷雾干燥法生产洗衣粉，需要经过配料、料浆后处理、喷雾干燥、后配料四大工艺过程。

1. 配料

洗衣粉生产中，一般需将各种洗衣粉原料与水混合成料浆，这个过程称为配料。配料工艺有间歇配料和连续配料。配料工艺要求料浆的总固体含量要高且流动性要好，但总固体含量高时黏度大，流动性就受到一定影响，反之亦然，因此必须正确处理两者的关系，力求在料浆流动性较好的前提下提高总固体含量，应注意以下几个方面。

（1）料浆浓度与投料次序　料浆浓度（总固体含量）要根据产品种类、工艺操作及助剂的来源和性质确定，一般为 50%～60%。国外连续配料的料浆浓度较高，一般为 60%～65%。

间歇配料的投料次序一般是先加入水和单体，当加到一定量时就升温，投入荧光增白剂、CMC 和纯碱，然后再加入三聚磷酸钠、返工粉和硫酸钠，水玻璃和对甲苯磺酸钠可随时加入。在投料过程中，每投完一种物料，必须充分搅拌后才投入下一种料以保证料浆的均匀性。

连续配料则无上述投料次序问题。

（2）料浆温度　配料时控制料浆的温度很重要。温度低，物质溶解慢，溶解不完全，料浆黏度大，流动性差；温度过高，加速三聚磷酸钠水解，使料浆发松。根据经验，一般将料浆温度控制在 60℃左右。

（3）搅拌和投料速度　配料时应使三聚磷酸钠充分水合成六水合物，这样，喷雾干燥后的成品粉中水分才会以结晶水的形式存在，粉品疏松且流动性好，不返潮结块。因此，搅拌和投料速度都很重要。如果投料速度过快且搅拌不良，则三聚磷酸钠结块致使以后操作困难，因此间歇配料时应注意投料均匀，三聚磷酸钠不可投得太快。搅拌时间也不能太长，以免料浆吸水膨胀和吸进大量空气致使料浆发松，流动性差。

2. 料浆后处理

配制好的料浆需进行过滤、脱气和研磨处理，以使料浆符合均匀、细腻及流动性好的要求。

（1）过滤　料浆配制过程中或多或少会有一些结块，一些原料中会夹杂一些水不溶物，需过滤除去。间歇配料可采用筛网过滤或离心过滤方式，连续配料一般采用磁过滤器过滤。

（2）脱气　料浆中常夹带大量空气，使其结构疏松，影响高压泵的压力升高和喷雾干燥的成品质量，因此，必须进行脱气处理。目前国内大多数洗衣粉厂均采用真空离心脱气机进行脱气。有些企业在采用复合配方时，由于加入了非离子表面活性剂，料浆结构紧密而不进行脱气处理。

（3）研磨　为使脱气后的料浆更加均匀，防止喷雾干燥时堵塞喷枪，有的企业还要对料浆进行研磨。常用的研磨设备是胶体磨。

3. 喷雾干燥

喷雾干燥是先将原料配制成 60%～70%的料浆，然后经过喷雾干燥法变成粉状或颗粒状产品，喷雾干燥法包括喷雾和干燥两个过程。喷雾是将料液经雾化器喷洒成雾状液滴；干燥是将雾滴与热气流混合，使水分迅速蒸发而获得粉状或细粉状产品，其工艺流程如图 5-1 所示。

喷雾干燥的装置有两种类型。一种是气液两相由上而下并流的顺流式喷雾干燥塔，如图 5-1 所示，当采用此种装置干燥时，雾滴在含水量最高时接触到最热的空气，水分蒸发迅速，蒸发强度大，故干燥塔高度较低，且产量大。但由于雾滴迅速蒸发，颗粒易膨胀而破碎，产生较多的细粉，故多数洗衣粉生产厂不用此种装置。另一种是气相由下往上，液相由上往下的逆流式喷雾干燥装置。采用逆流式装置干燥时，液滴开始时与较低温度的热风接触。表面蒸发速度较慢，内部水分逐步扩散到表面再蒸发。液流边下降边蒸发水分，干燥先从表面开始，颗粒表面不断加厚。当内部含水的颗粒与热风入口处的高温空气相接触时，颗粒内水分气化膨胀，把干燥的表皮冲破，使颗粒呈拳头形。采用逆流式干燥的洗衣粉颗粒一般较硬。表观密度也比较大，控制好操作条件，可获得残余水分适度、颗粒大小适度的洗衣粉，细小的粒子在下降过程中还可以结成较大的粒子，因而降低了产品的细粉量。由于有上述优点，生产洗衣粉多采用逆流装置。

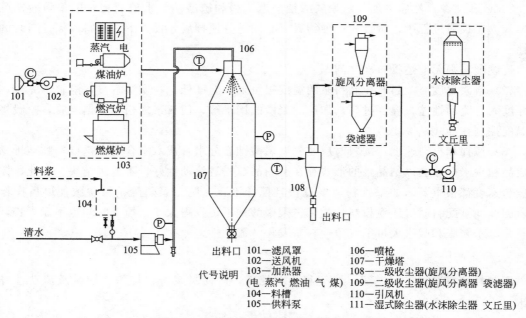

图 5-1　洗衣粉生产喷雾干燥工序流程图

用喷雾干燥法生产的粉剂具有下列优点。

① 配方不受限制，能掺入较多的表面活性剂。纯碱也不是必要的组分，故可制成中性的轻垢型的粉状洗涤剂。

② 喷雾干燥的粉剂不含粉尘，不易结块可自由流动，粉剂有较好的外观。粉剂的含水量和表观密度可在一定范围内变动。

③ 颗粒呈空心状，表面积大，溶解速度快，使用方便。

喷雾干燥法的缺点是设备投资费用大，操作时需耗用较大的能源。

4. 后配料

家用洗衣粉配方中常含有热敏性物质，如过硼酸钠、酶制剂、香料、非离子表面活性剂等，在受热时易分解。这些组分不能加入浆料中，需在喷雾干燥后加入，即后配料，其工艺过程如图 5-2 所示。

第 2 节　洗　衣　液

一、洗衣液

（一）配方实例

洗衣液的功能与洗衣粉一致，只不过配成液状。既然功能一致，洗衣液配方与洗衣粉配方有相似处，但由于形态不同，所以配方也有不同之处。下面列举三个洗衣液配方实例。

【实例 5-3】 重垢型洗衣液配方（一）。如表 5-3 所列。

表 5-3　重垢型洗衣液配方（一）

组分名称	质量分数/%	作用
LAS	12	活性成分,去污
AOS	8	活性成分,去污
AEO-9	2	洗衣液的活性成分,去污
焦磷酸钾	4	洗涤助剂,软化硬水等
硅酸钾	1.2	洗涤助剂,pH 值缓冲等
PVP	0.4	洗涤助剂,抗污垢再沉积
荧光增白剂	0.1	洗涤助剂,增白
对甲苯磺酸钾	3	洗涤助剂,助溶
去离子水	余量	溶解,降低配方成本

【实例 5-4】　重垢型洗衣液配方（二）。如表 5-4 所列。

表 5-4　重垢型洗衣液配方（二）

组分名称	质量分数/%	作用
LAS	12	活性成分,去污
MES	8	活性成分,去污
AEO-9	8	活性成分,去污
PVP	0.3	洗涤助剂,抗污垢再沉积
荧光增白剂	0.1	洗涤助剂,增白
对甲苯磺酸钠	3	洗涤助剂,助溶
去离子水	余量	溶解,降低配方成本

【实例 5-5】　轻垢型洗衣液配方。如表 5-5 所列。

表 5-5　轻垢型洗衣液配方

组分名称	质量分数/%	作用
LAS	9	活性成分,去污
AES	2	活性成分,去污
AEO-9	2	活性成分,去污
6501	2	活性成分,增稠
PVP	0.3	洗涤助剂,抗污垢再沉积
荧光增白剂	0.1	洗涤助剂,增白
去离子水	余量	溶解,降低配方成本

（二）洗衣液组成

重垢型液体洗涤剂的洗涤对象是厚重织物和内衣等污垢严重的衣物。从实例 5-3 和实例 5-4 可知,重垢液体洗涤剂有两类:一类为不加助洗剂,表面活性剂含量较高（25%～ 50%）,如实例 5-4;另一类加入焦磷酸钾、硅酸钾等洗涤助剂,表面活性剂含量较低（10%～15%）,如实例 5-3。

含有焦磷酸钾、硅酸钾等洗涤助剂的重垢型液体洗涤剂配方中以阴离子表面活性剂为主体,产品的 pH 值一般呈碱性。这类洗涤剂配制技术的关键是助剂的加入,各种助剂加入后应保持透明或具有稳定的外观。

烷基苯磺酸盐可采用钠盐、钾盐、铵盐等,是由烷基苯磺酸与氢氧化钠、氢氧化钾或乙醇胺中和而得。烷基苯磺酸的钠盐溶解度优于钾盐,但不及乙醇胺盐,因此在某些配方中采用乙醇胺中和烷基苯磺酸。助洗剂三聚磷酸钠在水中会逐渐水解，不适宜用于液体洗涤剂，而焦磷酸盐在常温下水解很慢，故可用于液体洗涤剂。配方中碱剂可采用硅酸盐，硅酸钾在水中的溶解度优于硅酸钠。为使配方中各组分均能很好地溶解，可加入二甲苯磺酸钾（钠）等助溶剂，助溶剂的用量可达成品量的 3%～10%。

重垢型液体洗涤剂中一般需加入抗再沉积剂。洗衣粉中常用的 CMC 在液体洗涤剂中遇到阴离子表面活性剂后会析出并下沉到底部，因此在液体洗涤剂中不宜选用 CMC 作为抗再沉积剂。即使加入 CMC 也是选用分子量很低的品种。如果需配制透明度很好的洗涤剂，最好采用聚乙烯吡咯烷酮（PVP）作为抗再沉积剂。

轻垢型衣用液体洗涤剂以轻薄贵重的丝、毛、麻等织物为洗涤对象，这些衣物附着的污垢不严重，对去污的要求不太高，但要求洗涤液洗后织物色泽不变，手感柔软，呈低碱性或中性，对皮肤刺激性低，性能温和。一般只需将多种表面活性剂复配溶解即可，而不需添加碱性洗涤助剂。LAS、AES、AEO 等是配制轻垢型洗涤剂常用的表面活性剂。当配方中 LAS 浓度较高时，在室温下产品外观易浑浊，为使产品呈透明状，可加入对甲苯磺酸钠等助溶剂。

（三）配制工艺

液体洗涤剂配制工艺非常简单，一般采用间歇式批量化生产工艺。这是因为液体洗涤剂产品品种繁多，根据市场需要可及时变化原料和工艺条件。液体洗涤剂的生产工艺流程主要是原料准备、混用或乳化、混合物料的后处理及成品包装。这些化工单元操作设备主要是带搅拌的混合罐，高效乳化设备，各种过滤器，各种计量设备，物料贮罐和灌装设备。液体洗涤剂的生产工艺虽然简单，但是工艺条件和产品质量控制是非常重要的。主要控制手段是物料质量的检验，用料的计量和配比，温度控制，黏度调节，pH 值和最后产品质量检验。

1. 原料处理

液体洗涤剂原料至少是两种甚至更多，熟悉所使用原料的物理化学特性，确定合适的物料配比和加料顺序是相当重要的。按照工艺要求选择适当原料，并做好原料预处理。如有些原料应预先加热熔化，有些原料用溶剂（主要是去离子水）预溶、过滤，然后才加到混配罐中混合。物料的计量是十分重要的，工艺规定中应按加料量确定称量物料的准确度、计量方式和计量单位，然后选择计量设备，如计量泵、计量槽、秤、台秤等。液体洗涤剂生产设备的材质多选用不锈钢、搪瓷玻璃衬里等材料，其中若含有重金属、铁等杂质都可能对产品带来有害的影响。

2. 混配或乳化

为了制得均相透明的溶液型或乳液型液体洗涤剂产品，物料的混配或乳化是关键工序。在按照预先拟定的配方进行混配操作时，混配工序所用设备的结构，投料方式与顺序，混配工序的各项技术条件，都体现在最终产品的质量指标中。混配过程的投料顺序一般是先将规定量去离子水投入锅内，调节温度，同时打开搅拌器，达 40～50℃时边加料边搅拌，先投入易溶解成分，AES 较难溶解，先加入增溶成分如对甲苯磺酸钠或其他易溶的表面活性剂，再投入 AES，避免出现 AES 的凝胶。

用 LAS 与 AES 复合型活性剂配制液体洗涤剂时，应十分注意控制 pH 值及黏度，若

pH＞8.5，再继续投入其他成分会出现浑浊，使产品不易呈透明状。影响产品的黏度的因素很多，如各种原料投入量是否准确，原料中的杂质尤其是无机盐，各成分的配伍性，甚至加料顺序等都会严重影响产品的黏度和透明度。

混配工序操作温度不宜太高，投料过程温度一般为 40℃，投完全部原料后要在 40～60℃ 范围内继续搅拌至物料充分混合或乳化完全后为止。料液温度降至 40℃ 以下时，在搅拌下分别加入防腐剂、着色剂、增溶剂等各种添加剂，最后加入香料，待搅拌均匀后送至下道工序。

3. 混合物料的后处理

此工序是控制液体洗涤剂产品质量的最后步骤。无论生产透明溶液还是乳液，在包装前还要经过一些后处理，以保证产品质量或提高产品的稳定性。在混合和乳化操作时，要加入各种物料，难免带入或残留一些机械杂质，或产生一些絮状物，这些都直接影响产品外观，所以物料包装前的过滤是必要的。经过乳化的液体，其稳定性较差，最好再经过均质工艺，使乳液中分散相的颗粒更细小、更均匀，得到稳定的产品。由于搅拌作用和产品中表面活性剂的作用，有大量的微小气泡混合在产品中，气泡有不断冲向液面的作用力，可造成溶液稳定性较差，包装计量时不准。一般采用抽真空排气工艺，快速将液体中的气泡排出。将物料在老化罐中静置贮存几个小时，在其性能稳定后再包装。对于绝大部分液体洗涤剂都是使用塑料瓶包装，要严格控制灌装量，做好封盖，记载批号、合格证等，包装质量同产品内在质量同等重要。

液体洗涤剂的配制工艺都基本类似，因此下文介绍其他液体洗涤剂时就不再赘述其配制工艺。

二、柔软型洗衣液

一般的洗衣液只具备去污功能，而没有柔软衣物的功能，为了使衣物具有好的柔软性，一般在衣物完成洗涤、漂洗后再加入柔软剂。

【疑问 1】　为什么洗衣服的时候，洗衣粉（或洗衣液）不能与柔软剂同时加入洗衣机中？

回答： 洗衣粉（或洗衣液）含有阴离子表面活性剂，柔软剂中含有阳离子表面活性剂，两者会发生反应而失去活性，降低洗涤效果。

【疑问 2】　能否配制集去污与柔软功能于一身的洗衣液呢？

回答： 可以。用非离子表面活性剂与阳离子表面活性剂复配就可以获得具有柔软功能的洗衣液。其中非离子表面活性剂起去污作用，阳离子表面活性剂起柔软、抗静电作用。

柔软型洗衣液配方属于高档洗涤用品，适宜于洗涤羊毛衫、浴巾等。表 5-6 所列为常用柔软洗涤液配方。

表 5-6　柔软型洗衣液配方

组分名称	质量分数/%	作　　用
AEO-9	15	洗衣液的活性成分，去污
1831	5	洗衣液的活性成分，柔软
乙醇(95%)	15	洗涤助剂，助溶
去离子水	余量	溶解，降低配方成本

柔软剂也可用 1631 等其他阳离子表面活性剂。如果采用双十八烷基二甲基氯化铵则柔软效果更佳，但它在水中的溶解性能较差，只能制成乳液型的产品。

三、织物干洗剂

干洗剂是以有机溶剂为主要成分的液体洗涤剂。因为水基洗涤剂虽然使用方便，价格便宜，但许多天然纤维吸水后会膨胀，干燥时又会收缩，使衣物出现褶皱，变形缩水，尤其是羊毛织物更可能发生缩绒，手感变硬，色泽变灰暗等。采用干洗就能避免这些缺点。随着人们生活水平的提高、丝毛织物更加流行，干洗剂的用量将不断增加。

（一）配方实例

干洗剂与洗衣液的功能是一致的，都是为了清除衣物上的污垢。但是实现去污功能的方法是不同的，洗衣液是依靠表面活性剂的去污作用来实现清洁功能；而干洗剂则是依靠溶剂将衣物上的污垢溶解下来达到清洁目的。这就决定了干洗剂与洗衣液是完全不同的配方体系。干洗剂配方见表 5-7。

表 5-7　干洗剂配方

组分名称	质量分数/%	作　　用
AEO-9	15	活性成分,润湿、分散
1831	2	活性成分,柔软
柠檬酸钠	0.2	洗涤助剂,抗再沉积
去离子水	3	去除水性污垢
过氧乙酸	0.1	增白
四氯乙烯	余量	溶解,降低配方成本

（二）干洗剂的组成

1. 溶剂

溶剂是干洗剂的主要成分，用于干洗的溶剂应满足以下几点：

① 不与纤维发生化学作用，不能损伤纤维；

② 挥发性好，洗后能从衣物上迅速蒸发除去；

③ 不易着火燃烧或爆炸，使用安全；

④ 无难闻异味；

⑤ 不腐蚀干洗机器；

⑥ 去污力好；

⑦ 洗涤过程中溶剂损失少；

⑧ 价格便宜。

能基本满足上述条件的物质主要是卤代烃类，如氯乙烯、四氯乙烯、三氯乙烷等，其中以四氯乙烯使用较多。它安全性好，脱脂去污能力强，但它对金属有较强的腐蚀作用，其水解物有毒，对土壤、水质和人体造成危害。另外，它对塑料、尼龙等制品有较强的溶解作用，所以，洗涤时必须将这样的饰物（如纽扣等）取下。

另外，烃类溶剂，即石油溶剂也可用作干洗溶剂。其洗涤效果好，用此类溶剂洗完后的衣物，无四氯乙烯洗涤后常有的异味，对人体和环境无污染。过去因其安全性较差，曾被淘汰，现在随着科学技术的发展，安全性已被解决，因而，越来越得到干洗业主的青睐。

这些有机溶剂对人体均有一定的毒性，使用时须注意防止人体吸入。

2. 水

衣物上的污垢不外乎油溶性污垢和水溶性污垢，还有一部分固体微粒吸附在织物上。采用干洗剂一般可将织物上的油垢和固体污垢除去，但不能将水溶性污垢除去。

如果采用增溶技术在有机溶剂中增溶少量水分，就可洗去水溶性污垢，且不具有水洗的缺点。增溶技术就是在有机溶剂中加入适量表面活性剂，表面活性剂在干洗剂中形成胶束，能将水增溶在胶束中，提高对水溶性污垢的去除能力。对于不同的干洗剂和不同的洗涤剂浓度应控制不同的水分含量。

3. 表面活性剂

干洗剂中加入表面活性剂的作用在于：

① 使织物在有机溶剂中被润湿和浸透；

② 促使固体污垢脱落和分散；

③ 将水增溶在有机溶剂中。

干洗剂中使用的表面活性剂的 HLB 值宜为 3～6，常用的阴离子表面活性剂有二烷基磺基琥珀酸盐、烷基芳基磺酸盐、脂肪醇聚氧乙烯醚硫酸盐、脂肪醇聚氧乙烯醚磷酸酯盐等；非离子表面活性剂有脂肪醇聚氧乙烯醚、烷基酚聚氧乙烯醚等。在干洗的溶剂中需含有 0.1%～1% 的表面活性剂。

4. 其他助剂

干洗剂中的卤代烃与水分作用可能产生对干洗设备有腐蚀作用的卤代氢，为防止这种作用，可加入 1,4-二氧杂环己烷、苯并三唑等含氧或含氮化合物作为卤代烃的稳定剂。

为使被溶剂洗下的污垢不再沉积到织物上去，可加入柠檬酸盐、$C_{4～6}$ 醇类、甜菜碱两性表面活性剂等作为抗再沉积剂。

为改善洗后织物的手感和防止静电可加入柔软剂和抗静电剂。常用的有季铵盐类、咪唑啉类、聚氧乙烯磷酸酯二乙醇胺盐等。

如果需保持白色织物的白度和有色织物的亮度，可加入少量过乙酸等过氧酸类漂白剂，活性氧的含量为干洗量的 0.002%～0.04%，或者将过氧化物与活化剂混合后加到干洗液中，过氧化物可选用过硼酸钠、过碳酸钠等，活化剂可选用乙酸、苯甲酸酯等。

第 3 节　餐具洗涤剂

一、手洗餐具用洗涤剂

手洗餐具用洗涤剂俗名"洗洁精"，主要用于清洗碗碟等餐具。当然，除用于洗涤餐具外，还可兼用于洗涤蔬菜、水果和锅、勺等炊具。

(一) 配方实例

洗洁精的功能就是将餐具上的污垢（主要是油污和食物残渣）清除掉，为了达到此目的，洗洁精中主要含有表面活性剂等去污作用的物质。表 5-8 所列为洗洁精的配方实例。

表 5-8　洗洁精的配方实例

组分名称	质量分数/%	作用
十二烷基苯磺酸	8	与氢氧化钠反应生成十二烷基苯磺酸钠(LAS)，活性成分，去污
氢氧化钠	1	
AES	4	活性成分，去污
6501	4	既有去污，又能与 AES、LAS 复配后增稠
EDTA-2Na	0.1	螯合，降低硬水对洗涤效果的影响
氯化钠饱和溶液	适量	增稠
柠檬酸	适量	调节 pH 值至中性
凯松	0.1	防腐
香精	适量	赋香
色素	适量	赋色
二甲苯磺酸钠	0.1	增溶
去离子水	余量	溶解，降低成本

(二) 组成和常用原料

1. 表面活性剂

这类洗涤剂常采用阴离子、非离子表面活性剂配伍，表面活性剂的含量在 15%～20%，常用的表面活性剂有 LAS、AS、AES、MES、AEO 等。6501 或氧化胺加入餐具洗涤剂中，既起到去污作用，又起到增稠和稳泡作用。扫码学习无机盐增稠原理。

无机盐增稠洗洁
精增稠原理

2. 增稠剂

为使液体餐具洗涤剂具有适宜的黏度，可加入适当的增稠剂，羧甲基纤维素、硫酸钠、氯化钠是常用的增稠剂。氯化钠等电解质对 AES 溶液有较好的增稠效果，但当电解质用量过多时黏度反而会下降，用量以小于 1.2% 为宜。

3. 增溶剂

为了防止液体餐具洗涤剂在低温时结冻或变浑浊，在配方中应加入适量的增溶剂。当配方中 LAS 含量较多时，增溶剂更是不可缺少的，餐具洗涤剂中常用的增溶剂有二甲苯磺酸钠、尿素、聚乙二醇、异丙醇、乙醇等。应当注意的是增溶剂的加入可能引起产品黏度的下降。

4. 其他

自来水中含有钙、镁等金属离子，这些离子对阴离子表面活性剂的活性有影响，一般需要加入 EDTA-2Na 等螯合剂来消除这些离子的影响；原料中 6501 呈碱性，可加入枸橡酸（或其他酸类）调节产品的 pH 值为中性；餐具洗涤剂一般以无色透明为宜，如需着色也以淡色为宜，并且需用食用色素；为达到防腐要求，可采用凯松、苯甲酸钠等作为防腐剂。

（三）配制方法

将配方中 EDTA-2Na、氢氧化钠溶于水中，缓慢加入十二烷基苯磺酸，缓慢搅拌，发生中和反应。待十二烷基苯磺酸溶解完全后，加入 AES、6501，搅拌溶解，加入二甲苯磺酸钠、香精、色素、凯松，用柠檬酸调节 pH 值为 7 左右，搅拌混合均匀，加入 NaCl 饱和溶液，调节黏度至所需的黏度。静置脱除泡沫（或真空脱泡），即可灌装。

二、机洗餐具用洗涤剂

餐具清洗机的类型有单槽式和多槽式。单槽式洗盘机是在同一槽中完成净洗和冲洗两步操作，而多槽式洗盘机的净洗和冲洗是在两个槽中完成的。机用餐具洗涤剂分为洗涤剂和冲洗剂两类，它们的配方是不同的。

（一）洗涤剂

餐具洗涤剂运转过程中有水流的喷射作用，因此采用的洗涤剂应该是基本无泡的，即使低泡型的家用洗涤剂也不宜使用。在洗涤剂配方中常用聚醚作为抑泡组分。

为了防止泡沫产生，机用餐具洗涤剂中表面活性剂用量很少，而采用增加碱剂的方法来提高去污效果。常用的碱剂为磷酸盐、碳酸盐等，当无机盐含量较多时，产品可制成固体粉末状，表 5-9 列举了这类产品的配方两则，供参考。

表 5-9　机洗餐具用洗涤剂

配方 1		配方 2	
组分名称	质量分数/%	组分名称	质量分数/%
三聚磷酸钠	30～40	AEO-9	1
无水硅酸钠	25～30	三聚磷酸钠	20
碳酸钠	15～20	硅酸钠	8
磷酸三钠水合物	10～15	二氯异氰脲酸钠	1.8
聚醚（pluronic L62）	1～3	碳酸钠	余量

配方 1 中起去污作用的主要是碱性无机盐类。硅酸钠在碱性介质中还可对金属器皿起到缓蚀作用。pluronic L62 是环氧丙烷和环氧乙烷的共聚物，用以防止泡沫的产生。

配方 2 中二氯异氰脲酸钠能对餐具起消毒作用。

（二）餐具冲洗剂

冲洗剂加在冲洗的水中，使冲洗液易于从餐具表面流尽。这样可免去人工用布擦干餐具，符合卫生的要求。对冲洗剂还要求在冲洗液体蒸发后，餐具表面特别是玻璃器皿表面不留水纹。冲洗剂通常采用温和的表面活性剂配制而成，表 5-10 为一例冲洗剂配方。

表 5-10　机洗餐具冲洗剂配方实例

组分名称	质量分数/%	组分名称	质量分数/%
蔗糖酯	10	丙二醇	20
羧甲基纤维素	0.2	乙醇	1
甘油	7	去离子水	余量

第 4 节　其他洗涤剂

一、蔬菜和水果洗涤剂

这类洗涤剂主要用于洗涤蔬菜、瓜果、禽类、鱼类等农副食品。要求洗涤剂不仅能除去这些食品表面的污垢，而且对蔬菜、瓜果表面附着的农药和虫卵等也能有效地去除，且并不影响它们的外观色泽和风味。由于洗涤的对象都是食品，因此配方中要求采用微毒或无毒的表面活性剂，脂肪酸蔗糖酯是这类洗涤剂中常用的表面活性剂。现列举这类洗涤剂的配方两则（见表 5-11），供参考。

表 5-11　蔬菜和水果洗涤剂配方实例

配方 1		配方 2	
组分名称	质量分数/%	组分名称	质量分数/%
脂肪酸蔗糖酯	15	脂肪酸蔗糖酯	4
柠檬酸钠	10	山梨醇脂肪酸酯	3
葡萄糖酸	5	丙二醇	5
丙二醇	1	磷酸氢二钠	5
乙醇(95%)	9	磷酸二氢钠	1
羧甲基纤维素	0.15	去离子水	余量
去离子水	余量		

配方 1 用于洗涤蔬菜、瓜果类食品。配方 2 用于洗涤家禽、鱼类等，蔗糖酯与碱性无机盐类复配可以洗去表皮的脂肪和血污，还能使禽、鱼类表面所带的细菌除去。

二、炊具及厨房设备清洗剂

炉灶、锅勺等炊具及灶台、排风扇等厨房设备的清洗对象主要是油污，排风扇上往往具有陈旧性油污。这些污垢都比较难以清除，因此这类清洗剂中有些含较多的表面活性剂，有些含有机溶剂，有些含较强的碱剂，必要时需配入磨料进行擦洗。现列举几个配方如下（见表 5-12 和表 5-13）

以上两例配方均用于清洗铁制炊具上的油垢。配方 1 中含较多的溶剂，适宜于清洗炊具上的陈旧性油垢。配方 2 中含 50% 的二氧化硅，产品呈膏状，在炊具表面有较好的摩擦作用，有利于油膜的清除。

表 5-12　炊具和厨房用具清洗剂配方实例（一）

配方 1		配方 2	
组分名称	质量分数/%	组分名称	质量分数/%
OP-10	6	油酸单乙醇酰胺乙氧基化物	2
LAS	2	烷基苯磺酸钠	5
乙醇胺	5	二氧化硅	50
乙醇(95%)	20	去离子水	余量
α-蒎烯	5		
去离子水	余量		

表 5-13　炊具和厨房用具清洗剂配方实例（二）

配方 3		配方 4	
组分名称	质量分数/%	组分名称	质量分数/%
AEO	4	丙二醇	8
壬基酚聚氧乙烯醚硫酸钠	2	AEO	0.5
单乙醇胺	5	EDTA-2Na	0.2
乙二醇单丁醚	5	乳酸	1.6
乙醇(95%)	3	三乙醇胺	2.3
香料	0.1	乙醇(95%)	15
去离子水	余量	丙烷	2
		去离子水	余量

　　厨房中油脂污垢长期受热和空气的氧化作用后，形成黏性褐色树脂状物质，这类油垢极难除去。厨房排气风扇上往往存在这种黏性油垢。配方 3 的产品适宜清洗这类油垢，其中的乙二醇单丁醚对树脂状油膜有较好的溶胀作用。配方 4 可罐装成喷雾型产品，适宜用于清洗冰箱等塑料制品的表面，其中的乳酸具消毒作用，可对冰箱进行消毒，丙烷是抛射剂。

三、居室用清洗剂

（一）门窗玻璃清洗剂

　　门窗玻璃是居室中首先需要经常清洁的部位，玻璃是硅酸盐的无定形固溶体，易受酸碱的侵蚀。在潮湿的空气中玻璃表面很容易吸附各种污垢。吸附的方式除物理吸附外，也可能由于硅酸盐骨架中的剩余键力而发生化学吸附，有些污垢较牢固地附着在玻璃表面。玻璃暴露在城市空气中，表面易吸附油污，如果不用清洗剂，这类污垢也难以去除。

　　对于玻璃清洗剂要求不损伤玻璃，将清洗剂喷洒于玻璃表面，用干布（或其他软质材料）擦拭即能去除污垢，使玻璃表面光洁明亮。表 5-14 列举了玻璃清洗剂参考配方两则。

　　配方 2 中氨水的加入量以达到 pH 值等于 9 为宜。配方 2 含有硅氧烷乳液，用它擦拭后玻璃更光亮并有抗水效果。

表 5-14　玻璃清洗剂配方实例

配方 1		配方 2	
组分名称	质量分数/%	组分名称	质量分数/%
脂肪醇聚氧乙烯醚	0.3	硅氧烷乳液	2.5
椰子油酸聚氧乙烯醚	3	乙二醇单丁醚	6
乙二醇单丁醚	3	二丙醇甲基醚	1.5
乙醇(95%)	3	异丙醇	3
氨水	2.5	30%月桂酰肌氨酸钠	0.3
防腐剂、色素、香精	适量	氨水	适量
去离子水	余量	防腐剂、香精	适量
		去离子水	余量

（二）地面清洗剂

地面污垢主要是含有油垢的尘土，也可能有果汁等饮料的残留斑迹。地面清洗剂以表面活性剂的水溶液为主体。表 5-15 列举了地面清洁剂配方两则，供参考。

表 5-15　地面清洁剂配方实例

配方 1		配方 2	
组分名称	质量分数/%	组分名称	质量分数/%
烷基苯磺酸钠	3	烷基苯磺酸钠	2.5
异丙醇	12	壬基酚聚氧乙烯醚	1
松油	2	高分子共聚物	0.5
去离子水	余量	EDTA-2Na	0.1
		去离子水	余量

配方 1 对地面上含油垢的尘土有较强的清洗能力。但产品属强碱性，仅适合对水泥、陶瓷等地面进行清洗。配方 2 作用比较温和，可用于木质地板的清洗，地板清洗后还具有增亮效果，其中高分子共聚物是丙烯酸/丙烯酸乙酯/甲基丙烯酸甲酯/苯乙烯四元共聚物，单体的组成和聚合物的分子量对清洗效果均有影响。

（三）地毯清洗剂

地毯不同于其他织物，地毯洗涤时很难漂清。为克服这一困难，专门创造了独特的清洗方式。这种方法是先使洗涤剂产生泡沫，然后用海绵将泡沫搓在地毯上。地毯上的污垢在洗涤剂和机械力的作用下，被吸取出来并包入泡沫中。泡沫具有很薄的壁和巨大的表面积，其中的水分能很快地挥发掉，污垢则干涸成松脆的灰尘粒子，随后被吸尘器吸走或用刷子刷去。

有些表面活性剂，例如脂肪醇硫酸酯钠盐或镁盐在脱水干燥后变得很松脆，这样就很容易从地毯上除去，因此它们是配制地毯清洗剂的合适原料。尽管如此，一部分表面活性剂仍可能被吸入纤维，干燥后遗留在地毯上，这些遗留下来的沉积物易吸附污垢，使清洗后的地毯很快又变脏了。为克服这一缺陷，可改用更易结晶的表面活性剂如磺化琥珀酸单酯钠盐，使吸附在地毯纤维上的表面活性剂更松脆而容易被吸走。还可在清洗剂中加入胶体二氧化硅、纤维素粉、树脂的泡沫粒子等多孔性固体粉末作为载体,将地毯上的洗出物吸附在载体上,然后被吸除。

如有必要,在地毯清洁剂中还可加入抗静电剂(如烷基磷酸酯盐)和杀菌剂。表 5-16 列举了地毯清洗剂配方两则,供参考。

表 5-16　地毯清洗剂配方实例

配方 1		配方 2	
组分名称	质量分数/%	组分名称	质量分数/%
氢氧化钠	5	脲醛树脂微粒	30
十二烷基苯磺酸钠	2	十二烷基硫酸钠	4
月桂醇聚氧乙烯醚	2	沉淀硅酸	15
1,3-二甲基-2-咪唑啉酮	10	去离子水	余量
去离子水	余量		

配方 1 呈碱性,该洗涤剂能除去聚酯地毯上的咖啡、饮料、番茄酱色渍和墨渍等。配方 2 中含吸附污垢的载体,喷洒于化纤或羊毛地毯上,然后真空吸去污垢,去污率高。

(四) 家具油漆表面清洗剂

这类清洗剂用于清除家具表面的污垢,不能损伤漆面,并具有增亮的作用。表 5-17 列举了这类清洗剂的配方两则,供参考。

表 5-17　家具油漆表面清洗剂配方实例

配方 1		配方 2	
组分名称	质量分数/%	组分名称	质量分数/%
脂肪醇硫酸钠	10	亚麻油	47
6501	5	70%异丙醇	47
$C_{10\sim18}$脂肪醇聚氧乙烯醚	4	乙酸(95%)	6
六偏磷酸钠	3		
二甲苯磺酸钠	4		
色素、香精	适量		
去离子水	余量		

配方 1 中加入六偏磷酸钠可使 pH 值调节到 7～7.5。配方 2 中亚麻油为干性油,在家具表面能形成薄膜,使表面光亮并有持久效果。

(五) 浴室用清洗剂

浴室用清洗剂主要用于清洗浴室的瓷砖和浴缸,污垢主要是皂渣,要求清洗剂能清除皂垢,为了保护瓷釉,不宜采用强碱性的原料。表 5-18 列举了浴室用清洗剂的配方两则,供参考。

配方 1 中不含溶剂,因此无气味,呈弱酸性,不刺激皮肤,不损伤釉面,适宜于清洗浴

表 5-18 浴室用清洗剂配方实例

配方 1		配方 2	
组分名称	质量分数/%	组分名称	质量分数/%
十二醇聚氧乙烯醚	7	新洁尔灭	10
C₄~₆多元羟基羧酸	5	TX-10	20
聚丙二醇	5	EDTA-2Na	1
去离子水	余量	单乙醇胺	0.7
		去离子水	余量

室中的瓷砖和浴缸的光滑表面。配方 2 中含阳离子表面活性剂，具有杀菌功能，用它清洗浴缸时可以起到消毒作用。该清洗剂也可用于清洗其他需要消毒的器皿。

（六）厕所清洁剂

厕所用清洁剂用于清除厕所卫生器具表面的污物及厕所间的臭味，达到去垢、除臭、杀菌的目的。厕所间及便池内的污物主要为尿碱、水锈和便溺物及水中污物附着在卫生器具表面形成的污垢，以及细菌分解尿素而产生氨气和硫化氢等有刺激性气味的气体。另外，还存在有害的细菌。针对上述这些污垢，厕所清洁剂中除洗涤剂外，还应有除垢剂、杀菌剂、除臭剂等组分。目前市场上供应的厕所清洁剂在使用方法上可分为人工清洗和自动清洗两大类。前者可用于清洗多种卫生器具，后者只能投放在抽水马桶的水箱中，使之起到自动清洗的作用。

1. 人工清洗用的厕所清洁剂

这类清洁剂可以是液体产品，也可以配制成固体粉末状。为了清除尿碱及锈斑，一般都含有强酸性物质。表 5-19 列举了这类清洁剂的配方两则，供参考。

表 5-19 人工清洗用的厕所清洁剂

配方 1		配方 2	
组分名称	质量分数/%	组分名称	质量分数/%
硅铝酸镁	0.9	十二烷基苯磺酸钠	5
汉生胶	0.45	硫酸氢钠	75
EDTA-4Na	1	硫酸钠	14.9
1-羟乙基-2-油酸咪唑啉	1	二氧化硅	5
浓盐酸(37%)	20	香料、色素	适量
新洁尔灭	2		
去离子水	余量		

配方 1 去污斑效果好，并有消毒作用。其中盐酸及配位剂 EDTA-4Na 协同作用起到去除尿碱及锈斑的作用。1-羟乙基-2-油酸咪唑啉起缓蚀作用，季铵盐表面活性剂为消毒剂。汉生胶是一种耐酸性高分子化合物，起增稠剂的作用，延长清洗剂在器壁上停留的时间。该配方产品具有较强的腐蚀性，使用时必须带上乳胶手套，避免与皮肤接触。配方中虽然有缓蚀剂，但也要防止与金属器件接触，以免遭受腐蚀。如果以草酸、柠檬酸等有机酸取代配方中

的盐酸，则腐蚀性大大降低，作用比较缓和，仍有较好的去污迹效果，但原料成本较高。

配方 2 为固体粉末状。可用此产品对厕所中的污迹进行擦洗。其中硫酸氢钠为酸式盐，有助于去除污斑，二氧化硅作为磨料，起摩擦作用。

2. 抽水马桶清洁剂

这类清洁剂往往制成块状固体，放在有孔的塑料盒中，投放入抽水马桶的水箱内，固体中的有效成分缓慢释放于水中，放水时即起到冲洗作用。清洗剂的配方中含有表面活性剂、除垢剂、杀菌剂等。可选用草酸、柠檬酸、水杨酸等有机酸或其他配位剂作为除垢剂。有些组分可兼顾数种功能，如酸类还可防止产生氨气；水杨酸同时具有除垢、除臭、消毒的功能；如加入硫酸铜，则兼有抑制 NH_3 及 H_2S 气体逸出的效果。

制作这类产品的关键是控制有效成分在水中释放的速度，使一块产品的使用期在一个月以上。为此需选用在水中溶解度较小的物质作为骨架，将有效组分包在里面，这样就减慢了块状清洁剂在水中的溶化崩解，因此这种骨架材料又称崩解速度调节剂。生产时先将骨架材料加热熔融，然后将有效组分加入调和均匀，香精等易挥发物或受热易分解的物质在温度稍低时加入。将拌匀的混合物压成块状即为成品。此时有效物质微粒的周围均被骨架材料包覆，而达到缓慢释放的效果。

据资料介绍，聚乙二醇脂肪酸酯、高碳醇的聚氧乙烯醚、环氧乙烷环氧丙烷共聚物等可作为骨架材料。它们分子结构中要求的 EO 数均较高，通过改变 EO 数及环氧乙烷与环氧丙烷的比例，可以达到在水中缓慢溶解的要求。

高碳脂肪酸及其钠盐的混合物也可用作骨架材料，这种混合物可在脂肪酸中加入少量 NaOH 而获得。如其中钠盐比例越高则溶解越快，因此可采用改变配方中 NaOH 用量的方法来调节产品在水中崩解的速度。表 5-20 为抽水马桶清洁剂配方实例。

表 5-20　抽水马桶清洁剂配方实例

配方 1		配方 2	
组分名称	质量分数/%	组分名称	质量分数/%
羧乙基纤维素	12	次氯酸钙	35
水杨酸甲酯	3.5	硫酸镁	10
硫酸钠	8.5	AEO-7	10
去离子水	1.5	硅酸钙	5
色素、防腐剂	适量	聚乙二醇(6000)双硬脂酸酯	40
EO-PO 型聚醚	余量		

四、汽车用清洗剂

1. 汽车外壳清洗剂

汽车外壳的污染主要是尘埃、泥土和排出废气的沉积物，这类污染适宜用喷射型的清洗系统进行冲洗，在这种清洗系统中应采用低泡型清洗剂。另外，汽车面漆对清洗介质比较敏感，不宜使用溶剂型为主的清洗剂。参考配方如表 5-21 所列。

表 5-21　汽车外壳清洗剂实例

组成	质量分数/%	组成	质量分数/%
K$_{12}$	2	聚醚	7
TX-10	3	聚磷酸盐	86
AEO-9	2		

上述配方为粉剂，应用时配成溶液。

2. 具有上光效果的汽车用清洗剂

这类清洗剂常含有蜡类物质。用这类清洗剂擦洗汽车外壳，同时有清洗和上光功能，参考配方如表 5-22 所列。

表 5-22　具有上光效果的汽车用清洗剂

组成	质量分数/%	组成	质量分数/%
氧化微晶蜡	4.2	辛基酚聚氧乙烯醚	5
油酸	0.7	脂肪酸聚氧乙烯醚	1.2
液体石蜡	2.5	甲醛	0.2
CMC	0.4	去离子水	余量
聚二甲基硅氧烷	2.4		

3. 汽车发动机清洗剂

发动机清洗剂是随汽车用的燃油同时注入油箱中，添加量为燃油量的 0.1%～5%。随着燃油的消耗，不断地除去燃料系统的零部件上附着的污垢（如油状、胶状物质和炭沉积等），发挥清洁作用。它对污垢去除速度快，不论是低温还是高温区域，都能彻底清除燃烧系统的污垢。配方如表 5-23 所列。

表 5-23　汽车发动机清洗剂配方实例

组分名称	质量分数/%	组分名称	质量分数/%
油酸	10	丁醇	10
异丙醇胺	4	煤油	35.5
氨水（28%）	5	机油	20
去离子水	5	TX-10	0.5
丁基溶纤剂	10		

4. 汽车窗玻璃抗雾剂

在冬季，汽车的窗玻璃易产生雾，如果挡风玻璃上有雾，则影响视线。抗雾剂施于玻璃上，可防止雾膜产生，有效期可维持数天。抗雾剂也可用于浴室镜面和眼镜玻璃的抗雾，表 5-24 列举了抗雾剂配方实例。

表 5-24　汽车窗玻璃抗雾剂配方实例

组分名称	质量分数/%	组分名称	质量分数/%
十二烷基硫酸钠	5	异丙醇	10
烷基磺基琥珀酸酯钠	2	丙二醇	20
月桂醇	1	去离子水	62

五、金属清洗剂

在机械加工、机器维修和安装过程中须去除金属表面的各种污垢。清洗金属的传统方法是碱液清洗和溶剂清洗。碱液清洗是用氢氧化钠、碳酸钠、磷酸钠等碱剂的水溶液清洗，这种方法清洗成本低，但碱对某些金属有腐蚀性，而且对矿物油脂的清洗效果差；溶剂清洗是用汽油、煤油等有机溶剂清洗，虽然清洗效果好，但溶剂易着火很不安全，且浪费了油料。因此相继开发了以表面活性剂为主要原料的各种水基金属清洗剂，代替了传统的清洗剂。这类金属清洗剂既有很好的清洗效果，又无溶剂清洗剂的弊端，在现代机械工业中已获得广泛应用。

对水基金属清洗剂的基本要求是：能迅速清除附于金属表面的各种污垢；对金属无腐蚀，清洗后金属表面洁净光亮，并对金属有一定的缓蚀防锈作用；不污染环境，对人体无害，使用过程安全可靠，原料价格便宜。表 5-25 列举了这类清洗剂配方两则，供参考。

表 5-25　金属清洗剂配方实例

配方 1		配方 2	
组分名称	质量分数/%	组分名称	质量分数/%
脂肪醇聚氧乙烯醚	24	85% 磷酸	3
月桂酰二乙醇胺	18	无水柠檬酸	4
油酸三乙醇胺	25	甲基乙基酮	3
油酸钠	5	辛基酚聚氧乙烯醚	2
去离子水	余量	去离子水	88

配方 1 产品是常用的一种金属清洗剂，对金属具有一定的缓蚀防锈效果。配方 2 的产品用于清洗不锈钢表面的污垢。

 案例分析 1

事件过程：某市民王×是×××洗衣液的消费者，有一次他的小孩穿了使用×××洗衣液手洗的衣物后啼哭不止，因此他怀疑有可能是衣物上残留的洗衣液刺激导致的。2011 年 3 月 3 日，王×将购买的×××洗衣液（深层洁净亮白增艳包装和深层洁净包装）送到了质监部门检测，结果发现该洗衣液中含有荧光增白剂。

王×的代理人王×将蓝月亮及其代言人杨×等起诉到了北京市第一中级人民法院。王×表示，荧光增白剂是国家安全生产监督管理总局《职业病危害因素分类表》定性的化学毒物，是一种致癌物质。"令人不能接受的是，该洗衣液（亮白增艳包装）外包装并没有标注产品内含有荧光增白剂以及标注警示信息，相反除了'安全环保'外还明确说明'婴幼儿衣物、内衣同样适用'！添加有毒化学成分的蓝月亮洗衣液（深层洁净亮白增艳包装）如何'安全环保'？"

洗衣液生产厂家则表示："关于荧光增白剂在洗涤剂中的使用，国家有相关的行业标准，是允许使用的，而且在国际上，日本、美国和欧盟等地都允许在衣物洗涤剂中使用，目前国内的洗衣粉、洗衣液均广泛使用标准规定的两类荧光增白剂。"2008 年 9 月 1 日起正式实施的《QB/T 2953—2008 洗涤剂用荧光增白剂》的行业标准规定，衣物洗涤剂中可以使用荧光增白剂二苯乙烯基联苯类和双三嗪氨基二苯乙烯类。蓝月亮所使用的是二苯乙烯基联苯类增白剂。

对此，中国洗涤用品工业协会于 6 月 20 日发表了关于衣物洗涤剂用荧光增白剂的特别说明。该协会指出，国际国内大量的研究权威报告证明，《洗涤剂用荧光增白剂》行业标准所规定使用的荧光增白剂安全可靠，不会对人体和环境造成负面影响，同时可以改善和提高洗涤效果。

疑问：洗衣粉和洗衣液中含有荧光增白剂是否安全？

原因分析：有的专家认为日化产品中微量使用增白剂不会致癌。符合标准的荧光增白剂在洗涤用品中还会经过水的清洗，几十倍甚至几百倍的稀释后，并不会对人体产生危害。不过，专家也指出，荧光增白剂中的 VBL 是有害的，婴幼儿和小孩因为其皮肤比较娇嫩，最好不要使用。

也有专家则认为，该企业不仅没否认添加，反而声称无害。这又是把潜规则当成真理的事件，类似事件屡屡发生的关键就在于洗衣液行业标准也是洗衣液厂家起草的。

作者认为：荧光增白剂有很多种类型，《QB/T 2953—2008 洗涤剂用荧光增白剂》中规定的两种荧光增白剂已经使用这么多年了也没有出现大的健康事故投诉，应该说是相对比较安全的。但任何物质使用过量都存在安全隐患，所以说归根结底还是一个添加量的问题。这次事故出现后，行业标准有必要进行修订了。

 案例分析 2

事件过程：某企业生产一批洗洁精，按配方和生产工艺条件完成了配制工作，制成了半成品。但在进行半成品检测时发现该批洗洁精的透明度达不到公司的内控标准，出现浑浊现象。

原因分析：出现浑浊现象即表明有些成分没有溶解完全，特别是在用电解质（如氯化钠等）调黏度的时候，如果电解质用量过多，会降低十二烷基苯磺酸钠等表面活性剂的溶解度，导致这些表面活性剂不溶，出现浑浊。

事故处理：对于表面活性剂不溶而出现浑浊的现象，最好的方法就是加入适量的增溶剂（如二甲苯磺酸钠、乙醇等）增加表面活性剂的溶解度，产品自然就澄清透明了。但是，增溶剂（特别是醇类增溶剂）对产品黏度和泡沫有较强的降低作用，会导致产品黏度达不到要求的现象出现。如果是这样就只能采用将此批半成品分批加到后面几批产品生产中。

实训　洗洁精的配制

一、实训目的

1. 掌握洗洁精配制的方法和操作。

2. 提高动手能力和操作技能。

二、实训内容

1. 实训材料

十二烷基苯磺酸、氢氧化钠、AES、6501、EDTA-2Na、氯化钠饱和溶液、柠檬酸、凯松、香精、去离子水。

2. 实训配方

见表 5-26。

表 5-26　洗洁精实训配方

组分名称	质量分数/%	组分名称	质量分数/%
十二烷基苯磺酸	8	柠檬酸	适量
氢氧化钠	1	凯松	0.1
AES	2	香精	适量
6501	4	色素	适量
EDTA-2Na	0.1	去离子水	余量
氯化钠饱和溶液	适量		

3. 实训步骤

① 确定配制量：在此按照每人配制 100g 来计算。请根据配方计算出配制 100g 洗洁精需要各组分的物质用量。

② 取一烧杯，量取配方用量的去离子水，将配方中 EDTA-2Na、氢氧化钠溶于水中，缓慢加入十二烷基苯磺酸，缓慢搅拌，发生中和反应。待十二烷基苯磺酸溶解完全后，加入 AES、6501，搅拌溶解，加入香精、色素、凯松，搅拌混合均匀，用柠檬酸调节 pH 值为 7 左右，加入 NaCl 饱和溶液，调节黏度至所需的黏度。静置脱除泡沫（或真空脱泡），即可灌装。

4. 注意事项

① 在用柠檬酸调节 pH 值之前应用 pH 值试纸测定料体的 pH 值，如果此时 pH 值小于 7，则需要使用 10% 的氢氧化钠溶液调节 pH 值。请思考为什么要这样做？

② 搅拌过程中会产生大量泡沫，影响实验现象的观察，所以在保证充分搅拌的情况下，搅拌不宜太快。

三、实训结果

请根据实训情况填写表 5-27。

表 5-27　实训结果评价表

使用效果描述	
使用效果不佳的原因分析	
配方建议	

思考题

1. 洗衣粉常用的洗涤助剂有哪些？简述它们在洗衣粉中的作用。
2. 高塔喷雾干燥的工艺流程是怎样的？
3. 加酶洗衣粉生产中，能将酶配入料浆进行喷雾干燥吗？
4. 为什么很多洗衣粉配方中都加很多硫酸钠？
5. 请根据所学的知识拟订一种洗衣液配方。
6. 配制液体洗涤剂时，如果透明度不好，应如何处理？
7. 配制液体洗涤剂时，如果黏度不够，应如何处理？
8. 请根据所学的知识，并查阅资料，拟订一种衣物柔软剂配方。

思考题答案

第6章
洗护类化妆品

(💡) **知识点** 香波；护发素；沐浴液；皂基沐浴液；泡沫洁面乳；洗手液；泡沫剃须膏。

(💡) **技能点** 设计香波配方；设计护发素配方；设计沐浴液配方；设计泡沫洁面乳配方；设计洗手液配方；配制洗护类化妆品；解决洗护类化妆品生产质量问题。

(💡) **重 点** 洗护类化妆品的组成与常用原料；洗护类化妆品的配方设计；洗护类化妆品的制备工艺；洗护类化妆品的质量控制。

(💡) **难 点** 洗护类化妆品的配方设计；洗护类化妆品的质量控制。

(💡) **学习目标** 掌握洗护类化妆品的生产原理；掌握洗护类化妆品生产工艺过程和工艺参数控制；掌握主要洗护类化妆品常用原料的性能和作用；掌握主要洗护类化妆品的配方技术；能正确地确定洗护类化妆品生产过程中的工艺技术条件；能根据生产需要自行制订洗护类化妆品配方并能将配方用于生产。

　　洗护类化妆品主要包括香波、护发素、沐浴用品和洁面用品等。人体头发和皮肤上的油脂、尘垢是洗涤类化妆品的洗涤对象，但不同的人具有不同的发质和皮肤类型（有油性、中性和干性三种类型），为满足不同类型发质和皮肤的洗涤和护理需要，应调整配方配制不同类型的液洗类化妆品。

第1节　洗发香波

　　香波是为清洁人的头皮和头发并保持头发美观而使用的化妆品，它是以各种表面活性剂和添加剂复配而成的，人们之所以喜欢用香波取代肥皂洗发，是因为香波不单是一种清洁剂，而且有良好的护发和美发效果，洗后能使头发光亮、美观和柔顺。随着人们生活水平的提高，对香波性能的要求也越来越高，一种性能理想的香波，应具有如下性能特点：

①　具有良好发泡性能，在头发上能形成细密、丰富且有一定的稳定性的泡沫；

②　去污力适中，可除去头发上的污物，但又不会过度脱脂和造成头发干涩；

③　使用方便，容易清洗；

④　性能温和，对皮肤和眼睛无刺激性；

⑤　洗后头发滑爽、柔软而有光泽，不产生静电，易于梳理；

⑥　能赋予头发自然感和保持头发良好的发型；

⑦　洗后头发留有芳香。

近几年来，人们特别重视洗发香波对眼睛和皮肤的刺激性，以及洗发香波是否会损伤头皮和头发。由于洗头次数的增多和对头发保护意识的增强，对香波不要求脱脂力过强，而要求性能温和。同时具有洗发、护发功能的调理香波，以及集洗发、护发、去屑、止痒等多功能于一身的香波成为市场流行的主要品种。许多香波选用有疗效的中草药或水果、植物的提取液作为添加剂，或采用天然油脂加工而成的表面活性剂作为洗涤发泡剂等，以提高产品的性能，顺应"回归大自然"的潮流。

一、香波的组成

香波的主要功能是洗净黏附于头发和头皮上的污垢和头屑等，以保持清洁。在香波中起主要功能作用的是表面活性剂。除此之外，为改善香波的性能，配方中还加入了各种特殊添加剂。因此，香波的组成大致可分为两大类：表面活性剂和添加剂。

（一）表面活性剂

表面活性剂是香波的主要成分，为香波提供了良好的去污力和丰富的泡沫。香波用表面活性剂是以阴离子表面活性剂为主，其他表面活性剂为辅的体系。企业一般采用如下方案来设计整个香波配方的表面活性剂体系。

①　采用 AES 钠盐或 AES 铵盐体系（有效物均为 70%）为主活性成分，用量为 15%～25%。

②　采用 5% 左右的两性表面活性剂为辅助表面活性成分，降低产品刺激性，如甜菜碱 CAB、甲基椰油酰牛磺酸钠（Clariant 公司）、月桂酰谷氨酸钠等。

③　采用 0.5%～2% 的烷醇酰胺（6501 或 CMEA）作为增稠、稳泡剂，其中 6501 使用方便，但有亚硝胺残留风险，在低温时容易出现果冻现象；而 CMEA 含游离胺少，需高温溶解于表面活性剂中，目前大多数企业采用 CMEA。

除了以上表面活性剂之外，有的企业也使用其他表面活性剂，如咪唑啉型两性表面活性剂、烷基糖苷、AOS、MES 等。一般不使用皂基，由于皂类和水中的钙镁离子作用，使用以皂类为基料的洗发用品时，会生成难溶于水的钙皂和镁皂（一种黏稠状的絮状物），黏附在头发上使头发发黏、发脆、不易梳理。

现在正流行的无硫酸盐洗发水，不用含硫酸盐的表面活性剂 AES 钠盐和铵盐、K_{12} 钠盐和铵盐作为主表面活性剂，而用氨基酸型表面活性剂和其他温和的表面活性剂来制备香波。

（二）调理剂

香波中表面活性剂能达到去污功效，但在去除头发污垢的同时，也会过度地去除头皮自然分泌的皮脂成分，会对头发造成损伤；另外，表面活性剂会在头发上吸附使头发缠结而难以梳理。为了克服以上问题，香波中需要加入具有头发调理功能的调理剂。调理剂的主要作用是改善洗后头发的手感，使头发光滑、柔软、易于梳理。

调理作用是基于功能性组分在头发表面的吸附，也就是说调理剂要发挥调理作用，首先要能在头发上具有良好的吸附效果。不同类型的调理剂是通过化学吸附、物理吸附和离子吸附作用吸着于头发上的。

常用的调理剂有如下几种。

1. 阳离子表面活性剂

阳离子表面活性剂的去污力和发泡力比阴离子表面活性剂差得多，但具有很强的抗静电作用和柔软作用，是一种很好的头发调理剂。阳离子表面活性剂易在头发表面吸附形成保护膜，能赋予头发光滑、光泽和柔软性，使头发易梳理，抗静电。阳离子表面活性剂不仅具有抗静电性，而且有润滑作用和杀菌作用。将阳离子表面活性剂与赋脂剂（如高级醇、羊毛脂及其衍生物、蓖麻油等）复配，能增强皮肤和头发的弹性，降低皮肤在水中的溶胀，能防止头皮干燥、皲裂。

阳离子表面活性剂在水中离解成带碳链的阳离子，能被头发蛋白结构中带负电荷的部分吸引（离子静电吸力），而吸留在头发表面，发挥调理作用。

阳离子表面活性剂作为主调理剂，难用于以 AES 等为主要表面活性剂的香波，这是因为阴离子与阳离子表面活性剂的配伍性问题，两者在水溶液中能相互作用产生沉淀，从而使两者都失去表面活性，导致产品不稳定。

目前，还是很少有企业使用阳离子表面活性剂作为香波的调理剂，而是将其用于护发素和发膜等不含阴离子表面活性剂的产品中。

【问题】 阳离子表面活性剂柔软头发效果很好，但很少用在香波中，原因是什么？扫码看答案。

问题答案

2. 阳离子聚合物

阳离子聚合物是目前使用最广泛的香波调理剂。阳离子聚合物是由季铵化的脂肪烷基接枝在改性天然聚合物或合成聚合物上制成的。其部分结构与季铵盐相似，每个分子中有很多阳离子位置，这些阳离子能被头发蛋白结构中带负电荷的部分吸引（离子静电吸力），而吸留在头发表面，发挥调理作用，使头发柔软、润滑，易于梳理，增加头发美感。阳离子聚合物的阳离子含量高，用量很少就能发挥很强的调理效果，这些聚合物也有良好的增稠作用。但阳离子也有一个很大的缺点是重复使用时会在头发上积聚，使头发加重下垂，手感和外观变差。

常用于头发调理的阳离子聚合物有聚季铵盐、阳离子纤维素聚合物、阳离子瓜尔胶、高分子阳离子蛋白肽等，如表 6-1 所列。

3. 润滑剂

与阳离子表面活性剂和阳离子聚合物依靠静电作用吸附于头发上不同，润滑剂主要依靠物理作用，留于头发上而发挥其调理作用，改善头发的润滑感。常用的润滑剂有如下几种。

表 6-1　常用阳离子聚合物香波调理剂

名称	性能和用途
阳离子纤维素聚合物(JR-400)	在头发表面具有很强的吸附力,因此对头发的调理作用非常明显,与阴离子、非离子和两性表面活性剂有很好的配伍性,可用在透明的多功能香波中,同时对香波还有一定的增稠作用。但若长期使用含JR-400 的香波洗发,由于它的积聚现象会使头发发黏且无光泽,因此使用时最好与其他调理剂复配以减少用量。正常用量为 0.2%~1.0%
阳离子瓜尔胶	有较耐久的柔软性和抗静电性,可赋予头发光泽、蓬松感,与其他表面活性剂有很好的配伍性,同时它还是一种很好的增稠剂、悬浮剂和稳定剂。用量一般为 0.1%~1.0%
聚季铵盐	有聚季铵盐-4、聚季铵盐-7(M550)、聚季铵盐-11、聚季铵盐-22、聚季铵盐-26、聚季铵盐-39、聚季铵盐-39、聚季铵盐-43、聚季铵盐-47(M2002)、聚季铵盐-70 等产品。与头发亲和性好,具有调理和丰满的效果,在头发上的积聚较少,能改善头发的干湿梳理性。增加光泽,使头发柔顺服帖,抗缠结,刺激性小,对皮肤有滋润柔滑性,广泛用作香波和护发素的调理剂
阳离子高分子蛋白肽	采用天然蛋白质经改性制得,对头发有很好的附着性,能赋予头发良好的柔软性和梳理性,保持头发光泽,改善头发的发质,并对受损伤的头发有修复功能。香波中用量在 2.0%左右

（1）有机硅　有机硅具有优异的滑感,能显著改善头发的湿梳理性和干梳理性,赋予头发抗静电性、润滑性和柔软性、光泽性等,对受损头发有修复作用,防止头发开叉,长期使用也不会在头发上造成永久性集聚,并且能降低阴离子表面活性剂对眼睛的刺激性。常用的有机硅调理剂有二甲基硅氧烷、硅脂、氨基改性硅油和乳化硅油等,用量一般为 0.5%~5%。表 6-2 中列出了常用的几种硅油的性能。

表 6-2　香波常用的硅油及其性能

种类	主要特点
高分子量二甲基硅氧烷(硅脂)	具有优异的成膜性、润滑性、柔软性及丝质感,它在头发上形成一层透气薄膜,既能使头发亮泽又能保护发质,同时使头发在干或湿的情况下都具有良好的梳理性,避免硬脆或干枯分叉,与阳离子调理剂同时使用效果更佳,但它的缺点也较明显,就是有较重的油腻感,容易吸附灰尘而使头发易脏,用量大时积聚严重,而且容易从香波中析出,使用时应注意或加入硅油稳定剂
氨基硅油	特殊的柔软性、滑爽性和更持久的光亮性和保留性,但氨基硅油与阴离子表面活性剂的复配性差,香波放久了有可能变稀,且消泡严重,使用时应注意
双氨封端硅油	由于分子两端具有氨基,与头发的亲和力比其他硅油的亲和力要强,使其具有优异的调理性和长效性,使头发保持持久柔软、丝绒般滑爽,易于梳理
聚二甲基硅氧烷共聚多元醇(水溶性硅油)	水性硅油能降低刺激性,改善泡沫质感,去除黏腻感、护发、润发,增加凝胶的透明度,具乳化功效,轻度调理,保湿不油腻,在香波中多用作降黏剂
聚季铵化硅氧烷(阳离子硅油)	它的优良调理作用来自有机硅单元和聚季铵盐基的协同作用,而它的聚醚单元使它在香波体系中具有良好的配伍性和稳定性,是一种十分优良的调理剂,较强的柔软感和丝绸感,超低干湿梳理阻力,高亮度,配伍性好,不消泡,无气味,积聚少,常温加入香波体系中,使用方便
乳化硅油	乳化硅油是硅油的乳液,如单独的硅脂、单独的氨基硅油或多种硅油复配在一起做成的乳液,如氨基硅油与硅脂的复配,高黏度与低黏度的二甲基硅氧烷复配,阳离子硅油与硅脂复配,以此来克服各自的缺点,达到更好的调理效果。乳化硅油比未乳化的硅油使用更方便

（2）植物类油脂及其衍生物　山茶花籽油、甜杏仁油、霍霍巴油、橄榄油、脂肪醇等可作香波类加脂剂和滋润感改善剂,在头发上形成油性薄膜,并可作为香波体系的成膜层的熔点调节剂。因有些植物油脂含有不饱和键或游离酸,在使用时注意对其作抗氧化处理。

（3）动物类油脂及其衍生物　羊毛脂、羊毛醇及其衍生物等各种动物性油脂也可为头发加脂及改善润滑感，但因其对体系的稳定性、安全性有不可预知的影响，现在较少使用。

（4）合成油脂及改性油脂　氢化聚癸烯、季戊四醇四异硬脂酸酯、氨基酸改性油脂等近年来也常用作香波类调理剂，因其对头发有很强的亲和力，赋予头发出色的滋润感、爽滑感和自然的光泽，使用油脂时特别需要关注产品稳定性及测试对头皮的影响。另如 $C_{12\sim13}$ 醇乳酸酯具有替代烷醇酰胺的作用，能增加产品黏度加强珠光效果等。

4. 保湿剂

保湿剂的作用是保持头发适当的水分含量，可避免头发由于干燥而变脆。常用的润湿剂有甘油、丙二醇、山梨醇、聚乙二醇和吡咯烷酮羧酸钠等。值得注意的是多元醇有消泡作用，配方时应特别注意。更有效的保湿剂是能够渗入毛鳞片起到保持水分作用的，如泛醇、羟乙基尿素等。

5. 头发营养添加剂

为使香波具有护发、养发功能，通常加入各种头发营养添加剂。主要品种如下。

（1）维生素类　如维生素 E、维生素 B_5（泛酸）、维生素原 B_5（泛醇）等，能通过香波基质渗入毛发，赋予头发光泽，保持长久润湿感，弥补头发的损伤和减少头发末端的分裂开叉，润滑角质层而不使头发结缠，并能在头发中累积，长期重复使用可增加吸收力。

（2）氨基酸类　头发是氨基酸多肽角蛋白质的网状长链高分子集合体，从化学性质来说，与同系物及其衍生物有着较强的亲和性，因此各种氨基酸、水解蛋白肽等，都对头发有一定的调理作用。常用的氨基酸类物质有丝肽、水解丝蛋白、水解小麦蛋白、水解大豆蛋白、水解角蛋白、水解胶原蛋白等。

（3）中草药提取液　常用的提取物有人参、芦荟、皂角、何首乌、当归、玫瑰、甘菊、茉莉、向日葵、薰衣草、柑橘、薄荷、绿茶、黑芝麻、银杏、核桃、珍珠、海藻、橄榄油等。如人参、当归、芦荟、何首乌、啤酒花、沙棘、茶皂素等的提取液，加入香波中除了营养作用外，有的还有促进皮肤血液循环、促进毛发生长，使毛发光泽而柔软的功效，如人参等；有的有益血乌发和防治脱发的功效，洗后头发乌黑发亮、柔顺、滑爽，如何首乌等；有的则具有杀菌、消炎等作用，加入香波中起到杀菌止痒的效果，同时还有抗菌防腐作用，如啤酒花、茶皂素等。

（三）其他添加剂

1. 增稠剂

增稠剂的作用是增加香波的稠度，获得理想的使用性能，提高香波的稳定性等。常用的增稠剂有无机增稠剂和有机增稠剂两大类。

（1）无机增稠剂　无机增稠剂如氯化钠、氯化铵、硫酸钠等，最常用的是氯化钠和氯化铵，能增加以阴离子表面活性剂为主的香波稠度，特别是对以 AES 为主的香波增稠效果显著，且在酸性条件下优于在碱性条件下的增稠效果。采用无机盐作增稠剂不能多加，否则会产生盐析分层，且刺激性增大，但氯化铵不会出现像氯化钠那样产生浑浊的现象，香波中用量一般不超过 3%。硅酸镁铝也是有效的增调剂，特别是和少量纤维素混合使用，增稠效果明显且稳定，适宜配制不透明香波，用量为 0.5%～2.0%。

（2）有机增稠剂　有机增稠剂品种很多，如烷醇酰胺、氧化胺和两性表面活性剂等，不仅具有增泡、稳泡等性能，而且也有很好的增稠作用。

用作调理剂的阳离子聚合物也具有良好的增稠作用。

聚乙二醇酯类,如聚乙二醇(6000)二硬脂酸酯以及聚乙二醇(6000)二月桂酸酯等也是常用的增稠剂,但用这类增稠剂增稠的香波在放置一段时间后有变稀的现象出现。

高分子聚合物也是常用的香波增稠剂。卡波树脂是交联的丙烯酸聚合物,可用作香波增调剂,尤其是用来稳定乳液香波时效果显著;聚乙烯吡咯烷酮不仅有增调作用,而且有调理作用和抗敏作用。

另外,一些油脂和蜡,如十六-十八醇、二十二醇等也有一定的增稠效果。

2. 降黏剂

当配方体系黏度过高时,要加入降黏剂。常用的降黏剂有如下几种。

① 二甲苯磺酸钠和二甲苯磺酸铵是比较常用的降黏剂。

② 多元醇,如甘油、丙二醇、聚乙二醇等均对香波具有降黏作用。

③ 聚丙二醇-28 丁醚-35,低添加量即有良好的降黏效果。

④ 硅油,如 DC-193,低添加量即有良好的降黏效果,但该类原料消泡比较严重。

3. 去屑止痒剂

头皮屑是新陈代谢的产物,头皮表层细胞的不完全角化和卵圆糠疹菌的寄生是头屑增多的主要原因。头屑的产生为微生物的生长和繁殖创造了有利条件,而致刺激头皮,引起瘙痒,加速表皮细胞的异常增殖。因此抑制细胞角化速度,从而降低表皮新陈代谢和杀菌是防治头屑的主要途径,去屑止痒剂品种很多,如水杨酸或其盐、十一碳烯酸衍生物、硫化硒、六氯化苯羟基喹啉、聚乙烯吡咯烷酮-碘配合物以及某些季铵化合物等都具有杀菌止痒等功能。目前常用去屑止痒剂的名称和性能见表 6-3。

表 6-3　常用去屑止痒剂的名称和性能

名称	性能和用途
吡啶硫酮锌(ZPT)	是公认的高效安全的去屑止痒剂和高效广谱杀菌剂,而且可以延缓头发衰老,减少脱发和产生白发,是一种理想的医疗性洗发、护发添加剂。但是 ZPT 难以单独加入香波基质中,加入后易形成沉淀、分离现象,必须配加一定的悬浮剂或稳定剂才能形成稳定体系,且对眼睛刺激性较大。香波中用量一般为 0.2%～1.0%
十一碳烯酸单乙醇酰胺琥珀酸酯磺酸钠	是一种阴离子表面活性剂,具有良好的去污性、泡沫性、分散性等,与皮肤黏膜等有良好的相容性,刺激性小,和其他表面活性剂配伍性好,是一种强有力的去屑、杀菌、止痒剂,用后还会减少脂溢性皮肤病的产生。其治疗皮屑的机理在于抑制表皮细胞的分离,延长细胞变换率,减少老化细胞产生和积存现象,达到去屑止痒的目的。用量为 2%(有效物)时效果比较明显。与甘宝素复配效果更好
吡罗克酮乙醇胺盐(Octopirox)	是一种被证实的安全高效去屑止痒剂,其可溶解在表面活性剂中,不会产生沉淀和分层现象,也无需额外加入悬浮剂和稳定剂就可形成稳定的体系,可配制透明的去屑香波。其机理是通过杀菌、抗氧化作用和分解过氧化物等方法,从根本上切断头屑产生的外部渠道,从而有效地根治头皮发痒和头屑的产生,其适用 pH 值范围为 5～8,加入量为 0.3%～0.5%
水杨酸	有一定的杀菌效果,但该物质刺激性较大,会引起头皮过敏而发痒,用量为 0.2%～1.0%

4. 螯合剂

螯合剂的作用是防止在硬水中洗发时生成钙、镁皂而黏附在头发上,影响去污力和洗后头发的光泽。常加入柠檬酸、酒石酸、EDTA 或非离子表面活性剂如烷醇酰胺、聚氧乙烯失水山梨醇油酸酯等。EDTA 对钙、镁等离子有效,柠檬酸、酒石酸对常致变色的铁离子有螯合效果。

5. 珠光剂和乳白剂

珠光剂是能使香波产生珠光的物质。不论是普通香波，还是多功能香波，在其中添加适量的珠光剂，就会产生悦目的珍珠光泽，使产品显得高雅华贵，深受消费者喜爱，因而提高了产品的附加价值。珠光效果是由具有高折射指数的平行排列的细微薄片产生的。这些细微薄片是半透明的，仅能反射部分入射光，传导和透射剩余光线至细微薄片的下面，如此平行排列的细微薄片同时对光线进行反射，就产生了珠光。珠光效果取决于晶片大小、形式、分布和乳白晶片的反射作用。

可用于香波的珠光剂有硬脂酸金属盐（镁、钙、锌盐）、鲸蜡醇、十六-十八醇、鱼鳞粉、铋氯化物、乙二醇单硬脂酸酯和乙二醇双硬脂酸酯等。目前，普遍采用的珠光剂是单硬脂酸单乙二醇酯和单硬脂酸二乙二醇酯。后者比前者产生的珠光更美丽、更乳白，但前者产生的珠光闪光效果更好。

市售珠光剂有珠光片、珠光浆等。珠光片呈片状或粒状，包装和运输方便，使用时要在 75℃ 以上加入配方体系中，再冷却至室温即可产生珠光。但由于受加热温度、冷却速度等影响，难以产生理想的珠光。珠光浆呈浆状，包装和运输没有珠光片方便，但使用起来却更方便，香波中易分散，只需 45℃ 以下加入香波体系中搅匀即可产生漂亮的珠光，简化了珠光香波的配制方法，且能保证每批产品珠光效果相一致，其珠光效果不受配制工艺的影响。

有的香波生产企业也自己制备珠光浆，表 6-4 所列为企业常用的珠光浆生产典型配方。

表 6-4　珠光浆配方

组分名称	质量分数/%	组分名称	质量分数/%
单硬脂酸二乙二醇酯	20	氯化钠	适量
CMEA	5	去离子水	余量
AES	10	凯松	0.1

如果生产过程中采用高速剪切混合，所制得的珠光浆呈高度乳白状，闪光低；若采用低速剪切混合则相反。快速冷却有利于乳白状形成；慢速冷却有利于闪光形成，因为慢速冷却有利于大晶体生长而增加闪光。使用 CMEA 可增强闪光效果，而用 6501 则产生较弱的闪光效果。

6. 澄清剂

在配制透明香波时，加入香精及油类调理剂可能使香波产生浑浊现象，影响产品外观。可加入少量非离子表面活性剂如壬基酚聚氧乙烯醚和多元醇如甘油、丙二醇、丁二醇或山梨醇等澄清剂（clarifying agents），以保持或提高透明香波的透明度。

7. 酸化剂

微酸性香波对头发护理、减少刺激是有利的，但有时由于某些碱性原料（如烷醇酰胺等）的加入会提高产品的 pH 值；用铵盐配制香波，为防止氨挥发，pH 值必须调整到 7 以下；用 NaCl、NH$_4$Cl 等无机盐作增稠剂时，在微酸性条件下，增稠效果显著，达到相同黏度所需无机盐的量少于碱性条件下的需要量等。上述情况都需加入酸化剂（acidifying agents）来调整香波的 pH 值。常用的酸化剂有柠檬酸、酒石酸、磷酸以及硼酸、乳酸等。

8. 防腐剂

为防止香波受霉菌或细菌侵袭导致腐败，可加入防腐剂。常用的防腐剂有羟苯酯类、凯松等。选用防腐剂必须考虑防腐剂适宜的 pH 值范围以及和添加剂的相容性。

9. 色素和香精

色素（pigment）能赋予产品鲜艳、明快的色彩，但必须选用法定色素。香精可掩盖不愉快的气味，赋予制品愉快的香味，且洗后使头发留有芳香。香精加入产品后应进行有关温度、阳光、酸碱性等综合因素对其稳定性影响的试验，而且应注意香精在香波中的溶解度以及对香波黏度、色泽等的影响。配制婴儿香波要特别注意刺激性的问题。

二、香波配方设计

香波的种类很多，其配方结构也多种多样。按形态分类有液状、膏状、粉状等；按功效分类有普通香波、调理香波、去屑止痒香波、儿童香波以及洗染香波等；按照发质不同，香波的品种有供油性、中性、干性头发使用的规格。目前，洗护二合一的调理香波仍占据着市场的主导地位，但是现在也出现了洗护分开的潮流。

（一）香波配方设计技术

1. 洗涤力和发泡力

香波需要一定的去污力，但去污力和脱脂性是正比变化的，过高的去污力不但浪费原料，而且对皮肤和头发都没有好处。所以越高档的香波越要选择低刺激性的表面活性剂。通常香波中活性剂含量为 15%～20%，婴儿香波可酌减。

香波必须具有一定类型和一定量的稳定泡沫，需要加入起泡剂和稳泡剂。非离子表面活性剂由于泡沫少，一般很少用于香波中。

2. 黏度

香波制作中需将香波调整到一定黏度，可使用前述的增稠剂。但并不是说黏度越大越好，黏度太大时会使香波呈果冻状。如果需要降低黏度，可使用降黏剂，如丙二醇、乙二醇等。

3. 润发和保湿

香波和其他洗涤剂不同，香波对头发有更好的修饰效果，因此需加入润发剂（如前所述）。但值得注意的是，油性物质是引起香波分层的主要原因，必须经过试验确定配方稳定性。

欲使头发柔软，除了加入油脂外，水分也很重要，可以防止头发发脆。甘油等保湿剂具有保留水分和减少水分挥发的特性，加入香波中能使头发保持水分而柔软顺服。

另外，香波应具有一定的抗硬水性能，需加入金属离子螯合剂。为保持香波的 pH 值在 7 左右，应加入适量 pH 值调节剂等。

（二）香波配方实例

1. 透明液状香波

透明液状香波（clear shampoo）具有外观透明、泡沫丰富、易于清洗等特点，在整个香波市场上占有一定比例。但由于要保持香波的透明度，在原料的选用上受到很大限制，通常以选用浊点较低的原料为原则，以便产品即使在低温时仍能保持透明清晰，不出现沉淀、分层等现象。常用的表面活性剂是溶解性好的 AES 的钠盐、醇醚琥珀酸酯磺酸盐、烷醇酰胺等。

为改进透明香波的调理性能，可加入阳离子纤维素聚合物、水溶性硅油等调理剂。透明液状香波的参考配方如表 6-5 所列。

表 6-5　透明液状香波配方实例

组分名称	质量分数/%	作用	组分名称	质量分数/%	作用
AES	18	起泡、清洁	柠檬酸	适量	pH 调节
JR-400	0.5	顺滑、柔软	氯化钠	适量	黏度调节
6501	2	增稠、稳泡	防腐剂	适量	防腐
CAB	5	增稠、丰富泡沫	香精	适量	赋香
水溶硅油	2	柔软、光泽	去离子水	余量	溶解

2. 珠光香波

珠光香波由于外观呈不透明状，具有遮盖性，原料的选择范围较广，可加入多种对头发、头皮有益的物质，其配方结构为可在液体透明香波配方的基础上加入遮光剂配制而成，对香波的洗涤性和泡沫性稍有影响，但可改善香波的调理性和润滑性。

当珠光香波加入硅油等调理剂后，则构成调理香波；当加入维生素类、氨基酸类及天然动植物提取液时，构成护发、养发香波；当加入去屑止痒剂时可构成去屑止痒香波等；如同时加入调理、营养、去屑止痒等成分，则构成多功能香波。珠光香波参考配方如表 6-6 和表 6-7 所列。

企业生产的氨基酸型洗发香波配方

表 6-6　珠光香波配方实例（滋润型）

组分名称	质量分数/%	作用	组分名称	质量分数/%	作用
AES	20	起泡、清洁	乳化硅油	3.0	柔软、光泽
珠光片	1.5	珠光	柠檬酸	适量	pH 调节
十六醇	0.5	调理	氯化钠	适量	黏度调节
阳离子瓜尔胶	0.3	顺滑	防腐剂	适量	防腐
CMEA	1.0	增稠、稳泡	香精	适量	赋香
D-泛醇	0.1	护发	去离子水	余量	溶解

表 6-7　珠光香波配方实例（去屑型）

组分名称	质量分数/%	作用	组分名称	质量分数/%	作用
AES	22	起泡、清洁	乳化硅油	3.0	柔软、光泽
珠光片	1.5	珠光	柠檬酸	适量	pH 调节
十六醇	0.5	调理	氯化钠	适量	黏度调节
阳离子瓜尔胶	0.3	顺滑	防腐剂	适量	防腐
CMEA	1.0	增稠、稳泡	香精	适量	赋香
OCT	0.3	去屑止痒	去离子水	余量	溶解

上述均为硫酸盐型表面活性剂为主的香波配方，氨基酸型表面活性剂为主的香波配方可扫码学习。

第2节　护发用品

现今，虽然使用较温和的调理香波，但不免也会造成过度脱脂和某些调理剂的积聚，另外，随着头发漂白、烫发、染发、定型发胶、摩丝的使用，洗头频度的增加，日晒和环境的污染，也会使头发受到不同程度的损伤。这样，在一定程度上增加了对头发调理剂和护发制品的需要。

目前，常用的护发用品有护发素、发膜、焗油膏等几种类型，和传统的发油及发蜡相比，这些护发用品有如下几个优点：

① 没有油腻感，不会使头发显得不自然或肮脏；
② 能有效并均匀地附着在头发上，护发效果好；
③ 易清洗。

一、一般护发用品

(一) 组成与常用原料

与香波中含有阴离子表面活性剂相反，护发用品一般以阳离子表面活性剂为主要成分，掺和油脂、蜡和其他添加剂构成，如表 6-8 所列。

表 6-8　护发用品配方组成及代表性物质

组成	主要功能	代表性物质
阳离子表面活性剂	抗静电、抑菌	1631、1831、2231、山嵛酰胺丙基二甲胺(BMPA)等
阳离子聚合物	调理、抗静电、流变性调节、头发定型	季铵化羟乙基纤维素、阳离子瓜尔胶、阳离子壳多糖等
油脂和蜡	形成稠厚基质、赋脂剂	脂肪醇、蜡类、硬脂酸酯类、动植物油脂
增稠剂	调节黏度，改善流变性能	盐类、羟乙基纤维素、聚丙烯酸酯
其他成分	螯合剂、抗氧化剂、香精、防腐剂、着色剂、珠光剂、酸度调节剂、稀释剂、去头屑剂、定型剂、保湿剂等	

1. 阳离子表面活性剂

阳离子表面活性剂，是其分子溶于水发生电离后，亲水基带正电荷的表面活性剂。其亲油基则一般是长碳链烃基。亲水基绝大多数为含氮原子的阳离子基团，少数为含硫或磷原子的阳离子基团。分子中的阴离子不具有表面活性，通常是单个离子或小基团，如氯、溴、乙酸根离子等。阳离子表面活性剂带有正电荷，与阴离子表面活性剂所带的电荷相反，两者配合使用一般会形成沉淀，丧失表面活性。它能和非离子表面活性剂配合使用。多用作织物柔软剂、油漆油墨印刷助剂、抗静电剂、杀菌剂、沥青乳化剂、护发素、焗油膏。因为基质的表面一般带有负离子，当带正电的阳离子表面活性剂与基质接触时就会与其表面的污物结合，而不去溶解污物，所以一般不用于洗涤剂。

另外，不带电荷的高级脂肪胺也是常用的柔软剂，如山嵛酰胺丙基二甲胺（BMPA），具有优异的柔软、抗缠结、抗静电、丝绒般滑爽的性能，增加头发丰盈度，具有保湿作用及光泽感，对皮肤及眼睛无刺激，应用于高档发膜、发乳和护发素等产品中，建议添加量为0.3%～2.5%。

2. 阳离子聚合物

具体内容见本章第 1 节洗发香波中所述的阳离子聚合物介绍。

3. 油脂和蜡

用于赋予头发柔软、润滑、光泽；防止外部有害物质的侵入和防御来自自然界因素的侵蚀；抑制水分的蒸发，防止头发干燥；较强的渗透性；作为特殊成分的溶剂，促进药物或有效成分的吸收；赋予头发营养。常用成分有矿物油脂、动植物油脂、合成油脂和有机硅化合物等油性物质，其中有机硅具有优越的性能，是最常用的成分。

4. 水溶性聚合物

用于头发调理作用的水溶性聚合物具有优良的滋润、保湿、修复、丰满等作用。常用的有：水解胶原蛋白、角蛋白、小麦蛋白、瓜尔胶、聚乙二醇。

5. 天然、活性、疗效的特殊成分

目前，用于护发用品配方中，使用量较大、较有效、安全和稳定的常用物质有：维生素类（如维生素 E、维生素 B$_5$）、脂质体（如卵磷脂脂质体）、天然植物提取物（如啤酒花、首乌、皂角、黑芝麻、人参等植物提取物）、生物工程制剂（如神经酰胺、酶的复合物）、去屑剂（如 ZPT、甘宝素等）。

（二）配方实例

1. 冲洗型护发素

表 6-9 为冲洗型护发素配方实例。

表 6-9　冲洗型护发素配方实例

组分名称	质量分数/%	作用	组分名称	质量分数/%	作用
鲸蜡醇	2.0	赋脂	羟苯甲酯	0.20	防腐
硬脂醇	3.0	赋脂	聚二甲基硅氧烷	2.5	光滑头发
二十二烷基三甲基氯化铵	2.5	乳化,抗静电,柔软	香精	0.4	赋香
单甘酯	0.5	乳化	去离子水	余量	溶解
苯氧基乙醇	0.30	防腐			

2. 免冲洗型护发素

表 6-10 所列为免冲洗型护发素配方实例。

表 6-10　免冲洗型护发素配方实例

组分名称	质量分数/%	作用	组分名称	质量分数/%	作用
鲸蜡醇	2.0	赋脂	羟苯甲酯	0.20	防腐
硬脂醇	3.0	赋脂	聚二甲基硅氧烷	2.0	光滑头发
聚季铵盐-37	1.0	乳化剂,抗静电,柔软	香精	0.4	赋香
单甘酯	0.50	乳化	去离子水	余量	溶解
苯氧基乙醇	0.30	防腐			

【疑问】　冲洗型护发素与免冲洗型护发素的配方有何主要区别？扫码看答案。

疑问答案 1

3. 冲洗型发膜

表 6-11 所列为冲洗型发膜配方实例。

表 6-11　冲洗型发膜配方实例

组分名称	质量分数/%	作用	组分名称	质量分数/%	作用
鲸蜡醇	2.5	赋脂	羟苯甲酯	0.20	防腐
硬脂醇	3.5	赋脂	聚二甲基硅氧烷	2.5	光滑头发
二十二烷基三甲基氯化铵	2.5	乳化,抗静电,柔软	香精	0.4	赋香
单甘酯	1.0	乳化	去离子水	余量	溶解
苯氧基乙醇	0.30	防腐			

4. 免冲洗型发膜

表 6-12 所列为免冲洗型发膜配方实例。

表 6-12　免冲洗型发膜配方实例

组分名称	质量分数/%	作用	组分名称	质量分数/%	作用
鲸蜡醇	2.5	赋脂	羟苯甲酯	0.20	防腐
硬脂醇	3.5	赋脂	聚二甲基硅氧烷	2.5	光滑头发
聚季铵盐-37	1.5	乳化,抗静电,柔软	香精	0.4	赋香
单甘酯	0.50	乳化	去离子水	余量	溶解
苯氧基乙醇	0.30	防腐			

【疑问】　发膜配方与护发素配方有何主要区别？扫码看答案。

5. 焗油膏

焗油膏与发膜的配方基本上一致。表 6-13 所列为焗油膏配方实例。

疑问答案 2

表 6-13　焗油膏配方实例

组分名称	质量分数/%	作用	组分名称	质量分数/%	作用
鲸蜡醇	2.5	赋脂	羟苯甲酯	0.20	防腐
硬脂醇	3.5	赋脂	聚二甲基硅氧烷	2.5	光滑头发
二十二烷基三甲基氯化铵	2.5	乳化,抗静电,柔软	香精	0.4	赋香
单甘酯	1.0	乳化	去离子水	余量	溶解
苯氧基乙醇	0.30	防腐			

二、弹力素

弹力素是综合了护发素和啫喱水性能的一种产品，兼具定型和护发双重功效。主要用于卷发定型，增加头发的弹性。弹力素始于发廊，随着女性对卷发自然的需求以及修复烫后染发发质的需求，之前功能单一的啫喱水难以达到要求，弹力素应运而生。使用弹力素时头发可免洗，还可当护发品，不像发蜡、发胶需清洗。每天可打理在烫过的头发上保持卷型，以免卷发还型。

（一）组成与常用原料

由于弹力素兼具有定型和护发双重功效的特点，所以其组成中除了含有护发素的成分外，还含有定型的成分，即高分子成膜剂，详见第 8 章第 2 节介绍。

（二）配方实例

表 6-14 所列为弹力素配方实例。

表 6-14　弹力素配方实例

组分	组分名称	质量分数/%	作用
A	鲸蜡硬脂醇	2.00	滋润，顺滑
	鲸蜡硬脂醇/PEG-20 硬脂酸酯	0.5	滋润，顺滑，乳化
	甘油硬脂酸酯	0.5	滋润，顺滑，乳化
	羟苯甲酯	0.2	防腐
	羟苯丙酯	0.1	防腐
	异构十六烷	0.5	滋润，顺滑
	氢化蓖麻油	1	滋润，顺滑
B	二十二烷基三甲基氯化铵	0.22	柔软，顺滑
	去离子水	余量	溶解
	羟乙基纤维素	0.5	增稠
	聚季铵盐-37	0.6	柔软，顺滑
	1,2-丙二醇	0.5	保湿
C	环聚二甲基硅氧烷	4.5	滋润，顺滑
	聚二甲基硅氧烷	3	滋润，顺滑
D	乙烯基吡咯烷酮/乙酸乙基共聚物	5	定型
E	苯氧乙醇	0.3	防腐
F	香精	0.3	赋香

第 3 节　沐浴用品

沐浴用品主要作用是清洁皮肤，另外还有一定的保湿、护肤和治疗皮肤疾患的效果。目前使用较多的沐浴用品主要是沐浴液、浴盐、浴油、香皂等。

一、沐浴液

沐浴液能产生丰富的泡沫，并具有宜人香气，是国内外浴用制品市场上销售量最大的产品。沐浴液是由多种表面活性剂为主体成分调配而成的液态洁身护肤品，沐浴液与香波有许多相似之处，外观为黏稠状液体，不过香波除了强调清洗功能外，也强调对头发的护理，所以配方中含有较大量的油脂和阳离子聚合物；而沐浴液主要强调对皮肤的清洗功能，虽有皮肤护理作用，但并不是非常强调，所以沐浴液中常添加对皮肤有滋润、保湿和清凉止痒作用的成分，但油脂成分的含量不如香波含量高。理想的沐浴液应该具备如下特点：

① 易搓开，具有丰富泡沫和适当的清洁力；

② 性能温和，对皮肤刺激性小；

③ 具有良好的流动性，有适合方便使用的黏度；

④ 香气浓郁、清新；

⑤ 易于清洗，在皮肤上不残留；

⑥ 使用时肤感润滑，但不黏腻；

⑦ 沐浴后皮肤无不适感；

⑧ 质量稳定，色泽鲜亮。

（一）沐浴液分类

按主表面活性剂的不同，可分为皂基型、半皂基型和非皂基型沐浴液。皂基型沐浴液洗完后皮肤清爽，与香皂洗后的感觉一致，但该类产品 pH 值较高，刺激性较大，不耐硬水，对干性皮肤的人来说，就可能会出现皮肤发痒的情况；非皂基型沐浴液含有较多的 AES，冲水过程中没有像皂基那样爽洁，洗后皮肤会有黏腻感，不够清爽，但 pH 值一般为弱酸性，刺激性小。半皂基型沐浴液则介于两者之间，结合了两者的优点，既有丰富的泡沫，冲水比较爽，刺激性也相对较小，干后的肤感也不错。

（二）沐浴液组成

沐浴液的主要组分有表面活性剂、保湿剂、调理剂和营养添加剂等；辅助成分常添加珠光剂、防腐剂、香精和色素等。

1. 表面活性剂

主要表面活性剂是阴离子表面活性剂，有起泡和清洁作用，如 AES、AESA、K_{12}、$K_{12}A$、AOS、皂基等。如果是皂基型沐浴液就以皂基作为主表面活性剂；如果是半皂基型沐浴液就以皂基和 AES 等复配作为主表面活性剂；如果是非皂基型沐浴液则以 AES、AOS 作为主表面活性剂。除了主表面活性剂外，还可以添加两性离子表面活性剂（如 CAB 等）、MAPK 和烷醇酰胺（如 CMEA、6501 等）作为辅助表面活性剂，烷醇酰胺起增泡、稳泡和增稠作用，MAPK 可降低 AES 等表面活性剂的黏腻感和刺激性，CAB 等两性离子表面活性剂可降低阴离子表面活性剂的刺激性。

2. pH 值调节剂

表面活性剂型沐浴液的 pH 值范围为 5.5～7，此 pH 值与人体皮肤 pH 值一致，而且在此 pH 值甜菜碱和防腐剂可发挥最佳功效，可用 pH 值调节剂（如柠檬酸等）调节 pH 值。但皂基型沐浴液的 pH 值较高，需 pH 值在 8.5 以上才能使皂基型沐浴液稳定。

3. 黏度调节剂

黏度调节剂有如下两类。

（1）水溶性聚合物　如双硬脂酸乙二醇（6000）酯、卡波姆、纤维素。

（2）有机增稠剂　如烷醇酰胺、甜菜碱型两性表面活性剂、氧化胺等。

（3）无机盐　如氯化钠、氯化铵和硫酸钠等对含有 AES 盐的体系有很好的增稠效果。

4. 其他

为了避免表面活性剂的过分脱脂造成皮肤干燥，除了应加入温和型的表面活性剂之外，还应当加入一定的油脂或蜡作为润肤剂，有的沐浴液中还加入天然提取物（如芦荟提取物、丝蛋白提取物、海藻提取物、葡萄籽提取物等）、杀菌剂、清凉剂、抗氧化剂、保湿剂等制成调理型沐浴液。

（三）配方实例

表 6-15 所列为非皂基型沐浴液配方实例，表 6-16 所列为皂基型沐浴液配方实例，表 6-17所列为半皂基型沐浴液配方实例。

表 6-15　非皂基型沐浴液配方实例

组分名称	质量分数/%	作用
AES(70%)	15	主表面活性,清洁
$K_{12}A$	5	主表面活性,清洁
CAB-35	5	辅助表面活性,降低刺激性
CMEA	2	辅助表面活性,增稠、稳泡
MAPK	6	辅助表面活性,降低黏腻感
珠光片	1.5	珠光效果
氯化钠	0.5	增稠
柠檬酸	0.05	pH 值调节
香精	0.5	赋香
凯松	0.1	防腐
EDTA-2Na	0.05	螯合
色素	适量	赋色
芦荟提取液	0.5	护肤
去离子水	余量	溶解、稀释

表 6-16　皂基型沐浴液配方实例

组分名称	质量分数/%	作用
十二酸	9	与 KOH 反应成皂,清洁
十四酸	6	与 KOH 反应成皂,清洁
KOH	4.0	与脂肪酸反应成皂,清洁
CAB-35	12	辅助表面活性,降低刺激性
CMEA	1	辅助表面活性,增稠、稳泡

续表

组分名称	质量分数/%	作用
珠光片	1	珠光效果
氯化钠	1	增稠
甘油	3	保湿
香精	0.5	赋香
N-羟甲基甘氨酸钠	0.1	防腐
BHT	0.05	抗氧化
EDTA-2Na	0.05	螯合
色素	适量	赋色
茶树油物提取液	适量	护肤
蜂胶提取物	适量	护肤
去离子水	余量	溶解、稀释

表 6-17   半皂基型沐浴液配方实例

组分名称	质量分数/%	作用
AES(70%)	10	主表面活性剂,清洁
十二酸	6	与 KOH 反应成皂,清洁
十四酸	4	与 KOH 反应成皂,清洁
十六酸	1	与 KOH 反应成皂,清洁
KOH	2.8	与脂肪酸反应成皂,清洁
CAB-35	8	辅助表面活性,降低刺激性
CMEA	1.5	辅助表面活性,增稠、稳泡
珠光片	1.5	珠光效果
氯化钠	0.5	增稠
柠檬酸	0.05	pH 值调节
香精	0.5	赋香
凯松	0.1	防腐
EDTA-2Na	0.05	螯合
色素	适量	赋色
芦荟提取液	0.5	护肤
去离子水	余量	溶解、稀释

【问题】 配方中氢氧化钾质量分数是如何计算出来的?

【回答】 扫码看答案。

问题答案

二、其他浴用品

(一) 浴盐

浴盐是一种粉状或颗粒状沐浴洁肤品,放入浴盆或浴池用热水溶解,使其具有保温、杀菌功效,沐浴后具有清洁皮肤、软化角质、促进血液循环的效果,并对身体有一定理疗作用。浴盐的主体成分是无机矿盐,如氯化钠、氯化钾、硫酸钠、硫酸镁有保温、促进血液循环的作用;碳酸钠、碳酸钾、碳酸氢钠和倍半碳酸钠具有清洁皮肤的作用;磷酸盐具有软化硬水、降低表面张力和增强清洁的作用,但碱性大、皮肤敏感者应慎用。此外香精和色素也是浴盐不可少的成分。配方实例如表 6-18 所列。

表 6-18　浴盐配方实例

组分名称	质量分数/%	作用	组分名称	质量分数/%	作用
硫酸钠	75.0	保温、促进血液循环	EDTA-2Na	0.05	螯合,软化硬水
白油	1.5	润肤	1631	0.1	杀菌
碳酸氢钠	21.0	清洁皮肤	色素、香精	适量	赋色、赋香

(二) 浴油

浴油是一种油状沐浴洁肤品,分散于洗澡水中沐浴后皮肤表面残留一层类似皮脂膜一样的油膜,可防止水分蒸发和干燥,使皮肤柔软、光滑、健美。浴油的主体成分是液态的动、植物油脂、碳氢化合物、高级醇及乳化剂和分散剂,油性组分不宜太多,否则具有油腻感。配方实例如表 6-19 所列。

表 6-19　浴油配方实例

组分名称	质量分数/%	作用	组分名称	质量分数/%	作用
玉米油	7.5	润肤	IPM	7	润肤
PEG1534 双硬脂酸酯	7.5	乳化分散	香料	适量	赋香
Tween-20	1	乳化分散	矿物油	余量	润肤
IPP	8	润肤			

第 4 节　泡沫型洁面化妆品

人体面部在正常的生理状态下,会分泌一层极薄的皮脂,以保持肌肤细腻、润滑。为了保持面部皮肤健康和良好的外观,需要经常清除皮肤上的污垢、皮脂、其他分泌物、剥离脱落的表皮角质和死亡细胞残骸,以及美容化妆品的残留物。

根据物理性质、化学组成和功能分类,洁面用化妆品可分成乳化型和泡沫型。乳化型在乳化类化妆品单元中阐述,在此主要讨论泡沫型洁面产品。

泡沫型洁面化妆品清洁的对象是面部皮肤,而消费者对面部皮肤是非常重视的。因此,与通常的洗涤、清洗不同,脱脂力不能太强,即必须考虑到人体皮肤的生理作用,应在尽可能不影响皮肤生理作用的条件下有效地清除皮肤上的脏污物,将安全和效率结合起来考虑问题。近年来,清洁面部用化妆品更加着重于温和性和安全性,把洁面和护理结合。理想的泡沫型洁面化妆品应具有如下特点:

① 具有适当的去污能力,但不能过度脱脂;

② 具有丰富的泡沫;

③ 性能温和,不刺激皮肤;

④ 具有良好的肤感;

⑤ 易于冲洗干净。

一、组成与常用原料

1. 表面活性剂

要满足产品具有适度去污能力和丰富泡沫的需求，就必选阴离子表面活性剂和两性离子表面活性剂。早期的泡沫型洁面化妆品以 AES 和 K_{12} 为主表面活性剂，但由于这两种阴离子表面活性剂具有难冲洗，有滑腻感的，脱脂能力强，刺激性大的缺点，现在的泡沫型洁面化妆品已经很少以这两种表面活性剂作为主表面活性剂了。现在的泡沫型洁面化妆品主要使用温和的表面活性剂作为主要成分，温和表面活性剂主要有氨基酸型表面活性剂、月桂酰羟乙基磺酸钠、烷基磷酸酯及其盐类等。另外，很多企业也采用皂基作为主要成分配制泡沫型洁面化妆品，这是由于皂基容易冲洗而受到年轻人的青睐。

2. 增稠剂

常用增稠剂与香波、沐浴液的增稠剂基本一致。增稠剂的使用类型有羟丙基甲基纤维素类、丙烯酸聚合物类、卡波姆、瓜儿胶及淀粉等，根据表面活性剂有不同性质与肤感，选择不同类型的增稠剂与其搭配使用，可使泡沫持久，且容易清洗，肤感良好。比如，皂基洁面产品，可加入淀粉增加高温稳定性，同时带来持久的柔滑泡沫，冲洗时能减少皂基过度清洁引起的干燥。同时，根据产品外观需求（比如外观是否透明）来选择不同需求的增稠剂。

3. pH 值调节剂

pH 值调节剂可分酸性和碱性两种，酸性的调节剂常用柠檬酸，碱性调节剂常用的有氢氧化钠、氢氧化钾、三乙醇胺等。对于皂基体系，用不同碱性调节剂做出来的膏体硬度不一样，比如氢氧化钠、氢氧化钾、三乙醇胺这三种调节剂做出来的皂基的泡沫型洁面产品，硬度依次减小。氢氧化钾中和的膏体硬度适中，所以目前皂基的泡沫型洁面产品常用氢氧化钾作 pH 值调节剂。同时皂基泡沫型化妆品的 pH 值较高，需 pH＝8.5 以上才能使皂基型产品稳定。其他的一般调整到弱酸性。

4. 其他添加剂

为了避免表面活性剂的过分脱脂造成皮肤干燥，除了应加入温和型的表面活性剂之外，还应当加入一定的油脂或蜡作为润肤剂，有的泡沫型洁面化妆品也加入天然提取物（如芦荟提取物、丝蛋白提取物、海藻提取物、葡萄籽提取物等）、杀菌剂、清凉剂、抗氧化剂、保湿剂等制成活肤型泡沫型洁面化妆品。

二、配方实例

1. 以氨基酸表面活性剂为主成分的洁面产品配方实例

氨基酸类表面活性剂是性能非常温和的表面活性剂，具有良好的洗涤力和发泡稳泡力，对皮肤和毛发有很好的亲和作用及修复、保护作用，性能稳定，其中甲基椰油酰基牛磺酸钠是极其温和的阴离子表面活性剂，对眼睛和皮肤无刺激，具有良好的洗涤性能和发泡能力，在硬水中也可得到丰富、细腻和稳定的泡沫，洗后皮肤具有柔软、光滑湿润的感觉，能保持皮肤水分，经常使用可使粗糙、干燥的皮肤得到改善，是高档洁面产品和婴儿用品的良好原料。常用的有椰油酰基和月桂酰基的谷氨酸盐、肌氨酸盐等。表 6-20 和表 6-21 所列为以氨基酸表面活性剂为主成分的洁面乳配方实例。

表 6-20　洁面乳配方实例（含月桂酰基肌氨酸钠）

组分名称	质量分数/%	作用
月桂酰基肌氨酸钠	20	主表面活性,清洁
CAB-35	4	辅助表面活性,清洁
CMEA	4	辅助表面活性剂,增稠、稳泡
丙烯酸(酯)类共聚物	5	增稠,提高稳定性
三乙醇胺	0.2	与丙烯酸(酯)类共聚物中和,增稠
乙二醇二硬脂酸酯	2	产生珠光
氯化钠	1	增稠
杰马 BP	适量	防腐
香精	适量	赋香
活性提取物	适量	皮肤调理
去离子水	余量	溶解

表 6-21　洁面乳配方实例（甲基椰油酰基牛磺酸钠）

组分名称	质量分数/%	作用
甲基椰油酰基牛磺酸钠	15	主表面活性,清洁
CAB-35	8	辅助表面活性,清洁
甘油	5	保湿
丙烯酸(酯)类共聚物	7	增稠,提高稳定性
三乙醇胺	0.4	与丙烯酸(酯)类共聚物中和,增稠
杰马 BP	适量	防腐
活性提取物	适量	皮肤调理
香精	适量	赋香
去离子水	余量	溶解

2. 以烷基磷酸酯及其盐类为主成分的洁面产品配方实例

烷基聚氧乙烯醚磷酸单酯（MAPL）及其钾盐（MAPK）是一种低刺激性阴离子表面活性剂，性能极为温和，具有适度的去污洗涤性和坚实、丰富、细腻的奶状泡沫。在清洁肌肤时能赋予肌肤柔软润滑而清爽的感觉，容易冲洗，使用后皮肤不紧绷。表 6-22 所列为以烷基磷酸酯及其盐类为主成分的洁面乳配方实例。

表 6-22　以烷基磷酸酯及其盐类为主成分的洁面乳配方实例

组分名称	质量分数/%	作用
MAPK	20	主表面活性,清洁
CAB-35	5	辅助表面活性,清洁
卡波 U20	0.2	增稠,提高稳定性
三乙醇胺	0.2	与卡波 U20 中和,增稠
甘油	4	保湿
杰马 BP	适量	防腐
香精	适量	赋香
活性提取物	适量	皮肤调理
去离子水	余量	溶解

表 6-22 所列配方为透明产品，如果要配制珠光产品，则需要在配方中加入珠光剂。

3. 以皂基为主成分的配方实例

皂基型清洁剂具有易冲洗，洗后皮肤感觉清爽的特点，很受消费者的欢迎。其配方与皂基型沐浴液基本一致，但黏度要求大些，而且配方中脂肪酸的中和度不会像沐浴液一样达到 100%，而是在 65%～85% 之间。表 6-23 所列为皂基型洁面膏配方实例，表 6-24 所列为半皂基型洁面膏配方实例。

表 6-23　皂基型洁面膏配方实例

组分名称	质量分数/%	作用
十二酸	3.00	与碱中和成皂基,清洁
十四酸	9.00	与碱中和成皂基,清洁
十六酸	8.00	与碱中和成皂基,清洁
十八酸	10.00	与碱中和成皂基,清洁
甘油	25.00	分散皂粒,防起泡,保湿
1,3-丁二醇	5.00	分散皂粒,防起泡,保湿
单甘酯	1.00	乳化未中和的皂基
KOH(85%)	5.90	中和皂基
CAB-35	2.00	增泡,减少刺激
活性提取物	适量	皮肤调理
杰马 BP	适量	防腐
香精	适量	赋香
去离子水	余量	溶解

表 6-24　半皂基型洁面膏配方实例

组分名称	质量分数/%	作用
十二酸	6.00	与碱中和成皂基,清洁
十四酸	4.00	与碱中和成皂基,清洁
十六酸	2.00	与碱中和成皂基,清洁
甲基椰油酰基牛磺酸钠	8.00	清洁,降低刺激性
甘油	2.00	分散皂粒,防起泡,保湿
1,2-丙二醇	6.00	分散皂粒,防起泡,保湿
KOH(85%)	3.30	与脂肪酸中和成皂基,清洁
椰油酰胺 MEA	3.00	稳泡、发泡
CAB-35	2.00	增泡,减少刺激
羟丙基甲基纤维素	0.15	增稠,提高稳定性
活性提取物	适量	皮肤调理
杰马 BP	适量	防腐
香精	适量	赋香
去离子水	余量	溶解

4. 以月桂酰羟乙基磺酸钠为主成分的洁面产品配方实例

月桂酰羟乙基磺酸钠（代号 SCI）是一种非常温和的阴离子表面活性剂，具有丰富的泡沫，用于洗涤类产品时自身能产生珠光。在较大的 pH 值范围内（偏酸至偏碱）均可使用。以其为主成分制成的洁面产品能形成条状珠光细腻的膏体，膏体黏度随温度变化小，易于冲水，能产生细腻而丰富的泡沫，很受消费者的欢迎。表 6-25 所列为以月桂酰羟乙基磺酸钠为主成分的洁面膏配方实例。

表 6-25　以月桂酰羟乙基磺酸钠为主成分的洁面膏配方实例

组分名称	质量分数/%	作用
甘油	5	保湿
SCI-85	22	主表面活性,清洁、起泡
乙二醇双硬脂酸酯	6	珠光,进一步增强珠光
SF-1 悬浮剂	4	悬浮增稠
氢氧化钾	0.9	中和
CAB-35	6	增泡和稳泡
DMDMH 防腐剂	0.3	防腐
香精	适量	赋香
去离子水	余量	溶解

SF-1 悬浮剂是阴离子轻微交联的丙烯酸（酯）共聚物，在碱性条件下对产品具有极好的增稠作用。在洗涤类化妆品和膏霜、乳液等护肤品中（包括透明配方）均可使用，主要起增稠悬浮作用，如对彩色离子就具有极强的悬浮能力。

第 5 节　其他洗护类化妆品

一、洗手液

人的多数活动都需要手来完成，手接触的物体十分复杂，因此也决定了手上的污垢的复杂性。这就要求手部洁肤品去污力要强，杀灭细菌要有广谱性，对皮肤无刺激、无毒，护肤性要强。洗手用品包括洗手剂、洗手液、洗手膏、干洗洁手剂和洗手皂等。目前市场上比较流行的是洗手液。

（一）组成与常用原料

洗手液主要的功能是清洁护肤，有些特定的成分可以起到消毒、杀菌的作用，比如大肠杆菌等。其主体成分是表面活性剂、去离子水和少量的赋脂剂，辅助成分有保湿剂、杀菌剂、防腐剂、香精和色素等。

洗手液是直接面对皮肤的，它要直接涂在皮肤上，所以对 pH 值有更高要求，一般制成弱酸性产品。所以，一般不使用皂基作为主表面活性剂。再有，它的洗涤成分比较温和，最重要的就是避免脱脂。所以，洗手液中表面活性剂含量不能过高。目前，常用的主表面活性剂还是采用 AES、AESA 等，也有的使用更温和的蔗糖酯类表面活性剂。

与沐浴液相比，洗手液的表面活性剂含量要稍低些。

目前，市场上也流行免洗洗手液，洗完后迅速挥发，使得洗手液也发展到了不用水的阶段，其主要成分是酒精，能有效杀菌。

（二）配方实例

1. 透明型洗手液

透明型洗手液配方举例如表 6-26 所列。如果想制成具有杀菌功能的透明洗手液，可在配方中加入 0.5％左右的洗必泰等消毒杀菌剂。

表 6-26　透明型洗手液配方实例

组分名称	质量分数/％	作用
AES	12.0	主表面活性,去污
6501	2.0	辅助表面活性,增稠稳泡
CAB-30	6.0	辅助表面活性,去污、降低刺激性
EDTA-2Na	0.1	螯合(去除钙、镁离子的影响)
柠檬酸	0.1	pH 值调节(至弱酸性)
氯化钠	1.0	增稠
甘油	1.0	保湿
凯松	0.1	防腐
乙醇	0.3	赋香
去离子水	余量	溶解

2. 珠光型洗手液

珠光型洗手液配方举例如表 6-27 所列。如果想制成具有杀菌功能的透明洗手液，也可在配方中加入 0.5％左右的洗必泰等消毒杀菌剂。

表 6-27　珠光型洗手液配方实例

组分名称	质量分数/％	作用
AESA	12.0	主表面活性,去污
6501	2.0	辅助表面活性,增稠稳泡
CAB-30	6.0	辅助表面活性,去污、降低刺激性
珠光片	0.3	珠光
EDTA-2Na	0.1	螯合(去除钙、镁离子的影响)
柠檬酸	0.1	pH 值调节(至弱酸性)
氯化铵	1.0	增稠
甘油	1.0	保湿
凯松	0.1	防腐
香精	0.3	赋香
去离子水	余量	溶解

3. 免洗洗手凝胶

免洗洗手凝胶配方举例如表 6-28 所列，现在正流行的 75％乙醇免洗洗手液参考配方可扫码查阅。

表 6-28　免洗洗手凝胶配方实例

组分名称	质量分数/%	作用	组分名称	质量分数/%	作用
甘油	10	保湿	苯氧乙醇	0.6	防腐
卡波姆	0.5	增稠	苯扎溴铵	0.1	消毒
三乙醇胺	0.5	中和	去离子水	余量	溶解

二、泡沫剃须膏

剃须用品是男用化妆品，主要在剃除面部胡须时使用，其作用是使须毛柔软便于剃除，减轻皮肤和剃须刀之间的机械摩擦，使表皮免受损伤；或消除剃须后面部绷紧及不舒服感，防止细菌感染，同时散发出令人愉快舒适的香气。因此剃须用品有剃须前用化妆品和剃须后用化妆品两类。

75％乙醇免洗洗
手液参考配方

泡沫剃须膏应具备如下特点：在使用时能产生丰富细腻稳定的泡沫，具有良好的润湿、润滑作用，附着在皮肤上不易干皮，剃须后易于清洗，对皮肤应无刺激性，不致引起过敏反应，膏体质地柔滑细腻，并有一定稠度和清新香气。

（一）组成与常用原料

泡沫剃须膏的主要成分是皂基，主要是硬脂酸的钾皂和钠皂混合物，但硬脂酸皂的泡沫性不够好，所以配方中还应加入一些椰子油酸、肉豆蔻酸、棕榈酸等脂肪酸。椰子油脂肪酸皂有良好的起泡性，但对皮肤有较大的刺激性，用量要适当。中和脂肪酸可用氢氧化钠和氢氧化钾，钾皂制成的膏体稀软，钠皂则较硬，所以一般采用两者的混合物，建议氢氧化钠和氢氧化钾质量之比为 1∶5。另外，现代剃须膏也常加入一些合成表面活性剂如十二醇硫酸钠、羊毛脂聚氧乙烯醚等来改善泡沫性能和对胡须的润湿、柔软效果。

为减轻肥皂的碱性对皮肤的刺激，泡沫剃须膏中含有过量的硬脂酸，即所加硬脂酸只是部分被碱中和，其余仍呈游离状态。另外还加有少量羊毛脂、鲸蜡醇、单硬脂酸甘油酯等脂肪性物质，用以增加产品的滋润性，并增加膏体的稠度和稳定性。

加入甘油、丙二醇、山梨醇等保湿剂不仅可以防止剃须膏在使用过程中干涸，而且有助于提高胡须的滋润柔软效能，同时对膏体的稠度和光泽也有影响。

泡沫剃须膏常用含薄荷的香精，或直接在配方中加入薄荷脑，这样不仅可以赋予清凉的感觉，减轻剃须时所引起的刺激，而且还有收敛、麻醉和杀菌作用，对剃须时可能引起的表皮及毛囊等损伤有防止细菌感染的作用。此外，还可在剃须膏中加入各种杀菌剂，以防止损伤引起细菌感染。

（二）配方实例

表 6-29 所列为剃须膏配方实例。

表 6-29   剃须膏配方实例

组分名称	质量分数/%	作用
十二酸	3.00	与碱中和成皂基,清洁
十四酸	5.00	与碱中和成皂基,清洁
十八酸	18.00	与碱中和成皂基,清洁
甘油	20.00	分散皂粒,防起泡,保湿
单甘酯	1.00	乳化未中和的皂基
KOH	5.00	与脂肪酸中和成皂基
NaOH	1.00	与脂肪酸中和成皂基
薄荷脑	0.05	清凉
DMDMH	0.1	防腐
香精	适量	赋香
去离子水	余量	溶解

第6节   制备工艺和质量控制

一、制备工艺

液洗类化妆品生产一般采用间歇式批量化生产工艺,而不宜采用管道化连续生产工艺,这主要是因为该类产品生产工艺简单,产品品种繁多,没有必要采用投资多、控制难的连续化生产线。

液洗类化妆品生产工艺所涉及的化工单元操作设备,主要是带搅拌的混合罐、高效乳化或均质设备、物料输送泵和真空泵、计量泵、物料贮罐和计量罐、加热和冷却设备、过滤设备、包装和灌装设备。把这些设备用管道串联在一起,配以恰当的能源动力即组成液洗类化妆品的生产工艺流程。图 6-1 所列为液洗类化妆品的制备工艺流程图。

(一) 原料计量和预处理

液洗类化妆品实际上是多种原料的混合物。因此,熟悉所使用的各种原料的物理化学特性,确定合适的物料配比及加料顺序是至关重要的。

1. 原料计量

所有物料的计量都是十分重要的。工艺规程中应按加料量确定称量物料的准确度和计量方式、计量单位,然后选择工艺设备。如用高位槽计量用量较多的液体物料;用定量泵输送并计量水等原料;用天平或秤称固体物料;用量筒计量少量的液体物料。特别要注意的是计量单位。

2. 原料预处理

生产过程都是从原料开始的,按照工艺要求选择适当原料,还应做好原料的预处理,例如生产用水应进行去离子处理,阳离子聚合物(如阳离子瓜尔胶等)需要预先溶胀后才加入

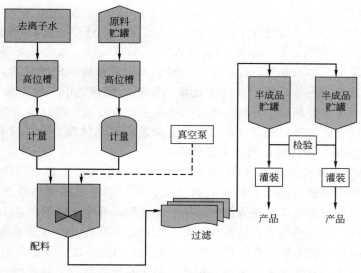

图 6-1 液洗类化妆品制备工艺流程图

搅拌罐中。另外，为保证每批产品质量一致，所用原料应经化验合格后方可投入使用。

（二）配料方法

香波其实就是多种原料按照一定比例混合而成的混合体，混合离不开搅拌，只有通过搅拌操作才能使多种物料互相混合成为一体。为了达到使物料均匀混合的目的，液洗类化妆品的生产设备一般为带有加热装置、高速剪切均质装置和搅拌装置的多功能混合锅。液洗类化妆品的主要原料是极易产生泡沫的表面活性剂，因此加料的液面必须没过搅拌桨叶，以避免过多的空气混入。

1. 配制方法

根据配制过程中是否需要加热，液洗类化妆品配制方法一般有两种：一是冷配法；二是热配法。

（1）冷配法 首先将去离子水加入混合锅中，然后将表面活性剂溶解于水中，再加入其他助洗剂，待形成均匀溶液后，就可加入其他成分如香料、色素、防腐剂、配位剂等。最后用柠檬酸或其他酸类调节至所需的 pH 值，黏度用无机盐（氯化钠或氯化铵）来调整。用于冷配的主表面活性剂一般采用 25％含量的 AES 等，而不采用 70％含量的 AES。

冷配法适用于不含蜡状固体或难溶物质的配方产品的制备。冷配法最大的优点是节能环保；最大的缺点是没有灭菌过程，配制的产品容易出现微生物超标的现象。

（2）热配法 当配方中含有蜡状固体或难溶物质，如珠光片、十六-十八醇等原料时，一般采用热配法。首先将表面活性剂溶解于热水或冷水中，在不断搅拌下加热到 75℃，然后加入要溶解的固体原料，继续搅拌，直到溶液呈透明为止，然后保温脱泡一定时间后，通入冷却水冷却，当温度下降至 50℃以下时，添加不耐热的活性剂、色素、香料和防腐剂等。pH 的调节和黏度的调节一般都应在较低的温度下进行。采用热配法，温度不宜过高（一般不超过 80℃），以免配方中的某些成分遭到破坏。

热配法适用于所有配方产品的制备。热配法最大的优点是有灭菌环节，配制的产品出现微生物超标的概率较小；最大的缺点是不节能环保。

2. 配制注意事项

在各种液洗类化妆品制备过程中，除上述一般工艺外，还应注意如下问题。

① 高浓度表面活性剂，如含量为 70% 的 AES、AESA、$K_{12}A$ 等的溶解，必须把它慢慢加入水中，而不是把水加入表面活性剂中，否则会形成黏性极大的团状物，导致溶解困难。适当加热可加速溶解。另外，用于液洗类化妆品配制的搅拌锅中一般安装有高速剪切均质器，在溶解这些表面活性剂时可开均质机将这些难溶的表面活性剂打碎，加速溶解。但开均质机会产生大量细密的泡沫，此时应该打开真空泵进行脱泡处理。如果没有连接真空装置，则应在 60～70℃ 保温一段时间使泡沫上浮破裂。

② 水溶性高分子物质如调理剂 JR-400、阳离子瓜尔胶等，大都是固体粉末或颗粒，它们虽然溶于水，但溶解速度很慢，传统的制备工艺是长期浸泡或加热浸泡，造成能量消耗大，效率低，设备利用率低。某些天然产品还会在此期间变质。新的制备工艺是在高分子粉料中加入适量甘油，它能快速渗透使粉料溶解，在甘油存下，将高分子物质加入水相，室温搅拌 15min，即可彻底溶解；若加热，则溶解更快。当然，加入其他助溶剂也可达到相同的效果。如果配方中没有多元醇，则可采用将部分水与这些高分子物质预先混合，浸泡一晚上进行溶胀后再加入配料锅中。

③ 珠光剂的使用。液洗类化妆品中，制成外观非常漂亮的珠光产品是高档产品的象征。现在一般是加入单硬脂酸乙二醇酯和双硬脂酸乙二醇酯。珠光效果的好坏，不仅与珠光剂用量有关，而且与搅拌速度和冷却速度快慢（采用片状珠光剂时）有很大关系。快速冷却和快速搅拌，会使体系暗淡无光。通常是在 75℃ 左右加入，待溶解后控制一定的冷却速度，可使珠光剂结晶增大，获得闪烁晶莹的珍珠光泽。若采用珠光浆则在常温下加入搅匀即可。

④ 加香。液洗类化妆品的加香除考虑香料与其他原料的配伍性、刺激性、毒性、稳定性、留香性、香型、用量等问题外，加香过程中，温度控制也非常重要。在较高温度下加香不仅会使易挥发的香料成分挥发，造成香精流失，而且会因高温造成香料成分发生化学变化，使香精变质，香气变坏。所以一般在较低温度下（<50℃）加入。

⑤ 加色。对于大多数液洗类化妆品，色素的用量都应在千分之几的范围甚至更少。因为这种加色只是使产品更加美观，而不是洗涤后使被洗物着色。因此，不应将液洗类化妆品的色调调配得太浓太深。尤其是透明产品，必须保持产品应有的透明度。切忌加色液体洗涤剂使被洗物着色。

应选择对液洗类化妆品中某些成分有较好溶解性的色素。这样就可以将选定的色素预先与这种成分溶混在一起，然后再进行液体洗涤剂的复配。如果这种染料能溶于水，加色工艺最简单。譬如色素易溶于乙醇，即可在配方设计时加乙醇，将色素溶解后再加入水中。

有些色素在脂肪酸存在下有较好的溶解性，此时可将色素、脂肪酸同时溶混后配料。

实际上，液洗类化妆品中有各种表面活性剂成分，用它来分散微量染料是很容易的。尤其是乳化产品，在乳化过程中，微量染料通过乳化就很容易分散在产品中。

⑥ 黏度的调整。液洗类化妆品的黏度是成品的主要物理指标之一，按国内消费者的习惯，多数喜欢黏度高的产品。产品的黏度取决于配方中表面活性剂、助洗剂和无机盐的用量。表面活性剂、助洗剂（如烷醇酰胺、氧化胺等）用量高，产品黏度也相应提高。为提高产品黏度，通常还加入增稠剂如水溶性高分子化合物、无机盐等。水溶性高分子化合物通常

在前期加入，而无机盐（氯化铵、氯化钠等）则在后期加入，其加入量视实验结果而定，一般不超过 3%。过多的盐不仅会影响产品的低温稳定性，增加制品的刺激性，而且黏度达到一定值，再增加盐的用量反而会使体系黏度降低。

⑦ pH 值调整。pH 值调节剂（如柠檬酸、酒石酸、磷酸和磷酸二氢钠等）通常在配制后期加入。当体系降温至 35℃ 左右，加完香精、香料和防腐剂后，即可进行 pH 值调节，首先测定其 pH 值，估算缓冲剂加入量，然后投入，搅拌均匀，再测 pH 值。未达到要求时再补加，逐步逼近，直到满意为止。对于一定容量的设备或加料量，测定 pH 值后可以凭经验估算缓冲剂用量，制成表格指导生产。但对于一种操作已经很熟练的产品，可将 pH 值调节剂预先加入体系中，因为 pH 值调节剂对于珠光的显现具有一定的辅助作用。

另外，产品配制后立即测定 pH 值并不完全真实，长期贮存后产品 pH 值将发生明显变化，这些在控制生产时都应考虑到。

（三）后处理工序

无论是生产透明溶液还是珠光香波，在包装前还要经过一些后处理，以便保证产品质量或提高产品稳定性。这些处理可包括以下内容。

1. 过滤

在混合操作过程中，要加入各种物料，难免带入或残留一些机械杂质，这些都直接影响产品外观，所以物料灌装前的过滤是必要的。

2. 排气

在搅拌的作用下，各种物料可以充分混合，但不可避免地将大量气体带入产品。由于搅拌的作用和产品中表面活性剂等的作用，有大量的微小气泡混合在成品中。气泡有不断冲向液面的作用力，可造成溶液稳定性差，灌装时计量不准。一般可采用抽真空排气工艺，快速将液体中的气泡排出。

3. 陈放

也可称为老化。将物料在老化罐中静置贮存几个小时，待其性能稳定后再进行包装。

（四）灌装和包装

对于绝大部分液洗类化妆品，都使用塑料瓶小包装。作为生产过程的最后一道工序，包装质量的掌控是非常重要的，否则将前功尽弃。灌装要注意卫生，应在洁净区内进行灌装操作。大批量生产可选用自动化灌装机，小批量生产可用高位槽手工灌装。严格控制灌装量，做好封盖、贴标签、装箱和记载批号、合格证等工作。袋装产品通常应使用灌装机灌装封口。值得一提的是，包装质量与产品内在质量同等重要。

二、液洗类化妆品的质量控制

洗发液在生产、贮存和使用过程中，也会和其他产品一样，由于原料、生产操作、环境、温度、湿度等的影响而出现一些质量问题，这里就较常见的质量问题及其对策进行讨论。

1. 黏度变化

虽然液洗类化妆品的产品标准中都没有黏度指标，但黏度是该类产品一项非常重要的质量指标，生产中应控制每批产品黏度基本一致。在实际生产过程中，往往会出现同一个配方，有时制品黏度偏高，而有时制品黏度偏低的现象。造成黏度波动的原因有许多，主要有如下几个方面：

① 配料员配料失误，如出现加错物料、漏加物料、少加物料、投料顺序错误等误操作；

② 某种原料规格的变动，如活性物含量、无机盐含量波动等，特别是在更换原料供应商时会出现这种问题；

③ 部分表面活性剂在高温下容易水解，高温的时间长短会影响到产品黏度。

生产中出现黏度波动质量问题应采取下列措施：

① 查看生产记录单，检查是否存在配料失误的问题；

② 对制品进行分析，包括活性剂含量、无机盐含量等，不足时应补充用量；

③ 如果黏度偏低，可加入增稠剂提高黏度；如果黏度偏高，可加入减黏剂如丙二醇、丁二醇等或减少增调剂用量。但必须注意不论需提高或降低黏度，都必须先作小试，然后才可批量生产，否则会导致不合格品出现。

有时液洗类化妆品刚配制出来时黏度正常。但经一段时间放置后黏度会发生波动，其主要原因有：

① 制品 pH 值过高或过低，导致某些原料（如琥珀酸酯磺酸盐类）水解，影响制品黏度，应调整至适宜 pH 值，加入 pH 缓冲剂；

② 单用无机盐作增稠剂或用皂类作增稠剂，体系黏度随温度变化而变化，可加入适量水溶性高分子化合物增稠剂，以避免此种现象的发生。

2. 珠光效果不良或消失

珠光产品中珠光效果的好坏，与珠光剂的用量、加入温度、冷却速度、配方中原料组成等均有关系，在采用珠光块或珠光片时，造成珠光不好的因素有如下几个方面：

① 体系缺少成核剂（如氯化钠、柠檬酸）；

② 珠光剂用量过少；

③ 表面活性剂增溶效果好；

④ 体系油性成分过多，形成乳化体；

⑤ 加入温度过低，溶解不好；

⑥ 加入温度过高或制品 pH 值过低，导致珠光剂水解；

⑦ 冷却速度过快，或搅拌速度过快，未形成良好结晶。

为保证制品珠光效果一致，可采用珠光浆（可自制也可外购），只要控制好加入量，在较低温度下加入搅匀，一般来说珠光效果不会有大的变化。

3. 浑浊、分层

透明产品刚生产出来各项指标均良好，但经一段时间放置，出现浑浊甚至分层现象，有如下几方面原因：

① 体系中不溶性成分分散不好；

② 体系中高熔点原料含量过高，低温下放置结晶析出；

③ 体系中原料之间发生化学反应，破坏了表面活性剂胶体结构；

④ 微生物污染，微生物生长过程中排泄出不溶性物质；

⑤ 制品 pH 值过低或过高，使某些原料发生水解反应，产生不溶性物质；

⑥ 无机盐含量过高，低温下使某些成分出现盐析而浑浊。

4. 变色、变味

导致变色和变味的原因比较复杂，应从如下几个方面查找：

① 所用原料中含有氧化剂或还原剂，使有色制品变色；

② 某些色素在日光照射下发生褪色反应；

③ 防腐剂用量少，防腐效果不好，使制品霉变；

④ 香精与配方中其他原料发生化学反应，使制品变味；

⑤ 所加原料本身气味过浓，香精无法遮盖；

⑥ 制品中铜、铁等金属离子含量高，与配方中某些原料如 ZPT 等发生变色反应。

5. 刺激性大，产生头皮屑

造成液洗化妆品刺激性大，产生头皮屑和皮肤发痒的原因可能有以下几个方面：

① 表面活性剂用量过多，脱脂力过强，一般以 12%～25% 为宜；另外，有的表面活性剂刺激性较大；

② 防腐剂、去屑剂均有刺激作用，用量过多或品种不好，均会刺激头皮；

③ 防腐效果差，出现微生物污染，微生物生长过程中排泄出刺激性成分；

④ 产品 pH 值过高，刺激头皮；

⑤ 阳离子聚合物和硅油等在头发上沉积过度，造成头皮负担过大，会刺激头皮；

⑥ 无机盐含量过高，也会对头皮有刺激作用。

上述现象往往同时发生，因此必须严格控制。除上述质量问题外，直接关系液洗产品内在质量的其他问题在配方研究时也必须引起足够的重视。

另外，操作规程控制不严，称量不准等都会造成严重的质量事故，因此，必须加强全面质量管理，以确保产品质量稳定。

 案例分析 1

事件过程： 某公司在生产含铵盐的洗发水时，发现生产过程中飘出刺激性的气味。

原因分析与解决办法： 在含铵盐（AESA、$K_{12}A$）的洗发水的配方中，一般会含有 6501、CMEA、咪唑啉、APG 等辅助表面活性剂，而这些物质属于碱性物质，能与铵盐反应释放出氨，而使生产过程中飘出刺激性的气味。因此，在加铵盐之前要确保体系的 pH 值在弱酸性（如 pH=6.3）以下，一般先加入柠檬酸等酸性物质，再加铵盐来避免这种事故的出现。

 案例分析 2

事件过程： 某公司生产的一批香波在放置一段时间后出现了 pH 值下降的问题。

原因分析： 查生产记录单发现，配料时没有加柠檬酸和柠檬酸钠这两种物质。而配方中用的是 AESA、$K_{12}A$，这两种表面活性剂是强酸弱碱盐，会水解释放出氢离子，使 pH 值下降。

香波常用的缓冲体系有柠檬酸-柠檬酸钠，碳酸氢钠，磷酸二氢钠-磷酸氢二钠等 pH 值缓冲体系。缓冲体系不仅可以稳定 pH 值，还对防腐起到一定的正面作用。

事故处理： 对这批产品进行回锅处理，加入柠檬酸-柠檬酸钠缓冲剂，并补加适量的 AESA。

 案例分析 3

事件过程： 某公司生产一批香波，配制已经完成，但包装前检验发现香波中有一些白色小颗粒。

原因分析： 查看生产记录单发现，配制该批洗发水时在温度升到 75 ℃后马上就加入了 CMEA、EGDS 等固体，然后让其自然搅拌冷却。而 CMEA、珠光片等固体的熔点一般在 65℃左右，所以当配方中含有这些固体时，应在 75～80℃保持 10min 以上以使其充分熔化后溶解或分散，时间太短则会有残留的固体颗粒不能正常溶解或分散。

事故处理： 对这批产品进行回锅处理，加热到 75～80℃，让所有的白色小颗粒全部熔完，并补加适量的 AESA。

 案例分析 4

事件过程： 某公司生产一批护发素，配制已经完成，但包装前检验发现黏度过低，达不到要求。

原因分析： 查看生产记录单发现，配制该批护发素时正好处于吃饭时间，配制人员看着冷却速度已经接近 40℃，就让其自然搅拌，到外面去吃饭了，大概一个半小时后才回来卸料。而护发素一般存在这样的特点：成型后不宜搅拌太久，因为阳离子体系越搅拌越稀，而且变稀后很难恢复原来的稠度。

事故处理： 对这批产品进行回锅处理，加入适当的增稠剂调整黏度。

 案例分析 5

事件过程： 某公司生产的泡沫洁面膏在北方市场有客户投诉反映，冬天的时候，打开产品管口有水流出。而留样产品检测却正常，耐寒试验－20℃，72h 也正常。同时，监测市场中该问题产品，发现其在温度升高后又恢复正常，即不再有水析出。

原因分析：

（1）生产工艺　查找当时的生产记录，原料加入的顺序、温度，搅拌速度与以前的对比没有异常。

（2）核对原料　查找此批次生产所用到的原料没有出错；再次确认原料使用量没有出错，而且原料都是经过品管检测合格，没有过期原料。

（3）产品检测标准对比　产品的常规检测列出，最关键的是 pH 值 6.5 左右（范围是 pH 6.1～6.7），黏度都与原来的批次相同。

（4）配方体系分析　进行原料分析与原料筛选实验，以及稳定性观察，最终发现配方体系里的柠檬酸在 MAP 表活体系会使体系变稀。

调整方案：按原来的生产工艺，把配方体系里的柠檬酸添加量降为 0，最终产品的 pH 值为 7.2 左右（设计范围是 6.7～7.5），黏度为 7500～10000mPa·s。

 案例分析 6

事件过程：某公司生产一批泡沫洗面奶，在对最终的产品进行出料前检测时发现，其黏度超出标准值 2 倍。

原因分析：查看生产记录单和采购单发现，主表面活性剂 MAP 已经更换了厂家，MAP 表面活性剂的活性成分含量比原厂家的高，所以生产出来的产品黏度高。

事故处理：重新用新厂家的 MAP 做配方试验，降低 MAP 用量。按调整后的配方进行生产，黏度指标和其他指标都正常。

 案例分析 7

事件过程：某公司生产一批皂化洁面膏，配制已经完成，但包装前检验发现硬度达不到要求。

原因分析：查看生产记录单发现，产品出料温度为 36℃。而皂化体系的洁面膏的结膏点一般为 40～45℃，如果在低于结膏点的温度下继续搅拌，将会破坏体系中高分子的缠绕结构，使黏度因剪切变稀而下降；可以通过升温到 50℃ 搅拌均匀，再缓慢降温到结膏点的处理方法使其硬度恢复。

事故处理：对这批产品进行回锅处理，将膏体升温到 50℃ 缓慢搅拌均匀，降温到结膏点后及时出料即可。

 案例分析 8

事件过程：某公司生产的一批含有 ZPT 的去屑香波，出料时发现膏体出现了变色现象。

原因分析：ZPT 遇到铁等金属离子时会发生反应生成黑色物质。经过设备检测，发现设备用的不锈钢型号达不到要求，会释放出铁等金属离子。

事故处理：报废处理。

  案例分析 9

事件过程：某公司生产的一批香波，灌装时发现膏体有大量细密泡沫。

原因分析：生产过程中为了溶解 AES，长时间开均质机，AES 溶解完后快速冷却，虽然开了真空脱泡，但没有脱除干净。

事故处理：回锅处理，将膏体加热至 50℃，真空脱泡 10h，泡沫基本脱除。

实训 1　珠光浆的制备

一、实训目的

1. 通过实训，进一步学习珠光浆的制备原理。

2. 掌握珠光浆的制备方法。

3. 通过实训，提高动手能力和操作水平。

二、实训内容

1. 实训原理

珠光效果是由具有高折光指数的平行排列的细微薄片产生的。这些细微薄片是半透明的，仅能反射部分入射光，传导和透射剩余光线，如此平行排列的细微薄片同时对光线进行反射，就产生了珠光。化妆品厂一般采用珠光片来生产珠光浆。

2. 实训配方

如表 6-30 所列。

表 6-30　珠光浆实训配方

组分名称	质量分数/%	组分名称	质量分数/%
单硬脂酸二乙二醇酯	20	氯化钠	适量
CMEA	5	去离子水	余量
AES	10	凯松	0.1

3. 实训步骤

① 首先确定配制质量，根据配制质量来选择烧杯大小，例如配制 300mL 可选择 500mL 烧杯来配制。

② 取一 500mL 烧杯，加入去离子水、AES，慢速搅拌溶解后，加热至 80℃，加入珠光片、CMEA、适量盐，保温搅拌 20min，脱泡。搅拌冷却 50℃ 以下时，加入凯松，再继续搅拌至 40℃，静置 24h，即可。

三、实训结果

请根据实训情况填写表 6-31。

表 6-31　实训结果评价表

珠光效果描述	
珠光效果不佳的原因分析	

实训 2　香波的制备

一、实训目的

1. 通过实训，进一步学习香波的制备原理。
2. 掌握香波的制备方法。
3. 通过实训，提高动手能力和操作水平。

二、实训内容

1. 实训原理

将具有洗涤作用的表面活性剂与具有护发作用的调理剂和添加剂按一定比例混合复配在一起，加入香精与防腐剂，即为洗发香波。

2. 实训配方

如表 6-32 所列。

表 6-32　香波实训配方

组分名称	质量分数/%	作用	组分名称	质量分数/%	作用
AES	20	起泡、清洁	乳化硅油	3.0	柔软、光泽
CAB-35	4.0	辅助清洁,降低刺激	EDTA-2Na	0.1	螯合
珠光片	1.5	珠光	柠檬酸	0.05	pH 调节
十六-十八醇	0.8	调理剂	氯化钠	0.8	黏度调节
阳离子瓜尔胶	0.8	顺滑	凯松	0.1	防腐
CMEA	1.0	增稠、稳泡	香精	0.2	赋香
D-泛醇	0.1	护发	去离子水	余量	溶解

3. 实训步骤

① 首先确定配制质量，根据配制质量来选择烧杯大小，例如配制 300mL 可选择 500mL 烧杯来配制。

② 取一 500mL 烧杯，加入去离子水、阳离子瓜尔胶（也可先用少量水分散后加入），搅拌分散，加热至 80℃，在缓慢搅拌条件下缓慢加入 AES，搅拌溶解后，加入十六-十八醇、珠光片、EDTA-2Na、CMEA（要求在 75℃以上加入），保温搅拌 20min，脱泡。搅拌冷却至 60℃，加入 CAB-35，继续冷却至 50℃以下时，加入乳化硅油、香精、凯松等，再继

续搅拌至 40℃，静置 24h，脱除泡沫，即为洗发香波。

三、实训结果

请根据实训情况填写表 6-33。

表 6-33　实训结果评价表

使用效果描述	
使用效果不佳的原因分析	
配方建议	

实训 3　皂基沐浴液的制备

一、实训目的

1. 通过实训，进一步学习皂基沐浴液的制备原理。
2. 掌握皂基沐浴液的制备方法。
3. 通过实训，提高动手能力和操作水平。

二、实训内容

1. 实训原理

脂肪酸与氢氧化钾发生中和反应生成皂基，再加入增稠剂增稠，即可制得皂基型清爽沐浴液。加入珠光片使制得的沐浴液呈现珠光。

2. 实训配方

如表 6-34 所列。

表 6-34　皂基沐浴液实训配方

组分名称	质量分数/%	作用
十二酸	9	与 KOH 反应成皂，清洁
十四酸	6	与 KOH 反应成皂，清洁
KOH	3.8	与脂肪酸反应成皂，清洁
CAB-35	12	辅助表面活性，降低刺激性
CMEA	1	辅助表面活性，增稠、稳泡
珠光片	1	珠光效果
氯化钠	1	增稠
甘油	3	保湿

续表

组分名称	质量分数/%	作用
香精	0.5	赋香
N-羟甲基甘氨酸钠	0.1	防腐
BHT	0.05	抗氧化
EDTA-2Na	0.05	螯合
去离子水	余量	溶解、稀释

3. 实训步骤

① 取一 200mL 烧杯，加入水、KOH、EDTA-2Na、氯化钠，搅拌溶解，加热到 85℃，为组分 B。

② 取一 50mL 烧杯，加入十二酸、十四酸，加热至 85℃，为组分 A。

③ 将组分 A 加入组分 B 中，不断搅拌，直至混合液变得澄清透明后，加入珠光片、CMEA、N-羟甲基甘氨酸钠、BHT、甘油。搅拌冷却至 60℃，加入 CAB-35。当冷却至 50℃ 以下时，加入香精，搅拌冷却至 40℃，即可出料，为皂基型清爽沐浴液。

三、实训结果

请根据实训情况填写表 6-35。

表 6-35 实训结果评价表

使用效果描述	
使用效果不佳的原因分析	
配方建议	

实训 4 发膜的制备

一、实训目的

1. 通过实训，进一步学习发膜的制备原理。

2. 掌握发膜的制备方法。

3. 通过实训，提高动手能力和操作水平。

二、实训内容

1. 实训原理

将具有头发调理功能的阳离子化合物、油脂和保湿剂混合均匀，即可制得。

2. 实训配方

如表 6-36 所列。

表 6-36　发膜实训配方

组分名称	质量分数	作用	组分名称	质量分数	作用
鲸蜡醇	2.5	赋脂	羟苯甲酯	0.20	防腐
硬脂醇	3.5	赋脂	聚二甲基硅氧烷	2.5	光滑头发
二十二烷基三甲基氯化铵	2.5	乳化,抗静电,柔软	香精	0.4	赋香
单甘酯	1.0	乳化	去离子水	余量	溶解
苯氧基乙醇	0.30	防腐			

3. 实训步骤

① 取一烧杯，将 EDTA-2Na、柠檬酸加入水中搅拌溶解。

② 将二十二烷基三甲基氯化铵加入水中搅拌升温至 75～80℃使其完全溶解均匀。

③ 将鲸蜡醇和硬脂醇、硅油、羟苯甲酯、单甘酯加入保温搅拌 30min 使其完全溶解均匀。

④ 边搅拌边降温至 45℃左右，依次加入苯氧基乙醇和香精，继续边搅拌边降温至 38～40℃即可出料。

三、实训结果

请根据实训情况填写表 6-37。

表 6-37　实训结果评价表

使用效果描述	
使用效果不佳的原因分析	
配方建议	

实训 5　洁面膏的制备

一、实训目的

1. 通过实训，进一步学习洁面膏的制备原理。

2. 掌握洁面膏的制备方法。

3. 通过实训，提高动手能力和操作水平。

二、实训内容

1. 实训原理

以月桂酰羟乙基磺酸钠为主成分，添加悬浮增稠剂、碱、防腐剂等制得。

2. 实训配方

见表 6-38 所示。

表 6-38　洁面膏实训配方

组分名称	质量分数/%	作用
甘油	5	保湿
SCI-85	20	主表面活性,清洁、起泡
珠光片	6	珠光,进一步增强珠光
SF-1 悬浮剂	4	悬浮增稠
氢氧化钾	0.9	中和
CAB-35	6	增泡和稳泡
DMDMH 防腐剂	0.3	防腐
香精	适量	赋香
去离子水	余量	溶解

3. 实训步骤

① 取一个烧杯，将 SF-1 悬浮剂用等量水分散均匀，为 A 组分。

② 取另一个烧杯，将氢氧化钾用少量水溶解均匀，为 B 组分。

③ 再取另一个烧杯，加入剩余的水和甘油，加热至 85℃，加入 SCI-80，搅拌溶解，加入融化的乙二醇双硬脂酸酯，搅拌均匀，为 C 组分。

④ 将 A 组分加入至 C 组分中，搅拌均匀后再加入 B 组分，搅拌均匀，缓慢降温。约 45℃时，加入 CAB-35、DMDMH 防腐剂和香精，搅拌至 38~40℃即可出料。

三、实训结果

请根据实训情况填写表 6-39。

表 6-39　实训结果评价表

使用效果描述	
使用效果不佳的原因分析	
配方建议	

思考题

1. 常用于香波的表面活性剂有哪些？

2. 为什么香波配方中不用皂基？

3. 生产中，一般应将香波的 pH 值调节到什么范围？用哪些物质来作 pH 缓冲体系？

4. 珠光片和珠光浆的使用温度有何不同？

5. 护发素的核心成分是什么？

6. 沐浴液有哪些类型？配方上有何区别？

7. 常用于制备泡沫型洁面产品的表面活性剂有哪些？

8. AES 溶解缓慢，应采取什么措施来加快 AES 溶解？

9. 液洗类化妆品存在哪些常见质量问题？应如何解决？

10. 阳离子表面活性剂柔软头发效果很好，但很少用在香波中，原因是什么？扫码看答案。

思考题答案

第 7 章
乳化类护肤用化妆品

知识点 乳化作用；乳化化妆品组成；乳化剂；保湿剂；乳化化妆品；乳化体稳定性；乳化体类型；乳化；乳液；膏霜；乳化工艺。

技能点 识别乳化体类型；计算 HLB 值；设计乳化化妆品配方；配制乳化化妆品；合理应用乳化体稳定与不稳定的因素；解决乳化化妆品生产质量问题。

重 点 乳化原理；乳化化妆品的组成与常用原料；乳化剂的选择；乳化化妆品的配方设计；乳化化妆品的配制工艺；生产质量控制。

难 点 乳化原理；乳化化妆品的配方设计；生产质量问题的控制与解决。

学习目标 掌握乳化类化妆品的生产原理；掌握乳化类化妆品生产工艺过程和工艺参数控制；掌握乳化类化妆品常用原料的性能和作用；掌握主要乳化类化妆品的配方技术；能正确地确定乳化类化妆品生产过程中的工艺技术条件；能根据生产需要自行制订乳化类化妆品配方并能将配方用于生产。

第 1 节 乳 化 理 论

化妆品品种繁多，其中以乳化类化妆品产量最大，主要用于皮肤的保护和营养。常见的品种有各种膏霜和乳液，如护肤霜、防皱霜、营养霜、润肤乳液、洗面奶等。

一、乳化体与乳化体类型

乳化体（emulsion）是由两种完全不相容的液体所组成的两相体系，一种液体以非常小的离子形式分散在另一相中，组成为"均匀"体系。一般一个相中以小液珠（小颗粒）存在，而这些小液珠（小颗粒）被另一液相所包围。小液珠（小颗粒）这一相称为内相，也称分散相；而包围小液

乳液

珠（小颗粒）的另一相，称为外相也可称为连续相。

　　分散相是非水溶性的，则水相就是连续相，称为油/水型（O/W）；反之则为水/油型（W/O），如图 7-1 所示。但必须指出：油、水两相不一定是单一的组分，而且一般都是每一相都可包含有许多成分，例如油相是由很多种油脂组成的，而水相是由水和保湿剂等水溶性物质组成的。

(a) O/W型乳化体

(b) W/O型乳化体

乳化体

图 7-1　乳化体类型

　　不同的乳化体类型，具有不同的特点和肤感，如表 7-1 所列。

表 7-1　不同乳化体剂型特点和肤感

剂型	特点和肤感
O/W 膏霜	外观稠厚，肤感清爽，滋润性稍差
O/W 乳液	外观稀薄，肤感清爽，滋润性稍差
W/O 膏霜	外观稠厚，肤感油腻，滋润性佳
W/O 乳液	外观稀薄，肤感油腻，滋润性佳

　　乳化体的类型与所用乳化剂的性质、用量、相体积比、制备的过程、各相本身的包含物及制备设备等因素有关。通常的乳化体有 O/W、W/O、Si/W、W/Si 型，另外还有 W/O/W、O/W/O 型多重乳化体系。

　　虽然乳化体一般只考虑水相和油相，但随着科技的发展，无水化妆品亦在崛起，通常无水化妆品的乳化体是由甘油和生物油作为内相和外相的。

二、乳化体外观

　　乳化体的外观和分散相的粒子大小有关。一般分散相颗粒直径为 $0.1 \sim 10 \mu m$。对可见光产生反射、折射、散射，因此，外观是雪白的；当分散相粒度减小，乳化体就由乳白色逐渐转变为透明，当分散相的液滴直径小于 $0.05 \mu m$ 时，入射光完全可以通过乳化体，乳化体则呈透明状。乳化体外观与分散相粒径的关系见表 7-2。

表 7-2　乳化体外观与分散相粒径的关系

分散相粒径/μm	乳化体外观	分散相粒径/μm	乳化体外观
>1	乳白色	$0.05 \sim 0.1$	灰色半透明
$0.1 \sim 1$	蓝白色	<0.05	透明体

　　当然，一种乳化体的分散相粒径并不是完全均匀的，一般各种大小都有，呈现正态分布。

三、乳化体的稳定性

当油和水混合时，可以形成一种暂时的乳化体，但由于界面张力很大，两相会很快地分离，除非采用乳化剂或偶合剂来稳定这种体系。但即使最稳定的乳化体，由于乳化体属于热力学不稳定体系，也是一种亚稳定状态，如图 7-2 所示。所以，再稳定的乳化体最终也将分离。实质上，一般化妆品乳化体，要求稳定性达 2～3 年的寿命，永恒的稳定是不可能的。

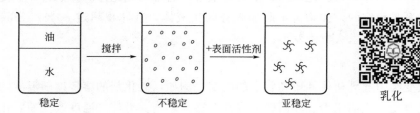

图 7-2　乳化体是热力学不稳定体系

（一）影响乳化体稳定性的因素

乳化体是高度分散的不稳定体系，因为它有巨大的界面，所以整个体系的能量增大了。影响乳化体稳定的因素主要有如下几个方面。

1. 表面张力

表面张力是突破两个不相容的液体界面的力，当油水两相的表面张力降低时，乳化体迅速地形成。从热力学角度上说，当表面张力等于零时，乳化体将自动形成，表面张力比零大时，从热力学上说，这乳化体是不稳定的。所以油-水界面的表面张力越低，乳化体越稳定。

2. 油-水界面膜

乳化体中分散相颗粒（或液滴）总是不停地运动，相互碰撞，如果界面膜不够强，界面膜容易被碰撞破坏，分散相颗粒就会聚结在一起而变大，如此反复，乳化体就会被破坏。所以界面膜的强度是决定乳化体稳定性的主要因素。界面膜的强度与乳化剂、极性有机物有关。一般来说，乳化剂用量大，界面膜中乳化剂排列越紧密，界面膜的强度越强，乳化体的稳定性越好；极性有机物，如脂肪醇、脂肪酸等，具有一定的表面活性，可增加界面膜的紧密度强度。

3. 连续相黏度

连续相的黏度越大，则分散相液滴运动的速度越慢，越有利于乳化体的稳定。

4. 界面电荷

乳化体分散相液滴上往往带有相同的电荷，根据同电相斥的原理，不利于液滴的碰撞和聚结，有利于乳化体稳定。分散相液滴所带电荷的来源有：电离（如离子型乳化剂）、吸附和与介质之间的摩擦接触。若乳化剂是离子型的表面活性剂，则在界面上，主要由于电离还有吸附等作用，使得乳状液的液滴带有电荷；而对非离子表面活性剂，则主要由于吸附还有摩擦等作用，使得液滴带有电荷。

5. 两相密度差

两相密度差越小，沉降速度下降，越有利于乳化体稳定。

6. 分散相液滴大小与分布

分散相液滴大小对乳化体稳定性影响比较复杂，一般来说，液滴越小，乳化体越稳定。分散相液滴大小分布均匀的乳化体相对比较稳定。

7. 相体积比

分散相体积增加，界面膜越来越膨胀，才能把分散相包裹住，界面膜将变薄，乳化体的不稳定性增加。从相体积与乳化体的类型关系来看，通常当乳化体的分散相体积占总体积的80%以下时体系是稳定的，如果再不断加入分散相液体，其体积超过80%，分散相将可能转变为连续相，乳化体就会发生变型。

8. 体系的温度

温度的改变会引起乳化体性质和状态的改变。例如，乳化剂的溶解度随温度的变化而变化，所以温度改变对表面张力、界面膜强度都有很大影响。另外，温度改变使乳化体的黏度改变，被分散粒子的热运动强度也随之发生改变，会对乳化体有较大影响。再如，对于W/O乳化体来说，温度下降到水的冰点以下后，水相结冰，体积膨胀，会极大地冲击界面膜，从而使稳定体系遭到破坏。

9. 固体添加物

固体粉末（碳酸钙、黏土、硬脂酸镁、石英、金属氧化物）能起到乳化剂作用。碳酸钙、黏土、金属氧化物能提高 O/W 型乳化体的稳定性，硬脂酸镁可稳定 W/O 型乳化体。这是由于界面聚集了粉末而增强了界面膜的强度，使乳化体稳定。

10. 体系 pH 值

一方面，pH 值的改变可以改变分散相粒子的电荷性质和强度，因而影响到乳化体的稳定性。另一方面，pH 值的改变会使一些物质发生化学反应，例如 pH 值过低或过高将引起酯类乳化剂和酯类油脂发生水解反应，使乳化体不稳定；再如，用脂肪酸盐作乳化剂时，如果 pH 值过低，脂肪酸盐将变成脂肪酸而失去乳化作用。

11. 电解质

对于用离子型乳化剂制备的 O/W 型乳化体，添加强电解质后，将降低分散相粒子的电势，引起破乳；同时增强乳化剂离子和反离子之间的相互作用，使其亲水性减弱，O/W 型乳化体会转变为 W/O 型乳化体。另外，电解质的存在会改变乳化剂的溶解度，特别是离子型乳化剂溶解度受电解质影响较大。

以上因素中并不是所有因素在同一具体的乳状液实例中都存在，更不可能是各个影响因素同等重要。对于应用表面活性剂作乳化剂而言，界面膜的形成与界面膜的强度是乳状液稳定性最主要的影响因素。而界面张力的降低与界面膜的强度对乳状液稳定性的影响有相辅相成的作用，并且都与乳化剂在界面上的吸附有关。要得到比较稳定的乳状液，首先应考虑乳化剂在界面上的吸附性质，吸附作用越强，表面活性剂吸附分子在界面的吸附量也越大，表面张力则降低得越低，界面膜强度越高。

（二）乳化体破坏的具体体现

乳化体破坏的具体体现有分层、变型和破乳三种形式，乳化体破坏之前，一般先出现絮凝和聚结等过程，如图 7-3 所示。每种形式都是乳化体破坏的一个过程，它们有时是相互关联的。有时分层往往是破乳的前导，有时变型可以和分层同时发生。

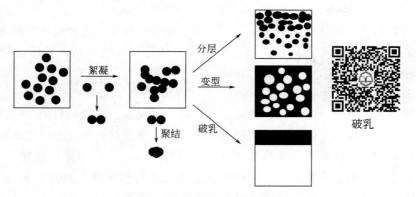

图 7-3　乳化体破坏的形式

1. 分层

乳化体分层并不是真正的破坏，而是分为两个乳化体，在一层中分散相中比原来的多，在另一层中则相反。就像牛奶分层一样，它的上层是奶油，在这层中乳脂约占 35%，在下层中乳脂约为 8%。由于油相和水相密度不同，在重力或其他外力作用下分散相液珠将上浮或下沉。沉降的速度与内外相的密度差、外相的黏度、液珠大小等因素有关，沉降的结果是，乳化体分成两层，使乳化体的均匀性遭到破坏，分成了两个乳化体。乳化体的液珠也可以聚集成团，即发生絮凝。在这些絮团中，原来的液珠仍然存在。若絮团中的液珠发生凝聚，絮团变成了一个大液珠，则称为聚结。

2. 变型

变型是指在某种因素作用下，乳化体从 O/W 型变成 W/O 型，或从 W/O 型变成 O/W 型。所以变型过程是乳化体中的液珠的聚结和分散介质分散的过程，原来的分散介质变成分散相，而原来的分散相变成了分散介质。引起乳化体变型的因素有以下几种。

（1）乳化剂类型的变更　乳化剂的类型是决定乳化体类型的主要因素。如果某一种构型乳化剂变为另一种构型，就会导致乳化体的变型。

（2）相体积的影响　从相体积与乳化体的类型关系来看，已知当乳化体的内相体积占总体积的 80% 以下时体系是稳定的，如果再不断加入内相液体，其体积超过 80%，内相就有可能转变为外相，乳化体就发生变型。

（3）温度的影响　以脂肪酸钠作为乳化剂的苯-水乳化体为例，若脂肪酸钠中有相当多脂肪酸存在，则得到的是 W/O 型乳化体，这可能是由于脂肪酸和脂肪酸钠的混合膜性质所决定。当温度升高时，可加速脂肪酸向油相扩散的速度，在界面膜上的脂肪酸钠相对含量就提高了，形成了用钠皂稳定的 O/W 型乳化体。若温度降低并静置 30min，O/W 型乳化体又变成 W/O 型乳化体。能使乳化体变型的温度称为变型温度。变型温度与乳化剂的浓度有关，通常随浓度的增加而升高。但是当浓度达到某一定值时，变型温度就不再改变了。

（4）电解质的影响　乳化体中加入一定量的电解质，会使乳化体变型。用油酸钠为乳化剂的苯-水体系是 O/W 型乳化体，当加入 0.5mol/L 的 NaCl 后，就变成 W/O 型乳化体。

这是因为电解质浓度很大时，离子型皂的离解度大大下降，亲水性也因之降低，甚至会以固体皂的形式析出，乳化剂亲油亲水性质的这种变化最终导致乳化体的变型。

3. 破乳

使稳定的乳化体的两相达到完全分离，成为不相容的两相，这种过程叫破乳。由于乳化体是热不稳定体系，最终平衡应该是油水分离，破乳是其必然的结果，但可能需要很长时间。为了加速破乳，可以采用如下破乳方法。

（1）物理机械方法　电沉降法主要用于 W/O 型乳化体，在电场的作用下，使水珠排成一行，当电压升到某值时，聚结过程瞬间完成。以达到脱水、脱盐的目的。一些燃料油的脱水也采用此种方法。超声分散是常用的制备乳化体的一种搅拌手段，在使用强度不大的超声波时，也可以采用超声波破乳。加热也是破乳的一种方法，升高温度，增加分子的热运动，使界面黏度下降，有利于液珠聚结，从而降低了乳化体的稳定性，易发生破乳。另一方面，冷冻也能破乳。过滤破乳，将乳化体通过一个多孔性介质过滤时可以破乳，这是由于滤板将界面膜刺破。例如，通过多孔玻璃板或压紧的硅藻土或白土板的过滤，可以使油田乳化体的水分降低到 0.2%。

（2）物理化学法　主要是改变乳化体的界面膜性质，设法降低界面膜强度，从而使稳定的乳化体变得不稳定。如用皂作乳化剂，在乳化体内加酸，皂就变成脂肪酸，脂肪酸析出后，乳化体就分层破坏。被固体粒子稳定的乳化剂可以通过加入某种破乳剂用以顶替在乳化体中生成牢固膜的乳化剂，产生一种新膜，膜的强度可以降得很低，而有利于破乳。在工业生产中破乳很少采用单一的方法，总是几种方法综合使用。

（三）提高乳化体稳定性的方法

综合乳化体稳定性影响因素和乳化体破坏的形式及原因，要提高乳化体稳定性，应该采取如下方法。

1. 降低油-水界面的表面张力

乳化剂的加入能降低油-水界面的表面张力，从而使乳化体处于稳定状态。但不同的油相和水相组成需要不同的乳化剂，所以乳化剂的选择是乳化体稳定最关键的因素。

2. 形成坚韧的油-水界面膜

油-水界面膜越牢固，分散相液滴聚结的难度就越大，越有利于乳化体稳定。

3. 使分散相液滴带电

可通过高速剪切的方式使分散相液滴带电，产生静电斥力。

4. 分散相具有较高的分散度和较小的体积分数

通过高速剪切乳化和高速搅拌的方式，使分散相的粒径降低，分散度提高，有利于乳化体稳定；分散相体积分数小，乳化剂在油-水界面的浓度高，油-水界面膜强度大，有利于乳化体稳定。

5. 连续相具有较高的黏度

连续相黏度大，分散相运动的速度小，分散相絮凝和聚结的概率低，有利于乳化体稳定。可通过加入增稠剂，如汉生胶等物质提高连续相的黏度。

第 2 节　乳化类化妆品组成与常用原料

乳化类化妆品主要由油脂和蜡、水和水溶性物质、乳化剂三类物质组成。

一、油脂和蜡

（一）油脂和蜡的作用

油脂、蜡类及其衍生物是乳化类化妆品主要的基质原料，在乳化类化妆品中起到如下几个方面的作用。

（1）滋润作用　油脂和蜡类物质能赋予皮肤柔软、润滑、弹性和光泽。

（2）屏障作用　油脂和蜡类物质能在皮肤上形成疏水性薄膜，抑制皮肤水分蒸发，防止皮肤干裂，防止来自外界的刺激，保护皮肤。

（3）助乳化作用　含有羟基、羧基和酯基的油性物质，例如，高级脂肪酸、脂肪醇、磷脂等具有乳化功能，能作为助乳化剂使用。

（4）赋形作用　固体油脂和蜡能增加乳化体的稠厚度，具有赋形作用。

以上作用中，最基本也是最重要的功能就是滋润肌肤的作用，故油脂、蜡类物质又称为润肤剂。

（二）常用的油脂和蜡

主要包括油脂、蜡、高级脂肪酸和脂肪醇、酯类、有机硅、合成油脂和矿物油等。现将常用的油脂和蜡介绍如下。

1. 高级脂肪酸

高级脂肪酸是一些常用的滋润物质，能在皮肤表面形成一层薄膜，使角质层柔软，保留水分。高级脂肪酸均是一些固体物质，添加到配方中可使膏体变得稠厚，具有一定的增稠作用。同时也具有一定的助乳化作用。常用的高级脂肪酸有如下几种。

硬脂酸又称为十八酸。一般采用三压硬脂酸，其中含有硬脂酸 45％和棕榈酸 55％左右，油酸 0～2％。控制碘价在 2 以下，碘价高时油酸含量高，其质量差、颜色泛黄，容易酸败等。单硬脂酸质量较差，不适宜使用于膏霜和乳液化妆品。硬脂酸在皮肤表面可形成薄膜，使角质层柔软，保留水分。

棕榈酸又称十六酸。市售棕榈酸为混合酸，其中含有棕榈酸 90％～97％，硬脂酸 2％～6％，油酸 1％～4％。一般与硬脂酸复配使用，调节膏体和乳液的稠度。

肉豆蔻酸又称十四酸，一般用于制皂，很少用于乳化类化妆品。

2. 脂肪酸酯

单硬脂酸甘油酯（简称单甘酯）是一种助乳化剂，也具有润肤作用，用量为 1％～2％，使得制成的膏体比较细腻、润滑、稳定、光泽度也较好，搅动后不致变薄、冰冻后水分不易离析。

肉豆蔻酸异丙酯（IPM）、棕榈酸异丙酯（IPP）是人工合成的轻质易流动的油状物质，铺展性、透气性以及对皮肤的渗透性均很好，涂在皮肤上留下滑爽而不油腻的膜。它能促进其他物质，如羊毛脂和植物油的渗透性，也能加强矿油对皮肤表面的黏附。同时具有助乳化作用。

棕榈酸异辛酯也是人工合成的油脂，是传统 IPP、IPM 的替代产品，具有更好的皮肤亲和性和更低的刺激性，其渗透性佳，具抑汗作用，与皮肤亲和力强，为干性透气油脂，可使肌肤柔和嫩滑而无油腻感，是优良的皮肤柔润剂。

辛酸癸酸甘油酯（GTCC）是植物油的取代物，具有细腻的滋润性，与皮肤具有很好的相容性，对防晒剂和粉体具有很好的分散性。加入乳化体中可改进其延伸性。有润滑和使肌肤柔软的效果，并有过滤紫外线的功能。

异壬酸异壬酯具有独特的多甲基支链结构，具有丝般感觉，干爽和极度柔软的手感，是极佳的润肤剂。对硅油相容性佳，可解决硅油低温析出的问题，是硅油类的稳定剂和偶联剂。对色料有很好的分散能力，黏度低，肤感清爽，无油腻感。俗称合成蚕丝油。

3. 高级脂肪醇

主要有十六醇、十八醇、十六-十八混合醇、二十二醇四种产品，都可用作助乳化剂，也具有润肤作用和增稠作用，能形成吸附膜，促进皮肤水合作用，赋予皮肤柔软和平滑的感觉，具有黏度调节和稳定作用。高级脂肪醇的酯，如 $C_{12\sim15}$ 醇苯甲酸酯（Cosmacol EBI）、二 $C_{12\sim13}$ 醇苹果酸酯（Cosmacol EMI）等是常用的液体润肤剂。

4. 矿物油和蜡

矿物油和蜡为非极性、沸点在 300℃ 以上的高碳烃，以直链饱和烃为主要成分。它们来源丰富，易精制，对氧和热的稳定性高，不易腐败和酸败，价格低廉，是化妆品价廉物美的原料。

矿物油和蜡在乳化类化妆品中主要用作溶剂，是油溶性润肤物质的载体。这些物质一般不会被皮肤吸收，是有效的封闭剂，当敷用于皮肤上后，烷烃的薄膜阻滞了皮肤上水分的挥发，同时角质层可从内层组织补充水分而水合。虽然矿物油和蜡有许多优点，但其油腻和保暖的感觉以及不易清洗的性能限制了它们的使用。过量的矿物油和蜡会阻碍滋润物的渗透，对上表皮层也无柔软和增塑的作用。在某些产品如按摩霜和保护霜中，可被用作表面润滑剂，对表层起到短时润滑作用。

常用的矿物油和蜡有液体石蜡（又称为白矿油、白油）、凡士林、石蜡、微晶蜡、地蜡等。

液体石蜡，又称为白矿油、白油，是一种无色透明、无味、无臭的黏稠液体，主要成分为 $C_{16\sim21}$ 的正构烷烃。

凡士林，又称为矿物脂，为白色至淡黄色、无味、无臭的膏状物，主要成分为 $C_{16\sim32}$ 的异构烷烃和烯烃混合物。

石蜡的组成主要是 $C_{24\sim32}$ 的正构烷烃，还含有异构烷烃，无色或白色，无味、无臭的半透明蜡状固体。

微晶蜡的组成主要是 $C_{41\sim50}$ 带长链的环烷烃和异构烷烃，黄色或棕黄色，无味、无臭、无定形固体蜡。

地蜡的组成为相对分子质量高的固态饱和和不饱和的碳氢化合物。

5. 硅油

硅油又称为聚硅氧烷，是一类非极性物质，具有良好的润滑性、抗紫外线辐射性、抗静电性和透气性，能改善皮肤的光滑性和弹性，改进膏霜和乳液的分散性和铺展性。硅油是化学惰性物质，不像矿油长期使用会从皮肤移除皮脂。当同时需要润滑和抗水的作用时，采用硅油是有效的。硅油在水或油的介质中都能有效地保护皮肤不受化学品的刺激。虽然烷烃和硅油两者都是非极性物质，但硅油既能抗水又能让水汽通过，因此在封闭性方面硅油较烷烃为差，但对既需柔和的滋润性又要避免出汗的特种制品是十分有利的。

常用的硅油包括聚二甲基硅氧烷、聚甲基苯基硅氧烷和环状聚硅氧烷等几类，是高级化妆品的常用原料。

聚二甲基硅氧烷为无色无味透明液体，具有较好的皮肤柔软性，可增强皮肤的滑爽细腻感，且无油腻感和无残余感，在化妆品中常用来取代传统的矿物油脂作润肤剂，根据黏度不同，有黏度为 50cP、100cP、200cP、500cP 和 1000cP 的产品。

聚甲基苯基硅氧烷为无色或淡黄色透明液体，对皮肤具有很好的渗透性，可增加皮肤柔软性，用后肤感良好。

环状聚硅氧烷为无色透明液体，黏稠度低，具有良好的挥发性、流动性和铺展性，没有油腻感。

6. 动物蜡

主要有蜂蜡和鲸蜡，两者都属于动物蜡，具有润肤和赋形作用，对皮肤具有强封闭作用。润滑和阻水效能与其用量相关。鲸蜡的用量应少，以避免留下蜡的感觉，能减少乳液类乳化体的触变性。蜂蜡能促进乳液的胶凝作用，但在膏霜中容易乳化，使膏霜中的油性物质塑化从而减少使用时的阻曳。

7. 角鲨烷

天然角鲨烷是由深海中产的角鲨鱼肝油中取得的角鲨烯加氢反应而制得的，为无色、无味、无臭、惰性的油状液体，在空气中稳定。角鲨烷是人体皮脂的一种成分，其渗透性、润滑性和透气性比其他油脂好，刺激性低，无油腻感，是高级化妆品的油性原料。由于天然角鲨烷比较稀缺，目前常用的是合成角鲨烷氢化聚异丁烯。

8. 动植物油

与人体皮脂中脂肪酸酯成分一致，与人体亲和性好，易被人体吸收，具有很好的润肤作用。常用的植物油有山茶花籽油、橄榄油、白池花籽油、玉米油、葵花籽油、葡萄籽油、乳木果油、桃仁油、杏仁油、大豆油、霍霍巴油和可可脂等。例如山茶花籽油含有 90% 的不干性非饱和脂肪酸甘油酯、山茶苷、茶皂醇、维生素等特有成分，与人体皮脂成分相似度高达 70% 以上，具有非常好的滋润、保湿和活化皮肤细胞的功效，易于被皮肤吸收，是一种非常好的天然化妆品成分。

常用的动物油脂有鲸蜡油、鱼肝油、羊毛脂油、卵磷脂和蛋黄油等。这些滋润物的缺点是碘值很高，易酸败，需加入抗氧化剂，特别是动物油脂的色泽、气味差，应用起来比较困难。当然，在人们日益崇尚天然化妆品的趋势下，天然动植物油脂的应用前景是广阔的。

二、水和水溶性物质

(一) 水

水是化妆品的重要原料，是一种优良的溶剂，水的质量对化妆品产品质量有重要的影响。化妆品用的水必须是纯净水（也称为去离子水），其制备方法详见第 2 章介绍。

另外，水在乳化体中也是一种重要的润肤物。水作为连续相时能有效地使角质层轻微膨胀，使油相乳化成细微粒子更易于渗透入表皮。水为分散相时，由于受连续相油脂的包围，不易挥发，乳化的微小水珠和 W/O 型乳化体同时渗入上表皮，对角质的水合起到有益的作用。

（二）保湿剂

常用的保湿剂有多元醇（如甘油、丙二醇、1,3-丁二醇、山梨醇和聚乙二醇等）、吡咯烷酮羧酸钠、燕麦葡聚糖、乳酸和乳酸钠、胶原蛋白、氨基酸、透明质酸、α-甘露聚糖等。保湿剂在产品中的作用有两方面：一方面保湿剂具有吸潮性，在一定温度和相对湿度的条件下，这些物质可吸收空气中的水分起到保湿和润肤的作用；保湿剂能保持水分，当涂敷在皮肤上和皮肤密切地接触时，能将水分传递给表皮，达到皮肤保湿效果。另一方面，保湿剂的存在能保持膏体的水分，防止膏体水分挥发，出现失水干缩的现象。常用保湿剂的特点见表 7-3。

表 7-3　常用保湿剂的特点

序号	物质名称	特点
1	甘油	黏稠液体，可与水互溶，用量大时肤感黏腻，使用量大时具有防冻效果
2	1,2-丙二醇	清爽肤感，可与水互溶，刺激性大，具有防冻效果
3	1,3-丁二醇	较甘油清爽，可与水互溶，刺激性小，一般与甘油复配使用，具有防冻效果
4	1,2-戊二醇	具有良好的皮肤保湿功效，可降低传统防腐剂的用量，降低产品刺激性，同时，可促进其他活性成分的良好吸收
5	山梨醇	较甘油清爽，可溶于水，刺激性小，常用在牙膏和婴儿制品中
6	聚乙二醇	不同的分子量有不同的肤感，溶解性也不一样，一般用得最多的是 PEG-400，刺激性较大
7	透明质酸	天然保湿剂，柔滑肤感，可分散在多元醇中，遇水溶胀，用量较大时，干后有点黏
8	吡咯烷酮羧酸钠	类似于透明质酸，具有很强的保湿效果
9	氨基酸保湿剂	保湿效果好，可溶解在水中，使用量大时在低温容易析出
10	燕麦葡聚糖	特别的 1,3 与 1,4 直链分子结构，能透皮吸收，具有高效的保湿效果
11	胶原蛋白	天然保湿剂，用量大时具有即时紧致效果
12	α-甘露聚糖	具有独特的顺滑肤感，被誉为"植物透明质酸"，极强的锁水保湿性能，发挥高效保湿护肤功能
13	四臻玉润（宏众 HZ-008）	是由一种多肽（燕麦肽），二种蛋白（银耳蛋白、燕麦蛋白），三种因子（生物碱、维生素、氨基酸），四种多糖（葡聚糖、仙人掌多糖、甘露糖、海藻多糖）复合而成的，具有超强保湿、抗自由基和舒缓效果的复合物

多元醇保湿剂用量过多，使用后有黏湿的感觉，在高浓度时和皮肤相接触可使皮肤脱水。因此也有人认为过量的保湿剂会从皮肤角质层吸收水分而散发于相对湿度较低的大气中，特别是在冬季。所以采用多元醇作为保湿剂要有适宜用量，一般控制在 10% 以下为宜。

保湿剂除了吸潮性之外，对膏体的稠度也有一定影响，雪花膏膏体的稠度一般随着保湿剂含量的增加而达到最高点，然后随着保湿剂的再增加而下降。

（三）EDTA

化妆品中常用的有 EDTA-2Na 和 EDTA-4Na 两种，主要用作螯合剂，与水或其他原料

带入少量的 Ca^{2+}、Mg^{2+} 发生螯合反应，消除这些离子对乳化体的影响。另外，EDTA 对防腐体系和抗氧化体系有一定的协同增效作用。

（四）其他

其他成分包括水溶性活性物质、水溶性增稠剂、防腐剂和色素等。

三、乳化剂

乳化剂是制备乳化体最重要的化合物，其作用就是使本来不相容的油和水能稳定和均匀地混合在一起。

（一）乳化剂性能与作用

① 乳化剂属于表面活性剂，具有表面活性剂的所有性能，如降低表面张力、乳化、润湿、起泡、去污、增溶等性能和作用。

② 乳化剂是乳化体稳定性最主要的决定因素，所以乳化剂的类型和用量选择是乳化体配方工程师一项很重要的工作。

③ 乳化剂是乳化体外观最主要的决定因素。乳化体膏体是否细腻，主要是由乳化剂类型所决定的。在配方中其他物质一致的前提下，改变乳化剂类型，对膏体的细腻度和黏稠度有非常大的影响。一般来说，以非离子型乳化剂制成的膏体比阴离子型乳化剂制成的膏体柔软。乳化剂的用量对最后膏体的稠度也有一定关系，乳化剂浓度高时易产生较软的膏体。

④ 乳化剂具有一定的刺激性。在相同浓度和相同接触时间下，比较乳化剂的刺激性，阳离子乳化剂刺激性最强，阴离子乳化剂次之，非离子乳化剂最弱。

（二）乳化剂分类

① 根据溶解性不同，可分为水溶性乳化剂和油溶性乳化剂两种。在配制乳化体时，水溶性乳化剂一般应加入水相，油溶性乳化剂应该加到油相，但有些乳化剂油水两相都可以加，例如氢化卵磷脂。

② 根据分子结构不同，可分为阴离子型乳化剂、阳离子型乳化剂和非离子型乳化剂。目前，乳化类化妆品使用量最大的是非离子型乳化剂，阴离子型乳化剂次之，阳离子型乳化剂很少。

③ 根据形成乳化体的类型不同，可分为 W/O 型乳化剂和 O/W 型乳化剂。

④ 根据来源和状态不同，可分为合成乳化剂、高聚物乳化剂、天然乳化剂（如磷脂）和固体粉末（如黏土、炭黑等）。

（三）常用的乳化剂

常用乳化剂见表 7-4。

表 7-4　常用乳化剂的性能及应用

化学名称（商品名称）	性能及应用
聚氧乙烯(2)硬脂醇醚(Brij72) 聚氧乙烯(21)硬脂醇醚(Brij721)	Brij72 为 W/O 型乳化剂，Brij721 为 O/W 型乳化剂，两者配合使用可取得很好的乳化效果，膏体细腻光亮，在较大 pH 值范围内稳定

续表

化学名称(商品名称)	性能及应用
甲基葡萄糖苷倍半硬脂酸酯(SS) 甲基葡萄糖苷聚氧乙烯(20)醚倍半硬脂酸酯(SSE-20)	两者配合使用,为 O/W 型润滑剂,可制得细腻稳定的膏体,属于温和无刺激的乳化剂
十六-十八醇醚-6 和硬脂醇(A6) 十六-十八醇醚-25(A25)	A6 为 W/O 型乳化剂,A25 为 O/W 型乳化剂,两者常配合使用,具有强耐电解质和强酸碱能力
甘油硬脂酸酯柠檬酸酯(Dracorin CE)	植物来源的乳化剂,不含 PEG,可提供清爽和柔软的肤感,制备微酸性的乳液,具有良好的皮肤兼容性,特别推荐用于敏感肌肤
蔗糖硬脂酸酯(和)鲸蜡硬脂基葡糖苷(和)鲸蜡醇(EC-Fix SE)	天然植物来源的复合乳化剂,性质温和,乳化后可以形成网络效应,提高体系的耐离子性和耐酸碱性,使得产品可以长期保持稳定
甘油油酸酯柠檬酸酯(和)辛酸/癸酸甘油三酯(Dracorin GOC)	非离子乳化剂,HLB 约为 13,不含 PEG,快速吸收,轻质滋润,既可作主乳化剂,也可用作不含 PEG 的辅助乳化剂,可以冷配,对极性油与非极性油、低油分含量至高油分含量(10%~40%)都能稳定,适用于较宽 pH 值范围(pH=4~9)
鲸蜡醇(和)月桂基多葡糖苷(Novel A)	一种新型的植物糖苷酯类 O/W 型乳化剂,可以乳化植物油、矿物油、硅油等油脂,具有极佳的铺展性能和良好的耐寒耐热稳定性,同时,该乳化剂较温和,无任何刺激性
Span-20、Span-40、Span-60、Span-80、Tween-20、Tween-40、Tween-60、Tween-80	Span-20、Span-40、Span-60、Span-80 属于 W/O 型乳化剂,Tween-20、Tween-40、Tween-60、Tween-80 属于 O/W 型乳化剂。两者一般配合使用,是传统的乳化剂
鲸蜡硬脂醇(和)鲸蜡硬脂基烷基糖苷(MONTANOV 68) 鲸蜡硬脂醇(和)椰子基葡糖苷(MONTANOV 82) 花生醇(和)山嵛醇(和)花生醇葡糖苷(MONTANOV L) 花生醇(和)山嵛醇(和)花生醇葡糖苷(MONTANOV 202)	O/W 型乳化剂,天然来源、乳化能力强、手感舒适、性质温和
氢化卵磷脂(NIKKOL Lecinol S-10)	O/W 型乳化剂,是安全的生物表面活性剂,具有两亲结构,非常适合做液晶产品,做出来的产品肤感柔滑滋润
蔗糖多硬质酸酯(和)氢化聚异丁烯(EMULGADE® SUCRO)	O/W 型乳化剂,对肌肤非常温和,可改善肌肤的保湿性能,带来娇嫩的肤感和用后感
鲸蜡硬脂基橄榄油酯,山梨醇橄榄酯(OLIVEM 1000)	O/W 型乳化剂,由天然植物性橄榄油衍生的新一代温和亲肤乳化剂,不含 EO,可形成自身乳化体系;可形成液晶结构,极易涂展,得到清爽、丝般手感且具有长效保湿性;极佳的皮肤亲和性;容易吸收,因为橄榄油是所有天然油脂中与皮肤亲和性最高的油脂
双-PEG/PPG-20/5 PEG/PPG-20/5 聚二甲基硅氧烷(和)甲氧基 PEG/PPG-25/4 聚二甲基硅氧烷(ABIL®Care XL 80)	硅酮类水包油乳化剂,同时具有卓越的稳定型,配方灵活性和肤感。适用于冷配乳液、冷配喷雾、冷配霜状凝胶、热配乳液、热配膏霜
环五聚二甲基硅氧烷,二硬脂二甲胺锂蒙脱石,PEG-10 聚二甲基硅氧烷(Winsier)	硅油或者油包水型的乳化剂,制得的产品手感柔滑细腻,保湿和防水性能优越,产品稳定性极高
双-PEG/PPG-14/14 聚二甲基硅氧烷;聚二甲基硅氧烷(ABIL EM 97)	硅油包水体系用乳化剂,也可用于油包水和水包油中的辅助乳化剂,赋予天鹅绒般丝滑肤感

续表

化学名称(商品名称)	性能及应用
鲸蜡基 PEG/PPG-10/1 聚二甲基硅氧烷(ABIL EM 90)	高效 W/O 型乳化剂,具有极佳的耐热和耐冷稳定性。可以乳化含矿物油酯或不含矿物油酯的配方。能乳化具有高含量的植物油和活性成分的配方,也能乳化具有高含量有机和无机防晒剂的配方
脱水山梨醇倍半油酸酯	为非离子型 O/W 乳化剂、增稠剂和分散剂,也可作为其他乳化剂的辅助乳化剂
鲸蜡醇醚磷酸酯钾盐(Emulsiphos) 十八醇醚磷酸酯盐 十二醇醚磷酸酯盐 烷基磷酸钾盐(Emulsiphos,德之馨)	优良的乳化能力,对皮肤温和无刺激,理想的 O/W 乳化剂,涂抹容易,肤感柔软,广泛应用于各种膏霜和乳液,外观亮丽平整
十二醇硫酸酯钠盐(K$_{12}$)	O/W 型乳化剂,属于传统型的乳化剂,有很强的乳化能力,但有较大的刺激性,适合于制造比较低档的膏霜和乳液(如洗面奶等)
硬脂酸皂(钾皂、钠皂、三乙醇胺皂)	O/W 型乳化剂,属于传统型的乳化剂,有很强的乳化能力,多用于制造雪花膏型的膏霜
蜂蜡/硼砂	蜂蜡中的脂肪酸与硼砂反应生成脂肪酸皂作乳化剂,多用于制造冷霜型的膏霜
聚甲基丙烯酸酯乳液(219,305)	可作为 O/W 型乳化剂,主要用作膏霜增稠剂、悬浮剂,可低温乳化
聚二甲基硅氧烷月桂醇醚	高效 W/O 型乳化剂,适用于白油体系,不油腻

(四) 乳化剂历史和发展趋势

乳化剂历史和发展趋势如图 7-4 所示。

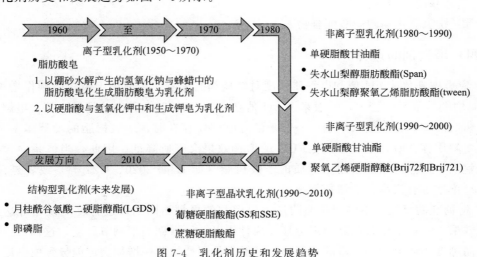

图 7-4　乳化剂历史和发展趋势

四、增稠剂

(一) 黏度调节的方法

黏稠度是乳化类化妆品的一个重要参数。乳化体的黏度可通过下列方式来调节。

首先，通过增加连续相的黏度来调节，对于 O/W 型乳化体可加入合成或天然的树胶、纤维素、黏土来增加膏体黏度；对于 W/O 型乳化体，加入多价金属皂和高熔点的蜡和树脂胶到油相中来增加黏度。

其次，黏度也能通过一些方法使分散相变稠而得到调节，如加入蜡类、高级脂肪醇、高级脂肪酸等。

另外，当内相体积大于外相体积时，表观黏度也将显著增加。

（二）水相增稠剂

常用的水相增稠剂主要有以下两类。

1. 有机增稠剂

主要有淀粉、阿拉伯树胶、黄耆胶、明胶、汉生胶、黄原胶、羟乙基纤维素（HEC）、羧甲基纤维素（CMC）、丙烯酰二甲基牛磺酸铵/VP 共聚物、聚丙烯酰基二甲基牛磺酸铵、海藻酸钠、聚乙烯吡咯烷酮（PVP）、聚丙烯酸钠、卡波树脂等。

扫码可查看常用的卡波树脂性能及应用。

卡波树脂性
能及应用

2. 无机增稠剂

主要有膨润土、胶性硅酸铝镁、胶性氧化硅等。

（三）油相增稠剂

常用的油相增稠剂主要有如下几种。

① 熔点比较高的油脂原料。如硬脂酸、十六-十八醇、单甘酯、石蜡、蜂蜡等。

② 三羟基硬脂酸甘油酯。

③ 铝/镁氢氧化物硬脂酸配合物。

（四）增稠剂的选择

① 应考虑乳化体 pH 值和电解质浓度对增稠剂的影响。当使用卡波树脂制作增稠剂时，pH 值对增稠效果影响较大，一般来说 pH 值在 5.5～7.5 时，黏度达到最大值。电解质浓度对卡波树脂的增稠也有很大影响，一般来说有电解质存在时，卡波树脂的增稠体系不稳定，有少量电解质存在时，卡波 Polygel CA 的增稠效果会有所降低。因此，当体系中含有一定量的电解质时，应选用一些耐电解质的卡波树脂（如 ETD 2020、U21 等）或者是汉生胶、羟乙基纤维素等有机高分子增稠剂。

② 增稠剂的复配。不同增稠剂的作用机理和效果是不同的，进行复配使用可达到协同增效的效果。一般来说，产品中都会复配两种或以上的增稠剂来调节黏度，这样可以较好地提高产品黏度，调节产品丰富的使用感，降低产品因使用单一增稠剂可能导致的黏度变稀等风险。例如，卡波树脂与黄原胶复配使用，不仅可提高黏度，还可提高耐电解性；再如，卡波树脂与羟乙基纤维素（HEC）复配可大大提高黏度。

③ 增稠剂用量的确定。一般来说，随着增稠剂用量的增加，乳化体系的黏度将增加，但当增稠剂用量达到一定值后，乳化体黏度增加不明显，同时，增稠剂的用量较大时，会给产品带来黏腻、稠厚的不良使用感，所以设计配方时应根据具体的体系要求，进行相应的试验以确定最佳用量。

第 3 节 乳化类化妆品配方

一、配方设计

乳化类化妆品配方可按图 7-5 所列步骤进行设计。

图 7-5 乳化类化妆品配方设计过程

(一) 产品目标要求

产品目标要求决定了乳化类化妆品的设计方向，是配方设计的重要依据。产品目标要求主要包括产品功效、状态、肤感、价位、使用人群等方面。

(二) 乳化体类型的确定

根据产品目标要求，确定乳化体的类型是 O/W 型，还是 W/O 型，然后确定乳化体的状态是膏霜，还是乳液。例如，要做一种祛痘的护肤产品，首先要考虑使用人群应该是年轻人，而有痘的年轻人基本上都是油性皮肤的人，所以将产品类型定为 O/W 的乳液，肤感清爽，易于涂抹。

(三) 油相和水相的选择

1. 油相原料的选择

当使用乳化型化妆品时，油相成分将在皮肤上形成一层薄膜，达到滋润保护肌肤的效果。所以，油相原料的选择对于产品的特性和最终效果关系密切。

对于 W/O 型乳化体产品的稠度主要取决于油相的熔点，此种产品中油相的熔点一般不超过 37℃，超过 37℃就会过于稠厚，难以涂抹；而对于 O/W 型乳化体产品的稠度虽然也受油相的影响，但主要还是取决于水相，所以油相的熔点不受 37℃限制，但也不宜过高。

不同油脂和蜡的性能是不同的，一般来说固体油脂和蜡含量高时，产品相对比较稠厚，肤感比较厚重，对皮肤封闭性好，透气性不好，涂抹性不好，但价格便宜；而一些合成的液体油脂，如碳酸二辛酯、鲸蜡醇乙基己酸酯、马来酸酐蓖麻油酯、硅油、异壬酸异壬酯、角鲨烷等的产品肤感则比较轻柔，易于涂抹和渗透吸收，透气性好，有滑而不腻的感觉，但价格相对较高。所以选择油脂的时候要根据产品目标要求来选择，一般采用多种油脂和蜡组合的方式达到目标要求。

2. 水相原料的选择

在乳化类化妆品中，水相是很多有效成分的载体，如保湿剂、增稠剂、防腐剂和各种水溶性活性物质。在水相中存在这些成分时，要注意各种物质的相容性，例如是否会发生化学反应等。

至于如何选择保湿剂，要根据产品目标要求，并结合表 7-3 所列保湿剂的特点来选择。例如透明质酸的水溶液确实有很好的肤感和良好的保湿效果，但其价格高，做低价位产品时就难以使用。

3. 油相与水相的比例

一般来说，分散相比例可最高达 80%，也可低于 1%。当然，具体到配方中，两相的比例控制多少，一般要经过试验来确定。

从剂型来看，一般来说 W/O 的乳化体中油相比例比 O/W 乳化体的高。

从产品滋润度来看，含油比例高的产品滋润度比含油比例低的产品要好些。

从使用的地域来看，北方适用的产品比南方适用的产品含油比例要高。

从使用人群的年龄看，老年人使用的产品比年轻人使用的产品含油比例要高。

从使用部位来看，即使同一个人，使用部位不同，对产品的含油比例也不同。

所以，作为一个配方工程师来说，要根据不同的目标要求，对乳化体的油、水两相比例做出准确合理的判断，才能开发出有针对性的产品。

（四）乳化剂的选择

乳化类化妆品用乳化剂选择，一般要遵循如下几项原则。

① 根据目标产品乳化体类型选择乳化剂，例如要做 O/W 型乳化体，那只能主要选择 O/W 型乳化剂；要做 W/O 型乳化体，那只能主要选择 W/O 型乳化剂。

② 根据目标产品的肤感和外观选择乳化剂，不同乳化剂做出的产品的肤感和外观是不一致的，具体见表 7-4。

③ 亲油性的乳化剂与亲水性的乳化剂复配后产生的乳化体的质量和稳定性均优于单一乳化剂产生的乳化体，所以很多配方均采用两种乳化剂复配的形式使用。

④ 油相的极性越大，选择的乳化剂应更亲水；如果油相是非极性的，则应选择亲油的乳化剂。

⑤ 要考虑产品的刺激性。一般来说非离子乳化剂的刺激性低，阴离子乳化剂稍大，阳离子乳化剂最大，所以现在很多产品配方中都用非离子乳化剂。

（五）配方试验与调整

乳化体配方的组成是比较复杂的，除了以上主要基质成分外，还要添加各种功能性添加剂、香精、防腐剂和着色剂等。这些物质的加入，对乳化体的稳定性、肤感等均会有一定的影响。

所以在油相、水相和乳化剂确定后，要根据产品目标要求，选择功效成分、防腐剂和香精。选择好这些物质后，乳化体配方的雏形就已经基本具备了，下一步就是要对设计的配方进行实际的配方试验，对试验得到的乳化体进行稳定性试验和肤感、功效等方面进行评价，根据稳定性试验和评价结果，对配方各组分进行调整。

配方调整是一项复杂而关键的工作，需要有丰富经验的配方工程师才能完成。一般来说，配方调整主要包括以下几个方面。

1. 乳化剂的调整

按照 HLB 值计算出来的乳化剂类型和用量，可能会跟实际生产的产品有差别，出现乳化剂用量过大，导致成本浪费和引起潜在的肌肤刺激。在 O/W 型产品中添加的一些活性物，如 Symwhite 377、Actiwhite，则不能完全按照理论上所选的乳化剂，应根据该活性物的特点，采用一些相匹配的乳化剂或者增加其他助乳化剂以起到协同增效的效果。对于 W/O 型乳化体，乳化剂的选择对产品稳定性起着至关重要的作用，应根据产品中所使用的油脂的极性、钛白粉的表面处理方式等方面考虑选择匹配的乳化剂，同时，还应考虑产品在经历冷热条件下时体系的 HLB 值的变化，通常当温度升高时，体系的 HLB 值降低，当温度降低时，产品的 HLB 值升高。

2. 黏度的调整

一般来说，产品的黏度越高其稳定性越好，可根据不同的产品类型和诉求来制订大概的黏度。对于 O/W 型乳化体，可通过添加水相增稠剂来达到相应的黏度，如市面上比较常用的卡波姆、汉生胶、羟乙基纤维素、丙烯酰二甲基牛磺酸铵/VP 共聚物、聚丙烯酰胺等，在实际生产中，一般都会采用两个或以上的增稠剂进行复配使用，以达到较好的增稠效果和丰富的手感。对于 W/O 型乳化体，可通过调整油水两相的比例或者在油相中添加蜂蜡、地蜡、氢化蓖麻油、膨润土等增稠剂来调节产品黏度，水相比例越高，产品的黏度越高，一般水相比例以控制在 50%~60% 为佳。

3. pH 值的调整

产品的 pH 值一般控制在 5.0~6.5 的弱酸性区间，此范围内的 pH 值与人体皮肤的 pH 值较接近，对皮肤的刺激性较小，同时，该 pH 值范围内，增稠剂的增稠效果是最佳的。一些功效性的产品，如美白、去角质产品，需在 pH 值较低的条件下才能起到较好的效果，此时，应将产品的 pH 值调整到 5 以下。

4. 肤感的调整

产品中所用到的乳化剂、油脂、增稠剂、保湿剂等成分对产品的肤感都有较大的影响，因此，设计配方时应根据产品的需求进行相应的调整，尽量选用一些非离子型的乳化剂，可获得较为柔软细腻的肤感，同时，可添加一些硅弹性体或者硅粉，改善产品的黏腻感和涂抹感。

二、乳化化妆品配方

（一）雪花膏

雪花膏在皮肤上涂开后有立即消失的现象，此种现象类似"雪花"，故得名为雪花膏。它属于阴离子型乳化剂为基础的 O/W 型乳化体，在化妆品中是一种非油腻性的护肤用品，敷用在皮肤上，水分蒸发后就留下一层硬脂酸、硬脂酸皂和保湿剂所组成的薄膜，使皮肤与外界干燥空气隔离，能节制皮肤表皮水分的过量挥发，特别是在秋冬季节空气相对湿度较低的情况下，能保护皮肤不致干燥、开裂或粗糙，也可防治皮肤因干燥而引起的瘙痒。

1. 组成

雪花膏主要原料是硬脂酸、碱类、多元醇、水、白油和羊毛脂、防腐剂和香精等。其核心是配方中的部分硬脂酸与碱发生中和作用生成硬脂酸皂为乳化剂，将油、水两相混合乳化而得雪花膏。

所用碱类有 KOH、NaOH、氨水、硼砂、三乙醇胺、三异丙醇胺等。这些碱性物质中，使用 NaOH 中和成皂制出的膏体硬，KOH 次之，氨水和胺制出的膏体软。但氨水有特殊气味，而且和某些香料混合使用容易变色，较少采用。三乙醇胺和三异丙醇胺制成的雪花膏柔软而且细腻，但制成的雪花膏如果使用香料不当也容易变色。NaOH 制成的乳化体稠度较大，易导致膏体有水分离析，致使乳化体质量不稳定。一般采用 KOH，为提高乳化体稠度，可辅加少量 NaOH，其质量比为 9:1。

一般来说，被中和的硬脂酸占硬脂酸总加入量的 15%~25%，剩下的 75%~85% 的硬脂酸仍是游离状态。KOH 的加入量依据下式计算：

$$\text{KOH 用量} = \frac{\text{硬脂酸用量}\times\text{硬脂酸中和成皂率}\times\text{酸值}}{\text{氢氧化钾纯度}\times 1000}$$

式中，酸值为中和 1g 硬脂酸所需 KOH 的质量，mg。

【例题 7-1】 要配制 100kg 雪花膏，需要硬脂酸（酸值 208）14kg，硬脂酸中和成皂百分率为 15%，则配方中需要纯度为 98% 的 KOH 为多少千克。

回答：按下式计算 KOH 的用量：

$$\text{KOH 用量} = \frac{14\times 15\%\times 208}{98\%\times 1000} = 0.445(\text{kg})$$

2. 配方实例

常用雪花膏产品的配方如表 7-5 所列。

表 7-5　雪花膏配方实例

组相	组分名称	质量分数/%	作用
A	硬脂酸	10	润肤,部分与氢氧化钾反应生成皂,乳化
	单甘酯	1.0	润肤、助乳化
	羊毛脂	1	润肤
	白油	6	润肤
	羟苯甲酯	0.15	防腐
	羟苯丙酯	0.1	防腐
B	甘油	6	保湿
	KOH	0.6	与部分硬脂酸反应生成皂,乳化
	EDTA-2Na	0.05	螯合
	去离子水	余量	溶解
C	香精	0.2	赋香

（二）冷霜

冷霜（cold cream）也叫香脂或护肤脂，涂在皮肤上有水分离出来，水分蒸发而带走热量，使皮肤有清凉的感觉，所以叫冷霜。

1. 组成

传统冷霜是一种 W/O 型乳化体，即所谓的蜂蜡-硼砂体系，其原料主要有蜂蜡、白油、水、硼砂、香精和防腐剂等。蜂蜡的用量为 2%~15%，硼砂的用量则要根据蜂蜡的酸价而定，通常蜂蜡与硼砂的比例是（10:1）~（16:1）。

冷霜由于其包装容器不同，配方和操作也有很大区别，可分为瓶装冷霜、铁盒装冷霜和气雾型冷霜等类型。

2. 配方实例

传统冷霜参考配方如表 7-6 所列。

表 7-6   传统冷霜配方实例

组相	组分名称	质量分数/%	作用
A	蜂蜡	10	润肤,部分与硼砂反应生成皂,乳化
	单甘酯	1	润肤,助乳化
	羊毛脂	1	润肤
	白油	25	润肤
	地蜡	4	润肤
	羟苯甲酯	0.15	防腐
	羟苯丙酯	0.1	防腐
B	1,2-丙二醇	6	保湿
	硼砂	0.9	与部分蜂蜡反应生成皂,乳化
	去离子水	余量	溶解
C	香精	0.2	赋香

（三）润肤霜和乳液

润肤霜和乳液的主要作用是恢复和维持皮肤的滋润、柔软和弹性，保持皮肤的健康和美观，颇受消费者欢迎，在我国护肤品市场有较大份额。

水是保持表皮角质层的滋润、柔软和弹性所必不可少的物质。正常情况下，角质层中水分保持量在 $10\%\sim20\%$ 时，皮肤张紧，富有弹性，是最理想的状态，水分在 10% 以下时，皮肤干燥，呈粗糙状态，水分再少则发生龟裂现象。干燥皮肤按其成因有两种基本类型：一种是由于低温和空气相对湿度较低使角质层正常的水合状态改变，经常使用肥皂和洗涤剂过分脱脂使皮肤干燥；另一种是随着年龄增加的自然老化，或长期暴露在紫外线下造成的损伤而引起的皮肤干燥。前者可通过使用一般润肤霜或乳液使其恢复正常状态，后者是较难恢复原来状态的，只能使用药物或活性护肤品（见抗衰老化妆品和乳液）延缓或减轻皮肤的老化现象。

皮肤干燥的原因主要是由于角质层水分含量的减少，因此如何保持皮肤适宜的水分含量有利于保持皮肤滋润、柔软和弹性，是防止皮肤老化的关键。恢复干燥皮肤水分的正常平衡（即皮肤保湿）的主要途径是赋予皮肤滋润性油膜，通过在皮肤上形成一层油膜，防止皮肤水分过快挥发，促进角质层的水合作用。油脂和蜡等润肤物质是表皮水分有效的封闭剂，可减少或阻止水分从它的薄膜通过，促使角质层再水合，且对皮肤有润滑作用。因此润肤物质是润肤霜和乳液的主要成分。皮肤保湿的第二条途径是保湿剂，当含有保湿剂的产品涂擦在皮肤上时，保湿剂与油脂共同组成皮肤表层的薄膜，保湿剂可以吸附空气中的水分，从而达到保湿的目的。

润肤霜和乳液对儿童和成人的皮肤具有保护作用，并对皮肤开裂有一定的愈合作用。产品的外观、结构、色泽和香气都是重要的感观质量。在使用时应该涂敷容易，既不阻曳又不过分滑溜，似乎有逐渐被皮肤吸收的感觉，有滋润感但并不油腻。当涂敷于干裂疼痛的皮肤上时有立即润滑和解除干燥的感觉。经常使用能保持皮肤的滋润。

1. 组成

由上可知，润肤霜和乳液的功能是在皮肤上形成一层润而不腻的油膜，达到皮肤保湿的效果。为了实现这种功能，润肤霜和乳液主要原料还是采用传统的油脂和蜡类、保湿剂、乳化剂等。除了突出保湿功能外，润肤霜和乳液一般不突出其他，所以润肤霜和乳液一般不含或少含特殊功能的添加剂，成本较低。

对于乳化剂来说，阴离子型、非离子型表面活性剂都可作为润肤霜和乳液的乳化剂。润肤霜和乳液可以配制成 O/W 型或 W/O 型乳化体，一般有 O/W 型膏霜和乳液，W/O 型膏霜和 W/O 型乳液。每种霜和乳液中可以只含阴离子型、非离子型乳化剂，也可用阴离子型与非离子型混合乳化剂。

2. 配方实例

表 7-7 为含有阴离子乳化剂鲸蜡醇醚磷酸酯钾盐 CPK 的 O/W 型润肤霜。表 7-8 所列为含有非离子乳化剂 Novel A 的 O/W 型润肤乳配方。表 7-9 所列为含有非离子乳化剂 Winsier 的 W/O 型润肤霜配方，表 7-10 所列为 W/O 型（W/Si 型）润肤霜配方实例。

表 7-7 O/W 型润肤霜配方实例

组相	组分名称	质量分数/%	作用
A	白油	7	润肤
	十六-十八醇	2.5	润肤、助乳化
	单甘酯	2	润肤、助乳化
	IPP	6	润肤
	二甲基硅油	6	润肤
	羟苯甲酯	0.15	防腐
	羟苯丙酯	0.05	防腐
B	鲸蜡醇醚磷酸酯钾盐	2	乳化
	1,2-丙二醇	6	保湿
	汉生胶	0.2	增稠
	苯氧乙醇	0.5	防腐
	去离子水	余量	溶解
C	α-甘露聚糖	3.0	保湿
	香精	0.2	赋香

表 7-8 O/W 型润肤乳配方实例

组相	组分名称	质量分数/%	作用
A	白油	6	润肤
	十六-十八醇	0.5	润肤、助乳化
	单甘酯	0.5	润肤、助乳化
	IPP	5	润肤
	二甲基硅油	5	润肤
	羟苯甲酯	0.15	防腐
	羟苯丙酯	0.05	防腐
	Novel A	2.0	乳化

组相	组分名称	质量分数/%	作用
B	1,3-丁二醇	5	保湿
	苯氧乙醇	0.5	防腐
	去离子水	余量	溶解
	燕麦紧肤蛋白	0.5	润肤
	马齿苋提取物	0.5	润肤、止痒
C	香精	0.2	赋香

表 7-9　W/O 型润肤霜配方实例

组相	组分名称	质量分数/%	作用
A	地蜡	1	润肤、助乳化
	小烛树蜡	1	润肤
	白油	8	润肤
	IPP	6	润肤
	GTCC	6	润肤
	二甲基硅油	6	润肤
	羟苯甲酯	0.15	防腐
	羟苯丙酯	0.05	防腐
	Winsier	5.0	乳化
B	1,3-丁二醇	5	保湿
	苯氧乙醇	0.5	防腐
	黄原胶	0.2	增稠
	氯化钠	1	降低结冰点,防止低温时水相膨胀
	去离子水	余量	溶解
C	Bioclam	0.5	润肤、止痒
	燕麦葡聚糖	2.0	润肤
	香精	0.2	赋香

表 7-10　W/O 型（W/Si 型）润肤霜配方实例

组相	组分名称	质量分数/%	作用
A	地蜡	1	润肤、助乳化
	小烛树蜡	1	润肤
	苯基硅油	2	润肤
	鲸蜡基二甲基硅油	2	润肤
	辛基甲基硅油	6	润肤
	环状硅油(D5)	15	润肤
	硅弹性体	3	润肤
	二甲基硅油	1	润肤
	羟苯甲酯	0.2	防腐
	羟苯丙酯	0.1	防腐
	Winsier	2.0	乳化
	EM-97 乳化剂	2.5	乳化

续表

组相	组分名称	质量分数/%	作用
B	1,3-丁二醇	5	保湿
	甘油	5	保湿
	苯氧乙醇	0.4	防腐
	黄原胶	0.2	增稠
	氯化钠	1	降低结冰点,防止低温时水相膨胀
	去离子水	余量	溶解
C	红石榴提取物	0.5	润肤
	香精	0.2	赋香

【疑问】　为什么在 O/W 型乳化体配方中不能加入电解质成分? 而在 W/O 型乳化体配方中则需要加入电解质成分?

回答:　电解质对乳化体稳定性是有影响的,特别是如果 O/W 型乳化体中含有电解质,由于 O/W 乳状液带负电,加入电解质会压缩双电层,使界面厚度变薄,稳定性降低,从而导致破乳分层。但在 W/O 型乳化体中,加入电解质可起到如下作用,从而使乳化体稳定:

① 起到类似"盐析"的作用,降低乳化剂在水中的溶解度,使界面膜上的乳化剂分子更持久地待在界面上,增强界面强度,提高稳定性;

② 在界面上形成双电层,更好地固定界面膜;

③ 增加水相的渗透压,缓解油相及乳化界面上的极性基团向水相迁移;

④ 降低水的冰点,增强低温稳定性。

(四) 保湿霜和乳液

保湿是通过防止皮肤水分的丢失和吸收外界环境的水分来达到皮肤内含有一定水分的目的。实现皮肤保湿功能一般有三个途径。

① 通过在皮肤表面形成封闭膜,防止皮肤水分蒸发到空气中去。这类保湿剂又称为皮肤封闭剂,例如白油、凡士林、高级脂肪醇、高级脂肪酸、芦荟油等油脂和蜡。

② 在皮肤表面上涂有保湿剂,吸收空气中的水分,同时也可以阻止皮肤水分的散失。这类保湿剂又称为吸湿剂,例如甘油、丁二醇、1,2-戊二醇、丙二醇等多元醇。

③ 在皮肤上涂有保湿剂,被皮肤吸收后,与皮肤中的游离水结合,使之不容易挥发而达到保湿目的。这类保湿剂一般不影响皮肤的透气性,又称为仿生保湿剂,例如透明质酸、燕麦葡聚糖、α-甘露聚糖、吡咯烷酮羧酸、乳酸等。

保湿霜和乳液就是为了实现皮肤高效保湿而设计的乳化化妆品,有良好的润肤作用和保湿效果,能让肌肤保持滋润。

1. 组成

与润肤霜和乳液相比,保湿霜和乳液除了保持润肤霜的功效外,还特别强调保湿效果。所以保湿霜和乳液的配方是在润肤霜和乳液配方的基础上加大了保湿剂的用量。

保湿霜和乳液可以配制成 O/W 型或 W/O 型乳化体。

2. 配方实例

表 7-11 为保湿霜的配方实例,表 7-12 为保湿乳液配方实例。

表 7-11　保湿霜配方实例

组相	组分名称	质量分数/%	作用
A	芦荟油	4	润肤
	乳木果油	1	润肤
	十六-十八醇	1.5	润肤、助乳化
	单甘酯	1	润肤、助乳化
	COSMACOL EMI	4	润肤
	凡士林	1	润肤
	马来酸酐蓖麻油酯	3	润肤
	二甲基硅油	1	润肤
	环状二甲基硅油	2	润肤
	羟苯甲酯	0.15	防腐
	羟苯丙酯	0.05	防腐
B	去离子水	余量	溶解
	EDTA-Na$_2$	0.02	净水
	1,2-戊二醇	1	保湿
	Dracorin GOC	3	乳化
	甜菜碱	1	保湿
	甘油	5	保湿
	1,3-丁二醇	3	保湿
	Polygel CA	0.25	增稠
C	氨甲基丙醇	0.15	中和
D	燕麦葡聚糖	2.0	保湿
	四臻玉润(HZ-008)	1.0	保湿
	苯氧乙醇	0.3	防腐
	香精	0.15	赋香

表 7-12　保湿乳液配方实例

组相	组分名称	质量分数/%	作用
A	氢化聚异丁烯	4	润肤
	乳木果油	0.5	润肤
	十六-十八醇	0.5	润肤、助乳化
	单甘酯	1	润肤、助乳化
	芦荟油	3	润肤
	COSMACOL EBI	3	润肤
	二甲基硅油	1	润肤
	环状二甲基硅油	3	润肤
	羟苯甲酯	0.15	防腐
	羟苯丙酯	0.05	防腐
B	去离子水	余量	溶解
	EDTA-2Na	0.02	净水
	1,2-戊二醇	1	保湿
	Dracorin GOC	3	乳化
	甜菜碱	1	保湿
	甘油	5	保湿
	1,3-丁二醇	3	保湿
	汉生胶	0.05	增稠
	Polygel CB	0.1	增稠

续表

组相	组分名称	质量分数/%	作用
C	氨甲基丙醇	0.06	中和
D	燕麦葡聚糖	2.0	保湿
	四臻玉润(HZ-008)	2.0	保湿
	苯氧乙醇	0.3	防腐
	香精	0.1	赋香

（五）护手霜和乳液

一般，在皮肤的护理方面比较重视面部皮肤的护理。而在日常生活中，手要和自然界中各种物质相接触，所以手上的皮肤最易受到损伤。而且手经常和水及洗涤剂相接触，特别是在严寒的天气，皮肤往往会变得粗糙、干燥和开裂。为了防止这些缺陷的发生，应使用滋润或保护性膏霜和乳液，这类膏霜和乳液称为护手霜和乳液，其主要功能是保持皮肤水分和舒缓干燥皮肤的症状，降低水分透过皮肤的速度，使其柔软润滑。其机理是通过形成吸留性保护膜（如硅油、油脂、蜡类、聚合物等）起着护肤作用。

市面上的护手霜几乎都是 O/W 型乳化体，主要是为了使用后没有黏腻的感觉，油相浓度较低，但熔点应高于 37℃。护手霜的油相比例为 10%～40%，包括乳化剂在内，而乳液的油相比例只有 5%～15%。

1. 组成

护手霜和乳液的基本组成与润肤霜和乳液基本一致。只是为了使表皮粗糙开裂的手较快地愈合，在护手霜和乳液中一般加入皮肤愈合促进剂。皮肤愈合促进剂的作用是促进健康肉芽组织的生长。目前常用的皮肤愈合促进剂主要有如下两种。

（1）尿囊素　尿囊素是尿酸的衍生物，对皮肤的愈合作用可归纳为下面五点：

① 尿囊素能促使组织产生天然的清创作用，清除坏死物质，并有一定的消炎作用；

② 明显促进细胞增殖，迅速使肉芽组织成长，缩短愈合时间；

③ 软化角质层，促进其他营养物质的吸收；

④ 具有良好的保湿作用；

⑤ 可制成溶液、乳化体或油膏形式，单独或和其他药剂配合使用。

尿囊素纯品是一种无毒、无味、无刺激性、无过敏性的白色晶体，水中结晶为单棱柱体或无色结晶性粉末。能溶于热水、热醇溶液。微溶于常温的水和醇，难溶于乙醚和氯仿等有机溶剂；其饱和水溶液（浓度为 0.6%）呈微酸性；pH 值为 5.5。在 pH 值为 4～9 的水溶液中稳定。使用时，应将尿囊素加入热水中溶解，但要注意的是当水冷却下来后，尿囊素会析出，所以配方中尿囊素的用量不宜超过 0.3%。

（2）尿素　尿素也是一种皮肤愈合促进剂，也可用于手用产品。用尿素制作的膏霜和乳液对轻度湿疹和皮肤开裂同样有效。从它的有效性、无毒性和对皮肤感染的作用，可以说尿素是护手霜的一种有益成分。尿素在配方中的用量为 3%～5%。虽然它和护手霜的各种成分的相容性良好，但是用尿素制成的产品容易产生变色等问题，使用时应慎重。

2. 配方实例

护手霜配方举例如表 7-13 所列。

表 7-13　护手霜配方实例

组相	组分名称	质量分数/%	作用
A	芦荟油	6	润肤
	十六-十八醇	2.5	润肤、助乳化
	单甘酯	2	润肤、助乳化
	COSMACOL EBI	4	润肤
	二甲基硅油	5	润肤
	GTCC	4	润肤
	羟苯甲酯	0.15	防腐
	羟苯丙酯	0.05	防腐
	EC-Fix SE	2.5	乳化
B	1,3-丁二醇	5	保湿
	苯氧乙醇	0.5	防腐
	尿囊素	0.3	促进皮肤愈合
	Polygel CA	0.15	增稠
	去离子水	余量	溶解
C	燕麦葡聚糖	1.0	保湿
	四臻玉润(HZ-008)	0.5	保湿
	氨甲基丙醇	0.09	中和
	香精	0.2	赋香

护手乳液配方举例如表 7-14 所列。

表 7-14　护手乳液配方实例

组成	组分名称	质量分数/%	作用
A	芦荟油	6	润肤
	十六-十八醇	1.0	润肤、助乳化
	单甘酯	2	润肤、助乳化
	COSMACOL EBI	4	润肤
	二甲基硅油	5	润肤
	GTCC	4	润肤
	羟苯甲酯	0.15	防腐
	羟苯丙酯	0.05	防腐
	EC-Fix SE	0.6	乳化
B	1,3-丁二醇	5	保湿
	苯氧乙醇	0.5	防腐
	尿囊素	0.3	促进皮肤愈合
	Polygel CB	0.1	增稠
	去离子水	余量	溶解
C	燕麦葡聚糖	1.0	保湿
	氨甲基丙醇	0.06	中和
	香精	0.2	赋香

(六) 粉底霜和乳

粉底霜和乳本来是供化妆时敷粉前打底用的，其作用是使香粉能更好地附着在皮肤上。但随着化妆品的发展，粉底霜和乳已经不仅仅是作为敷粉前打底用，而是作为一种遮瑕和调整肤色产品来使用，目前非常流行的 BB 霜其实就是粉底霜的升级版，除了强调遮盖效果外，还赋予了护肤效果。

BB 霜是 Blemish Balm 的缩写，20 世纪 60 年代起源于德国，是用在医学美容上的，用专业术语来讲就是"伤痕保养霜"，当初的研发就是为了提供给镭射治疗的人来使用的。因为一般人镭射后会出现剥皮和脱皮的情况，涂上它之后，会让皮再生，不只修饰伤疤，更有保养的功能。后来，韩国将这个概念应用到美容化妆品中，并结合东方女性的皮肤特点，研制了结合保养品和粉底的 BB cream，性能得到大幅度的提升，同时加上韩国女性不遗余力地宣传，使其迅速风靡，一举奠定了在护肤品中的位置。

为了达到遮盖瑕疵的效果，粉底霜和乳中需要加入钛白粉、云母、滑石粉及二氧化锌等粉质原料。这几种粉质原料有较好的遮盖力，能掩盖面部皮肤表面的某些缺陷。为了达到粉底霜使用后与皮肤一致的颜色效果，在粉底霜中还可以适当地加入一些色素或颜料，如铁红、铁黄、铁黑等，使其色泽更接近于皮肤的自然色彩。

含粉质的粉底霜，根据遮盖力的需要，粉的加入量为 5%～20%。颜料和粉不会溶于水中，而是分散在水相中，颜料和粉有沉降的趋势，属于不稳定体系。选择合适的乳化剂和设计科学的配方以稳定体系是粉底霜制造的关键，这点应引起配方工程师的重视。

粉底霜和乳均可制成 O/W 型和 W/O 型制品。表 7-15 所列为 W/O 型粉底霜的配方实例，表 7-16 所列为 W/O 型 BB 霜的配方实例，表 7-17 所列为 O/W 型粉底乳的配方实例。

表 7-15　W/O 型粉底霜配方实例

组相	组分名称	质量分数/%	作用
A	蒙脱土	0.8	增稠、悬浮
	地蜡	0.5	增稠
	蜂蜡	0.5	增稠
	COSMACOL EBI	5	润肤
	GTCC	2	润肤
	二甲基硅油	2	润肤
	羟苯甲酯	0.20	防腐
	羟苯丙酯	0.15	防腐
	Winsier	3.0	乳化
	KF-6038	1.0	乳化
	Arlacel 83	0.5	助乳化
B	1,3-丁二醇	5	保湿
	苯氧乙醇	0.4	防腐
	氯化钠	1	降低结冰点，防止低温时水相膨胀
	去离子水	余量	溶解
C	钛白粉	8	遮盖
	铁红	0.1	调色
	铁黄	0.3	调色
	硬脂酸镁	0.5	帮助分散、悬浮色粉
	白油	6	润肤
	COSMACOL EBI	2	润肤
D	芦荟提取物	2.0	保湿、舒缓
	BioCalm	0.5	舒缓
	香精	0.2	赋香

表 7-16　W/O 型 BB 霜配方实例

组相	组分名称	质量分数/%	作用
A	蒙脱土	0.8	增稠、悬浮
	地蜡	0.5	增稠
	蜂蜡	0.5	增稠
	COSMACOL EBI	4	润肤
	异构十六烷	4	润肤
	二甲基硅油	2	润肤
	环状硅油(D5)	6	润肤
	硅弹性体	2	润肤、改善肤感
	羟苯甲酯	0.20	防腐
	羟苯丙酯	0.15	防腐
	Winsier	3.0	乳化
	KF-6038	1.0	乳化
	Arlacel 83	0.5	助乳化
B	1,3-丁二醇	5	保湿
	苯氧乙醇	0.4	防腐
	氯化钠	1	降低结冰点,防止低温时水相膨胀
	去离子水	余量	溶解
C	钛白粉	8	遮盖
	铁红	0.1	调色
	铁黄	0.5	调色
	铁黑	0.05	调色
	硬脂酸镁	0.5	帮助分散、悬浮色粉
	白油	6	润肤
	COSMACOL EBI	2	润肤
D	芦荟提取物	2.0	保湿、舒缓
	燕麦葡聚糖	2.0	保湿、抗皱
	香精	0.2	赋香

表 7-17　O/W 型粉底乳配方实例

组相	组分名称	质量分数/%	作用
A	十六-十八醇	0.8	增稠
	蜂蜡	0.5	增稠
	硬脂酸	0.5	增稠
	Novel A	1.5	乳化
	GTCC	4	润肤
	异构十六烷	4	润肤
	二甲基硅油	2	润肤
	环状硅油(D5)	6	润肤
	硅弹性体	2	润肤、改善肤感
	羟苯甲酯	0.15	防腐
	羟苯丙酯	0.05	防腐
	Arlacel 165	2.5	乳化
B	硅酸铝镁	0.5	增稠、悬浮
	苯氧乙醇	0.4	防腐
	Dracorin GOC	2.0	乳化
	去离子水	余量	溶解

续表

组相	组分名称	质量分数/%	作用
C	钛白粉	6	遮盖
	铁红	0.1	调色
	铁黄	0.5	调色
	铁黑	0.05	调色
	1,2-戊二醇	3	保湿,辅助防腐
	甘油	5	保湿
D	芦荟提取物	2.0	保湿、舒缓
	α-甘露聚糖	3.0	保湿、舒缓
	香精	0.2	赋香

近年来流行的素颜霜，也是含有粉体的膏霜，其成分就是二氧化钛和乳液。二氧化钛在配方中起到美白作用，它会让皮肤变得更有光泽，亮度变得白皙起来，而且二氧化钛是一种物理美白和物理防晒剂，有美白遮盖的作用，和 BB 霜、粉底液中加入各种着色剂，修饰肤色是一个道理。只是素颜霜钛白粉加入量比较少，更多的是让皮肤变白，兼具护肤的功效。其配方和工艺技术可扫描学习。

（七）抗衰老营养霜和乳液

企业素颜霜生产
配方与工艺技术

人体皮肤老化的机理，概括起来就是内因和外因的相互作用，内因暂时还无法改变，外因主要是人体自由基作用和皮脂成分的改变等。目前，化妆品界对于抗衰老方面的研究主要集中在外因的研究，并提出和采用了如下方法达到抗衰老目的：

① 抗自由基作用；

② 修复皮肤组织；

③ 保持和补充水分营养；

④ 防紫外线（见防晒化妆品部分）。

抗衰老营养霜和乳液是为使人体皮肤直接获得或补充所需要的氨基酸、脂肪酸、维生素、乳酸等营养物质，从而使人体皮肤得以进行正常的新陈代谢，使皮肤中的各类营养成分、油分、水分保持平衡而设计、制作的化妆品，是目前较流行的化妆品之一。

1. 组成

抗衰老营养霜和乳液是以润肤霜和乳液为基础配方，在润肤霜和乳液配方中加入各种营养成分即为营养霜和乳液。

常用的营养物质主要有以下几类。

（1）氨基酸和水解蛋白　氨基酸具有很好的水合作用，是常用的保湿剂。为了使老化或硬化的表皮（出现皱纹）恢复水合性而使用各种氨基酸，常用的有酪氨酸、亮氨酸、苏氨酸、赖氨酸、甘氨酸、谷氨酸等，这些氨基酸存在于多数蛋白质中，因此，通常在化妆品中加入水解蛋白或者肽，如水解胶原蛋白中就含有 15 种以上氨基酸。水解胶原蛋白能被皮肤吸收并填充在皮肤基质之间，从而使皮肤丰满，皱纹舒展；同时提高皮肤密度，增加皮肤弹性；能促进皮肤微循环和新陈代谢，使皮肤光滑、亮泽。

（2）维生素类　缺乏维生素会使正常的生理机能发生障碍，而且往往首先从皮肤上显现出来。因此，应针对缺乏各种维生素的症状，在化妆品中加入维生素类。用于营养性化妆品的维生素主要是油溶性维生素 A、维生素 D 和维生素 E。

维生素 A 又名视黄醇，是表皮的调理剂，可通过皮肤吸收，有助于皮肤新陈代谢，保持皮肤柔软和丰满。维生素 A 遇热易分解，使用时应注意。在乳化体中的用量为 $1000 \sim 5000$ 国际单位/g。

维生素 D 对治疗皮肤创伤有效。在乳化体中的用量为 $100 \sim 500$ 国际单位/g。

维生素 E，又名生育酚，是一种不饱和脂肪酸的衍生物，有加强皮肤吸收其他油脂的功能，也有很强的抗自由基能力。在乳化体中的用量约为 $5mg/g$。

维生素 C，又名抗坏血酸，是一种强效自由基去除剂，具有很好的美白、抗衰老功效。但由于维生素 C 为水溶性物质，不易被皮肤吸收，而且非常不稳定，容易变色，所以往往将维生素 C 改性，制成维生素 C 的酯，如维生素 C 棕榈酸酯等。

（3）神经酰胺　神经酰胺是存在于人体皮肤最外侧的角质层细胞间类脂体的主要构成成分（>50%），起着防止水分散发及对外部刺激有防护功能的重要作用，承担着保护皮肤和滋润、保湿功能，也具有防止过敏性皮肤病的目的和抑制黑色素褐斑的效果。

天然神经酰胺提纯困难，价格昂贵，且熔点较高不易应用，化学家们开发了各种具有类似结构和功能的成分来代替天然神经酰胺，如日本高砂公司利用不对称合成技术合成的与人体旋光度一样，纯度高达 99.0% 的神经酰胺 II 单体，就能起到锁住细胞间的水分，建立皮肤屏障功能作用，有保湿、抗敏、抗衰老的功效。

【问题】　化妆品配方中如何用好神经酰胺了？请扫码学习。

（4）超氧化物歧化酶　超氧化物歧化酶（SOD）是一种人体内自由基的吸收剂，对皮肤抗皱有一定功效。它在生物界的分布极广，几乎从人到细胞，从动物到植物，都有它的存在，是一种非常安全的自由基清除剂。

问题答案

（5）金属硫蛋白　金属硫蛋白（MT）是目前所知的最有效的一种新型自由基去除剂，其清除自由基（·OH）的能力约为 SOD 的几千倍，而清除氧自由基（·O）的能力约是谷胱甘肽（GSH）的 25 倍，具有治疗皮肤瘙痒、面部皮炎和抗衰老的功能，其分子量较小，易于被皮肤吸收。

（6）葡聚糖　目前葡聚糖有燕麦葡聚糖和 β-葡聚糖两种。燕麦葡聚糖主要是从大燕麦皮中提取得到；β-葡聚糖主要采用微生物发酵获得，如昂立达公司生产的 β-葡聚糖（代号 SC-Glucan）。葡聚糖拥有优异的抗衰老功效，能够抚平细小皱纹，提高皮肤弹性，改善皮肤纹理度；具有独特的直链分子结构，赋予了良好的透皮吸收性能；促进成纤维细胞合成胶原蛋白，促进伤口愈合，修复受损肌肤，给予皮肤如丝绸般滋润光滑的触感。

（7）生长因子　目前，已开发出多种细胞生长因子，如酸性成纤维生长因子（aFGF）、碱性成纤维生长因子（bFGF）、表皮生长因子（EGF）、重组转化生长因子（rTGF）等。各种生长因子都有各种不同的功效和应用范围，如表皮生长因子（EGF）具有修复创伤、嫩肤、消除皱纹、淡化色斑等功效，但在化妆品中不能使用。

（8）植物提取物　人参提取物能促进血液循环，促进细胞增殖，能增加细胞活力，延缓皮肤细胞衰老和清除自由基。经常与人参接触的人不仅皮肤白嫩，润滑光亮，而且衰老期晚。

当归提取物具有增强血液循环，促进细胞新陈代谢、抑制色素沉着、滋养皮肤的功效。

灵芝提取物具有增强血液循环，清除自由基，特别是灵芝多糖具有非常好的保湿、抗衰老功效。

芦荟含有超氧化物歧化酶、芦荟素、芦荟苦素等成分，具有多方面的功效，如保湿、消炎、抑菌、止痒、抗过敏、软化皮肤、防粉刺、抑汗防臭等，对紫外线也有强烈的吸收作用，并可防止皮肤灼伤。芦荟含有多种消除超氧化物自由基的成分，如超氧化物歧化酶、过氧化氢酶，能使皮肤细嫩、有弹性，具有防腐和延缓衰老等作用。芦荟胶是天然防晒成分，能有效抑制日光中的紫外线，防止色素沉着，保持皮肤白皙。研究发现，芦荟具有使皮肤收敛、柔软化、保湿、消炎、解除硬化、角化、改善伤痕等作用。

银杏叶提取物有效成分为总黄酮苷≥24%，总内酯≥6%，其中黄酮是强有力的氧自由基清除剂，能保护皮肤细胞不受氧自由基过度氧化的影响，从而延长皮肤细胞的寿命，增强其抗衰老的能力。

燕麦提取物的有效成分为燕麦多肽，与表皮生长因子（EGF）非常相似，可加快细胞繁殖，促进皮肤新陈代谢，活化肌肤；另外，燕麦多肽是一种良好的自由基捕捉剂，能有效抑制自由基反应，减少皮肤因自由基氧化而造成的伤害，从而维护皮肤结构完整，增强皮肤弹性。

另外，海藻提取物、扭刺仙人掌茎提取物、红茶提取物、红石榴提取物、红景天提取物等提取物也被大量使用于抗衰老化妆品中。使用时往往将多种提取液混合使用，或者做成复方使用，如草本抗敏液（宏众 HZ-005）就是按照君臣佐使理念设计的由黄芩、防风、甘草、积雪草、白术、黄芪等中药复方的提取物，中药活性物间相互协同增效，是一种安全，温和，高效的植物抗敏复方提取物。

（9）动物提取物　胎盘提取液含有丰富的氨基酸、多肽、酶、激素和微量元素等对人体有益的营养成分，能增强血液循环，促进皮肤的代谢作用，对细胞具有营养和活化作用，抗皱能力强，还具有抑制皮肤黑色素形成的作用。

蚕丝提取物富含各种氨基酸，能吸收、释放水分，有独特的活性细胞和改善肌肤容貌的能力，而且对人体无毒、无副作用、无刺激性，是用于高级护肤品的天然原料。

珍珠粉水解液。珍珠的主要成分是 $CaCO_3$、氨基酸、蛋白质及一系列微量稀有金属元素，是一种天然产物。利用酸性条件水解法将珍珠粉末水解得到水解蛋白质，然后将水解蛋白液加入化妆品中，具有清凉、消毒杀菌、除斑等药物功能。经常搽用，可使皮肤光滑柔嫩，比较适合有粉刺的人使用。在化妆品中的用量一般在 3%～5%。

2. 配方实例

抗衰老营养霜和乳均可制成 O/W 型和 W/O 型制品。表 7-18 所列为 O/W 型抗衰老营养霜的配方实例，表 7-19 所列为 O/W 型抗衰老乳液的配方实例。

表 7-18　O/W 型抗衰老营养霜配方实例

组相	组分名称	质量分数/%	作用
A	芦荟油	6	润肤
	十六-十八醇	3	润肤、助乳化
	单甘酯	2	润肤、助乳化
	COSMACOL EMI	5	润肤
	GTCC	4	润肤
	二甲基硅油	5	润肤
	羟苯甲酯	0.15	防腐
	羟苯丙酯	0.05	防腐
	Dracorin CE	1.8	乳化
	维生素 E 乙酸酯	2.5	抗自由基

续表

组相	组分名称	质量分数/%	作用
B	1,3-丁二醇	5	保湿
	苯氧乙醇	0.5	防腐
	尿囊素	0.3	促进皮肤愈合
	1,2-戊二醇	2.0	保湿,辅助防腐
	去离子水	余量	溶解
C	1%透明质酸溶液	5	保湿
	燕麦葡聚糖	2	抗衰老
	蚕丝提取物	0.5	抗衰老
	红石榴提取物	0.5	抗衰老
	香精	0.2	赋香

表 7-19 O/W 型抗衰老乳液配方实例

组相	组分名称	质量分数/%	作用
A	异构十六烷	6	润肤
	十六-十八醇	1.2	润肤、助乳化
	单甘酯	0.5	润肤、助乳化
	COSMACOL EMI	4	润肤
	GTCC	4	润肤
	二甲基硅油	1	润肤
	环状二甲基硅油 D5	3	润肤
	羟苯甲酯	0.2	防腐
	羟苯丙酯	0.1	防腐
	Dracorin CE	2.5	乳化
	维生素 E 乙酸酯	2.5	抗自由基
	二棕榈酰羟脯氨酸	0.51	抗衰老活性成分
B	去离子水	余量	溶解
	EDTA-2Na	0.02	螯合
	甘油	4	保湿
	1,3-丁二醇	4	保湿
	1,2-戊二醇	2.0	保湿,促进活性物吸收
	汉生胶	0.15	增稠
	尿囊素	0.3	促进皮肤愈合
C	苯氧乙醇	0.4	防腐
	1%透明质酸溶液	5	保湿
	燕麦葡聚糖	2	抗衰老
	蚕丝提取物	0.5	抗衰老
	草本抗敏液(HZ-005)	0.5	舒缓、抗敏
	香精	0.2	赋香

(八) 按摩霜和乳

按摩皮肤,能够促进皮肤新陈代谢和血液循环,皮肤呼吸顺畅,使皮肤健康红润,感觉很舒服。按摩霜和乳就是按摩时使用的产品,主要用于面部按摩作润滑剂,也可用于身体其他部位。早期按摩霜和乳主要是为了减少按摩时引起的不舒适感。它的成分简单,目的单纯。近年来,随着化妆品学和美容技术的发展,发现按摩有助美容后,按摩霜和乳受到不断重视,而且发展成兼备滋润、调理、清洁、去角质等功能的按摩霜和乳。

1. 组成

按摩霜的形态随使用目的不同而异,有乳化型的和非乳化型的产品,其基质与润肤霜相近,采用流动点低、黏度低的油脂、矿物油和蜡类为原料,常加入营养功效成分,做成具有功效的按摩产品。

2. 配方实例

按摩霜和乳一般制成 O/W 型乳化体,很少制成 W/O 型乳化体。表 7-20 所列为按摩霜配方实例,表 7-21 所列为按摩乳配方实例。

表 7-20　O/W 型按摩霜配方实例

组相	组分名称	质量分数/%	作用
A	白油	45	润肤
	十六-十八醇	2.5	润肤、助乳化
	单甘酯	1.5	润肤、助乳化
	氢化聚异丁烯	4	润肤
	COSMACOL EMI	4	润肤
	二甲基硅油	1	润肤
	羟苯甲酯	0.2	防腐
	羟苯丙酯	0.1	防腐
	Novel A	2.0	乳化
	EC-Fix SE	1.0	乳化
	维生素 E 乙酸酯	0.5	抗氧化
B	去离子水	余量	溶解
	EDTA-2Na	0.02	螯合
	甘油	4	保湿
	1,3-丁二醇	4	保湿
	汉生胶	0.2	增稠
	Polygel CA	0.2	增稠
	尿囊素	0.3	促进皮肤愈合
C	氨甲基丙醇	0.12	中和
	苯氧乙醇	0.5	防腐
	芦荟提取物	1.0	保湿
	香精	0.2	赋香

表 7-21　O/W 型按摩乳配方实例

组成	组分名称	质量分数/%	作用
A	白油	30	润肤
	十六-十八醇	1.5	润肤、助乳化
	单甘酯	1.0	润肤、助乳化
	COSMACOL EMI	4	润肤
	GTCC	4	润肤
	二甲基硅油	1	润肤
	羟苯甲酯	0.2	防腐
	羟苯丙酯	0.1	防腐
	Novel A	2.0	乳化
	EC-Fix SE	1.0	乳化
	维生素 E 乙酸酯	0.5	抗氧化
B	去离子水	余量	溶解
	EDTA-2Na	0.02	螯合
	甘油	4	保湿
	1,3-丁二醇	4	保湿
	汉生胶	0.2	增稠
	Polygel CB	0.15	增稠
	尿囊素	0.3	促进皮肤愈合
C	氨甲基丙醇	0.09	中和
	苯氧乙醇	0.5	防腐
	α-甘露聚糖	2.0	保湿
	芦荟提取物	1.0	保湿
	香精	0.2	赋香

（九）清洁霜和乳液

清洁霜和乳液是具有清除面部污垢和护肤功效的洁肤化妆品。它不仅能够清除脸部皮肤上一般性污垢，而且可以有效清除皮肤毛孔内聚积的油脂、皮屑以及浓厚化妆油彩等。

清洁霜和乳液的洁肤机理是利用产品中的油性成分（白油、凡士林等）为溶剂，对皮肤上的污垢、彩妆以及色素等进行浸透和溶解，特别是可以通过油性成分的渗透，清除毛孔深处的油污；利用配方中的水分溶解皮肤上的水溶性污垢。水是一种优良的清洁剂，能从皮肤表面移除水溶性污垢。另外，清洁霜和乳液对皮肤的清洁作用还同时来自其配方中的表面活性剂所具有的润湿、渗透和洗涤作用。清洁霜和乳液对皮肤的清洁作用，尤其是对油垢的清洁效果要优于香皂，因此，清洁霜更多地被使用在卸妆方面。

1. 组成

清洁霜和乳液含有水分、油性物质和乳化剂三种基础原料，其中油性物质主要以白油、凡士林等矿物油为主，特别是异构烷烃含量高的白油可提高清洁皮肤的能力，其他油脂具有润肤作用，并具溶解皮肤油脂的作用。另外，为了提高深度清洁能力，有的清洁霜中还加入一些细微颗粒作磨砂剂（如球状聚乙烯、尼龙、纤维素、二氧化硅、方解石和研细种子皮壳的粉末），通过使用时的摩擦作用将皮肤表面的疏松角质层鳞片除去，使皮肤外表洁净、光滑。含磨砂剂的清洁霜又称为磨面膏和乳，其清洁功能是通过磨料机械摩擦作用和洗面奶本身的洗涤作用共同实现的。

2. 配方实例

清洁霜可制成 W/O 型和 O/W 型的乳化体，清洁乳液一般制成 O/W 型的乳化体。表 7-22 所列为 W/O 型清洁霜配方实例，表 7-23 所列为 O/W 型洗面奶配方实例，表 7-24 所列为 O/W 型磨面膏配方实例，表 7-25 所列为 O/W 型睡眠面膜配方实例。

表 7-22   W/O 型清洁霜配方实例

组相	组分名称	质量分数/%	作用
A	白油	35	润肤
	地蜡	2.5	增稠
	蜂蜡	1.5	增稠
	氢化聚异丁烯	4	润肤
	GTCC	4	润肤
	二甲基硅油	1	润肤
	羟苯甲酯	0.2	防腐
	羟苯丙酯	0.1	防腐
	SPAN 83	0.3	乳化
	Winsier	3.0	乳化
	维生素 E 乙酸酯	0.5	抗氧化
B	去离子水	余量	溶解
	EDTA-2Na	0.02	螯合
	甘油	4	保湿
	1,3-丁二醇	4	保湿
	氯化钠	1	防冻,低温稳定
C	苯氧乙醇	0.5	防腐
	姜根提取物	0.2	舒缓、抗过敏
	香精	0.2	赋香

表 7-23   O/W 型洗面奶配方实例

组相	组分名称	质量分数/%	作用
A	白油	30	润肤
	十六-十八醇	1.5	润肤、助乳化
	单甘酯	1.0	润肤、助乳化
	氢化聚异丁烯	4	润肤
	GTCC	4	润肤
	二甲基硅油	1	润肤
	羟苯甲酯	0.2	防腐
	羟苯丙酯	0.1	防腐
	Novel A	1.5	乳化
	维生素 E 乙酸酯	0.5	抗氧化
B	去离子水	余量	溶解
	EDTA-2Na	0.02	净水
	甘油	4	保湿
	1,3-丁二醇	4	保湿
	汉生胶	0.2	增稠
	Polygel CB	0.15	增稠
	Dracorin GOC	1.0	乳化
	尿囊素	0.3	促进皮肤愈合

续表

组相	组分名称	质量分数/%	作用
C	氨甲基丙醇	0.09	中和
	椰油酰胺丙基甜菜碱	2	表面活性
	甲基椰油酰基牛磺酸钠	3.0	表面活性
	苯氧乙醇	0.5	防腐
	香精	0.2	赋香

表 7-24　O/W 型磨面膏配方实例

组相	组分名称	质量分数/%	作用
A	白油	45	润肤
	十六-十八醇	2.5	润肤、助乳化
	单甘酯	1.5	润肤、助乳化
	氢化聚异丁烯	4	润肤
	COSMACOL EBI	4	润肤
	二甲基硅油	1	润肤
	羟苯甲酯	0.2	防腐
	羟苯丙酯	0.1	防腐
	Novel A	3.0	乳化
	维生素 E 乙酸酯	0.5	抗氧化
B	去离子水	余量	溶解
	EDTA-2Na	0.02	螯合
	甘油	4	保湿
	1,3-丁二醇	4	保湿
	汉生胶	0.2	增稠
	Polygel CA	0.2	增稠
	尿囊素	0.3	促进皮肤愈合
C	氨甲基丙醇	0.12	中和
	聚氧乙烯粒子	0.5	磨砂
	10-羟基癸酸	1.0	抑脂
	苯氧乙醇	0.5	防腐
	香精	0.2	赋香

表 7-25　O/W 型睡眠面膜配方实例

组相	组分名称	质量分数/%	作用
A	环聚二甲基硅氧烷	4.0	润肤
	氢化聚异丁烯	3.0	润肤
	GTCC	2.0	润肤
	芦荟油	1.0	润肤
	聚二甲基硅氧烷	1.0	润肤
	羟苯甲酯	0.25	防腐
	羟苯丙酯	0.10	防腐
	Novel A	1.0	乳化
	维生素 E 乙酸酯	0.5	抗氧化
B	去离子水	余量	溶解
	EDTA-2Na	0.02	螯合
	甘油	4	保湿
	1,2-戊二醇	2	保湿
	Aristoflex AVC	0.5	增稠
	Dracorin GOC	1.5	乳化
	尿囊素	0.2	促进皮肤愈合

续表

组相	组分名称	质量分数/%	作用
C	燕麦葡聚糖	3.0	保湿、抗衰老
	芦荟提取物	1.0	保湿
	苯氧乙醇	0.3	防腐
	香精	0.2	赋香

第4节 生产工艺和质量控制

一、乳化工艺

(一) 生产流程

膏霜和乳液的种类很多，其制造方法略有区别，一般操作流程如图 7-6 所示。

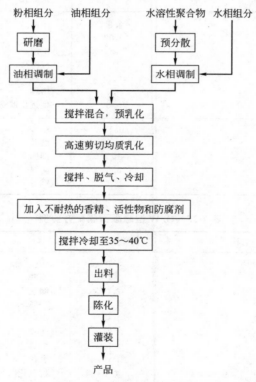

图 7-6 乳化体制备流程图

1. 油相的调制

先将粉相组分混合在一起，并用研磨机（如胶体磨）研磨到规定粒径后加入油相成分中。

将油相成分和研磨好的粉相成分加入夹套溶解锅内，开启加热（可用蒸汽加热，也可用电加热），在不断搅拌条件下加热至 80～85℃，使其充分熔化或溶解均匀，待用。要注意的是，要避免过度加热和长时间加热，以防止原料成分氧化变质。容易氧化的油分、防腐剂和乳化剂等可在乳化之前才加入油相，溶解均匀，即可进行乳化。

2. 水相的调制

先将部分去离子水、多元醇与水溶性聚合物混合，缓慢搅拌，进行水溶性聚合物预分散和溶胀。预分散和溶胀速度较慢，所以往往提前一个晚上进行水溶性聚合物预分散操作，或者用均质机进行高速分散。

将其余去离子水和预分散后的水溶性聚合物加入夹套溶解锅中，加入其他水相成分，搅拌下加热至 90～95℃，维持 30min 灭菌，降至 80～85℃待用。为补充加热和乳化时挥发掉的水分，可按配方多加 3％～5％的水，精确数量可在第一批制成后分析成品水分而求得。

值得注意的是有的水溶性聚合物不耐热，长时间加热会使其增稠失效或出现黏度不可逆现象，对于这类增稠剂就不能加入水相中，与水相一起长时间加热，而是应该在乳化前一刻或乳化后才加入乳化体系中。

另外，用卡波增稠的乳化体在水相调制时，不能将卡波与碱（常用的有三乙醇胺、氨甲基丙醇等）一起加到水相中，只能将其中一种加入水相，另一种在乳化完成后才加入乳化体中。

3. 乳化

预热乳化锅后，将调制好的油相和水相原料通过过滤器按照一定的顺序加入乳化锅内，在一定的温度（如 70～85℃）条件下，进行一定时间的搅拌和均质乳化。

乳化过程中，油相和水相的添加方法（油相加入水相或水相加入油相）、添加的速度、搅拌条件、乳化温度和时间、乳化器的结构和种类等对乳化体粒子的形状及其分布状态都有很大影响。

均质的速度和时间应因不同的乳化体系而异。含有水溶性聚合物的体系，均质的速度和时间应加以严格控制，以免过度剪切，破坏聚合物的结构，造成不可逆的变化，改变体系的流变性质。如配方中含有维生素或热敏的添加剂，则在乳化后较低温度下加入，以确保其活性，但应注意其溶解性能，要确保在乳化体中溶解均匀。

乳化是乳化体制备最为关键的步骤，所以生产中一定要控制好乳化工艺条件，确保每一批产品按照相同的乳化工艺进行。

4. 冷却

乳化后，乳化体系要冷却到接近室温。卸料温度取决于乳化体系的软化温度，一般应使其借助自身的重力，以能从乳化锅内流出为宜。当然也可用泵抽出或用加压空气压出。冷却方式一般是将冷却水通入乳化锅的夹套内，边搅拌，边冷却。冷却速度、冷却时的剪切应力、终点温度等对乳化体系的粒子大小和分布都有影响，必须根据不同乳化体系，选择最优条件。特别是从实验室小试转入大规模工业化生产时尤为重要。

5. 陈化和灌装

一般是贮存陈化一天或几天后再用灌装机灌装。灌装前需对产品进行质量评定，质量合格后方可进行灌装。

(二) 工艺条件控制

在实际生产过程中，有时虽然采用同样的配方，但是由于操作时温度、乳化时间、混合速度和搅拌条件等不同，制得的产品的稳定度及其他物理性能也会不同，有时相差悬殊。因此根据不同的配方和不同的要求，采用合适的配制方法，才能得到较高质量的产品。

1. 搅拌速度

乳化时搅拌越强烈，乳化剂用量可以越低。但乳化体颗粒大小与搅拌强度和乳化剂用量均有关系，过分的强烈搅拌对降低颗粒大小并不一定有效，且容易将空气混入。一般情况是，在开始乳化时采用较高速度的搅拌对乳化有利，在乳化结束而进入冷却阶段后，则以中等速度或慢速搅拌有利，这样可减少混入气泡。如果是膏状产品，则搅拌到固化温度为止。如果是液状产品，则一直搅拌至室温。

2. 混合方式和速度

分散相加入的速度和机械搅拌的快慢对乳化效果十分重要，可以形成内相完全分散的良好乳化体系，也可形成乳化不好的混合乳化体系，后者主要是内相加得太快和搅拌效力差所造成的。乳化操作的条件影响乳化体的稠度、黏度和乳化稳定性。

在制备 O/W 型乳化体时，最好的方法是在激烈的持续搅拌下将油相加入水相中，且高温混合较低温混合好。

在制备 W/O 型乳化体时，建议在不断搅拌下，将水相慢慢地加到油相中去，可制得内相粒子均匀、稳定性和光泽性好的乳化体。

对内相浓度较高的乳化体系，内相加入的流速应该比内相浓度较低的乳化体系慢。采用高效的乳化设备比搅拌差的设备在乳化时流速可以快一些。

但必须指出的是，由于化妆品组成的复杂性，配方与配方之间有时差异很大，对于任何一个配方，都应进行加料速度试验，以求最佳的混合速度，制得稳定的乳化体。

【疑问】　乳化过程中，为什么水相加到油相打均质会使体系变稠？

回答： 均质使乳化粒径变小，产品黏度增大，但过度均质会降低产品稳定性。

3. 温度控制

制备乳化体时，除了控制搅拌条件外，还要控制温度，包括乳化时与乳化后的温度。

由于温度对乳化剂溶解性和固态油、脂、蜡的熔化等的影响。乳化时温度控制对乳化效果的影响很大。一般来说，乳化的温度取决于配方中高熔点物质的熔点温度，同时还要考虑乳化剂在油水两相的溶解度等因素。如果温度太低，乳化剂溶解度低，且固态油脂、蜡未熔化，乳化效果差；温度太高，加热时间长，冷却时间也长，浪费能源，加长生产周期。一般常使油相温度控制高于其熔点 $10\sim15℃$，而水相温度则稍高于或等于油相温度。通常膏霜类在 $75\sim85℃$ 条件下进行乳化。

最好水相加热至 $90\sim95℃$，维持 $20min$ 灭菌，然后再冷却到 $75\sim85℃$ 进行乳化。在制备 W/O 型乳化体时，水相温度高一些，此时水相体积较大，水相分散形成乳化体后，随着温度的降低，水珠体积变小，有利于形成均匀、细小的颗粒。如果水相温度低于油相温度，两相混合后可能使油相固化（油相熔点较高时），影响乳化效果。

冷却速度的影响也很大，通常较快地冷却能够获得较细的颗粒。当温度较高时，由于布朗运动比较强烈，小的颗粒会发生相互碰撞而合并成较大的颗粒；反之，当乳化操作结束后，对膏体立刻进行快速冷却，从而使小的颗粒"冻结"住，这样小颗粒的碰撞合并作用可减小到最低程度。但冷却速度太快，高熔点的蜡就会产生结晶，导致乳化剂所生成的保护胶体被破坏，因此冷却的速度最好通过试验来决定。

4. 乳化时间

乳化时间显然对乳状液的质量有影响，而乳化时间的确定，是要根据油相水相的容积比、两相的黏度及生成乳状液的黏度，乳化剂的类型及用量，还有乳化温度，但乳化时间的多少，是为使体系进行充分的乳化，是与乳化设备的效率紧密相连的，可根据经验和实验来确定乳化时间。如用均质器（3000r/min）进行乳化，仅需 3～10min，而现在生产企业的均质机的转速已经非常高了，有的已经达到了 10000r/min。

5. 香精和防腐剂的加入

香精是易挥发性物质，并且其组成十分复杂，在温度较高时，不但容易损失掉，而且会发生一些化学反应，使香味变化，也可能引起颜色变深。因此一般化妆品中香精的加入都是在后期进行的，一般在 50℃ 以下时加入香精。

微生物的生存是离不开水的，因此水相中防腐剂的浓度是影响微生物生长的关键。乳液类化妆品含有水相、油相和表面活性剂，而常用的防腐剂往往是油溶性的，在水中溶解度较低。有的化妆品制造者，常把防腐剂先加入油相中然后去乳化，这样防腐剂在油相中的分配浓度就较大，而水相中的浓度就小。更主要的是非离子表面活性剂往往也加在油相中，使得有更大的机会增溶防腐剂，而溶解在油相中和被表面活性剂胶束增溶的防腐剂对微生物是没有作用的，因此加入防腐剂的最好时机是待油水相（O/W）混合乳化完毕后加入，这时可获得水中最大的防腐剂浓度。当然温度不能过低，不然分布不均匀，有些固体状的防腐剂最好先用溶剂溶解后再加入。例如羟苯酯类就可先用温热的乙醇溶解，这样加到乳液中能保证分布均匀，如果配方中没有乙醇，则应将羟苯酯类加到油相中。

二、生产设备

（一）真空乳化搅拌机

目前，制备乳化体的设备一般采用真空乳化搅拌机组，主要由乳化锅、油相锅、水相锅、真空系统、控制系统和控制面板组成，如图 7-7 所示。可扫码看乳化装置和乳化操作过程。

真空乳化搅拌机组的核心部分是真空乳化搅拌锅，其有效容积一般以 50～1000L 为宜，也有最大做到 5000L 的，最小做到 5L 的。乳化搅拌锅一般配置有高剪切均质器和带刮板的框式搅拌桨，其核心器件主要是高剪切均质器。高剪切均质器由转子和定子两部分组成，转子与定子之间的缝隙很小，转子的转速最高可达 10000r/min 以上，一般采用变频调速方式调节转速，其结构如图 7-8 所示。

图 7-7　真空乳化搅拌机组结构图

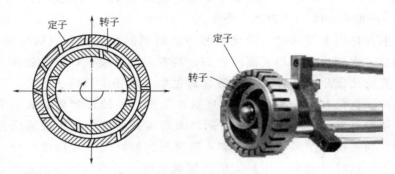

图 7-8　高剪切均质器结构图

高剪切均质器的工作原理可分解为图 7-9 所示的几步：图（a）转子转动产生真空吸力，将经预乳化的颗粒粒径较大的分散相和连续相混合物料吸入转子中；图（b）转子高速转动产生离心力，带动混合物离心旋转，并与定子产生剪切、摩擦作用；图（c）物料在离心力作用下，从定子的缝隙被甩出，同时受到很强的剪切和摩擦作用，分散相颗粒粒径变得很小；图（d）以上三步连续进行，直到所有物料都经过剪切乳化，达到乳化目的。

真空乳化搅拌机由于是在真空条件下操作，可使膏霜和乳液的气泡减少到最低程度，增加膏霜表面光泽度；膏霜和乳液避免了和空气接触，因此减少了膏体放置过程中的氧化变质问题。

真空乳化搅拌机组制备乳化体的操作步骤是：水和水溶性原料在水相锅内加热至 95℃，维持 20min 灭菌。油在油相内加热，经灭菌的原料冷却至所需的反应温度，在制造 O/W 型乳化体时，一般先将水相经过滤后放入真空乳化搅拌锅内，先开动均质器高速搅拌，再将油相经过滤后放入搅拌锅内，开动均质器的时间为 3~15min，维持真空度 0.4~0.8MPa，同时用冷却水夹套回流冷却，停止均质器搅拌后，开动框式搅拌器同时夹套冷却水回流，冷却到预定温度时加香精，一直搅到 35~45℃ 为止。化验合格后即可用经灭菌的压缩空气将产品从乳化锅内压出。

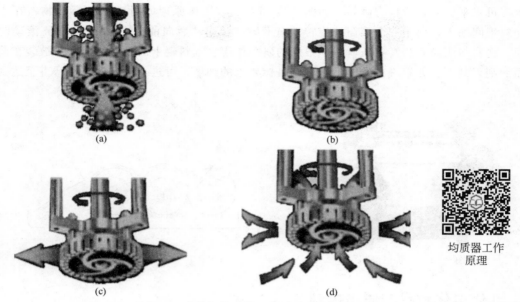

(a)

(b)

(c)

(d)

均质器工作
原理

图 7-9　高剪切均质器工作原理图（扫码查看）

（二）胶体磨

胶体磨是一种剪切力很大的乳化设备（见图 7-10），但一般不直接用于膏体和乳液的乳化，而用于颜料浆的研磨。其主要部件是转子和定子，转子转速可达 1000～20000r/min。它可以迅速地将液体、固体或胶体粉碎成微粒，并且混合均匀。其工作原理如图 7-11 所示，电机带动转子高速转动，液体从定子和转子之间的间隙中通过（间隙的宽窄可以调节，最小可调到 25μm）。由于转子的高速旋转，在极短的时间内产生了巨大的剪切、摩擦、冲击和离心等力，使得流体能很好地微粒化，转子和定子的表面可以是平滑的，也可以有横或直的斜纹。而由于切变应力高在乳化过程中可使温度自 0℃ 升高到 55℃，因此必须采用外部冷却。由于转子和定子的间距小，所得的颗粒大小极为均匀，颗粒细度可达到 0.01～5μm，胶体磨的效率与所制乳化体的黏度有关，黏度越大，出料越慢。

图 7-10　胶体磨外形图

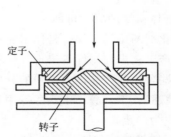

定子

转子

图 7-11　胶体磨的工作原理图

（三）三辊研磨机

三辊研磨机也是常用的颜料浆研磨设备，有三个滚筒安装在铁制的机架上，中心在一直线上。可水平安装，或稍有倾斜，如图 7-12 所示。其工作原理如图 7-13 所示，物料在中辊和加料辊间加入，由于三个滚筒的旋转方向不同（转速从后向前顺次增大），滚筒滚动时物料间、物料与滚筒间相互挤压就产生很好的研磨作用。刮料辊上的物料经研磨后被装在前辊前面的刮刀刮下。如果一次研磨不能达到目标要求的细度，可进行多次反复研磨直至达到目标要求。

图 7-12　三辊研磨机

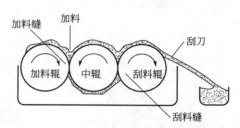

图 7-13　三辊研磨机工作原理图

三、乳化类化妆品的质量控制

（一）膏霜的质量控制

在此主要介绍膏霜类产品的主要质量问题。膏霜在制造及贮存和使用过程中，较易发生如下变质现象。

1. 失水干缩

膏霜一般为 O/W 型乳化体，在包装时容器或包装瓶密封不好，长时间的放置或温度高的地区是造成膏体失水干缩的主要原因，这是膏霜常见的变质现象。另外，膏霜中缺少保湿剂时，也会出现失水干缩。

2. 起面条

用硬脂酸皂作乳化剂时，硬脂酸用量过多，或单独选用硬脂酸与碱类中和，保湿剂用量较少或产品在高温、水冷条件下，乳化体被破坏是造成雪花膏在皮肤上涂敷后起面条的主要原因。水过多也会出现这种现象。一般加入适量保湿剂、聚二甲基硅氧烷等，可避免此现象出现。

3. 膏体粗糙

造成膏体粗糙的原因可能有：

① 乳化剂的用量不够，膏体未完全乳化好而出现泛粗现象；

② 生产工艺未控制好，出现乳化颗粒较粗的情况；

③ 一些含粉的产品，由于粉的分散性不好而导致的絮凝；

④ 脂肪酸、十六醇、十八醇等用量过高时，膏体也会出现粗糙的情况，特别是在低温的情况下更为严重。

解决膏体粗糙的方法是第二次乳化。

4. 分层

分层是乳化体严重破坏的现象，对于 O/W 型膏体来说，多数是由于配方中乳化剂或者增稠剂选择不适当所致。如有的乳化剂不耐离子，当膏霜中含有电解质时，乳化剂会被盐析，乳化体必然被破坏；而对于 W/O 型的膏霜，乳化剂的类型和用量、油水比例的控制、油脂和增稠剂的选择等对乳化体的分层有很大的影响。另外，加料方法和顺序、乳化温度、搅拌时间、冷却速度等不同也会引起膏霜不稳定，所以每批产品的生产应严格按照同样的操作工艺进行。

5. 霉变及发胀

微生物的存在是造成该现象的主要因素。一方面若水质差，煮沸时间短，反应容器及盛料、装瓶容器不清洁，原料被污染，包装放置于环境潮湿、尘多的地方，以及敞开过的膏体。另一方面，未经紫外线灯的消毒杀菌，致使微生物较多地聚集在产品中，在室温（30～35℃）条件下长期贮放，微生物大量繁殖，产生 CO_2 气体，使膏体发胀，溢出瓶外，擦用后对人体皮肤造成危害。故严格控制环境卫生，原料规格，注意消毒杀菌，是保证产品质量的重要环节。

6. 变色、变味

主要是一些功效原料，特别是美白淡斑成分，如维生素 C、熊果苷等容易氧化变色的原料，用其制作的膏霜放置一段时间后就会变色。香精中醛类、酚类等不稳定成分用量过多，日光照射后色泽也会变黄。硬脂酸、植物油脂的碘值过高，不饱和脂肪酸被氧化使色泽变深，同时，产生酸败臭味。在配方中加入适量抗氧化剂可缓解以上问题。

7. 刺激皮肤

选用原料不纯，一些功效较强的原料，防腐剂或者香精用量较大，含有乙醇或铅、砷、汞等重金属，都可能会刺激皮肤，产生不良影响。因此用料要慎重，乳化体中，如使用了乙醇和刺激性较大的乳化剂等，对皮肤也会产生刺激，造成红、痛、发痒等现象。同时，产品酸败变质、微生物污染也必然增加刺激性。膏霜生产时应避免此类现象，以保证产品质量，提高竞争力。

8. 膏霜中混有细小气泡

在剧烈均质时会产生气泡，如果均质后冷却速度过快和搅拌速度过快，气泡尚未来得及浮到上面破裂，膏霜就凝结而将气泡包入膏霜中。解决这类问题的办法就是在保持真空的状态下进行均质，均质后适当调低搅拌速度，并在保持温度和真空条件下再搅拌一段时间，使混合体中气泡浮上消失再搅拌冷却。

（二）乳液的质量控制

除了具有膏霜相同的质量问题外，乳液还存在以下质量问题。

1. 乳液稳定性差

稳定性差的乳液在显微镜下观察，内相的颗粒是分散度不够的丛毛状油珠，当丛毛状油珠相互联结扩展为较大的颗粒时，产生的凝聚油相上浮成稠厚浆状，在考验产品耐热的恒温箱中常易见到。解决办法是适当增加乳化剂用量或加入聚乙二醇（600）硬脂酸酯、聚氧乙烯胆固醇醚等，提高界面膜的强度，改进颗粒的分散程度。

乳液稳定性差的另外原因，可能是产品黏度低，两相密度差较大所致。解决办法是增加连续相的黏度（加入胶质如 Carbopol 941 等），但需保持乳液在瓶中适当的流动性；选择和调整油水两相的相对密度使之比较接近。

2. 在贮存过程中，黏度逐渐增加

其主要原因是产品中使用了较多的硬脂酸、脂肪醇、汉生胶等增稠赋型成分，如单硬脂酸甘油酯、脂肪醇等容易在贮存过程中增加黏度，经过低温贮存，黏度增加更为显著。解决办法是避免采用过多硬脂酸、多元醇脂肪酸酯类和高碳脂肪醇以及高熔点的蜡、脂肪酸酯类等，适量增加低黏度白油或低熔点的异构脂肪酸酯类等。

第 5 节　新型乳化技术

一、多重乳化技术

(一) 类型与结构

通常的乳化体有 O/W 型、W/O 型，另外还有 W/O/W 型、O/W/O 型两种多重乳化体类型。多重乳化体是分散相液滴中又包含另外一种更小液滴的复杂多重乳化体系。多重乳化体具有"两膜三相"结构，以 W/O/W 型为例，见图 7-14。该结构具有内水相（W_1）、油相、外水相（W_2）三相，并在相界面处有外油/水界面膜和内水/油界面膜，分别叫做第一相界面膜和第二相界面膜，相对应的乳化剂分别称为乳化剂 I 和乳化剂 II。

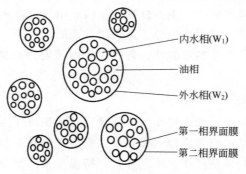

内水相(W_1)
油相
外水相(W_2)
第一相界面膜
第二相界面膜

图 7-14　W/O/W 型多重乳化体结构

(二) 制备方法

多重乳化体的制备一般仍是采用传统的均质方法，也有研究新型的乳化方式的，如超声波乳化法以及膜乳化法、微通道乳化法等，这些新型的方法可以使得到分散均一的乳化体，但是它们对设备要求高，还不能大规模工业化应用。传统方法制备多重乳化体的工艺可以分为一步乳化法和两步乳化法两种。

1. 一步乳化法

一步乳化法是先在油相中加入少量的水相，制备得到 W/O 型乳化体，然后再继续加水使它变成 W/O/W 型乳化体。在一步乳化法制备多重乳化体的过程中，为了使乳化体从 W/O 型转变为 W/O/W 型的过程容易且顺利地进行，需要外界提供较强的剪切力，一般要求搅拌速度大于 5000r/min。

2. 两步乳化法

两步乳化法相对一步乳化法来说是比较可靠的方法。首先,第一步形成 W/O 型乳化体,第二步,将得到的 W/O 型乳化体在水溶液中进一步乳化形成 W/O/W 型乳化体。第一次乳化过程,乳化温度一般以 60～80℃为宜,乳化速度大于 3000r/min 以保证初乳的稳定性。第二次乳化过程,乳化温度比第一次乳化温度低,一般保持室温即可;乳化速度比第一次乳化速度要低,一般小于 1000r/min;乳化时间不宜过长。否则,多重乳化体最终变成单重乳化体。

(三) 影响多重乳化体形成的因素

衡量多重乳化体的性质有稳定性和生成率两个指标。多重乳化体本质上是热力学不稳定体系,贮存和使用过程中极易发生絮凝、聚结和分层及包埋物质的非控制释放;多重乳化体的生成率是衡量多重乳化体制备好坏的一个重要指标,是指多重乳化体的实际内水(油)相量和设计的内水(油)相量之比。影响多重乳化体稳定性及生成率的因素有很多,主要有如下几个方面。

1. 乳化剂

多重乳化体的乳化剂包括存在于初乳中的乳化剂 I 和存在于次乳中的乳化剂 II。乳化剂尽可能使用聚合物乳化剂以提高界面膜的强度与稳定性,其用量尽可能少,以减少其在相反界面上的吸附。以 W/O/W 型多重乳化体制备为例,乳化剂 I 的 HLB 值应控制在 4.5～6.5;乳化剂 I 的用量要比较大,其浓度越高,乳滴破裂的速度越慢,多重乳化体的生成率就越高;但是太高则会对乳化剂 II 也有增溶作用,使多重乳化体的稳定性降低;其用量一般为 4%～12%。乳化剂 II 的选择要考虑其与构成界面膜的相互作用,如果选择不当,多重乳化体极易形成 O/W 型膏体;其 HLB 值应大于 15,并且最好选择非离子乳化剂,这样有利于提高多重乳化体的稳定性及生成率;其用量要很低,一般认为乳化剂 I 与乳化剂 II 的比例应该大于 10。而 O/W/O 型乳化体则相反。

2. 油相

油相的极性、组成与比例是影响多重乳化体稳定性的重要因素。油相的极性影响水在油膜中传输的速度,油的极性越大,水在其中的传输速度越快,多重乳化体越不稳定。油相的比例表现在相体积比,在 W/O/W 型多重乳化体中,油相与内水相体积比称为第一相体积比,外水相与初乳的体积比称为第二相体积比。第一相体积比越大,油层越厚,内水相难以与外水相接触,多重乳化体稳定性就越好,反之则油层变薄易破,稳定性下降。但是随着第一相体积比增大,初乳的黏度变小,降低了初乳的稳定性。一般初乳的第一相体积比为1.5～4.0。第二相体积比与第一相体积比相似,不能太高,否则黏度降低不稳定;同时也不能太低,否则水膜太薄不稳定。适合多重乳化体稳定的第二相体积比一般为 0.2～4.0。

3. 水相

水相包括内水相和外水相。水经过油膜在 W/O/W 型多重乳化体中的传递,会导致乳珠缩小或是溶胀,最终使多重乳化体转变为单重乳化体失去其稳定性,因此水传递成为影响多重乳化体稳定性的一个重要因素。多重乳化体中水传递的推动力有两个,Laplace 压力和油膜两侧间的渗透压差。因此控制好内相中盐的浓度,可以使水传递的两个推动力达到平衡,从而实现对水传递的控制,可维持 W/O/W 型多重乳化体的稳定。在内外水相加入高分子聚合物使水相产生凝胶化，可有效提高多重乳化体的稳定性。原因是内水相的凝胶化可阻止内水相的泄漏，外水相的凝胶化可减少初乳的聚并。

4. W/O 型和 O/W 型乳化体相体积

配制 W/O/W 型多重乳化体时，第一次乳化后的 W/O 型乳化体所占的相体积对生成率有很大的影响，一般来说，随着 W/O 型乳化体相体积比的增加，生成率增加，当相体积比比较大时（70％～80％），则有较高的生成率（可高达 90％生成率）。

配制 O/W/O 型多重乳化体时，第一次乳化后的 O/W 型的相体积对生成率也有很大的影响，当 O/W 型的相体积超过 30％时，生成率急剧增加；相体积达到 40％以上时，生成率可达 80％；但当相体积占到 68％左右时，多重乳化体转变为 O/W 型乳化体。

另外，多重乳化体的生成率还与制备工艺条件，如搅拌速度、搅拌时间和温度等因素有关。

（四）配方实例和制备工艺

1. 配方实例

配方实例如表 7-26 所列。

表 7-26　W/O/W 膏霜配方实例

组相	组分名称	质量分数/％	作用
W/O 初乳部分			
A	氢化聚异丁烯	10	润肤
	碳酸二辛酯	10	润肤
	环聚二甲基硅氧烷	8	润肤
	鲸蜡基 PEG/PPG-10/1 聚二甲基硅氧烷	2.5	乳化
	PEG-10 聚二甲基硅氧烷	1.0	乳化
B	去离子水	余量	溶解
	氯化钠	0.4	稳定
	1,3-丁二醇	2	保湿
	1,2-丙二醇	2	保湿
C	防腐剂	适量	防腐
W/O/W 部分			
A	去离子水	余量	溶解
	EDTA-2Na	0.02	螯合
	1,3-丁二醇	4	保湿
	1,2-丙二醇	4	保湿
	卡波姆	0.4	增稠
	鲸蜡醇磷酸酯钾	3	乳化
B	W/O 初乳部分	40	润肤
C	氨甲基丙醇	0.24	中和
D	防腐剂	适量	防腐
E	香精	适量	调香

2. 制备工艺步骤

（1）W/O 初乳的制备

① 将 A 相和水相分别加热到 75℃，搅拌均匀。

② 将 B 相慢慢倒进油相，搅拌均匀，均质均匀。

③ 降温到 45℃加入 C 相，搅拌均匀。

④ 抽真空，降温到 40℃，备用。

（2）W/O/W 部分

① 将 A 相加热到 75℃，卡波姆分散均匀，搅拌均匀，降温到 50℃。

② 取 B 相慢慢倒入 A 相，适当均质，搅拌均匀。

③ 加入 C 相中和。

④ 加入 D 相和 E 相，搅拌均匀。

⑤ 抽真空出料。

二、液晶乳化技术

液晶，顾名思义是与物质三态"气、液、固"都不相同的物态。它既具有液体的流动性，也具有固体分子排列的规则性。液晶是介于固态与液态间的中间相，常称为介晶状态。

$$固体结晶 \xrightleftharpoons[冷却]{加热} 液晶 \xrightleftharpoons[冷却]{加热} 无向性液体$$

液晶结构乳状液是一种不同于普通乳状液的新型乳化体系，该类乳状液是乳化剂分子在油水界面形成液晶结构的有序分子排列（见图 7-15），这种有序排列使得液晶乳状液具有比普通乳状液更好的稳定性、缓释性与保湿性等优良性能。

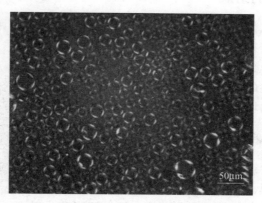

50μm

图 7-15 液晶结构乳状液的偏振光显微镜照片

（一）液晶类型

液晶分热敏感性液晶和感胶易溶液晶，热敏感性液晶由加热单一组分而形成，而感胶易溶液晶则由多组分与溶剂以一定比例在一定温度下形成。热敏感性液晶主要有层列状和向列状两种，感胶易溶液晶可分为胶束溶液、六方晶系、立方晶系和胶网液晶等。

在护理品工业中应用的液晶多属胶网液晶，当亲水亲油两亲脂肪分散在高 HLB 值的表面活性剂水中，便可能得到层状，在浊点温度，表面活性剂渗透到两亲脂肪层并膨胀，当一定量的水结合入层间，层状液晶便形成，当温度降低便会形成胶网液晶。胶网液晶不同于一般乳化结构，其油滴分布在油/水乳化体中，在大多数情况下，液晶层在乳化体系冷却时要转变成胶网液晶，也就是说在冷却过程中，两亲脂肪在油滴中溶解度降低，油滴周围的多层结构形成了流变学屏障，使油滴间的范德华吸引力相当弱，从而阻止其聚结，故胶网液晶结构是稳定的，但其对温度是相当敏感的，温度升高便会使胶网液晶脱水转相成层状液晶，使用一定的亲水胶体能形成对液晶相具增强及保护作用的水合体系，增进体系的稳定性。

液晶结构酷似皮肤颗粒层的板层结构，其能起到屏障作用，抵御外来危害对皮肤的侵袭，能防止皮肤水分挥发，以维持皮肤的水分，保持皮肤富有弹性，从而使皮肤延缓衰老。同时液晶结构还是活性小分子很好的载体，能起到均匀释放作用，由于其结构似皮肤表层结构，所以使用时感觉舒适优雅，油腻感轻，对皮肤的刺激性及致敏性低、安全性高。

（二）液晶乳化剂的类型

目前应用形成液晶化妆品的乳化剂大致可以分为下面几种类型。

（1）脂肪醇聚醚类　典型的产品 Brij72 和 Brij721，乳化能力强，形成油相液晶体系，肤感滋润。

（2）聚甘油酯、糖苷类　典型的产品如 MONTANOV 系列乳化剂，可以形成性质温和、肤感清爽的液晶化妆品。

（3）磷脂类　如氢化卵磷脂，形成的液晶结构跟皮肤间质比较类似，更容易吸收，且液晶结构稳定。肤感滋润，特别适合干燥肌肤使用。

（4）氨基酸衍生物类　如硬脂酰谷氨酸钠，具有很强的乳化能力，且有很好的耐电解质能力。

（三）液晶乳化体的组成

（1）乳化剂　单一乳化剂或多或少存在一定的缺陷，通过选择两种或两种以上的结构类似的乳化剂复配，达到互补效果，增强乳化能力和性能。

（2）助乳化剂　选择合适的助乳化剂，增强乳滴界面强度。

（3）油脂　选择极性的油脂，更有利于形成液晶结构。

（4）增稠剂　合适的增稠剂可以起到稳定乳化体的作用。

（四）液晶形成的影响因素

（1）乳化剂　选择合适的乳化剂，并根据所乳化油相的总量，适当增加乳化剂的用量，有利于液晶乳化体的形成。

（2）助乳化剂　通过添加甘油硬脂酸酯、鲸蜡硬脂醇或者丙烯酸（酯）类/$C_{10\sim30}$ 烷醇丙烯酸酯交联聚合物等有利于液晶乳化体的形成。

（3）油相组分　采用极性油脂有利于液晶的形成，如辛酸/癸酸甘油三酯等。

（4）工艺条件　采用 O/W 直接乳化法，快速将油相加入水相，快速均质，慢速搅拌降温有利于液晶的形成。

（5）活性物　一些活性物含有电解质，会破坏乳化体的稳定，在选择时需要测试后再决定是否添加和使用量。

（五）配方实例与制备工艺步骤

1. 配方实例

配方实例如表 7-27 所列。

表 7-27　液晶膏霜配方实例

组相	组分名称	质量分数/%	作用
A	辛酸/癸酸甘油三酯	10	润肤
	碳酸二辛酯	10	润肤
	鲸蜡硬脂基葡糖苷	4	乳化
	甘油硬脂酸酯	1.0	助乳化
	鲸蜡硬脂醇	2.0	助乳化
B	去离子水	余量	溶解
	EDTA-2Na	0.0	螯合
	1,3-丁二醇	4	保湿
	甘油	4	保湿
	卡波姆 Polygel CA	0.2	增稠
C	氨甲基丙醇	0.12	中和
D	防腐剂	适量	防腐
E	香精	适量	调香

2. 制备工艺步骤

① 将 A 相部分加热到 80℃，完全溶解，搅拌均匀。

② 将 B 相的卡波均质分散均匀，将其余 B 相部分加热到 80℃，搅拌均匀。

③ 将 A 相快速加入 B 相，快速均质 3min，慢速搅拌均匀。

④ 加入 C 相中和，搅拌均匀。

⑤ 保持慢速搅拌降温到 45℃，加入 D 相和 E 相，抽真空、搅拌均匀。

⑥ 取样检测，合格后过滤、出料贮存、灌装。

 案例分析 1

事件过程：某公司生产了一款润肤乳，投放到市场后一个月发现出现了油水分层的现象。

原因分析：该产品配方在实验室试验阶段经过了耐热、耐寒等稳定性试验测试，但测试的时间较短，只有一个星期。经再次稳定性试验，发现耐热试验 2 个星期时出现了油水分离现象。

事故处理：投放市场的产品全部召回。继续改进配方，并进行稳定性试验 2 个月。

 案例分析 2

事件过程：某一公司在生产乳液时，在配制好后检验发现太稀，黏度不达标。

原因分析：出现这种情况的原因可能是：

① 不同批次的原料对产品的黏度有影响；

② 生产时均质力度过强或者均质时间过长。经排查，工厂发现出现这类问题一般都是均质时间过长导致的。

事故处理：为了让黏度达标，补加一点增稠剂，然后再搅拌均匀即可。

 案例分析 3

事件过程：广州某化妆品企业生产的一批润肤霜，发到市场 3 个月后发现膏体的表面出现一点一点的黄色斑点。

原因分析：初步判断可能是霉菌超标。品管部挑取有黄色斑点的膏体进行霉菌和酵母菌总数测定，发现霉菌和酵母菌总数达到 500 个/g，属于严重超标。查看生产记录单发现这批次膏体生产中只加了杰马 A 这种防腐剂，而配方中规定加入的羟苯甲酯和羟苯丙酯没有加。杰马 A 这种防腐剂对细菌具有较强的抑制效果，但对霉菌的抑制效果稍差，需要羟苯酯来加强，而配方中漏加了羟苯酯导致了这次事件。

事故处理：将所有市场上在售的产品追回销毁。

 案例分析 4

事件过程：某一公司生产乳液黏度出现不稳定现象，有时生产出来产品的黏度偏低。

原因分析：该乳液配方中使用了卡波和 Sepigel 305 作为增稠剂。生产过程中，如果工艺是采用把卡波在乳化前投入乳化锅均质分散，再乳化，卡波被过度均质，导致卡波中的链出现断裂，做出来的产品就容易黏度偏低；另一个，由于 Sepigel 305 这种原料放置容易分层（油层漂在上面，聚合物沉底），而在称料时没有预先把 Sepigel 305 搅匀再称，影响了对产品的增稠。

事故处理：根据分析，由于乳液黏度是偶尔出现不稳定，不是长期的，如果是卡波被过度均质而断裂，应该是每批都一致，所以排除这个原因。那就应该是 Sepigel 305 的问题。经过与配料员沟通，发现配料员有时在计量 Sepigel 305 前并未搅拌均匀就称料了，上面这层 Sepigel 305 含有聚合物含量少，而下层的聚合物含量多，导致乳液产品黏度不稳定。为此，公司针对 Sepigel 305 配料制订一项规定，要搅拌均匀后才能进行计量。此后，该种乳液的黏度就不再出现不稳定现象了。

实训 1　润肤霜的制备

一、实训目的

1. 通过实训，进一步学习乳化原理。
2. 掌握乳化操作工艺过程和乳化设备的使用方法。
3. 学习如何在实验中不断改进配方的方法。
4. 通过实训，提高动手能力和操作水平。

二、制备

1. 操作原理

乳化原理。

2. 操作配方

见表 7-28。

表 7-28　润肤霜实训配方

组相	组分名称	质量分数/%	作用
A	白油	5	润肤
	十六-十八醇	2.5	润肤、助乳化
	单甘酯	2	润肤、助乳化
	IPP	4	润肤
	COSMACOL EMI	4	润肤
	二甲基硅油	2	润肤
	羟苯甲酯	0.15	防腐
	羟苯丙酯	0.05	防腐
	Novel A	2.5	乳化
B	1,2-丙二醇	6	保湿
	汉生胶	0.1	增稠
	Aristoflex AVC	0.1	增稠
	苯氧乙醇	0.5	防腐
	去离子水	余量	溶解
C	芦荟提取物	1.0	保湿
	α-甘露聚糖	2.0	保湿
	香精	0.2	赋香

3. 操作步骤

① 将 A 相溶性物质混合加热至 85℃，保温 20min。

② 将 B 相混合溶解，加热至 85℃，保温 20min。

③ 将 A 相加入 B 相中，搅拌 2min，再剧烈搅拌（均质）3min，搅拌冷却致 50℃以下时加入 C 相，混合搅拌冷却至 38℃即可。

实训 2　粉底霜的制备

一、实训目的

1. 通过实训，进一步学习乳化原理。

2. 掌握乳化操作工艺过程和乳化设备的使用方法。

3. 学习如何在实验中不断改进配方的方法。

4. 通过实训，提高动手能力和操作水平。

二、制备

1. 实训原理

乳化原理。

2. 实训配方

见表 7-29。

表 7-29 粉底霜实训配方

组相	组分名称	质量分数/%	作　用
A	地蜡	2.5	润肤、助乳化
	单甘酯	2	润肤
	IPP	4	润肤
	GTCC	5	润肤
	二甲基硅油	1	润肤
	羟苯甲酯	0.15	防腐
	羟苯丙酯	0.05	防腐
	EM-90	3.0	乳化
B	1,3-丁二醇	5	保湿
	苯氧乙醇	0.5	防腐
	尿囊素	0.2	软化角质
	氯化钠	1	降低结冰点,防止低温时水相膨胀
	去离子水	余量	溶解
C	钛白粉	6	遮盖
	铁红	0.1	调色
	铁黄	0.3	调色
	白油	6	润肤
	IPP	2	润肤
D	燕麦葡聚糖	2.0	保湿
	香精	0.2	赋香

3. 操作步骤

① 将 A 相混合加热至 85℃,保温 20min。

② 将 B 相混合溶解,加热至 85℃,保温 20min。

③ 将 C 相混合后用三辊研磨机研磨,或用研钵研磨均匀。

④ 将 B 相加入 A 相中,搅拌 2min,再剧烈搅拌(均质)3min,然后加入 C 相,搅拌冷却至 50℃以下时加入 D 相,混合搅拌冷却至 38℃即可。

💡 **思考题**

1. 乳化体是个相对稳定的体系,请说明能使乳化体稳定的因素有哪些?

2. 乳化体不稳定容易导致哪些现象?

3. 膏霜和乳液常用的滋润物质有哪些?各有什么作用和特点?与白油和凡士林相比,硅油有哪些特点?

4. 保湿的途径有哪些?常用的保湿剂有哪些?

5. 常用的乳化剂有哪些?

6. 用硬脂酸皂作乳化剂制备的膏霜和乳液在放置的过程中有不断变稠的趋势,可采取什么措施防止这种现象发生?

7. 乳化类产品的黏稠度与哪些因素有关?扫码看答案。

8. 60% Span-60 与 40% Tween-60 复配成的混合乳化剂的 HLB 值为多少?

9. 现需配制一种 O/W 型护肤霜,其配方中油相成分含量如下:硬脂醇 2%;二甲基硅油 7%；白油 5%；IPP 4%；凡士林 2%。请选择合适的乳化剂。

10. 要配制 1000kg 雪花膏，需要硬脂酸（酸价 208）120kg，硬脂酸中和成皂百分率为 10%，则配方中需要纯度为 98% 的 KOH 为多少千克。

11. 用硬脂酸成皂作乳化剂时，所用碱的种类不同对膏体的黏稠度有何影响？

12. W/O 型的乳化体配方中为什么要加入一些电解质？扫码看答案。

13. 常用的抗衰老营养物质有哪些？各有什么作用？

思考题答案

14. 简述清洁霜和洗面奶的洁面原理。

15. 简述乳化体的生产过程并说明搅拌速度、温度控制对乳化体的影响。

16. 膏霜常见的质量问题有哪些？应如何解决？

17. 乳液常见的质量问题有哪些？应如何解决？

第 8 章
水剂类化妆品

知识点 化妆水；啫喱水；香水；水剂类化妆品生产工艺；水剂类化妆品质量问题。

技能点 设计化妆水配方；设计啫喱水配方；设计香水配方；配制水剂化妆品；解决水剂类化妆品生产质量问题。

重　点 化妆水的组成与常用原料；啫喱水的组成与常用原料；香水的组成；香水的配制方法；化妆水的配方；啫喱水的配方；生产工艺；生产质量控制。

难　点 化妆水的配方设计；啫喱水的配方设计；香水的配方设计；生产质量问题控制与解决。

学习目标 掌握水剂类化妆品的生产原理；掌握水剂类化妆品生产工艺过程和工艺参数控制；掌握香水的组成和配方；掌握主要水剂类化妆品常用原料的性能和作用；掌握主要水剂类化妆品的配方技术；能正确地确定水剂类化妆品生产过程中的工艺技术条件；能根据生产需要自行制订水剂类化妆品配方并能将配方用于生产。

　　水剂类化妆品是以水为基质的化妆品，主要有香水、爽肤水和发用水等产品，其中香水类化妆品在本书的第 3 章已经进行了阐述，本章主要介绍护肤用水剂化妆品和发用水剂类化妆品。

第 1 节　护肤用水剂化妆品

　　护肤用水剂化妆品，通常是指在用洁面用品洗净黏附于皮肤上的污垢后，为皮肤的角质层补充水分、保湿成分和营养成分，使皮肤柔软，调整皮肤生理功能为目的的化妆品。护肤用水剂化妆品和乳化化妆品相比，油分少，有舒爽的使用感，且使用范围广，功能也在不断扩展，护肤用水剂化妆品具有皮肤表面清洁、杀菌、消毒、收敛、防晒、抑制粉刺生长和滋润皮肤等多种功能。护肤用水剂化妆品要求符合皮肤生理功能，保持皮肤健康，使用时有清爽感，并具有优异的保湿效果及透明的美好外观。目前护肤用水剂化妆品按其使用目的和功能可分为如下几类。

（1）柔软性爽肤水　保持皮肤柔软、湿润。

（2）收敛性爽肤水　抑制皮肤油脂分泌，收敛和调整皮肤。

（3）洁肤用化妆水　卸除淡妆且具有一定程度的清洁皮肤作用。

（4）须后水　缓解剃须所造成的皮肤刺激，使脸部产生清凉的感觉。

（5）营养水　为皮肤提供营养、滋润皮肤。

（6）水乳　为皮肤提供营养、滋润皮肤，在营养水的基础上加入少量的油分。

（7）护肤啫喱　在上述水剂产品的基础上加入增稠成分，制成啫喱状。

（8）面贴膜　在上述水剂产品的基础上加入适量增稠成分，并配合基材制成。

一、组成与常用原料

如前所述，护肤用水剂化妆品的基本功能是保湿、柔软、清洁、杀菌、消毒、收敛等，所用原料大多与功能有关，因此不同使用目的的护肤用水剂化妆品，其所用原料和用量也有差异。其组成和常用原料如下。

1. 水

水是护肤用水剂化妆品的主要原料，其主要作用是溶解、稀释其他原料，补充皮肤水分，软化角质层等。这类产品对水质要求较高，一般采用蒸馏水或去离子水。

2. 乙醇和异丙醇

乙醇也是护肤用水剂化妆品的主要原料、用量较大。其主要作用是溶解其他水不溶性成分，且具有杀菌、消毒功能。乙醇容易挥发，含乙醇的产品用于皮肤后清凉感强。另外，异丙醇也可用作实现上述功效的原料。

3. 保湿剂

保湿剂的主要作用是保持皮肤角质层适宜的水分含量，降低制品的冻点，同时也是溶解其他原料的溶剂，能改善制品的使用感。常用的保湿剂与第 7 章介绍的保湿剂一致。

4. 润肤剂

滋润皮肤，对皮肤具有软化和保湿作用的物质，常用油脂和蜡作为水剂产品的润肤剂。蓖麻油、马来酸酐蓖麻油酯、橄榄油、高级脂肪酸等不仅是良好的皮肤滋润剂，而且还具有一定的保湿和改善使用感的作用。

5. 增溶剂

尽管有的护肤用水剂化妆品里都含有乙醇，但含量一般均在 30% 以下，非水溶性的香料、油类和某些活性成分等不能很好地溶解，影响制品的外观和性能，因此需添加表面活性剂作为增溶剂，保持制品的清晰透明。

6. 黏度调节剂

调节产品黏度，增加产品的稳定性，一般使用水溶性聚合物，如羟乙基纤维素（HEC）、聚丙烯酰基二甲基牛磺酸铵、丙烯酰二甲基牛磺酸铵/VP 共聚物、汉生胶、海藻酸钠、卡波树脂等。

7. 活性成分

应用于护肤用水剂化妆品的药剂主要有收敛剂、杀菌剂、营养剂等。

（1）收敛剂　收敛剂是能使皮肤毛孔收缩的物质，常用的收敛剂有金属盐类收敛剂如苯酚磺酸锌、硫酸锌、氯化锌、明矾、碱式氯化铝、硫酸铝、苯酚磺酸铝等；有机酸类收敛剂如苯甲酸、乳酸、单宁酸、柠檬酸、酒石酸、琥珀酸、乙酸等。其中铝盐的收敛作用最强；具有二价金属离子的锌盐的收敛作用较三价金属离子的铝盐温和；酸类中苯甲酸和硼酸的使用很普遍，而乳酸和乙酸则采用得较少。

（2）营养剂　营养剂能给予皮肤营养，促进皮肤生长，如肌肽、α-甘露聚糖、燕麦葡聚糖、维生素类、氨基酸衍生物、动植物提取液和尿囊素等。

（3）皮肤角质软化剂　使皮肤角质层软化的物质，一般常用碱性物质，如微量的氢氧化钾、碳酸钾等。另外，尿囊素对皮肤角质层也有很好的软化效果。

8. 其他

护肤用水剂化妆品中除上述原料外，还可以为赋予制品令人愉快舒适的香气而加有香精；为赋予制品用后清凉的感觉而加入薄荷脑等；为防止金属离子的催化氧化作用而加入金属离子螯合剂如 EDTA 等；为赋予制品艳丽的外观而加入色素；为防止制品褪色或赋予制品防晒功能可加入紫外线吸收剂等。

二、护肤用水剂化妆品的配方

1. 柔软性爽肤水

柔软性爽肤水又称为柔肤水，是给皮肤角质层补充适度的水分，使皮肤柔软、保持皮肤光滑润湿的制品。因此，保湿效果和柔软效果是配方的关键。各种水溶性的高分子化合物也可加入，以提高制品的稳定性，不仅能提高保湿性能，而且能改善产品的使用性能。水剂产品易受微生物污染，配方中应加入适当的防腐剂。金属离子会使胶质的黏度发生变化，除采用去离子水外，还应适量加入螯合剂。作为柔软剂的油分则采用易溶解的高级脂肪醇及其酯类。

表 8-1 所列为柔软性爽肤水配方实例。

表 8-1　柔软性爽肤水配方实例

组分名称	质量分数/%	作用
去离子水	余量	溶解
EDTA-2Na	0.02	螯合
泛醇	0.5	保湿
双-PEG-18 甲基醚二甲基硅烷	1.0	柔滑肌肤、降低黏腻感
甘油	3.0	保湿
1,3-丁二醇	2.0	保湿
脱乙酰壳多糖单琥珀酰胺	3.0	带来滑爽触感
四臻玉润（HZ-008）	0.5	保湿肌肤
α-甘露聚糖	2.0	保湿肌肤

续表

组分名称	质量分数/%	作用
1,2-戊二醇	2.0	保湿、防腐增效
1,2-辛二醇	0.4	防腐
1,2-己二醇	0.4	防腐
香精	0.05	赋香
增溶剂	0.2	增溶香精

2. 收敛性爽肤水

收敛性爽肤水又称为紧肤水，主要作用是能使皮肤蛋白作暂时收敛，使皮肤上的毛孔和汗孔收缩，从而抑制过多脂质及汗液的分泌，使皮肤显得细腻，防止粉刺形成。从作用特征看适用于油性皮肤者，可作夏令化妆品使用。使用前最好先用温和的洁面产品去污，用毛巾擦干后敷以收敛性爽肤水。

收敛性爽肤水的配方中含有收敛剂、乙醇、水、保湿剂、增溶剂和香精等，其配方的关键是达到皮肤收敛的效果。锌盐及铝盐等较强烈的收敛剂可用于需要较好收敛效果的配方中；而在收敛效果要求不高的配方中，应选用其他较温和的收敛剂，如乳酸等。另外，尿囊素也有一定的收敛皮肤的作用，冷水及乙醇的蒸发能导致皮肤暂时降温，也有一定的收敛作用。

酸性条件下，皮肤收敛效果好，所以大部分的收敛性爽肤水呈弱酸性。

表 8-2 所列为收敛性爽肤水配方实例。

表 8-2　收敛性爽肤水配方实例

组分名称	质量分数/%	作用
水	余量	溶解
EDTA-2Na	0.02	螯合
泛醇	0.5	保湿
尿囊素	0.2	保湿、柔软肌肤
甘油	3.0	保湿
1,3-丁二醇	2.0	保湿
榆绣线菊花提取物	3.0	收敛粗大毛孔
金缕梅提取物	0.5	舒缓和修复肌肤
薰衣草花提取物	0.5	控油收敛
BioCalm	0.5	抗敏止痒
乙醇	4.0	溶解、防腐、清凉
1,2-辛二醇	0.4	防腐
1,2-己二醇	0.4	防腐
香精	0.05	赋香
增溶剂	0.2	增溶香精

3. 洁肤用化妆水

洁肤用化妆水又称为洁肤水，是以卸除淡妆和清洁皮肤为目的的化妆用品，不仅具有洁肤作用，而且还具有柔软保湿之功效。为了达到清洁皮肤的功效，配方中一般会加入温和的表面活性剂和较大量的乙醇；为了达到柔软保湿的目的，配方中需要加入保湿剂，而多元醇保湿剂及增溶剂也有一定程度的洁肤作用。为了改善外观，还可以加入增稠剂，有的甚至制成凝胶状。制品的 pH 值可以呈弱碱性或弱酸性，但很多倾向于呈弱碱性。

表 8-3 所列为洁肤用化妆水配方实例。

表 8-3　洁肤用化妆水配方实例

组分名称	质量分数/%	作用
水	余量	溶解
EDTA-2Na	0.02	螯合
泛醇	0.3	保湿
尿囊素	0.2	保湿、柔软肌肤
甘油	3.0	保湿
PEG-400	10.0	保湿、卸妆
PEG-7 甘油椰油酸酯	10	卸妆
野菊花提取物	3.0	抗氧化
忍冬花提取物	0.1	舒缓和修复肌肤
芦荟提取物	0.5	保湿,洁净肌肤
1,3-丁二醇	2.0	溶解、保湿
1,2-辛二醇	0.5	防腐
1,2-己二醇	0.5	防腐
香精	0.05	赋香
增溶剂	0.2	增溶香精

4. 须后水

须后水是男用护肤水剂化妆品，具有滋润、保湿、清凉、杀菌、消毒等作用，用以消除剃须后面部绷紧及不舒服之感，防止细菌感染，同时散发出令人愉快舒适的香味。为了达到滋润效果，可适当加入油脂等皮肤滋润剂；为了达到保湿效果，可加入适量保湿剂；加入适量的乙醇能产生缓和的收敛作用及提神的凉爽感觉；为了达到清凉效果，常加入少量薄荷脑（0.05%～0.2%）；为了达到杀菌消毒效果，可加入少量的季铵盐类杀菌剂，用以预防剃须出血后引起发炎；为了增溶香精，可将香精用增溶剂增溶后再加入体系中。有的配方还会加入一些表面皮肤麻醉剂，如对氨基苯甲酸乙酯（0.025%～0.05%）等，以减少刺痛感。香精一般采用馥奇香型、薰衣草香型、古龙香型等。

表 8-4 所列为须后水配方实例。

表 8-4　须后水配方实例

组分名称	质量分数/%	作用
水	余量	溶解
EDTA-2Na	0.02	螯合
泛醇	0.3	保湿
尿囊素	0.2	保湿、柔软肌肤
甘油	3.0	保湿
草本抗敏液（HZ-005）	0.1	舒缓、抗刺激
忍冬花提取物	0.1	舒缓和修复肌肤
芦荟提取物	0.5	舒缓和修复肌肤
辣薄荷叶水	0.05	清凉
变性乙醇	30	溶解、清凉、舒缓
香精	0.05	赋香
增溶剂	0.2	增溶香精

5. 皮肤营养水

皮肤营养水用于给皮肤提供营养和保持湿润，对皮肤有滋润和活化作用。皮肤营养水的组成为保湿剂、活性物质和增稠剂等。活性物质多为天然提取物和一些生化物质，如胎盘提取液、人参提取液、当归提取液、透明质酸、壳聚糖、燕麦葡聚糖和水解蛋白等具有活肤、抗皱和滋润作用，而甘草提取液、车前草提取液等则具有消炎和修复作用。保湿剂可用多元醇、聚乙烯吡咯烷酮羧酸钠、氨基酸保湿剂等。增稠剂一般采用羟乙基纤维素和汉生胶等水溶性高分子物质。当然，还可以加入一些美白剂制成美白营养水，加入抗衰老成分制成抗皱营养水，加大保湿剂用量制成保湿营养水等。表 8-5 所列为皮肤营养水配方实例。

表 8-5　皮肤营养水配方实例

组分名称	质量分数/%	作用
去离子水	余量	溶解
EDTA-2Na	0.02	螯合
汉生胶	0.15	增稠
泛醇	0.3	保湿
尿囊素	0.2	保湿、柔软肌肤
甘油	3.0	保湿
透明质酸钠	0.02	保湿
辣蓼提取物	0.1	舒缓、抗刺激
忍冬花提取物	0.5	舒缓和修复肌肤
人参根提取物	0.1	活肤
α-甘露聚糖	0.5	保湿
1,3-丁二醇	3.0	溶解、保湿
1,2-辛二醇	0.5	防腐
1,2-己二醇	0.5	防腐
香精	0.05	赋香
增溶剂	0.2	增溶香精

6. 护肤啫喱

护肤啫喱是在爽肤水的基础上发展起来的一种护肤产品，其主要功效还是给予皮肤滋润、保湿作用。所以护肤啫喱的成分与爽肤水、营养水的成分类似，只是加入了能形成啫喱状形态的增稠剂，如卡波 934、丙烯酰二甲基牛磺酸铵/VP 共聚物等聚合物。

表 8-6 所列为护肤啫喱配方实例。

表 8-6　护肤啫喱配方实例

组分名称	质量分数/%	作用
去离子水	余量	溶解
EDTA-2Na	0.02	螯合
泛醇	0.3	保湿
尿囊素	0.2	保湿、柔软肌肤
双-PEG-18 甲基醚二甲基硅烷	2.0	柔滑肌肤、降低黏感
甘油	3.0	保湿
卡波 940	0.2	增稠
草本抗敏液（HZ-005）	0.5	舒缓、抗敏
忍冬花提取物	0.2	舒缓和修复肌肤
氨甲基丙醇	0.05	与卡波中和反应

续表

组分名称	质量分数/%	作用
1,3-丁二醇	3.0	溶解、保湿
1,2-辛二醇	0.5	防腐
1,2-己二醇	0.5	防腐
香精	0.05	赋香
增溶剂	0.2	增溶香精

7. 水乳

水乳是综合了爽肤水和乳液性能的一种产品，其滋润皮肤的效果介于爽肤水和乳液之间，比乳液更清爽，配方中油脂含量比乳液少；比爽肤水更滋润，配方中油脂含量比爽肤水要多。水乳的黏度比乳液黏度低，所以一般不添加增稠剂和固体油脂。配方中含有油脂和水，要制成乳状，所以需要加入适量的乳化剂。

目前，水乳有两种产品：分层水乳和不分层水乳。分层水乳在放置时出现清晰的分层，下层为透明的水层，上层为乳状的乳化层或油层，摇动后即可形成均匀的乳状液，放置一段时间后又出现清晰的分层。不分层水乳是一直保持乳状液状态，不出现分层现象。

表 8-7 所列为分层水乳配方实例，表 8-8 所列为不分层水乳配方实例。

8. 面膜精华液

随着生活水平的提高，做面膜已经成为女士们日常生活的一部分，其中面贴膜是发展较快的面膜产品之一。面贴膜一般以无纺布、蚕丝布、棉纤维布等为基材，吸附精华液制成。

分层水乳

表 8-7　分层水乳配方实例

组分名称	质量分数/%	作用
去离子水	余量	溶解
EDTA-2Na	0.02	螯合
泛醇	0.3	保湿
尿囊素	0.2	保湿、柔软肌肤
双-PEG-18 甲基醚二甲基硅烷	0.5	柔滑肌肤、降低黏感
甘油	4.0	保湿
透明质酸钠	0.02	保湿
汉生胶	0.05	增稠
PEG-20 甲基葡糖倍半硬脂酸酯	0.8	乳化
环聚二甲基硅氧烷	5.0	润肤
辣蓼提取物	0.5	舒缓、抗刺激
草本抗敏液（HZ-005）	0.1	舒缓抗敏
α-甘露聚糖	2.0	保湿
1,2-戊二醇	1.0	溶解、保湿
1,2-辛二醇	0.4	防腐
1,2-己二醇	0.4	防腐
香精	0.05	赋香
增溶剂	0.4	增溶香精

表 8-8　不分层水乳配方实例

组分名称	质量分数/%	作用
去离子水	余量	溶解
EDTA-2Na	0.02	螯合
泛醇	0.3	保湿
尿囊素	0.2	保湿、柔软肌肤
甘油	3.0	柔滑肌肤、降低黏感
甘油硬脂酸酯/鲸蜡硬脂醇聚醚-20/鲸蜡硬脂醇聚醚-12/鲸蜡硬脂醇/鲸蜡醇棕榈酸酯	3.5	乳化
鲸蜡硬脂醇聚醚-12	1.2	乳化
碳酸二辛酯	3.0	润肤
COSMACOL EMI	2.0	润肤
生育酚乙酸酯	0.3	抗氧化
香精	0.1	赋香
辣蓼提取物	0.5	舒缓、抗刺激
忍冬花提取物	0.5	舒缓和修复肌肤
1,3-丁二醇	3.0	溶解、保湿
1,2-辛二醇	0.5	防腐
1,2-己二醇	0.5	防腐

　　面膜精华液的成分与前述的水剂化妆品的基本一致，主要含有水、保湿剂、活性成分、防腐剂、香精，以及适量的增稠剂。基材的材质对使用效果影响很大，粗糙的基材容易带给脸部刺痛等不适感觉。在配方设计时，需要根据基材调节配方黏度和灌装容量，一般以料体能全部润湿基材，敷贴在脸部时液体不容易滴下为宜。

　　表 8-9 所列为面膜精华液配方实例。

表 8-9　面膜精华液配方实例

组分名称	质量分数/%	作用
去离子水	余量	溶解
EDTA-2Na	0.02	螯合
泛醇	0.3	保湿
尿囊素	0.2	保湿、柔软肌肤
双-PEG-18 甲基醚二甲基硅烷	2.0	柔滑肌肤、降低黏感
甘油	3.0	保湿
1,2-戊二醇	2.0	保湿、防腐
透明质酸钠	0.03	保湿
丙烯酰二甲基牛磺酸铵/VP 共聚物	0.1	增稠
辣蓼提取物	0.2	舒缓、抗刺激
忍冬花提取物	0.2	舒缓和修复肌肤
沙棘提取物	0.5	舒缓和修复肌肤
α-甘露聚糖	2.0	保湿
1,3-丁二醇	4.0	溶解、保湿
1,2-辛二醇	0.4	防腐
1,2-己二醇	0.4	防腐
香精	0.05	赋香
增溶剂	0.4	增溶香精

第2节　护发用水剂化妆品

护发用水剂化妆品主要有定型啫喱、护发营养水等，其主要用于头发造型和起到使头发保湿、营养、顺滑的作用。

一、定型啫喱水

啫喱水也称发用定型凝胶水或发用啫喱水定型液。是目前最常见的定型、护发产品。它其实就是发用凝胶（gel或jelly）的一种，按其谐音译成"啫喱"。市场上常见的有啫喱膏和啫喱水。

理想的发用啫喱膏或啫喱水应具有如下特点。

① 应具有良好的稳定性，外观透明。啫喱膏不应出现凝块、变稀，黏度应稳定，啫喱水不应有絮状物。

② 啫喱膏呈一定的凝胶状，但不应黏腻，应易于均匀涂抹在湿发或干发的表面。

③ 形成的薄膜不黏，易于梳理，保持自然清爽的定型效果。

④ 喷雾啫喱水的喷雾效果好，喷雾能均匀施于头发上。

⑤ 对头发有良好的调理性和一定的定型作用，并赋予头发自然亮泽。

⑥ 容易用香波清洗。对于不含乙醇的发用啫喱，如在标识上加以标注，则产品必须做到乙醇不可检出。

（一）啫喱水

1. 组成

啫喱水不能像发胶或者摩丝一样那么强劲定型，除了有适当的定型作用外，还有一定的头发保湿和护理作用。啫喱水主要有成膜剂、调理剂、稀释剂及其他添加剂等。

（1）成膜剂　成膜剂是啫喱水实现定型的最关键成分，主要是一些可溶于水或稀乙醇的高分子化合物，如聚乙烯吡咯烷酮（VP）、乙酸乙烯酯聚合物、丙烯酸酯类聚合物等。聚合物的定型效果与聚合物的聚合度有很大关系，对于同一种聚合物来说，聚合度越大，定型效果越好。用于啫喱水的聚合物一般在水中能电离出离子，而称为离子型聚合物。为了方便化妆品企业使用，成膜剂的生产企业一般将这些聚合物溶于水中制成胶浆，目前常用的胶浆有如表8-10所列的几种类型。

表8-10　喷雾型啫喱水用胶浆

名称	应用特点	产品属性
VP/丙烯酸酯类/乙胺氧化物甲基丙烯酸盐共聚物	保湿光亮,定型后发质柔软自然（中度定型）	两性离子啫喱水胶浆
丙烯酸/丙烯酸酯共聚物	清爽型,不油腻,对油性发质极佳（中高度定型）	阴离子啫喱水胶浆
VP/丙烯酸酯类/甲基丙烯酸二甲氨基乙酯共聚物	有光泽,定性持久,可湿水再造型（高度定型）	阳离子啫喱水胶浆

（2）调理剂 常用的头发调理剂为季铵盐、二甲基硅氧烷、水解胶原蛋白、植物提取物等。二甲基硅氧烷多采用水溶性硅油，既能保持头发光亮，又有一定的增塑作用，使聚合物成膜后有一定的韧性而不发脆。

（3）增溶剂 油类的物质（如香精等）加入凝胶中会使凝胶变得浑浊，透明度下降，这是由于油类不溶于水的缘故，此时应加入增溶剂。常用的增溶剂有壬基酚聚氧乙烯醚-9、十六-十八醇醚-25，Tween-20、PEG-40 氢化蓖麻油、PEG-60 氢化蓖麻油等。

（4）稀释剂 啫喱水主要的稀释剂是水，也有的啫喱水中加入一定量的乙醇。一方面可促进其他成分的溶解；另一方面可促进水分蒸发，加快啫喱水变干速度。

（5）其他添加剂 加入保湿剂，达到头发保湿的目的；加入 EDTA 等螯合剂，消除钙、镁等金属离子的影响；加入酸碱调节 pH 值；加入防晒剂对头发具有防晒作用，同时可防止产品变色；加入去屑剂，达到去除头屑的目的；另外，还应加入适量香精和防腐剂。

2. 配方实例

表 8-11 所列为啫喱水配方实例

表 8-11 啫喱水配方实例

组分名称	质量分数/%	作用
VP/丙烯酸酯类/乙胺氧化物甲基丙烯酸盐共聚物	8	定型
泛醇	0.3	保湿
DC 193	1	增亮
PEG-400	2	保湿，增塑
防腐剂	适量	防腐
香精	0.2	赋香
增溶剂	0.5	香精增溶
去离子水	余量	溶解

（二）啫喱膏

啫喱膏也叫定型凝胶，外观为透明非流动性或半流动性凝胶体。使用时，直接涂抹在湿发或干发上，在头发上形成一层透明胶膜，直接梳理成型或用电吹风辅助梳理成型，具有一定的定型固发作用，使头发湿润，有光泽。

1. 组成

啫喱膏的功效与啫喱水是一致的，主要目的是头发定型，同时也起到头发保湿和护理的作用。两者的区别主要在于外观和使用的方法，啫喱水一般没有什么黏度，使用时采用泵头喷雾在头发上的方式，而啫喱膏呈啫喱状，有较大黏度，一般采用压泵式包装，使用时压出涂抹在头发上，然后用梳子梳理的方式加以使用。所以其组成区别在于：

① 啫喱膏要添加增稠剂增稠；

② 两者所用的成膜剂不同。啫喱水一般使用离子型胶浆，而啫喱膏大多采用非离子胶浆。

（1）增稠剂 卡波树脂（Carbomer 树脂）是一种常用的发用凝胶增稠剂，使用时先将树脂用水浸泡溶胀后加入混合体系，再用碱中和就可得到美观透明的凝胶。卡波树脂的黏度与 pH 值有很大关系，卡波树脂的水溶液为酸性，其分子呈放松状态，溶液黏度不高，呈浑浊状。但当用碱中和后，羧基被离子化，基团之间相同离子之间的斥力使高聚物分子伸直变成张开结构，溶液的黏度大增，因此在中和过程中黏度不断增大，溶解度也大增，呈透明状。所以，在制备凝胶的过程中，应先将其他物质全部混合好后再加入 Carbomer 树脂，并真空脱泡或静置排泡后，再进行中和。另外，中和过程中应避免强烈搅拌，以免带入过多泡沫。中和剂可用氢氧化钠、氢氧化钾、氨水和有机胺，氨水中和的凝胶很硬，胺类中和的凝胶较软，最广泛应用的中和剂是三乙醇胺、氨甲基丙醇。

其他的增稠剂有丙烯酰二甲基牛磺酸铵/VP 共聚物、羟乙基纤维素、羟丙基甲基纤维素等。

(2) 成膜剂　啫喱水一般使用离子型胶浆为成膜剂，而啫喱膏大多采用非离子胶浆为成膜剂，其他离子型胶浆的应用较少，如表 8-12 所列。

表 8-12　啫喱膏用胶浆

名称	应用特点	产品名称
乙烯基单体共聚物	膏体透明度极好，无白屑(高度定型)	非离子啫喱膏胶浆
丙烯酸/丙烯酸酯类共聚物	保湿光亮型，膏体透明度极好(中度定型)	非离子啫喱膏胶浆
VP/乙烯基己内酰胺/DMAPA 丙烯酸(酯)类共聚物	保湿光亮型，膏体透明度极好(中高度定型)	非离子啫喱膏胶浆

(3) 其他成分　其他成分与啫喱水成分基本一致。

2. 配方实例

表 8-13 所列为啫喱膏配方实例。

表 8-13　啫喱膏配方实例

组分名称	质量分数/%	作用
卡波 940	0.3	增稠
W-735	8	定型
K90	0.8	定型
三乙醇胺	0.3	中和
1,2-丙二醇	2	保湿
防腐剂	适量	防腐
香精	0.2	赋香
增溶剂	0.8	香精增溶
去离子水	余量	溶解

二、护发用营养水

护发营养水就像护肤用营养水一样，主要是指补充水分、水解蛋白质等营养成分的护发用化妆品。有平衡 pH 值、收紧毛鳞片、抗紫外线和补充营养的作用。有时也可作烫前护理液使用。随着人们生活水平的提高，染发和烫发已经成为日常时尚，而染发和烫发对头发伤害很大（头发毛鳞片变得粗糙，蛋白质流失），护发营养水就成了染烫修复的必备品，受到消费者的青睐。

(一) 组成

为了达到修护头发的目的，护发营养水需要加入调理剂、保湿剂和营养成分等。

1. 调理剂

常用的头发调理剂为季铵盐、端氨基硅氧烷等。季铵盐可增加头发的柔软度，可采用
1831、1631 等；端氨基硅氧烷可增加头发滑度，端氨基硅氧烷一般先制成透明的微乳液才
加到产品中，以保持产品的透明度。

2. 营养成分

常用的营养成分有水解蛋白、氨基酸、神经酰胺和中草药提取物等。用水解蛋白来补充
头发由于受损流失的蛋白质，将髓质层和皮质层受损后留下的孔洞填充好，提升头发的致密
性和饱满度；用神经酰胺修护角质蛋白间的离子键、氢键，提升头发的强度；用氨基酸提升
头发的保湿度；用中草药来赋活毛囊细胞。

3. 其他成分

加入保湿剂，达到头发保湿的目的；加入 EDTA 等螯合剂，消除钙、镁等金属离子的
影响；加入酸碱调节 pH 值；加入防晒剂对头发具有防晒作用，同时可防止产品变色；加入
去屑剂，达到去除头屑的目的；另外，还应加入适量香精和防腐剂。

（二）配方实例

表 8-14 所列为护发用营养水配方实例

表 8-14　护发用营养水配方实例

组分名称	质量分数 /%	作用
硬脂基三甲基氯化铵	0.5	柔软、顺滑
氨端聚二甲基硅氧烷	1	柔然、增亮
泛醇	0.3	保湿
甘油	5	保湿
水解小麦蛋白	0.1	修复、保湿
燕麦紧肤蛋白	0.5	修复、保湿
防腐剂	适量	防腐
香精	0.1	赋香
增溶剂	0.4	香精增溶
去离子水	余量	溶解

第 3 节　香　　水

香精溶解于乙醇即为香水，能散发浓郁、持久、悦人的香气，可增加使用者的美感和吸
引力。按照气味来分，香水有单花香型、百花香型、现代香型、清香型、果香型等多种香
型；按产品形态可分为乙醇（酒精）液香水、乳化香水和固体香水等几种，在此仅介绍乙醇
液香水。

乙醇液香水包括香水（perfume）、花露水（toilet water）和古龙水（cologne）三种。
香水具有芳香浓郁持久的香气，一般为女士使用，主要作用是喷洒于衣襟、手帕及发饰等
处，散发出悦人的香气，是重要的化妆用品之一。古龙水通常用于手帕、床巾、毛巾、浴
室、理发室等处，散发出令人清新愉快的香气，一般为男士所用。花露水是一种于沐浴后用

于祛除汗臭及在公共场所解除一些秽气的夏令卫生用品，具有杀菌消毒作用，涂于蚊叮、虫咬之处有止痒消肿的功效，涂抹于患痱子的皮肤上，亦能止痒而且有凉爽舒适之感。

一、组成

1. 香料或香精

香水的主要作用是散发出浓郁、持久、芬芳的香气，是香水类中香料或香精含量最高的，一般为 15%～25%。所用香料也较名贵，往往采用天然的植物净油如茉莉净油、玫瑰净油，以及天然动物性香料如麝香、灵猫香、龙涎香等配制而成。

古龙水和花露水内香料或香精含量较低，一般为 2%～8%，香气不如香水浓郁。一般古龙水的香精中含有香柠檬油、柠檬油、薰衣草油、橙花油、迷迭香等。习惯上花露水的香精以清香的薰衣草油为主体。

香水类所用香精的香型是多种多样的，有单花香型、多花香型、非花香型等。应用于香水的香精，当加入介质中制成产品后，从香气性能上说，总的要求应是：香气幽雅，细致而协调，既要有好的扩散性使香气四溢，又要在肌肤上或织物上有一定的留香能力，香气要对人有吸引力，香感华丽，格调新颖，富有感情，能引起人们的好感与喜爱。

2. 乙醇（酒精）

乙醇是配制香水类产品的主要原料之一，所用乙醇的浓度根据产品中香精用量的多少而不同。香水内香精含量较高，乙醇的浓度就需要高一些，否则香精不易溶解，溶液就会产生浑浊现象，通常乙醇的浓度为 95%。古龙水和花露水内香精的含量较香水低一些，因此乙醇的浓度亦可低一些。古龙水的乙醇浓度为 75%～90%，如果香精用量为 2%～5%，则乙醇浓度可为 75%～80%。花露水香精用量一般为 2%～5%，乙醇浓度为 70%～75%，这样浓度的乙醇液最易渗入细菌的细胞膜，使细菌蛋白质凝固变性，达到杀菌目的。

由于在香水类制品中大量使用乙醇，因此，乙醇质量的好坏对产品质量的影响很大。用于香水类制品的乙醇应不含低沸点的乙醛、丙醛及较高沸点的戊醇、杂醇油等杂质。乙醇的质量与生产乙醇的原料有关：用葡萄为原料经发酵制得的乙醇，质量最好，无杂味，但成本高，适合于制造高档香水；采用甜菜糖和谷物等经发酵制得的乙醇，适合于制造中高档香水；而用山芋、土豆等经发酵制得的乙醇中含有一定量的杂醇油，气味不及前两种乙醇，必须经过加工精制，才能使用。

香水用乙醇的处理方法是：在乙醇中加入 1% 的氢氧化钠，煮沸回流数小时后，再经过一次或多次分馏，收集其气味较纯正的部分，用于配制中低档香水。如要配制高级香水，除按上述对乙醇进行处理外，往往还在乙醇内预先加入少量香料，经过较长时间（一般应放在地下室里陈化一个月左右）的陈化后再进行配制效果更好。所用香料有秘鲁香脂、吐鲁香脂和安息香树脂等，加入量为 0.1% 左右。橡苔浸膏、鸢尾草净油、防风根油等加入量为 0.05% 左右。最高级的香水是采用加入天然动物性香料，经陈化处理而得的乙醇来配制。

用于古龙水和花露水的乙醇也需处理，但比香水用乙醇的处理方法简单，常用的方法有：

① 乙醇中加入 0.01%～0.05% 的高锰酸钾，充分搅拌，同时通入空气，待出现棕色二氧化锰沉淀后，静置一夜，然后过滤得无色澄清液；

② 每升乙醇中加 1～2 滴 30% 浓度的过氧化氢，在 25～30℃ 贮存几天；

③ 在乙醇中加入 1％活性炭，经常搅拌，一周后过滤待用。

3. 去离子水

不同产品的含水量有所不同。香水因含香精较多，水分只能少量加入或不加，否则香精不易溶解，溶液会产生浑浊现象。古龙水和花露水中香精含量较低，可适量加入部分水代替乙醇，降低成本。配制香水、古龙水和花露水的水质，要求采用新鲜蒸馏水或经灭菌处理的去离子水，不允许其中有微生物存在，也不允许铁、铜及其他金属离子存在。水中的微生物虽然会被加入的乙醇杀灭而沉淀，但它会产生令人不愉快的气息而损害产品的气味。铁、铜等金属离子则会对不饱和芳香物质产生催化氧化作用，所以除进行上述处理外，还需加入柠檬酸钠或 EDTA 等螯合剂，以稳定产品的色泽和香气。

4. 其他

为保证香水类产品的质量，一般需加入 0.02％的抗氧化剂如二叔丁基对甲酚等。有时根据特殊的需要也可加入一些添加剂如色素等，但应注意，所加色素不应污染衣物，所以香水通常都不加色素。

二、配方举例

1. 典型香水

见表 8-15。

表 8-15　典型香水配方实例

紫罗兰香型香水		康乃馨香型香水	
组分名称	质量分数/％	组分名称	质量分数/％
紫罗兰花净油	14	依兰油	0.1
金合欢净油	0.5	豆蔻油	0.2
玫瑰油	0.1	康乃馨净油	0.2
灵猫香净油	0.1	香兰素	0.2
麝香酮	0.1	丁香酚	0.1
檀香油	0.2	玫瑰香精	3.0
龙涎香酊剂(3％)	3	乙醇(95％)	余量
麝香酊剂(3％)	2		
乙醇(95％)	余量		

2. 古龙水

见表 8-16。

表 8-16　古龙水配方实例

组分名称	质量分数/％		组分名称	质量分数/％		组分名称	质量分数/％	
	配方 1	配方 2		配方 1	配方 2		配方 1	配方 2
香柠檬油	2	0.8	甜橙油	0.2		苯甲酸丁酯	0.2	
迷迭香油	0.5	0.6	橙花油		0.8	甘油	1	0.4
薰衣草油	0.2		柠檬油		1.4	乙醇(95％)	75	80
苦橙花油	0.2		乙酸乙酯	0.1		去离子水	20.6	16

3. 花露水

见表 8-17。

表 8-17　花露水配方实例

组分名称	质量分数/%	组分名称	质量分数/%	组分名称	质量分数/%
橙花油	2	香柠檬油	1	乙醇(95%)	73.5
玫瑰香叶油	0.1	安息香	0.2	去离子水	余量

第 4 节　生产工艺和质量控制

一、生产工艺

水剂化妆品一般在不锈钢设备内进行。由于水剂化妆品的黏度低，较易混合，因此各种形式的搅拌桨均可采用，但如果是生产啫喱，则应用带刮板的框式搅拌桨。另外，某些种类的水剂化妆品乙醇含量较高，应采取防火防爆措施。

护肤用水剂化妆品的生产工艺过程如图 8-1 所示，其生产过程包括溶解、混合、调色、过滤及装瓶等。

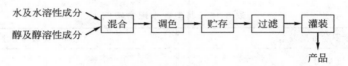

图 8-1　水剂化妆品生产工艺过程

1. 混合

在一不锈钢容器中加入去离子水，并依次加入水溶性成分，搅拌使其充分溶解；在另一不锈钢设备中加入乙醇或异丙醇，再加入醇溶性成分，搅拌使其溶解均匀。将醇体系和水体系在室温下搅拌使其充分混合均匀；然后加入增溶后的香精（香精与增溶剂预先混合均匀），再用色素调色。

上述过程中，如果配方中乙醇或异丙醇用量较大，可将香精加在乙醇溶液中，若配方中乙醇或异丙醇的含量较少，则应将香精先加入增溶剂中混合均匀，最后再缓缓地加入制品中，不断地搅拌直至成为均匀透明的溶液。

为了加速溶解，水溶液可略加热，但温度切勿太高，以免有些成分变色或变质。

2. 贮存陈化

贮存陈化是水剂类化妆品配制的重要操作之一。陈化的主要作用是使容易沉淀的水不溶性物自溶液内离析出来，以便过滤。另外，陈化对香味的调和成熟，减少粗糙的气味是有利的。

关于贮存陈化的问题，不同的产品，不同的配方以及所用原料的性能不同，所需陈化时间的长短也不同，陈贮期从一天到两个星期不等。总之，不溶性成分含量越多，陈贮时间越长，否则陈贮时间可短一些。

3. 过滤

过滤是制造水剂化妆品等液体状化妆品的一个重要环节。陈化期间，溶液内所含少量不溶物质会沉淀下来，可采用过滤的方法使溶液澄清透明。为了保证产品在低温时也不致出现浑浊，有条件的企业过滤前最好经过冷冻使不溶成分析出以便滤除。冷冻可在固定的冷冻槽内进行，也可在冷冻管内进行。过滤机的种类和样式很多，其中板框式过滤机在化妆品生产中应用得最多。

采用压滤机过滤，需加入硅藻土或碳酸镁等助滤剂以吸附沉淀微粒，否则这些胶态的沉淀物会阻塞滤布孔道，增加过滤的困难，或穿过滤布，使滤液浑浊。

但是，陈化和过滤这两个重要步骤被大部分化妆品企业所忽视了，导致了产品出现质量问题，如出现絮状物。

二、水剂类化妆品的质量控制

水剂类制品的主要质量问题是浑浊、变色、变味等现象，有时在生产过程中即可发觉，但有时需经过一段时间或在不同条件下贮存后才能发现，必须加以注意。

1. 浑浊和沉淀

香水、护肤用水剂化妆品类制品通常为清晰透明的液状，即使在低温（5℃左右）也不应产生浑浊和沉淀现象。引起制品浑浊和沉淀的主要原因可归纳为如下两个方面。

（1）配方不合理或所用原料不合要求　为了提高水剂化妆品的护肤效果，有的配方中加入了适量的不溶于水的油脂和活性物，所有产品中都含有香精（不溶于水），为了溶解这些水不溶性物质，除加入部分乙醇用来溶解上述原料外，还需加入增溶剂（表面活性剂）。但是，如果配方中加入水不溶性成分过多，增溶剂选择不当或用量不足，也会导致浑浊和沉淀现象发生，最典型的就是产品中出现絮状物。因此，应选择合理配方，生产中严格按配方配料，同时应严格原料要求。

（2）生产工艺和生产设备的影响　为除去制品中的不溶性成分，生产中一般采用静置陈化和冷冻过滤等措施。如静置陈化时间不够，冷冻温度偏高，过滤温度偏高或压滤机失效等，都会使部分不溶解的沉淀物不能析出，在贮存过程中产生浑浊和沉淀现象。应适当延长静置陈化时间；检查冷冻温度和过滤温度是否控制在规定温度下；检查压滤机滤布或滤纸是否平整，有无破损等。但是从目前情况看，大部分企业不重视陈化和过滤工艺，基本上不过滤，所以导致水剂类产品经常出现浑浊和絮状物的质量问题。

2. 变色、变味

（1）水质处理不好　水剂化妆品含有大量的水，要求采用新鲜蒸馏水或经灭菌处理的去离子水，不允许有微生物和铜、铁等金属离子存在。因为铜、铁等金属离子对不饱和芳香物质会发生催化氧化作用，导致产品变色、变味；微生物虽会被乙醇杀灭而沉淀，但会产生令人不愉快的气息而损害制品的气味，因此应严格控制水质，避免上述不良现象的发生。

（2）香精不稳定　由于水剂化妆品一般采用透明或半透明的玻璃瓶或塑料瓶来包装，这些包装对光没有隔离效果。香精成分中如果含有易变色的不饱和键，如葵子麝香、洋茉莉醛、醛类、酚类等，在空气、光和热的作用下会使色泽变深，甚至变味。因此在配方时应首先注意香精的选用或加入适量抗氧化剂、紫外线吸收剂；其次应注意包装容器的研究，避免与空气接触；再次对配制好的产品应存放在阴凉处，尽量避免光线的照射。另外，在选用水剂化妆品香精时要做耐热、耐光稳定性试验，只有对热、光稳定的香精才能采用。

（3）酸碱性的作用　水剂化妆品一般调整为中性至弱酸性，如果酸碱性过大均可能使配方中的有些成分发生化学反应，如香精中的醛类等起聚合作用而造成分离或浑浊，致使产品变色、变味。

3. 刺激皮肤

化妆品的刺激性一般来源于以下几个方面。

① 香精有一定的刺激性，用量越大对皮肤的刺激性就越大，不宜用得过多。

② 防腐剂有较大的刺激性，护肤用产品应选用刺激性相对小些的防腐剂。

③ 有的功效性成分有刺激性，特别是一些化妆品限用的物质添加时要注意用量，例如果酸类物质对皮肤的刺激性就很大。

④ 原材料中含有的一些杂质对皮肤有刺激性。

⑤ 配方中成分间发生化学反应，生成一些刺激性的成分，配方试验时应充分考虑成分间能否会出现化学反应。

⑥ 微生物污染，微生物排泄出一些刺激性的成分，生产过程中要控制好卫生。

引起化妆品刺激性的原因是多样的，应从原料的选用到配方的设计，再到生产过程进行全程监控，并加强质量检验。对新原料的选用，更要慎重，要事先做各种安全性试验。

4. 微生物污染

水剂化妆品的微生物污染出现的频率往往比其他类型的化妆品出现的频率要高很多，这是由于水剂化妆品中水分含量大，容易滋生微生物。水剂化妆品微生物污染一个典型特征就是出现絮状物和变色。为了控制微生物污染，首先，应该从配方的防腐体系设计着手，好的防腐体系应该是刺激性小、防腐效果好的防腐剂组合；第二，要控制好生产各环节的卫生，确保生产过程中不染菌。

5. 干缩甚至香精析出分离

由于水剂化妆品类制品含有大量水和少量乙醇，易于挥发，如包装容器密封不好，经过一定时间的贮存，就有可能发生因水分和乙醇挥发而严重干缩甚至香精析出分离的现象，应加强管理，严格检测瓶、盖以及内衬密封垫的密封程度。包装时要盖紧瓶盖。

 案例分析 1

事件过程：某公司在做一款分层水乳时出现了这样的问题。实验室打样时样板，放一段时间会自动分成水层（水、多元醇等水溶性物质）和油层（油、表面活性剂），每层都比较透。但是大生产出来的样板却出现混浊，且分层不明显。

原因分析：大生产时，没按照工艺操作，在生产过程中开了均质。因为含有表面活性剂和油脂，均质产生乳化，使产品出现水层、油层和乳化层，使产品变浑浊。

事故处理：放置一段时间，让产品缓慢分层。如果放置一段时间后，没有分层的迹象，可采用少量多次掺入后期生产的同类产品的方法来处理。如果上述两种方案均不可行，只能报废处理。

案例分析 2

事件过程： 某企业在生产一款面贴膜精华液时，产品耐寒检验时发现－10℃出现白色细小晶体析出。

原因分析： 经过分析，出现问题的原因是尿囊素的使用量过大，低温发生析出。尿囊素溶于热水，微溶于常温的水，低温时在水中的溶解度进一步降低。设计配方时需考虑到温度对原料溶解度的影响。

事故处理： 降低尿囊素在膏体中的比例，透明膏体含量控制在 0.20% 以下，由于该产品市场需求量较大，通过等比例增加该膏体中其他成分含量，来降低尿囊素的含量，从而未造成膏体的浪费。

 案例分析 3

事件过程： 某化妆品企业生产的精华液和收缩水，出现了多批次霉菌和酵母菌总数超标的现象。

原因分析： 经与品质管理部沟通和查阅相关检测记录单，发现每年到春季的时候都会出现霉菌和酵母菌总数超标的现象，其他季节则很少出现超标的现象。经过查阅生产部的生产记录单，出现超标的产品有的是采用热配方式生产的，有的是采用冷配方式生产的。经过以上分析，出现霉菌和酵母菌总数超标现象与季节有关，与配制方法关系不大。为了进一步查找原因，对生产车间环境（包括地板、桌面和空间）进行了微生物测试，发现多处地板、桌面出现霉菌和酵母菌总数超标。因为春季温度在 25℃ 左右，是霉菌适宜生长的温度。

事故处理： 将不合格品报废处理。对生产车间进行彻底的消毒处理。生产车间采取防霉措施。

 案例分析 4

事件过程： 某企业生产了一批保湿水，放在静置间，品管部检验时发现产品出现了絮状悬浮物。

原因分析： 该配方中含有 HEC。工艺规定在溶解 HEC 的时候，要在 80～85℃ 的水中保温搅拌 30min。但查生产记录单发现乳化工作人员只搅拌了 10min，看起来透明了，就开始降温和加入其他物料，没有按照工艺要求做。其实看起来透明只是一种"假溶解"，HEC并没有溶完。

事故处理： 如果配方不含热敏性物质，可将产品重新加热，直到 HEC 全溶。如果含热敏性物质，则需补加这些物质。并做稳定性试验。

案例分析 5

事件过程：某化妆品企业在生产一批爽肤水时，出料后发现爽肤水不够清透。

原因分析：该配方已经生产过多批，不存在配方问题。检查生产记录单发现配料员在进行香精增溶时没有按配方要求加够增溶剂，导致香精没有增溶好，导致事故的发生。

事故处理：补加增溶剂，增溶剂先用一部分去离子水预溶分散，再加入主锅中搅拌，爽肤水变得清透。

 案例分析 6

事件过程：某化妆品公司生产了 100kg 透明啫喱，质检部在灌装前的例行检查中发现有白色片状物。

原因分析：据查，是盛料桶在灌装后未清洗干净，料体附在桶壁并被风干，此次盛放啫喱时脱落下来所致。

事故处理：报废处理。

实训 1　收敛性爽肤水的配制

一、实训目的

1. 通过实训，进一步学习水剂类化妆品的制备原理。
2. 掌握收敛性爽肤水配制操作工艺过程。
3. 学习如何在实训中不断改进配方的方法。
4. 通过实训，提高动手能力和操作水平。

二、实训内容

1. 制备原理

将收敛性物质和护肤成分溶于水和乙醇体系中制得。

2. 制备实训配方

如表 8-18 所列。

表 8-18　收敛性爽肤水制备实训配方

组分名称	质量分数/%	作用
去离子水	余量	溶解
EDTA-2Na	0.02	螯合
泛醇	0.5	保湿
尿囊素	0.2	保湿、柔软肌肤
甘油	2.0	保湿
1,3-丁二醇	3.0	保湿
乳酸	0.1	收敛

续表

组分名称	质量分数/%	作用
乙醇	4.0	溶解、防腐、清凉
1,2-辛二醇	0.4	防腐
1,2-己二醇	0.4	防腐
香精	0.05	赋香
增溶剂	0.4	增溶香精

3. 制备步骤

① 用 50mL 烧杯将辛二醇、己二醇、乙醇称在一起，预先分散均匀，备用。

② 用 50mL 烧杯将香精用增溶剂称在一起，用玻璃棒快速搅拌至透明，可稍微加热加速溶解，备用。

③ 依次称取水、EDTA-2Na、泛醇、尿囊素、甘油、丁二醇、乳酸放在 300mL 烧杯中，搅拌完全溶解。

④ 加入辛二醇、己二醇、乙醇混合液，搅拌均匀。

⑤ 加入香精和增溶剂，搅拌均匀。

三、实训结果

请根据实训情况填写表 8-19。

表 8-19　实训结果评价表

使用效果描述	
使用效果不佳的原因分析	
配方建议	

实训 2　护肤啫喱的配制

一、实训目的

1. 通过实训，进一步学习水剂类化妆品的制备原理。

2. 掌握卡波树脂增稠护肤啫喱操作工艺过程。

3. 学习如何在实训中不断改进配方的方法。

4. 通过实训，提高动手能力和操作水平。

二、实训内容

1. 制备原理

将活性物质和护肤成分溶于水中，然后用卡波与碱反应生产黏稠、透明的啫喱体系制得。

2. 制备实训配方

如表 8-20 所列。

表 8-20　护肤啫喱制备实训配方

组分名称	质量分数/%	作用
去离子水	余量	溶解
EDTA-2Na	0.02	螯合
泛醇	0.3	保湿
尿囊素	0.2	保湿、柔软肌肤
甘油	3.0	保湿
卡波 940	0.3	增稠
氨甲基丙醇	0.24	中和
α-甘露聚糖	1.0	保湿
1,3-丁二醇	4.0	溶解、防腐、改善肤感
1,2-辛二醇	0.4	防腐
1,2-己二醇	0.4	防腐
香精	0.05	赋香
增溶剂	0.2	增溶香精

3. 制备步骤

① 用 250mL 烧杯将卡波 940 与水混合，预先浸泡 12h，备用。

② 用 50mL 烧杯将香精用增溶剂称在一起，用玻璃棒快速搅拌至透明，可稍微加热加速溶解，备用。

③ 依次称取 EDTA-2Na、泛醇、尿囊素、甘油放在卡波 940 与水的混合液中，开均质，慢慢均质分散均匀后，加入丁二醇、辛二醇、己二醇和增溶好的香精。

④ 开搅拌慢慢加入氨甲基丙醇，搅拌均匀。

三、实训结果

请根据实训情况填写表 8-21。

表 8-21　实训结果评价表

使用效果描述	

续表

使用效果不佳的原因分析	
配方建议	

实训 3　啫喱水的配制

一、实训目的

1. 通过实训，进一步学习水剂类化妆品的制备原理。
2. 掌握啫喱水配制操作工艺过程。
3. 学习如何在实训中不断改进配方的方法。
4. 通过实训，提高动手能力和操作水平。

二、实训内容

1. 制备原理

将头发定型成分和护发成分溶于水中制得。

2. 制备实训配方

如表 8-22 所列。

表 8-22　啫喱水制备实训配方

组分名称	质量分数/%	作用
EDTA-2Na	0.05	螯合
泛醇	0.5	修护头发
甘油	3.0	保湿
聚乙烯吡咯烷酮(K-90)	6.0	定型、成膜
芦荟提取物	1.0	保湿
香精	0.05	赋香
增溶剂	2.0	香精增溶
乙醇	3.0	促进吸收
凯松	0.05	防腐
去离子水	余量	溶解

3. 制备步骤

① 按配置量向烧杯中加入适量的水（经煮沸冷却的去离子水）。

② 按配方称取原料，EDTA-2Na 用少量水溶解；泛醇用少量水溶解；香精加入增溶剂

中，搅拌均匀后（温度不能超过50℃）加入乙醇搅拌混合。

③ 开搅拌，加入聚乙烯吡咯烷酮，搅拌溶解，如加快溶解速度，可开均质5min。

④ 将②中的原料及其他原料按次序加入烧杯中，搅拌均匀。

⑤ 装入容器中，密封。

三、实训结果

请根据实训情况填写表8-23。

表8-23 实训结果评价表

使用效果描述	
使用效果不佳的原因分析	
配方建议	

思考题

1. 常用的皮肤收敛剂有哪些？

2. 皮肤在酸性条件下是收敛的，那么在碱性条件下呢？

3. 查阅资料，对比乙醇和异丙醇的刺激性。

4. 啫喱水和啫喱膏的配方有何区别？

5. 卡波树脂为什么要中和之后才能表现出巨大的增稠效果和透明度？

6. 简述护肤用水剂化妆品类化妆品的生产工艺过程。

7. 水剂类化妆品存在哪些常见问题，应如何解决？

8. 为什么有的香水留香时间短？扫码看答案。

9. 为什么很多香水都调色，而不是无色？扫码看答案。

思考题答案

第 9 章
气雾类化妆品

知识点 喷发胶；摩丝；气雾式冷霜；气雾式防晒乳；气雾式冷霜。

技能点 设计气雾类化妆品配方；配制气雾类化妆品配方；控制生产质量。

重　点 气雾类化妆品组成与常用原料；气雾类化妆品配方设计；气雾类化妆品配制工艺；生产质量问题控制与解决。

难　点 气雾类化妆品配方设计；生产质量问题控制与解决。

学习目标 掌握气雾类化妆品组成与常用原料性能；掌握气雾类化妆品配制方法；能按生产工艺要求配制出合格的气雾类化妆品；能初步进行气雾类化妆品的配方设计；能初步解决气雾类化妆品生产中出现的质量问题。

气雾类化妆品又称为气溶胶化妆品。气溶胶是胶体化学中的一个专用名称，是指液体或固体微粒呈胶体的状态悬浮于气体中，颗粒应该小于 $50\mu m$，通常小于 $10\mu m$。目前气溶胶类化妆品大致可以分为以下几类。

（1）表面成膜制品　喷射出来的物质颗粒较大，能附着在物质的表面上形成连续的薄膜，如喷发胶、气雾式保湿水等。

（2）泡沫制品　喷出时立即膨胀，产生大量的泡沫，如摩丝、气雾式剃须膏等。

（3）气雾溢流制品　单纯利用压缩气体的压力使产品自动地压出，而形状不变，如气雾式冷霜、气雾式防晒乳等。

（4）粉末制品　粉末悬浮在抛射剂内，和抛射剂一起喷出后，抛射剂立即挥发，留下粉末，如气雾爽身粉等。

第1节　气雾型喷发胶

气雾型喷发胶的主要作用是定型和修饰头发，以满足各种发型的需要。喷发胶的工作原理是：发胶从气雾罐中呈雾状喷出，均匀地喷洒在干发上，

气雾剂

在每根头发表面形成一薄层聚合物，这些聚合物将头发黏合在一起，当溶剂蒸发后，聚合物薄膜具有一定的坚韧性，使头发牢固地保持设定的发型。其定型效果比啫喱水和啫喱膏要好。

一种好的定发制品应具备如下性能：

① 用后能保持好的发型，且不受温度、湿度等条件变化的影响；

② 良好的使用性能，在头发上铺展性好，没有黏滞感；

③ 用后头发具有光泽，易于梳理，且没有油腻的感觉，对头发的修饰应自然；

④ 具有一定的护发、养发效果；

⑤ 具有令人愉快舒适的香气；

⑥ 对皮肤和眼睛的刺激性低，使用安全；

⑦ 使用后应易于被水或香波洗掉。

一、组成与常用原料

(一) 推进剂

气雾制品依靠压缩或液化的气体产生压力将物质从容器内推压出来，这种供给动力的气体称为推进剂（propellent），也称为抛射剂。理想的抛射剂在常温下的蒸气压应大于大气压；应无毒、无致敏反应和刺激性；应无色、无臭、无味；应性质稳定，不易燃易爆，不与药物、容器发生相互作用；应廉价易得。

推进剂可分为两大类：一类是液化气，能在室温下迅速地气化。这类推进剂除了供给动力之外，往往和有效成分混合在一起，成为溶剂或稀释剂，和有效成分一起喷射出来后，由于迅速气化膨胀而使产品具有各种不同的性质和形状。另一类是一种单纯的压缩气体，这一类推进剂仅仅供给动力，它几乎不溶或微溶于有效成分中，因此对产品的性状没什么影响。

1. 液化气体

随着氟氯烃的禁用，现在越来越多的气雾型制品是采用对环境无害的抛射剂替代产品，如低级烷烃和醚类。这类推进剂在大气层中能够被氧化成二氧化碳和水，因而对环境不会造成危害。

低级烷烃主要有丙烷、正丁烷和异丁烷。其优点是气味较小，价格低廉，如液化石油气（LPG）推进剂的组成为：异丁烷80%，丙烷20%。

醚类中较有实用价值的是二甲醚（DME）。二甲醚是一种无色、具有轻微醚香味的气体，无腐蚀性，毒性低，具有优良的混溶性，能同大多数极性和非极性有机溶剂混溶，和常用的高聚物相容性很好。但由于是易燃易爆物质，在生产、贮存和使用过程中应注意安全。

2. 压缩气体

压缩气体如二氧化碳、氮气、氧化亚氮、氧气等，在压缩状态下注入容器中，与有效成分不相混合，而仅对内容物起施加压力的作用。这类抛射剂虽然是很稳定的气体，但由于其在乙醇等溶剂中的溶解度不够，加之使用时压力下降太快，使用时要求罐内始压太高而不安全，喷雾性能也不好，因而实际应用得不多。这类气体由于低毒、不易燃和对环境无污染，仍然有对它们进行研究、实验改进的必要。

（二）聚合物

现代的头发定型制品，无论是溶液型、喷雾型、泡沫型还是凝胶型，基本要求是固发和定型性好，使用聚合物树脂作固发的组分可达此目的。它能够在头发的表面形成一层树脂状薄膜，并具有一定的强度，以保持头发良好的发型。而且这些高聚物可溶于水或稀乙醇，无毒，没有异味，用后可用水或香波洗去。可用于发胶的聚合物与啫喱水的聚合物类似，只是要求所用的聚合物能溶于乙醇，这是因为气雾型发胶基本上采用乙醇或异丙醇等作为溶剂。从目前国内发胶生产企业所用配方来看，大部分使用丙烯酸及其酯类共聚物等阴离子胶浆，主要是考虑到阴离子胶浆的定型硬度和成本。另外，为了加强定型，发胶中聚合物用量相对啫喱水要稍大些。

（三）溶剂

发胶配方中溶剂的主要作用是溶解聚合物和其他成分，主要的溶剂是乙醇或乙醇/水混合体系，一般不单独用水作溶剂，使用醇的目的就是快干造型，且喷雾好。

值得注意的是：含水的喷发胶可能引起马口铁容器的腐蚀，从而降低货架寿命。一般采用添加腐蚀抑制剂和内涂层解决容器的防腐问题。铝容器没有腐蚀性问题，但成本较高。

（四）中和剂

当使用含有酸性基团的树脂（如丙烯酸酯类聚合物）时才需要添加碱性中和剂。其作用是将成膜剂分子中的羧酸基团中和成盐，以提高成膜剂的水溶性。常用的中和剂有氨甲基丙醇（AMP）、三乙醇胺（TEA）、三异丙醇胺（TIPA）等。

（五）增塑剂

增塑剂的作用是改善聚合物膜的性质，使其更赋有柔韧性和光泽性，一般用量为聚合物干基质量分数的 5％。很多不同的化合物可用作增塑剂，其中包括柠檬酸三酯、水溶性硅油、蛋白质、多元醇、羊毛脂衍生物等。值得注意的是：不合适的增塑剂对聚合物膜有严重的影响，会使膜的强度下降，暗淡无光泽。有些情况下，不一定需要添加增塑剂。

（六）香精

由于喷发胶含有乙醇，香精易于溶解，加香不会有困难。主要是避免树脂、增塑剂、气雾制品中的推进剂和乙醇气味对香精气味的干扰。乙醇的气味是较难掩盖的。必须通过试验进行筛选。

（七）其他添加剂

喷发胶含有乙醇，一般不需要添加防腐剂，当然少量的防腐剂对产品稳定也有一些好处。其他的添加剂，如氨基酸、维生素和植物提取物可按需要添加少量，但应注意到与基质配伍的问题。紫外线吸收剂也可按需要添加。

二、配方实例

表 9-1 所列为含有 LPG 的气雾型喷发胶的配方实例，表 9-2 所列为含有 DME 的气雾型

喷发胶的配方实例。

表 9-1　气雾型喷发胶配方实例（含 LPG）

组分名称	质量分数/%	作用
乙醇（95%）	60	
聚乙烯吡咯烷酮/乙酸乙烯/丙酸乙烯酯	7	
香精	3	
LPG	余量	抛射

表 9-2　气雾型喷发胶配方实例（含 DME）

组分名称	质量分数/%	作用
乙醇（95%）	41	
聚乙烯吡咯烷酮/乙酸乙烯/丙酸乙烯酯	6	
香精	3	
DME	余量	抛射

第 2 节　定型摩丝

摩丝（Mousse）来自法语，也称为慕斯，其意为泡沫或起泡的膏霜。摩丝指由液体和推进剂共存，在外界施用压力下，推进剂携带液体冲出气雾罐，在常温常压下形成泡沫的产品。在这层意义上，形成了发用摩丝、摩丝香波、摩丝沐浴剂、摩丝剃须膏等各类产品。

定型摩丝是一种泡沫状的定发制品，是最常见的摩丝产品，其特点是具有丰富的、细腻的、量少而体积大的乳白色泡沫，很容易在头发上分布均匀并能迅速破泡，使头发润滑、易梳理、便于造型和定型。在定发制品中，不仅意指泡沫，而且要有修饰、固定发型，用后头发柔软、富有光泽、易于梳理、抗静电等作用，表现头发自然、光泽、健康和美观的外表。

摩丝产品中含有推进剂。一般情况下，产品在静置后，推进剂浮在上层，所以产品使用前必须摇动一下气雾剂的容器，使推进剂能较均匀分散。当打开容器阀门后，内容物在压力的推动下从阀门被压出，推进剂气化并膨胀，产生泡沫。摩丝涂于头发上后，很容易均匀地覆盖在头发的表面。

一、组成与常用原料

摩丝的配方组成主要有高聚物、溶剂、表面活性剂、香精、抛射剂及其他添加剂。

1. 聚合物

摩丝所用的聚合物与定型啫喱基本一致，要求聚合物具有良好的水溶性。当然，有的摩丝强调调理效果，则可选用阳离子胶浆成膜剂。

2. 表面活性剂

表面活性剂的作用是降低表面张力，使摩丝形成合适大小和结构的泡沫。在配制摩丝时，表面活性剂的选择很重要。摩丝产品只要求好的初始泡沫稳定性，泡沫与头发接触后，应较易破灭分散，并要求泡沫柔软，易于在梳理时分散。乳化剂的另一作用是分散作用，在摩丝使用前摇动时，能将推进剂均匀地分散在水相中，形成暂时的均匀体系。摩丝中所用表面活性剂通常是 HLB 值为 12～16 的非离子型表面活性剂，表面活性剂的用量通常在 0.5％～1.5％。

3. 推进剂

一般与发胶用推进剂一致，可用 LPG 和 DME 等。

4. 其他添加剂

摩丝比喷发胶强调对头发的护理作用，如保湿摩丝中添加保湿剂（如吡咯烷酮羧酸钠），防晒摩丝中添加防晒剂，营养摩丝中添加营养剂（如维生素 E 乙酸酯、泛醇、角蛋白氨基酸、水解胶原蛋白、各种动植物提取物等）。但一般不会加入具有消泡作用的多元醇和油脂类物质。

为了保护气雾容器的金属罐，防止金属腐蚀，可加入腐蚀抑制剂。

二、配方实例

表 9-3 所列为含有 LPG 的定型摩丝的配方实例。

表 9-3 定型摩丝配方实例

组分名称	质量分数/%	作用
丙烯酸（酯）类/月桂醇丙烯酸酯/硬脂醇丙烯酸酯/乙胺氧化物甲基丙烯酸盐共聚物	8	定型
PEG-400	3	保湿
椰油酰胺丙基甜菜碱	4	起泡
增溶剂	0.8	增溶
香精	0.2	赋香
防腐剂	适量	防腐
去离子水	余量	溶解
LPG	35.0	抛射

第 3 节 其他气雾型化妆品

气雾型化妆品

气雾型产品具有防腐剂用量少、不存在二次污染等优点，而逐渐被消费者所接受。目前除了气雾型定型发胶和定型摩丝外，还有气雾型保湿乳、气雾型防晒乳、气雾型冷霜、气雾型粉底、气雾型止汗剂、气雾型剃须膏、气雾型香水等产品。

一、气雾型乳液

近年来，气雾型乳液已开始受到消费者的欢迎。由于气雾型乳液喷到皮肤上，推进剂迅速挥发，有一种冷的感觉，所以也归在冷霜类中。气雾型乳液的配方其实就是在乳液的乳化体配方上再加入推进剂即可，值得注意的是，乳液黏度宜小，过于黏稠不利于喷出。表 9-4 所列为气雾型乳液配方实例。

表 9-4　气雾型乳液配方实例

组分名称	质量分数/%	作用
COSMACOL EMI	4.0	润肤
芦荟油	3.0	润肤
GTCC	3.0	润肤
单甘酯	0.5	助乳化
二甲基硅油	2.0	润肤
Novel A	0.6	乳化
羟苯甲酯	0.2	防腐
羟苯丙酯	0.1	防腐
去离子水	余量	溶解
汉生胶	0.1	增稠
Dracorin GOC	1.0	乳化
苯氧乙醇	0.3	防腐
α-甘露聚糖	2.0	保湿
芦荟提取物	1.0	保湿
香精	0.2	赋香
LPG	32.0	推进

二、气雾型保湿水

气雾型保湿水就是在水剂配方的基础上加入推进剂即可，表 9-5 所列为气雾型保湿水配方实例。

表 9-5　气雾型保湿水配方实例

组分名称	质量分数/%	作用
去离子水	余量	溶解
海藻糖	1.0	保湿
甜菜碱	2.0	保湿
芦荟提取物	1.0	保湿、舒缓
燕麦葡聚糖	1.0	保湿、舒缓
尿囊素	0.2	软化角质
聚季铵盐-51	0.1	保湿
PEG-400	2.0	保湿
海藻提取物	1.0	保湿
Polygel CB	0.05	增稠
氨甲基丙醇	0.03	中和
防腐剂	0.2	防腐
增溶剂	0.3	增溶
香精	0.1	赋香
LPG	40.0	推进

三、气雾型防晒乳液

气雾型防晒乳液就是在防晒乳液配方的基础上加入推进剂即可，气雾型防晒乳液设计配方时，也是要注意控制产品黏度宜小。表 9-6 所列为气雾型防晒乳液配方实例。

表 9-6　气雾型防晒乳液配方实例

组分名称	质量分数/%	作用
Neo Heliopan OS	3.0	防晒
Neo Heliopan AV	5.0	防晒
Neo Heliopan 357	1.5	防晒
COSMACOL EBI	3.0	润肤
Cetiol CC	3.0	润肤
羟苯甲酯	0.2	防腐
羟苯丙酯	0.1	防腐
环聚二甲基硅氧烷	2.0	润肤
MONTANOV L	1.5	乳化
去离子水	余量	溶解
PEG-400	4.0	保湿
尿囊素	0.2	软化角质
Polygel CB	0.15	增稠
氨甲基丙醇	0.09	中和
苯氧乙醇	0.3	防腐
燕麦多肽	1.0	保湿
Symrelief 100	0.2	舒缓、抗敏
香精	0.2	赋香
LPG	35.0	推进

四、气雾型粉底

气雾型粉底就是在粉底配方的基础上加入推进剂即可，气雾型粉底设计配方时也是要注意控制产品黏度宜小，应采用粉底乳液配方。表 9-7 所列为气雾型粉底配方实例。

表 9-7　气雾型粉底配方实例

组分名称	质量分数/%	作用
Winsier	5.0	乳化
地蜡	0.5	增稠
COSMACOL EBI	4.0	润肤
GTCC	4.0	润肤
芦荟油	3.0	润肤
钛白粉	7.0	遮盖
铁红	0.10	调色
铁黄	0.32	调色
铁黑	0.06	调色
硬脂酸镁	0.5	悬浮、稳定
甲基丙烯酸甲酯交联聚合物	2.0	调节肤感
羟苯甲酯	0.25	防腐
羟苯丙酯	0.10	防腐
Abil EM 90	1.0	乳化
去离子水	余量	溶解

续表

组分名称	质量分数/%	作用
PEG-400	3.0	保湿
Symrelief 100	0.2	舒缓
甜菜碱	2.0	保湿
芦荟提取物	1.0	保湿
苯氧乙醇	0.3	防腐
香精	0.25	赋香
LPG	30.0	推进

五、气雾型止汗剂

气雾型止汗剂要求雾化分散，这需要使用很细而均匀的粉末，一般要求 90% 以上的颗粒为 $10\mu m$ 左右，这对止汗功能和雾化作用都有利，另外，适当的黏度、添加少量乙醇也可改善雾化状况，其组成主要包括止汗活性成分、增稠剂、润滑剂、溶剂、愈合剂、调理剂、推进剂等。表 9-8 所列为气雾型抑汗剂配方实例。

表 9-8　气雾型抑汗剂配方实例

组分名称	质量分数/%	作用
环状二甲基硅氧烷	7	润肤
肉豆蔻酸异丙酯	0.5	润肤
二氧化硅	0.5	增稠
羟基氯化铝	6.5	止汗
乙醇(95%)	5	溶解
LPG	余量	推进、溶解

六、气雾型除臭剂

气雾型除臭剂就是在除臭液配方的基础上加入推进剂即可，主要包含杀菌剂、皮肤收敛剂、保湿剂等成分。表 9-9 所列为气雾型除臭剂配方实例。

表 9-9　气雾型除臭剂配方实例

组分名称	质量分数/%	作用
六氯二羟基二苯甲烷	0.12	杀菌
香精	0.2	赋香
苯酚磺酸铝	5.75	收敛
去离子水	0.6	溶解
1,2-丙二醇	4.3	保湿
无水乙醇	46.5	溶解
抛射剂 LPG	余量	推进、溶解

七、气雾型剃须膏

气雾型剃须膏称为剃须摩丝，其成分与剃须膏基本相同，只是各种原料用量不同，且加有推进剂。这种剃须产品使用方便，泡沫丰富，使用时只要用手—按，即可喷在皮肤上，剃须时水分保持能力好。

为了使剃须剂易于喷出，剃须剂不能过分稠厚，一般采用三乙醇胺皂或其他非离子表面活性剂作起泡剂，脂肪酸及其他脂肪性滋润剂的加入量也较少。配方举例如表 9-10 所列。

表 9-10　气雾型剃须膏配方实例

组分名称	质量分数/%	作用
硬脂酸	6.0	与三乙醇胺反应成皂，起泡，润滑
椰子油酸	2.5	与三乙醇胺反应成皂，起泡，润滑
甘油	6.0	保湿、润滑
三乙醇胺	4.3	与脂肪酸反应成皂，起泡，润滑
LPG	12	推进
芦荟提取物	1.0	舒缓
苯氧乙醇	0.5	防腐
羟苯甲酯	0.1	防腐
香精	0.2	赋香
去离子水	余量	溶解

八、气雾型洁面膏

气雾型洁面膏称为洁面摩丝，是一种面部清洁泡沫，同时具有卸妆和清洁的功能，可以清除毛孔堵塞，减少过多油脂分泌。气雾型洁面膏配方举例如表 9-11 所列。

表 9-11　气雾型洁面膏配方实例

组分名称	质量分数/%	作用
去离子水	余量	溶解
EDTA-2Na	0.02	螯合
癸基葡糖苷	10.0	清洁
椰油酰胺丙基甜菜碱	5.0	清洁
月桂酰基肌氨酸钠	3.0	清洁
甘油聚醚-26	3.0	保湿
尿囊素	0.2	软化角质
芦荟提取物	1.0	保湿
LPG	28.0	推进

九、气雾型香水

气雾型香水就是将香水以气雾的形态使用，就是在香水配方的基础上加入推进剂即可。气雾型香水配方举例如表 9-12 所列。

表 9-12　气雾型香水配方实例

组分名称	质量分数/%	作用
香精	5	赋香
无水乙醇	45	溶解
抛射剂(二氯二氟甲烷)	25	推进、溶解
抛射剂(三氯一氟甲烷)	25	推进、溶解

第4节　生产工艺和质量控制

气雾制品实际
生产工艺

一、生产工艺

气雾制品的生产工艺流程如图 9-1 所示。扫码看生产工艺图片。

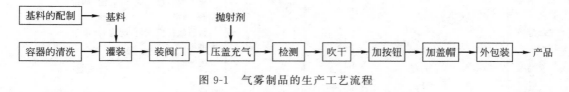

图 9-1　气雾制品的生产工艺流程

典型的气雾制品生产线如图 9-2 所示。扫码查看实际生产线视频。

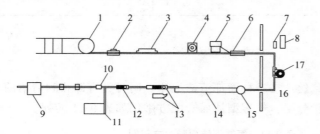

图 9-2　典型的气雾制品生产线

气雾制品实际
生产线

1—容器输送圆盘；2—罐清洗器；3—打码机；4—基质充填机；5—阀门贮槽；
6—阀门插入器；7—水力泵；8—真空泵；9—外包装工作台；10—压盖帽；
11—盖帽贮槽；12—加盖帽机；13—吹干机；14—水浴；15—平衡缓冲台；
16—充气室；17—压盖充气

二、气雾容器

气雾容器与一般化妆品的包装容器相比，其结构较为复杂，可分为容器的器身和气阀两个部件。器身一般采用金属、玻璃和塑料制成。较常采用的是以镀锡铁皮制成的气雾容器。玻璃容器适宜于压力较低的场合。用塑料作为气雾容器的材料很有发展前途，它既具有玻璃容器耐腐蚀等优点，又没有炸碎的危险，但其应用有待进一步研究。气阀系统除阀门内的弹簧和橡皮垫外，全部可以用塑料制成。其容器和阀门的结构如图 9-3 所示。

气雾剂容器的工作原理是：有效成分放入容器内，然后充入液化的气体，部分为气相，部分仍为液体，达到平衡状态。气相在顶部，而液相在底部，有效成分溶解或分散在下面的液层中。当气阀开启时，气体压缩含有效成分的液体通过导管压向气阀的出口而到容器的外面。由于液化气体的沸点远较室温低，能立即气化使有效成分喷向空气中形成雾状，如图 9-4 所示。如要使产品压出时呈泡沫状，其主要的不同在于泡沫状制品不是溶液而是以乳化体的形式存在，当阀开启时，由于液化气体的气化膨胀，使乳化体产生许多小气泡而形成泡沫的形状。

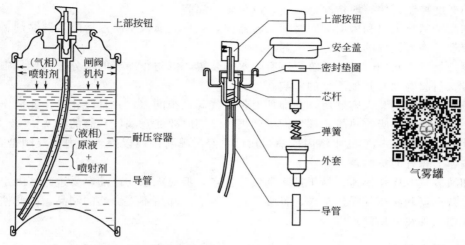

图 9-3　气雾容器和阀门的结构示意图

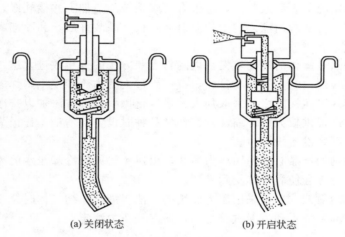

(a) 关闭状态　　　　　　　(b) 开启状态

图 9-4　阀门的工作状态

三、灌装方法

气雾制品的灌装基本上可分为两种方法，即冷却灌装和压力灌装。

（一）冷却灌装

冷却灌装是将基料和抛射剂经冷却后，灌于容器内的方法。采用冷却灌装的方法，基料的配制方法和其他化妆品一样，所不同的是它的配方必须适应气雾制品的要求，在冷却灌装过程中保持流体和不产生沉淀。在某些产品中，可加入高沸点的抛射剂，作为基料的溶剂或稀释剂以免在冷冻时产生沉淀。如果抛射剂在冷冻之前加入基料中，那么就必须和液化气体一样，贮藏在压力容器中，以防止抛射剂的逃逸和保证安全。

抛射剂一般被冷却到压力只有 6.87×10^4 Pa 时的温度。基料一般冷却至较加入抛射剂时的温度高 10～20℃，冷却后应该测定它的黏度，最低温度的限制是保持基料在灌装过程中呈流体，各种成分不能沉淀出来。如果由于黏度和沉淀的关系基料温度不宜太低，那么可将抛射剂的温度控制得较一般情况低一些，以免影响灌装。

冷却灌装基料可以和抛射剂同时灌入容器内，或者先灌入基料然后灌入抛射剂。抛射剂产生的蒸气可将容器内的大部分空气逐出。

如果产品是无水的，灌装系统应该有除水的装置，以防止冷凝的水分进入产品中，影响产品质量，引起腐蚀及其他不良的影响。

将基料及抛射剂装入容器后，立即加上带有气阀系统的盖，并且接轧好。此操作必须极为快速，以免抛射剂吸收热量，挥发而受到损失。同时要注意漏气和阀的阻塞。

接轧好的容器在55℃的水浴内检漏，然后再经过喷射试验以检查压力与气阀是否正常，最后在按钮上盖好防护帽盖。

冷却灌装具有操作快速、易于排除空气等优点，但对无水的产品容易进入冷凝水，需要较大的设备投资和熟练的操作工人，且必须是基料经冷却后不受影响的制品，因此使应用受到很大限制，现在使用已不多。

（二）压力灌装

压力灌装是在室温下先灌入基料，将带有气阀系统的盖加上并接轧好，然后用抽气机将容器内的空气抽去，再从阀门灌入定量的抛射剂。接轧灌装好后，和冷却灌装相同，要经过55℃水浴的漏气检查和喷射试验。

该法的主要缺点是操作的速度较慢，但随着灌装方法的逐步改进，这一缺点已逐步得到克服。另一缺点是容器内的空气不易排净，有产生过大的内压和发生爆炸的危险，或者促进腐蚀作用，头部空气可在接轧之前采取加入少量液化抛射剂的方法加以排净。压力灌装的优点是：对配方和生产提供较大的伸缩性，在调换品种时设备的清洁工作极为简单，产品中不会有冷凝水混入，灌装设备投资少。

许多以水为溶剂的产品必须采用压力灌装，以避免将原液冷却至水的冰点以下，特别是乳化型的配方经过冷冻会使乳化体受到破坏。

以压缩气体作抛射剂，也是采用压力灌装的方法。灌装压缩气体时并不计量，而是控制容器内的压力。在漏气检查和喷射试验之前，还需经压力测定。

（三）二元包装工艺

扫码学习。

四、质量控制

二元包装工艺

气雾类化妆品不同于一般的化妆品，这不仅反映在包装容器、生产工艺上，而且在配方上也有不同的要求。化妆品的一般配方不能用于气雾制品，必须根据其特点探索新的途径。例如一般的剃须膏配方用于气雾制品就太黏稠了，和常用的抛射剂不相和谐，从气雾容器内压出后也没有足够的柔软须毛的功效，必须根据气雾制品的特点，研究新的配方。又如定发制品中常用的高聚物在氟氯烃中的溶解性均佳，故在选用时只考虑其成膜性能（如坚牢度、弹性和水洗性等）即可，但如选用丙烷、丁烷等作抛射剂，还必须考虑其在抛射剂中的溶解度。

气雾式化妆品在生产和使用过程中应注意以下问题。

1. 喷雾状态

喷雾的性质（干燥的或潮湿的）受不同性质和不同比例的抛射剂、气阀的结构及其他成分（特别是乙醇）的制约。低沸点的抛射剂形成干燥的喷雾，因此如要产品形成干燥的喷雾可以在配方中增加抛射剂的比例，减少其他成分（如乙醇）。当然，这样会使压力改变，但应该和气雾容器的耐压情况相适应。

2. 泡沫形态

泡沫形态由抛射剂、有效成分和气阀系统所决定，可以产生干燥坚韧的泡沫，也可以产生潮湿柔软的泡沫。当其他成分相同时，高压的抛射剂较低压的抛射剂所产生的泡沫坚韧而有弹性。

3. 化学反应

配方中的各组分之间要注意不起化学反应，同时要注意组分与抛射剂或包装容器之间不起化学反应。

4. 溶解度

各种化妆品成分对不同抛射剂的溶解度是不同的，设计配方时应尽量避免溶解度不好的物质，以免在溶液中析出，阻塞气阀，影响使用性能。

5. 腐蚀作用

化妆品的成分和抛射剂都有可能对包装容器产生腐蚀，设计配方时应加以注意，对金属容器进行内壁涂覆和注意选择合适的洗涤剂可以减少腐蚀的产生。

6. 变色

乙醇溶液的香水和古龙水，在灌装前的运送及贮存过程中容易受到金属杂质的污染，灌装后即使在玻璃容器中，色泽也会变深，应注意避免。泡沫制品较易变色，这可能是香料的原因。

7. 香气

香味变化的影响因素较多。制品变质、香精中香料的氧化以及和其他原料发生化学反应、抛射剂本身气味较大等都会导致制品香味变化。

8. 低温考验

采用冷却灌装的制品应确保基料在低温时不会出现沉淀等不良现象。

9. 环保和安全生产

由于氟氯烃对大气臭氧层有破坏作用，应尽量避免选其作抛射剂，可选用对环境无害的低级烷烃和醚类作推进剂。但低级烷烃和醚类是易燃易爆物质，在生产和使用过程中应注意安全。

事件过程：某化妆品企业生产的一批摩丝压出泡沫很少。品管部检测表明，不存在推进剂泄漏问题。

原因分析：在无推进剂泄漏的情况下，摩丝压出的泡沫很少，其中的一个影响因素是香精未能增溶好。由于该配方中使用的增溶剂在低于 30℃ 时呈膏状，生产中水温不够导致溶解不彻底，时间长了香精析出，影响了产品泡沫，不方便使用。

解决方法：可选择以下两种解决方法：

① 选择使用低温时液态状体的增溶剂，避免增溶剂低温析出；

② 对于低温膏状的增溶剂，需不高于50℃的水浴加热与香精混合，再加入45℃的水中搅拌溶解完全，降温至出料，可解决溶解不好的问题。

事故处理：公司选用了第一种处理方法，即用低温时呈液态的增溶剂代替低温时呈膏状的增溶剂，经调整后解决了摩丝压出泡沫少的问题。

思考题

1. 气雾型发胶用的聚合物与啫喱水用的聚合物有何区别？

2. 摩丝用的聚合物与啫喱水用的聚合物有何区别？

3. 常用的推进剂有哪些？分别有什么特点？

4. 简述气雾型化妆品的生产工艺过程。

5. 气雾型化妆品在生产和使用过程中应注意哪些问题？

第 10 章
彩妆类化妆品

　　彩妆类化妆品主要是指用于脸面、眼部、唇及指甲等部位，以达到掩盖缺陷、赋予色彩或增加立体感、美化容貌为目的的一类化妆品。虽然彩妆化妆品不可能从根本上改变人们的脸型和五官，但化妆确实能使人容光焕发、美丽动人、富有感情、充满自信，化妆又能使皮肤获得充分的保护和营养的补充。

　　"形象"对于女性来说，绝对永远是重要的。随着生活水平的提高，人们对美容化妆的兴趣与日俱增。美容化妆，已成为许多女性，甚至男性日常生活中不可缺少的一部分。

　　彩妆化妆品品种繁多，涉及面较广。根据使用部位的不同，美容类化妆品可分为脸面用品（粉底霜、香粉、粉饼、胭脂、剃须用品等），眼部用品（眼影粉、眼影膏、眼线笔、眼线膏、睫毛膏、眉笔等），唇部用品（唇膏、唇线笔等），指甲用品（指甲油、指甲白、指甲油脱除剂等）等。

第1节 脸面用彩妆品

用于脸面的彩妆化妆品主要包括香粉类（香粉、粉饼、香粉蜜等）、胭　脸部彩妆化妆品
脂类（胭脂、胭脂膏、胭脂水等）。扫码看脸面用彩妆品。

一、组成与常用原料

1. 遮盖性物质

粉体涂敷在皮肤上，应能遮盖住皮肤的本色、疤痕、黄褐斑等，也就是说粉体应具备良好的遮盖力，这一功能主要是由具有良好遮盖力的遮盖剂所赋予的。常用的遮盖剂有钛白粉、氧化锌等。

钛白粉的遮盖力最强，比氧化锌高 2～3 倍，但不易和其他粉料混合，如果先将钛白粉和氧化锌混合好，再拌入其他粉料中，可克服上述缺点，钛白粉在香粉中的用量在 10％以内。另外，钛白粉对某些香料的氧化变质有催化作用，选用时应注意。氧化锌对皮肤有缓和的干燥和杀菌作用，配方中采用质量分数为 15％～25％的氧化锌，可使香粉有足够的遮盖力，而又不致使皮肤干燥。

化妆品用的钛白粉和氧化锌要求色泽白、颗粒细、质轻、无臭，铅、砷、汞等杂质含量少。工业用的钛白粉不宜用于化妆品制作。

2. 滑爽性物质

粉体应具有滑爽易流动的性能，才能涂敷均匀，所以粉类制品的滑爽性极为重要。传统粉体的滑爽性主要是来自滑石粉的作用。

为了提高滑爽性，目前粉类化妆品中已开始使用粒径为 5～15μm 范围的球状粉体替代滑石粉，如氮化硼、二氧化硅和氧化铝球状粉体以及尼龙、聚乙烯、聚苯乙烯等球状高分子粉体。

3. 吸收性物质

吸收性主要是指对油脂和汗液的吸收，同时也包括对香精的吸收。用以吸收香精、油脂和汗液的原料有沉淀碳酸钙、碳酸镁、胶态高岭土、淀粉、硅藻土和二氧化硅等。传统的粉体一般以采用沉淀碳酸钙与碳酸镁为多。

二氧化硅是新型的吸收性物质，除了具有吸收作用外，还具有良好的滑爽效果，在新型的香粉和粉饼配方中经常使用。

4. 黏附剂

粉类制品最忌敷用于皮肤后脱落，因此必须具有很好的黏着性，使用时容易黏着在皮肤上。

黏合剂对胭脂的压制成型有很大关系，它能增强粉块的强度和使用时的润滑性，但用量过多，粉块粘模，而且制成的粉块不易涂敷，因此要慎重选择。黏合剂的种类大体上有水溶性、脂溶性、乳化型和粉类等几种。

（1）水溶性黏合剂　包括天然和合成两类，天然的黏合剂有黄蓍树胶、阿拉伯树胶、刺梧桐树胶等。但天然的由于受产地及自然条件的影响，导致规格较不稳定，且常含有杂质，

并易被细菌所污染，所以多采用合成的黏合剂如甲基纤维素、羧甲基纤维素、聚乙烯吡咯烷酮等。各种黏合剂的用量一般为 0.1%～3.0%。但无论是天然的还是合成的黏合剂都有一个缺点，就是需要用水作溶剂，这样在压制之前的粉质还需要烘干除去水，且粉块遇水会产生水迹，所以水溶性黏合剂使用得越来越少。

（2）脂溶性黏合剂　有液体石蜡、矿脂、脂肪酸酯类、羊毛脂及其衍生物等，这类抗水性的黏合剂有液体的、半固体的和固体的，它们是在熔化状态时和胭脂粉料混合，可单独或混合使用。采用这类物质作黏合剂还有润滑作用，但单独采用脂溶性黏合剂有时黏结力不够强，压制前可再加一定的水分或水溶性黏合剂以增加其黏结力。脂溶性黏合剂的用量一般为 0.2%～2.0%。

（3）乳化型黏合剂　是脂肪性黏合剂的发展，由于少量脂肪物很难均匀地混入胭脂粉料中，采用乳化型黏合剂就能使油脂和水在压制过程中均匀分布于粉料中，并可防止由于胭脂中含有脂肪物而出现小油团的现象。乳化型黏合剂通常是由硬脂酸、三乙醇胺、水和液体石蜡或单硬脂酸甘油酯、水和液体石蜡配合使用，也可采用失水山梨醇的酯类作乳化剂。这类黏合剂也含有水，使用的企业也不多。

（4）粉类黏合剂　除上述几种黏合剂外，也可采用粉状的金属皂类如硬脂酸锌、硬脂酸镁等作黏合剂，制成的胭脂细致光滑，对皮肤的附着力好，但需要较大的压力才能压制成型，且对金属皂的碱性敏感的皮肤有刺激。这些硬脂酸的金属盐类是轻质的白色细粉，加入粉类制品后就包覆在其他粉粒外面，使香粉不易透水，用量一般为 5%～15%。硬脂酸铝盐比较粗糙，硬脂酸钙盐则缺少滑爽性，普遍采用的是硬脂酸镁盐和锌盐，也可采用硬脂酸、棕榈酸与豆蔻酸的锌盐和镁盐的混合物。

目前使用得最多的是粉类黏合剂和脂溶性黏合剂。

5. 颜料

抹粉是为了调和皮肤的颜色，所以粉体一般都带有颜色，并要求接近皮肤的本色。因此在粉体生产中，颜料的选择是十分重要的。适用于粉类化妆品的颜料必须有良好的质感，能耐光、耐热、长时间光照不变色，使用时遇水或油以及 pH 值略有变化时不致溶化或变色。因此一般选用无机颜料如赭石、褐土、铁红、铁黄、群青等，为改善色泽，可加入红色或橘黄色的有机色淀，使色彩显得鲜艳和谐。

6. 香精

粉体的香味不可过分浓郁，以免掩盖了香水的香味。粉体用香精在粉的贮存及使用过程中应该保持稳定，不酸败变味，不使香粉变色，不刺激皮肤等。香粉用香精的香韵以花香型或百花香型较为理想，使香粉具有甜润、高雅、花香生动而持久的香气感觉。

7. 其他

除了以上成分外，为了提高使用效果，有的还加入油脂类物质作赋脂剂，增加对皮肤的滋润效果。另外，还需加入防腐剂和抗氧化剂等成分。

二、配方实例

（一）香粉

香粉是用于面部化妆的制品，可掩盖面部皮肤表面的缺陷，改变面部皮肤的颜色，柔和脸部曲线，形成满脸光滑柔软的自然感觉，且可预防紫外线的辐射。好的香粉应该很易涂敷，并能均匀分布；去除脸上油光，遮盖面部某些缺陷；对皮肤无损害刺激，敷用后无不舒适的感觉；色泽应近于自然肤色，不能显现出粉拌的感觉；香气适宜，不要过分强烈。

1. 配方实例

表 10-1 所列为香粉配方实例。

表 10-1　香粉配方实例

组分名称	质量分数/%					作用
	配方 1	配方 2	配方 3	配方 4	配方 5	
滑石粉	余量	余量	余量	余量	余量	滑爽
高岭土	8	16	10	10	16	吸收
轻质碳酸钙	8	5	5		14	吸收
碳酸镁	15	10	10	5	5	吸收
钛白粉		5	10			遮盖
氧化锌	10	10	15	10	15	遮盖
硬脂酸锌	10		3	3	6	黏附
硬脂酸镁	4	2			4	黏附
白矿油				3		赋脂、黏附
颜料	适量	适量	适量	适量	适量	着色
香精	适量	适量	适量	适量	适量	赋香
羟苯甲酯	0.05	0.05	0.05	0.05	0.05	防腐
羟苯丙酯	0.05	0.05	0.05	0.05	0.05	防腐
苯氧乙醇	0.3	0.3	0.3	0.3	0.3	防腐

香粉的品种除了有不同的香气和色泽的区别外，还可以根据使用要求的不同分为轻度遮盖力、中等遮盖力、重度遮盖力以及不同吸收性、黏附性等规格。

配方 1 属于轻度遮盖力及很好的黏附性和适宜吸收性的产品。

配方 2 属于中等遮盖力及强吸收性的产品。

配方 3 属于重度遮盖力及强吸收性的产品。

配方 4 属于轻度遮盖力及轻吸收性的产品。

配方 5 属于轻度遮盖力及很好的黏附性和适宜吸收性的产品。

2. 产品选择

不同类型的香粉适用于不同类型的皮肤和不同的气候条件。多油性皮肤应采用吸收性较好的香粉，而干燥性皮肤应采用吸收性较差的香粉。炎热潮湿的地区或季节，皮肤容易出汗，宜选用吸收性和干燥性较好的香粉，而寒冷干燥的地区或季节，皮肤容易干燥开裂，宜选用吸收性和干燥性较差的香粉。

3. 配方设计

香粉配方设计应根据产品需求来定，例如要设计遮盖力强的香粉，配方中钛白粉和氧化锌的用量就要增大；再如要设计吸收性强的香粉，则要增加吸收性物质的用量。

关于配制吸收性较差的香粉，一方面可减少碳酸镁或碳酸钙的用量，或增加硬脂酸盐的用量，使香粉不易透水；另一方面可在制品中加入适量油脂和蜡，这种香粉称为加脂香粉，如配方 4 中加有白矿油。油性物质的加入使粉料颗粒外面均匀地涂布了油性物质，降低了吸收性能，粉质的碱性不会影响皮肤的 pH 值，而且粉质有柔软、滑爽、黏附性好等优点。油性物质的加入量与要求以及香粉中其他原料的吸收性有关，一般最高不超过 5%，否则会导致香粉结块。加脂香粉应该注意酸败问题，当油性物质均匀分布在粉粒表面时，和空气接触的面积很大，因而氧化酸败的可能性增加，除选用质量好的油脂和蜡外，必要时应考虑加入抗氧化剂。目前一些企业在生产香粉的过程中，充分利用聚硅氧烷的耐高低温、抗氧化、闪点高、挥发性小、表面张力小、无毒、不易氧化、透气性好、防水性好的优良特性，添加在香粉产品中作为黏合剂和润肤剂来使用。

（二）粉饼

粉饼和香粉的使用目的相同，将香粉压制成粉饼的形式，主要是便于携带，使用时不易飞扬，其使用效果应和香粉相同。

粉饼在配方方面与香粉主要组成接近，但由于剂型不同，在产品使用性能、配方组成和制造工艺上还是稍有差异，例如黏合剂用量比香粉要大些。表 10-2 所列为传统粉饼配方实例。表 10-3 所列为一彩妆企业使用的新型粉饼配方实例。

表 10-2　传统粉饼配方实例

组分名称	质量分数/%			作用
	配方 1	配方 2	配方 3	
滑石粉	余量	余量	余量	滑爽
高岭土	12	10	13	吸收
碳酸镁	5		7	吸收
钛白粉		5		遮盖
氧化锌	15		10	遮盖
硬脂酸锌	5			黏附
淀粉			10	黏附
黄蓍树胶	0.1		0.1	黏附
羊毛脂		2		赋脂、黏附
液体石蜡		4	0.2	赋脂、黏附
单甘酯			0.3	赋脂、黏附
山梨醇		2		保湿
1,2-丙二醇			2	保温
香精	适量	适量	适量	赋香
颜料	适量	适量	适量	着色
去离子水	2.5			溶解胶
羟苯甲酯	0.05	0.05	0.05	防腐
羟苯丙酯	0.05	0.05	0.05	防腐
苯氧乙醇	0.3	0.3	0.3	防腐

【请思考】粉饼的配方与香粉配方有什么区别？

表 10-3　新型粉饼配方实例

组分名称	质量分数/%			作用
	配方 1	配方 2	配方 3	
氮化硼	1.000	1.000	1.000	滑爽、分散
月桂酰赖氨酸	1.000	1.000	1.000	滑爽、分散
二氧化硅	5.000	5.000	5.000	滑爽、吸收
尼龙	3.000	3.000	3.000	滑爽、分散
聚四氟乙烯微粉	2.100	2.100	2.100	黏结剂、填充
云母粉	25.000	25.000	25.000	滑爽、填充
羟苯甲酯	0.200	0.200	0.200	防腐
羟苯乙酯	0.200	0.200	0.200	防腐
二氧化钛	10.000	10.000	11.500	遮盖
处理铁红	0.220	0.300	0.450	着色
处理铁黄	0.676	0.700	1.764	着色
处理铁黑	0.060	0.030	0.117	着色
滑石粉	44.444	44.370	41.569	滑爽、填充
苯氧乙醇	0.500	0.500	0.500	防腐
生育酚乙酸酯	0.100	0.100	0.100	抗氧化
辛基十二烷基十八酰硬脂酸酯	2.000	2.000	2.000	赋脂、黏合
植物性羊毛脂	0.500	0.500	0.500	赋脂、黏合
辛酸/癸酸甘油三酯	2.000	2.000	2.000	赋脂、黏合
聚二甲基硅氧烷	2.000	2.000	2.000	赋脂、黏合

（三）香粉蜜

　　香粉蜜又名液体香粉，是将粉悬浮在水和甘油中形成能流动的浆状物质，使用方便，既有香粉一定的遮盖力，又有保护滋润皮肤的功效。这种产品也可在涂敷香粉之前作为粉底使用，能增强香粉的遮盖力，但不能达到粉底的全部作用。

　　与香粉相比，香粉蜜的配方中也含有粉类原料，只不过香粉蜜是液体，所以除了含有粉体以外，还要加入多元醇、水、胶质等。多元醇具有保湿效果，同时具有一定的悬浮作用。胶质主要起到粉体悬浮作用，常用的胶质有黄蓍树胶粉、羧甲基纤维素和胶性黏土等。实验证明，胶性黏土是一种悬浮能力很强的胶体。表 10-4 所列为香粉蜜配方实例。

表 10-4　香粉蜜配方实例

组分名称	质量分数/%			作用
	配方 1	配方 2	配方 3	
碳酸钙	2			吸收
碳酸镁		4.5	2	吸收
氧化锌	9	2.5	7	遮盖
滑石粉	3	7	5	滑爽
甘油	4	5	5	保湿
高黏度羧甲基纤维素		1.5	1.5	悬浮
乙醇（95%）		2	1.5	快干

续表

组分名称	质量分数/%			作用
	配方 1	配方 2	配方 3	
胶性黏土	4			悬浮
香精	适量	适量	适量	赋香
颜料	适量	适量	适量	赋色
羟苯甲酯	0.2	0.2	0.2	防腐
羟苯丙酯	0.05	0.05	0.05	防腐
苯氧乙醇	0.5	0.5	0.5	防腐
去离子水	余量	余量	余量	稀释

【请思考】 香粉蜜的配方与香粉配方有什么区别？

（四）胭脂

胭脂是用来涂敷于面颊腮红处用来塑造立体感，使面色显得红润、艳丽、明快、健康的化妆品。可制成各种形态：与粉饼相似的粉质胭脂粉饼，习惯上称为胭脂；制成膏状的称为胭脂膏；另外还有液状胭脂等。

1. 胭脂粉饼

胭脂又称为腮红，是由颜料、粉料、黏合剂、香精等混合后，经压制制成的饼状粉块，载于金属底盘，然后以金属、塑料或纸盒盛装，是市场上最受欢迎的一种，非常适合于油性皮肤使用。优质的胭脂应该柔软细腻，不易破碎；色泽鲜明，颜色均匀一致，表面无白点或黑点；容易涂敷，使用粉底霜后敷用胭脂，易混合协调；遮盖力好，易黏附于皮肤；对皮肤无刺激性；香味纯正、清淡；容易卸妆，在皮肤上不留斑痕等。

胭脂的配方原料大致和香粉粉饼相同，只是色料用量比香粉多，香精用量比香粉少。另外，色泽方面也与香粉粉饼稍有差别，香粉粉饼色泽与皮肤一致，而胭脂则以红系（粉红、桃红等）为主，目前棕系（浅棕、深棕）的胭脂也较常见。表 10-5 所列为胭脂配方实例。

表 10-5 胭脂配方实例

组分名称	质量分数/%				作用
	配方 1	配方 2	配方 3	配方 4	
滑石粉	50	65	45	53	滑爽
高岭土	12	9		5	吸收
碳酸钙	4			4	吸收
碳酸镁	6		18	4	吸收
氧化锌		10	15	5	遮盖
钛白粉	9.5			5	遮盖
硬脂酸锌	4	6		5	粉状黏合
硬脂酸镁			10		粉状黏合
液体石蜡	2				油性黏合
甘油		3			保湿、黏合

续表

组分名称	质量分数/%				作用
	配方 1	配方 2	配方 3	配方 4	
凡士林				2	油性黏合
羊毛脂			2		油性黏合
颜料	12	6	9.5	3	着色
云母钛珍珠剂				6	珠光着色
香精	适量	适量	适量	适量	赋香
羟苯甲酯	0.05	0.05	0.05	0.05	防腐
羟苯丙酯	0.05	0.05	0.05	0.05	防腐
苯氧乙醇	0.3	0.3	0.3	0.3	防腐

2. 胭脂膏

胭脂膏又称为腮红膏，是用油脂和颜料为主要原料调制而成的，具有组织柔软、外表美观、敷用方便的优点，且具有滋润性，因此很受消费者欢迎，非常适合干性皮肤的人使用。胭脂膏一般是装于塑料或金属盒内。胭脂膏有两种类型：一类是用油脂、蜡和颜料所制成的油质膏状称为油膏型；另一类是用油、脂、蜡、颜料、乳化剂和水制成的乳化体，称为膏霜型。目前胭脂膏主要以油膏型为主，膏霜型胭脂膏已经很少见了。在此主要介绍油膏型胭脂膏。

油膏型胭脂膏是以油、脂、蜡类为基料，加上适量颜料和香精配制而成，因此油、脂、蜡类原料的性能直接影响着产品的稳定性和敷用性能。起初主要是用矿物油和蜡类配制而成，价格便宜，能在 40℃ 以上保持稳定，但敷用时会感到油腻。新式的产品则以脂肪酸的低碳酸酯类如棕榈酸异丙酯等为主，在滑石粉、碳酸钙、高岭土和颜料的存在下，用巴西棕榈蜡提高稠度。由于采用的酯类都是低黏度的油状液体，能在皮肤上形成舒适的薄膜。如果配方合理，能在 50℃ 条件下保持稳定。但油膏型胭脂膏有渗小油珠的倾向（特别是当温度变化时），因此配方中适量加入蜂蜡、地蜡、羊毛脂以及植物油等可抑制渗油现象。

除上述原料外，为防止油脂酸败，还需加入抗氧化剂，加入香精以赋予制品良好的香味。表 10-6 所列为油膏型胭脂膏配方实例。

表 10-6   油膏型胭脂膏配方实例

组分名称	质量分数/%			作用
	配方 1	配方 2	配方 3	
白矿油	23	22	20	滋润
凡士林	20		55	滋润
地蜡	15	8		滋润
蜂蜡		2	9	滋润
无水羊毛脂		2	5	滋润
巴西棕榈蜡		6	2	滋润
IPP		26		滋润
IPM	9			滋润
羊毛酸异丙酯	7			滋润
高岭土	20			吸收
滑石粉		10		滑爽

续表

组分名称	质量分数/%			作用
	配方 1	配方 2	配方 3	
钛白粉	4.2	20		遮盖
铁红	0.5			赋色
铁黄	0.3			赋色
颜料		3	8	赋色
香精	适量	适量	适量	赋香
羟苯甲酯	0.2	0.2	0.2	防腐
羟苯丙酯	0.05	0.05	0.05	防腐
苯氧乙醇	0.3	0.3	0.3	防腐

3. 胭脂水

胭脂水又称为液体腮红，是一种流动性液体。胭脂水是将颜料悬浮于水、甘油和其他液体中，它的优点是价格低廉，缺点是缺乏化妆品的美观，易发生沉淀，使用前常需先摇匀。单纯将颜料分散于溶液中易沉淀，为降低沉淀的速度，提高分散体的稳定性，还需加入各种悬浮剂，如羧甲基纤维素、聚乙烯吡咯烷酮和聚乙烯醇等。也可在液相中加入适当易悬浮的物质，这样也能阻滞颜料等的沉淀，如单硬脂酸甘油酯或丙二醇酯。表 10-7 所列为胭脂水配方实例。

表 10-7　胭脂水配方实例

组分名称	质量分数/%	作用
甘油	7	保湿
聚乙烯醇	5	增稠,悬浮
氧化锌	4	遮盖
硬脂酸锌	18	黏附
颜料	3.2	赋色
香精	适量	赋香
羟苯甲酯	0.2	防腐
羟苯丙酯	0.05	防腐
苯氧乙醇	0.3	防腐
去离子水	余量	溶解、稀释

（五）爽身粉

爽身粉并不用于化妆，主要用于浴后在全身敷施，能滑爽肌肤，吸收汗液，减少痱子的滋生，给人以舒适芳香之感，是男女老幼都适用的夏令卫生用品。

爽身粉的原料和生产方法与香粉基本相同，爽身粉对滑爽性要求最突出，对遮盖力并无要求。它的主要成分是滑石粉，其他还有碳酸钙、碳酸镁、高岭土、氧化锌、硬脂酸镁、硬脂酸锌等，氧化锌具有收敛性和一定的杀菌力。除此之外，爽身粉还有一些香粉所没有的成分，如硼酸，它有轻微的杀菌消毒作用，用后使皮肤有舒适的感觉，同时又是一种缓冲剂，使爽身粉在水中的 pH 值不致太高。

爽身粉所用香精偏重于清凉，常选用一些薄荷脑等有清凉感觉的香料。婴儿用的爽身粉，最好不要香精，因为婴儿的皮肤较成人娇嫩得多，对外来刺激敏感。如果希望在婴儿爽身粉中加入一些香精，最高限量不得超过 0.4%，一般是在 0.1% 以下。表 10-8 所列为爽身粉配方实例。

表 10-8 爽身粉配方实例

组成	质量分数/%				作用
	配方 1	配方 2	配方 3	配方 4	
滑石粉	余量	余量	余量	余量	滑爽
碳酸钙				5	吸收汗液
碳酸镁	18.5	23	7.5		吸收汗液
高岭土			8	10	吸收汗液
硬脂酸镁	4		2		黏附
硬脂酸锌		3		4	黏附
氧化锌		3	3		收敛、杀菌
硼酸	4.5	2	3.5	5.8	杀菌
薄荷香精	0.1	0.1	0.1	0.1	清凉、赋香

【请思考】爽身粉的配方与香粉配方有什么区别？

（六）面膜粉

目前流行的面膜主要有粉基面膜、面膜贴和睡眠面膜等几种类型。面膜贴就是将面膜精华液添加到无纺布、棉布或蚕丝布中制成，在第 8 章中已经介绍；市售睡眠面膜大多数是透明或半透啫喱霜，在第 7 章中已经介绍；在此主要介绍粉基面膜。

面膜粉是一种粉末状面膜产品，用水调和后涂敷在皮肤上形成质地细软的薄膜。有的面膜粉也制成泥浆状到透明流动状的胶状物。使用面膜粉的作用是将皮肤与外界空气隔绝，在粉剂或成膜剂的干燥过程中，面膜收缩，对皮肤产生暂时绷紧的作用，并使覆盖部位皮肤温度升高，促进血液的流通，这时敷在皮肤上的面膜中其他成分（如维生素、水解蛋白以及其他营养物质）就有可能有效地渗进皮肤里，起到增进皮肤机能的作用。经一段时间后再除去面膜，皮肤上的皮屑等杂质也就随之而被除去，不仅使皮肤整洁一新，而且可以滋润皮肤，促进新陈代谢，给表皮补充足够的水分，使皮肤明显舒展。

粉面膜应具有如下性能：

① 敷用后应和皮肤密合；

② 有足够吸收性以达到清洁效果；

③ 敷用和移除便利；

④ 干燥和固化时间不可过长；

⑤ 对正常皮肤无刺激性。

粉基面膜主要功能是清洁，所以面膜粉中应该还有较大量的吸收性物质，如高岭土、硅藻土、硫酸钙、碳酸镁、玉米淀粉等。玉米淀粉可以使膜粉获得比较好的肤感，硅藻土可以使膜粉有很好的分散性，还有其超强的吸附性可以使膜粉获得比较卓越的清洁效果。为了提高产品的流动性和使用后的滑爽性，也要加入一定量的滑石粉，而且滑石粉可以使膜粉成膜后获得比较好的外观。为了面膜粉使用时在皮肤上成膜，干时能整块撕下来，需要添加海藻酸钠等水溶性聚合物作为黏附剂和悬浮剂，以使固体悬浮物稳定和增加干膜的机械强度。另外，为了获得其他功能，面膜粉中还可以加入美白、去斑、去皱、保湿、消炎等成分。

粉基面膜可以制成粉状产品，也可制成浆状产品。表 10-9 所列为浆状面膜配方实例。表 10-10 所列为面膜粉配方实例。

表 10-9　浆状面膜配方实例

组分名称	质量分数/%	作用
深海泥	30	吸收污垢,清洁
高岭土	5	滑爽
甘油	8	保湿
硅酸铝镁	1.0	增稠,悬浮
亲水性锂蒙脱石	2.5	增稠,悬浮
羟苯甲酯	0.2	防腐
羟苯丙酯	0.05	防腐
杰马 Plus	0.2	防腐
香精	0.1	赋香
色素	适量	赋色
去离子水	余量	溶解

表 10-10　面膜粉配方实例

组分名称	质量分数/%	作用
玉米淀粉	余量	滑爽
滑石粉	20	吸收污垢,清洁
膜材	8	黏合,使面膜粉成膜
薄荷脑	0.02	清凉
羟苯甲酯	0.05	防腐
羟苯丙酯	0.05	防腐
香精	0.1	赋香

第 2 节　唇部用彩妆品

唇部用品是在唇部涂上色彩、赋予光泽、防止干裂、增加魅力的化妆品。由于其直接涂于唇部易进入口中，因此对安全性的要求很高，对人体要无毒性，对黏膜无刺激性等。唇部用化妆品根据其形态可分为棒状唇膏、唇线笔以及液态唇膏等。其中应用最为普遍的是棒状唇膏（通常称为唇膏）；唇线笔在配方结构和制作工艺上类同眉笔，只是色料以红色为主，选料上要求无毒等。与唇膏相比，两者的成分类似，只不过唇线笔的硬度比唇膏稍大。扫码看唇部化妆品图片。

一、组成与常用原料

（一）基质原料

唇部用品的基质是由油脂、蜡类原料组成的，是唇部用品的骨架。理　唇部彩妆化妆品想的基质除对染料有一定的溶解性外，还必须具有一定的柔软性，能轻易地涂于唇部并形成均匀的薄膜，能使嘴唇润滑而有光泽，无过分油腻的感觉，亦无干燥不适的感觉，不会向外化开。同时成膜应经得起温度的变化，即夏天不软不熔、不出油，冬天不干不硬、不脱裂。为达此要求，必须适宜地选用油脂、蜡类原料，常用的油脂、蜡类如表 10-11 所列。

表 10-11   唇部用品常用基质原料的性能和用途

物　　质	性能和用途
蓖麻油	蓖麻油是唇膏中最常用的油脂原料,它的作用主要是赋予唇膏一定的黏度
巴西棕榈蜡	熔点约为 83℃,有利于保持唇膏膏体有较高熔点而不致影响其触变性能。但用量过多会使成品的组织有粒子,一般以不超过 5% 为宜
地蜡	也有较高的熔点(61~78℃),且在浇模时会使膏体收缩而与模型分离,能吸收液体石蜡而不使其外析,但量多时会影响膏体表面光泽,常与巴西棕榈蜡配合使用
微晶蜡	与白蜡复配使用,可防止白蜡结晶变化,改善基质的流变性,熔点较高
液体石蜡	能使唇膏增加光泽,但对色素无溶解力,且与蓖麻油相容性不好,不宜多用
可可脂	是优良的润滑剂和光泽剂,熔点(30~35℃)接近体温,很易在唇上涂开,但用量不宜超过 8%,否则日久会使表面凹凸不平,暗淡无光
凡士林	用于调节基质的稠度,并具有润滑作用,可改善产品的铺展性。大量使用会增加黏着性,但与极性较大的组分如蓖麻油混溶较困难
低度氢化的植物油	熔点 38℃ 左右,是唇膏中所采用的较理想的油脂原料,性质稳定,能增加唇膏的涂抹性能
无水羊毛脂	光泽好,与其他油脂、蜡有很好的相容性,耐寒冷和炎热,并能减少唇膏"出汗"的现象,但有臭味,易吸水,用量不宜多
鲸蜡和鲸蜡醇	都有较好的润滑作用。鲸蜡能增加触变性能,但熔点较低,易脆裂。鲸蜡醇对溴酸红有一定的溶解能力,但对涂膜的光泽有不良影响,所以二者的用量均不宜太多
有机硅	使产品着妆持久,感觉轻质、不油腻、色彩不迁移,并具有很好的光泽度,使用方便
其他	常用的还有小烛树蜡、卵磷脂、蜡状二甲基硅氧烷、脂肪酸乙二醇酯和高分子甘油酯

（二）着色剂

着色剂是唇部用品中极重要的成分，唇部用品用的着色剂有两类：一类是溶解性染料，染料依靠渗入唇部的外表面，使唇部着色；另一类是不溶性颜料，颜料使粗糙的唇部表面形成着色层而着色，使唇部表面平滑光亮。这两类着色剂可单独使用，但大多数是两者合用。

1. 染料和染料溶剂

最常用的溶解性染料是曙红和荧光素染料（包括二溴荧光素、四氯四溴荧光素等）。

曙红又名溶剂红 43，是一种不溶于水的橙色化合物，在 pH 值 4 以上时变为深红色盐。当以酸式用于嘴唇上时由于唇组织的中和作用，产生持久的紫红色染色。

荧光素染料又名溴酸红染料，不溶于水，能溶解于油脂，能染红嘴唇并使色泽持久牢附。单独使用它制成的唇膏表面是橙色的，但一经涂在嘴唇上，由于 pH 值的改变，就会变成鲜红色，这就是变色唇膏，溴酸红虽能溶解于油、脂、蜡中，但溶解性很差，一般须借助于溶剂。

通常采用的染料溶剂有：蓖麻油、$C_{12~18}$ 脂肪醇、酯类、乙二醇、聚乙二醇、单乙醇酰胺等，因为它们含有羟基，对溴酸红有较好的溶解性，最理想的溶剂是乙酸四氢呋喃酯，但有一些特殊臭味，不宜多用。

2. 颜料

颜料是极细的固体粉粒，不溶解，经搅拌和研磨后混入油脂、蜡基体中，制成的唇膏敷在嘴唇上能留下一层艳丽的色彩，且有较好的遮盖力，但附着力不好，所以必须与溴酸红染料同时使用。用量一般为 8%～10%。

常用的颜料有：铝、钡、钙、钠、锶等的色淀，以及氧化铁的各种色调，炭黑、云母、铝粉、氧氯化铋、胡萝卜素、鸟嘌呤等，其他颜料有二氧化钛、硬脂酸锌、硬脂酸镁、苯甲基铝等。

为了提高唇膏的闪光效果，一般加入珠光颜料，主要有：合成珠光颜料（云母-二氧化钛）、氧氯化铋等。目前普遍采用的是云母-二氧化钛，其价格较低。使用方法是将珠光颜料分散加入蓖麻油中，制成浆状备用，待模成型前加入基质中，加珠光颜料的唇膏基质不能在三辊机中多次研磨，否则会失去珠光色调，这是因为多次研磨颗粒变细的缘故。

另外，为了化妆品企业更方便地使用颜料，有的颜料的生产厂家已将颜料用油分散成色浆的形式出售，这大大简化了唇部用品的生产工艺。

（三）香精

唇部用品用香精以芳香甜美适口为主。消费者对唇部用品的喜爱与否，气味的好坏是一重要的因素。因此，唇部用品用香精必须慎重选择，要能完全掩盖油脂、蜡的气味，且具有令人愉快舒适的口味。唇膏的香味一般比较清雅，常选用玫瑰、茉莉、紫罗兰、橙花以及水果香型等。因在唇部敷用，要求无刺激性、无毒性，应选用允许食用的香精，另外易成结晶析出的固体香原料也不宜使用。

二、配方实例

（一）唇膏

唇膏又名口红，是涂抹于嘴唇，使其具有红润健康的色彩并对嘴唇起滋润保护作用的产品，是将色素溶解或悬浮在油脂蜡基内制成的。优质唇膏应具有下列特性：

① 组织结构好，表面细腻光亮，软硬适度，涂敷方便，无油腻感觉，涂敷于嘴唇边不会向外化开；

② 不受气候条件变化的影响，夏天不熔不软，冬天不干不硬，不易渗油，不易断裂；

③ 色泽鲜艳，均匀一致，附着性好，不易褪色；

④ 有舒适的香气；

⑤ 常温放置不变形，不变质，不酸败，不发霉；

⑥ 对唇部皮肤有滋润、柔软和保护作用；

⑦ 对唇部皮肤无刺激性，对人体无毒害。

一般来说，唇膏大致分为三种类型，即原色唇膏、变色唇膏和无色润唇膏。原色唇膏是最普遍的一种类型，有各种不同的颜色，常见的有大红、桃红、橙红、玫红、朱红等，由色淀等颜料制成，为增加色彩的牢附性，常和溴酸红染料合用；变色唇膏仅使用溴酸红染料而不加其他不溶性颜料，当这种唇膏涂用时，其颜色会由原来的浅橙色变为玫瑰红色，故而得名；无色唇膏则不加任何色素，其主要作用是滋润柔软嘴唇、防裂、增加光泽。表 10-12 所列为唇膏配方实例。

表 10-12　唇膏配方实例

组分名称	质量分数/%			作用
	配方 1	配方 2	配方 3	
蓖麻油	21	41	10	润肤,赋予唇膏一定的黏度
白凡士林	5	4	17	润肤
环状二甲基硅氧烷			8	润滑
聚二甲基硅氧烷	10	5		润滑
单甘酯	10	10	15	润肤,增强滋润感
巴西棕榈蜡	10	6	10	润肤,光泽,成型
鲸蜡		5	10	润肤,光泽,成型
角鲨烷			4	润肤
蜂蜡	8	9		润肤,光泽,成型
维生素 E			0.2	营养
轻质矿物油		6	20	润滑
羊毛脂	10	9	4.7	润肤,光泽,减少"出汗"
溴酸红	2	4		着色
色浆	23			着色
尿囊素			0.1	保湿,软化角质层
香精	适量	适量	适量	赋香
羟苯甲酯	0.2	0.2	0.2	防腐
羟苯丙酯	0.10	0.10	0.10	防腐

表 10-8 中配方 1 为原色唇膏，配方 2 为变色唇膏，配方 3 为无色润唇膏。

（二）液态唇膏

液态唇膏又称为唇彩，其使用目的与唇膏相同。与唇膏相比，唇彩具有如下特征。

① 唇彩膏体柔软而富质感，呈黏稠液状或薄体膏状，而唇膏呈固体状。

② 唇彩含色彩颜料少，适合淡妆，而唇膏含色彩颜料多，适合浓妆。

③ 唇膏含固体油脂和蜡多，而唇彩含固体油脂和蜡少，基本不用固体油脂和蜡。

④ 唇彩晶亮剔透，滋润轻薄，用后使双唇湿润立体感强，尤其在追求特殊彩妆效果时表现突出，但较易脱妆；而唇膏油亮透明度和滋润保湿性不及唇彩，但在唇部的附着力较高，比唇彩持久性好。

1. 组成与常用原料

早期的液体唇膏是一种乙醇溶液，当乙醇挥发后，留下一层光亮鲜艳的薄膜，但现在的液体唇膏已经不再使用乙醇，而是使用聚异丁烯作为基质。其主要成分是液态油脂、聚异丁烯、颜料、营养成分及香精。

（1）油脂　油脂在唇彩中的比例很高，占 80% 以上，主要由蓖麻油、液体石蜡（白油)、凡士林、IPM、IPP、2EHP、GTCC、E-G(辛基十二烷醇)、二异硬脂酸苹果酸酯、十三烷醇偏苯三酸酯、氢化聚异丁烯、聚丁烯等极性和非极性油脂组成。聚异丁烯是无色无味无毒的高纯度的液体异构直链烷烃,和白矿油、凡士林相比,聚异丁烯能给产品以极好的手感,滋润不油腻,保湿润滑,渗透力强,在唇彩配方中作为最基本的基质成分,起到增黏、增稠、滋润的作用。

(2) 蜡类　蜡类在唇彩中的比例比较低,主要用来增加配方的稠度,一般不超过配方百分比的 5%,在很多配方中甚至不加蜡类原料;蜡类原料主要有植物性蜡(巴西棕榈蜡、小烛树蜡等)、矿物性蜡(白蜡、地蜡、微晶蜡等)及蜜蜡等。

(3) 色浆　主要用来调节颜色,其比例根据所开发产品需求而定,一般比例为0.20%~10%。

(4) 增稠剂/悬浮剂　主要有蜡类、二氧化硅及聚合物类。其中聚异丁烯作为唇彩的基质成分,起到增黏、增稠、滋润的作用。

(5) 其他　如添加维生素 E、尿囊素、胶原蛋白等功效成分;用羟苯甲酯、羟苯丙酯等防腐剂;加入 BHT、BHA、维生素 E 等作为抗氧化剂。

珠光粉/珠光剂:氯氧化铋、云母-二氧化钛。

2. 配方实例

唇彩配方实例如表 10-13 所列。

表 10-13　唇彩配方实例

组相	组分名称	质量分数/%	作用
A	辛基十二烷醇	10.00	润肤,颜料分散
	二异硬脂酸苹果酸酯	10.00	润肤,增亮
	十三烷醇偏苯三酸酯	8.00	润肤,颜料分散
	辛酸/癸酸甘油三酯	5.00	润肤
	聚异丁烯	50.00	增黏,增稠
	甲硅烷基化硅石	4.30	悬浮,增稠
	维生素 E	0.50	抗自由基
	羟苯丙酯	0.20	防腐
	70# 白油	余量	润肤
B	钛白粉浆	1.5	调色
	红色色浆	0.5	调色
C	香精	0.2	赋香

(三) 唇线笔

唇线笔是为使唇形轮廓更为清晰饱满,给人以富有感情、美观细致的感觉而使用的唇部美容用品。是将油脂、蜡和颜料混合好后,经研磨后在压条机内压注出来制成笔芯,然后黏合在木杆中,可用刀片把笔头削尖使用。笔芯要求软硬适度、画敷容易、色彩自然、使用时不断裂。

唇线笔的组成配方与唇膏类似,但质地比唇膏要稍硬,所以高熔点油脂和蜡的用量比唇膏要稍大。配方实例如表 10-14 所列。

表 10-14   唇线笔配方实例

组分名称	质量分数/%	作用
蓖麻油	余量	润肤
巴西棕榈蜡	4	润肤
油醇	5	润肤
微晶蜡	4	润肤
纯地蜡	11	润肤
蜂蜡	4	润肤
氢化羊毛脂	6	润肤
颜料浆	10	赋色
香精	0.1	赋香
羟苯丙酯	0.1	防腐

第 3 节   眼部用彩妆品

眼部用彩妆化妆品用于对眼睛（包括睫毛）的美容化妆，可弥补和修饰缺陷，突出优点部分，使眼睛更加传神、活泼美丽、富有感情、明艳照人，在整体美中给人留下难忘的印象。眼部彩妆化妆品的主要品种有眼影、眼影膏、睫毛膏、眉笔、眼线笔、眼线膏、眼线液等。扫码看眼部彩妆品。

一、眼影制品

眼影用来涂敷于眼窝周围的上下眼皮，形成阴影，塑造人的眼睛轮廓，强化眼神的彩妆化妆品，有眼影粉饼、眼影膏和眼影液等。眼影粉饼适合于中性至油性皮肤的肤质使用，而眼影膏则适合于干性至中性皮肤的肤质使用，眼影液适合各种肤质使用。

（一）眼影粉饼

1. 组成和原料

眼影粉饼的组成、原料和块状胭脂基本相同，主要有滑石粉、硬脂酸锌、高岭土、碳酸钙、无机颜料、珠光颜料、防腐剂、黏合剂等，只是眼影粉饼的色彩比胭脂的丰富，除了红色之外，还制成各种颜色。

滑石粉应选择滑爽及半透明状的，由于粉质眼影块中含有氯氧化铋珠光剂，故滑石粉的颗粒不能过细，否则会减少粉质的透明度，影响珠光效果，如果采用透明片状滑石粉，则珠光效果更佳。

由于碳酸钙的不透明性，碳酸钙适用于无珠光的眼影粉饼。

颜料采用无机颜料如氧化铁棕、氧化铁红、氧化铁黄、群青、氧化铁黑等，可根据需要制成各种不同的颜色，通常有棕色、绿色、蓝色、灰色、珍珠光泽等，各种颜色的颜料可参考以下配方。

眼部彩妆化妆品

① 蓝色：群青 65%，钛白粉 35%。

② 绿色：铬绿 40%，钛白粉 60%。

③ 棕色：氧化铁 85%，钛白粉 15%。

如需要紫色，可在蓝色颜料内加入适量洋红。色泽深浅可用增减钛白粉的比例来调节。当颜料中含有铬绿时，由于铬绿中所含盐类能使蓖麻油氧化和聚合而使眼影膏变硬，使用不方便，此时应选用液体石蜡或棕榈酸异丙酯代替蓖麻油。

由于颜料的品种和配比不同，所用黏合剂的量也各不相同，加入颜料配比较高时，也要适当提高黏合剂的用量，才能压制成粉饼。黏合剂多采用棕榈酸异丙酯、高碳脂肪醇、羊毛脂、白油等，以加强对眼部皮肤的滋润效果。

2. 配方实例

眼影粉饼的配方实例如表 10-15 所列。

表 10-15　眼影粉饼配方实例

组分名称	质量分数/%		作用
	配方 1	配方 2	
滑石粉	余量	余量	滑爽
硬脂酸锌	6	7	黏合
棕榈酸异丙酯	7	8	润肤、黏合
高岭土	6		吸收汗液和油脂
碳酸钙		7	吸收汗液和油脂
群青蓝		5.4	着色
氧化铁黑		0.1	着色
氢氧化铬绿		2	着色
氧化铁黄	2		着色
二氧化钛-云母	39.6		着色
羟苯甲酯	0.05	0.05	防腐
羟苯丙酯	0.05	0.05	防腐
苯氧乙醇	0.3	0.3	防腐

表 10-15 所列配方中，配方 1 为珠光眼影粉饼，其中含有二氧化钛-云母珠光颜料；配方 2 为消光眼影粉饼。

(二) 眼影膏

1. 组成

眼影膏的成分与胭脂膏基本一致，是用油脂、蜡和颜料制成的产品，只是色彩比胭脂要丰富一些。与眼影粉饼相比，遮盖效果不如眼影粉饼，而且易脱妆，但滋润效果比眼影粉饼好。

2. 配方实例

眼影膏的配方实例如表 10-16 所列。

表 10-16   眼影膏配方实例

组分名称	质量分数/%	作用
凡士林	余量	滋润
羊毛脂	5	滋润
蜂蜡	6	滋润、赋型
地蜡	8	滋润、赋型
白油	15	滋润
甘油	6	保湿
颜料	适量	赋色
羟苯甲酯	0.1	防腐
羟苯丙酯	0.05	防腐

（三）眼影液

1. 组成

眼影液是以水为介质，将颜料分散于水中制成的液状产品，具有价格低廉、涂敷方便等特点。制作该产品的关键是使颜料均匀稳定地悬浮于水中，通常需加入硅酸铝镁、聚乙烯吡咯烷酮等增稠稳定剂，以避免固体颜料沉淀，同时聚乙烯吡咯烷酮能在皮肤表面形成薄膜，对颜料有黏附作用，使其不易脱落。

2. 配方实例

眼影液的配方实例如表 10-17 所列。

表 10-17   眼影液配方实例

组分名称	质量分数/%	作用
硅酸铝镁	2.5	增稠、悬浮
聚乙烯吡咯烷酮	2	增稠、悬浮
颜料	10	赋色
羟苯甲酯	0.1	防腐
羟苯丙酯	0.05	防腐
苯氧乙醇	0.4	防腐
去离子水	余量	溶解、稀释

二、睫毛制品

睫毛用彩妆化妆品是用于睫毛着色，使眼睫毛有变长和变粗的感觉，以增强眼睛的魅力。可以制成睫毛膏、睫毛饼和睫毛液。睫毛饼已不流行，目前主要流行睫毛膏和睫毛液。

睫毛膏和睫毛液的颜色以黑色、棕色和青色为主，一般采用炭黑和氧化铁棕。睫毛膏有乳化型和油膏型两种。其中乳化型目前主要以雪花膏体系最为成熟，为了追求温和，有的也采用烷基糖苷来作乳化剂。睫毛膏的配方实例见表 10-18 所列。

表 10-18　睫毛膏配方实例

组分名称	质量分数/%	作用
硬脂酸	6	增稠、乳化
液体石蜡	9	润肤
矿脂	6	润肤、增稠
蜜蜡	3	成膜、增稠、助乳化
三乙醇胺	3	中和
甘油	4	保湿
1,3-丁二醇	6	保湿
炭黑	10	着色
尼龙纤维	2	增长
防腐剂	适量	防腐
去离子水	余量	溶解

睫毛液的配方实例如表 10-19 所列。

表 10-19　睫毛液配方实例

组分名称	质量分数/%	作用
聚丙烯酸	0.5	增稠、悬浮
聚乙烯醇	5	成膜
三乙醇胺	0.5	中和
甘油	4	保湿
炭黑染色的尼龙纤维	2	着色、增长
防腐剂	0.1	防腐
去离子水	余量	溶解

制作方法：睫毛膏的制法是将油相加热熔化至 75℃，再将水相加热至 75℃，然后将水相倒入油相，并不断搅拌，最后加入颜料搅拌均匀，再经胶体磨研磨，冷却至室温灌装。睫毛液的制作是将聚乙烯醇、甘油和水混合溶解，加入颜料搅拌均匀，用胶体磨研磨，加入聚丙烯酸混合均匀，用三乙醇胺中和，搅拌混合均匀即可。

三、眉笔

眉笔又称为眉墨，主要用于眉毛的修饰化妆，可增浓眉毛的颜色，画出和脸型、肤色、眼睛协调一致，甚至与气质、言谈相融合的动人的眉毛。

眉笔是采用油脂和蜡加上炭黑制成细长的圆条，有的像铅笔，把圆条装在木杆里作笔芯制成铅笔式眉笔，使用时也像铅笔那样把笔头削尖；有的把圆条装在细长的金属或塑料管内制成推管式眉笔，使用时可用手指将芯条推出来。眉笔以黑、棕两色为主，要软硬适度，容易涂敷、使用时不断裂、贮藏日久笔芯不起白霜，色彩自然。眉笔的硬度是由所加入蜡的量和熔点进行调节的。配方举例如表 10-20 所列。

表 10-20   眉笔配方实例

组分名称	质量分数/%		作用
	铅笔式眉笔	推管式眉笔	
石蜡	20	30	成型、滋润
凡士林	18	10	滋润
巴西棕榈蜡	5		成型、滋润
蜂蜡	22	18	成型、滋润
虫蜡		12	成型、滋润
十六醇	8		成型、滋润
羊毛脂	9	11	成型、滋润
白矿油		7	滋润
炭黑	8	12	着色
珠光颜料	10		珠光

四、眼线制品

眼线制品用于眼皮下边缘，使眼睛轮廓扩大、清晰、层次分明、更富感染力，用来强调眼睛轮廓，衬托睫毛，加强眼影所形成的阴影效果。市售眼线制品有固态（眼线笔）和液态（眼线液）两种。

铅笔型眼线笔是很流行的产品，其包装与唇膏相似。由于眼线笔使用于眼睛的周围，因此其笔芯要有一定的柔软性，且当汗液和泪水流下时不致晕染，使眼圈发黑。眼线笔的配方与眉笔相似，主要由各种油脂、蜡类加上颜料配制而成，经研磨压条制成笔芯，黏合在木杆中，使用时用刀片将笔头削尖。其硬度是由加入蜡的量和熔点来进行调节的。

眼线液也是较流行的产品，一般装在小瓶内，并以纤细绒毛状的笔附于瓶盖。取出瓶盖，毛笔即沾上眼线液，沿睫毛生长的边缘，可描画一道细细的线。与眼线笔相比，眼线液有两个很明显的特点：第一是不容易晕妆，持久性好；第二是线条流畅、突出、逼真，比较适合强调眼线、时尚感强的妆容。

眼线笔的配方实例如表 10-21 所列，眼线液的配方实例如表 10-22 所列。

表 10-21   眼线笔配方实例

组分名称	质量分数/%	作用
巴西棕榈蜡	2	成型、滋润
纯地蜡	10	成型、滋润
微晶蜡	4	成型、滋润
羊毛脂	5	滋润
十六-十八醇	5	成型、滋润
2EHP	8	润肤
IPP	4	润肤
二异硬脂酸苹果酸酯	5	润肤、光泽
白矿油	余量	润肤
二氧化钛-云母	25	着色、光泽
颜料	10	着色
生育酚	0.20	滋润、抗氧化、修复
羟苯甲酯	0.20	防腐
羟苯丙酯	0.10	防腐
BHT	0.05	抗氧化

表 10-22　眼线液配方实例

组分名称	质量分数/%	作用
硬脂酸	2.4	增稠、乳化、滋润
硬脂酸单甘酯	0.6	乳化
肉豆蔻酸异丙酯	2	润肤
羊毛脂	2	滋润
三乙醇胺	5	中和
聚乙烯吡咯烷酮(PVP)	2	成膜
1,2-丙二醇	6	保湿
炭黑	7	着色
生育酚	0.20	滋润、抗氧化、修复
防腐剂	适量	防腐
去离子水	余量	溶解

　　眼线笔制作方法：将油、脂、蜡混合，加热熔化后加入粉体、颜料和防腐剂，搅拌混合均匀，研磨、分散均匀，注入模型制成笔芯。

　　眼线液制作方法：将肉豆蔻酸异丙酯与炭黑用辊筒加以分散后加到油相中，然后加入水相进行乳化，冷却后加入防腐剂即可。

第4节　指甲用化妆品

　　指甲用化妆品是通过对指甲的修饰、涂布来美化、保护和清洁指甲，主要有指甲油、指甲白、指甲油去除剂、指甲抛光剂和指甲保养剂等，但使用得最多的是指甲油和指甲油去除剂。

一、指甲油

　　指甲油是用来修饰和增加指甲美观效果的化妆品，它能在指甲表面上形成一层耐摩擦的薄膜，起到保护、美化指甲的作用，是目前销量最大的指甲用化妆品。

　　理想的指甲油的质量应达到如下要求：

① 涂敷容易，具有合适的黏度，一般控制在 0.3～0.4Pa·s；

② 有较快的干燥速度，3～5min 干燥；

③ 形成的膜要均匀，无小孔；

④ 涂膜色调鲜艳，光亮度好，光泽和色调能保持长久，不变色；

⑤ 涂膜附着力要好，耐摩擦，不开裂，不脱落；

⑥ 安全性高，不会损伤指甲；

⑦ 涂膜要容易被指甲油去除剂去除。

指甲彩妆化妆品

（一）组成与常用原料

　　根据是否挥发、指甲油成分分为成膜成分和挥发性成分，成膜成分有：成膜剂、黏合剂、增塑剂、颜料等；挥发性成分主要是一些挥发性溶剂。

1. 成膜剂

成膜剂是指甲油的关键成分，主要有硝酸纤维素、乙酸纤维素、丁酸纤维素、聚乙烯以及丙烯酸甲酯聚合物等，其中最常用的是硝酸纤维素。

硝酸纤维素在硬度、附着力、耐磨性等方面均极好。不同规格的硝酸纤维素对指甲油的性能会产生不同的影响，适合于指甲油的是含氮量为 $11.2\%\sim12.8\%$ 的硝酸纤维素。

硝酸纤维素的缺点是容易收缩变脆，光泽较差，附着力还不够强，因此需加入树脂以改善光泽和附着力，加入增塑剂增加韧性和减少收缩，使涂膜柔软、持久。另外，硝酸纤维素是易燃易爆的危险品，要注意防火和防爆。

2. 黏合剂

由于成膜剂的附着力不够强，指甲油中一般需要添加黏合剂，以克服硝酸纤维素等成膜剂的缺点，提高硝酸纤维素薄膜的亮度和附着力。指甲油用的黏合剂有天然树脂（如虫胶）和合成树脂，由于天然树脂质量不稳定，所以近年来已被合成树脂代替，常用的合成树脂有醇酸树脂、氨基树脂、丙烯酸树脂、聚乙酸乙烯酯树脂和对甲苯磺酰胺甲醛树脂等。其中对甲苯磺酰胺甲醛树脂对膜的厚度、光亮度、流动性，附着力和抗水性等均有较好的效果，是最常用的辅助成膜树脂。

3. 增塑剂

硝酸纤维素膜很脆，尽管加入黏合剂改进了其性能，但还是不能达到指甲油所要求的柔韧性。使用增塑剂就是为了使涂膜柔软、持久、减少膜层的收缩和开裂现象。指甲油用的增塑剂有两类：一类是溶剂型增塑剂，如磷酸三甲苯酯、苯甲酸苄酯、磷酸三丁酯、柠檬酸三乙酯、邻苯二甲酸二辛酯等，这类增塑剂既是硝酸纤维素的溶剂，也是增塑剂，以前常用的是邻苯二甲酸酯类，但随着近年来的塑化剂风波的暴发，邻苯二甲酸酯类物质在化妆品中已经很少使用；另一类是非溶剂型增塑剂，如樟脑和蓖麻油等，这类着色剂与硝酸纤维素配伍性不好，一般与溶剂型增塑剂一起使用。增塑剂用量一般为硝酸纤维素干基质量分数的 $25\%\sim50\%$，用量过多，会影响成膜附着力。

4. 溶剂

指甲油用的溶剂的作用是溶解成膜剂、树脂、增塑剂等，调节指甲油的黏度获得适宜的使用感觉，并要求具有适宜的挥发速度。挥发太快，影响指甲油的流动性、产生气孔、残留痕迹，影响涂层外观；挥发太慢会使流动性太大，成膜太薄，干燥时间太长。能够满足这些要求的单一溶剂是不存在的，一般使用混合溶剂。

按照溶剂的溶解能力不同，溶剂可分为真溶剂、助溶剂和稀释剂三种。

（1）真溶剂　真溶剂单独使用是能溶解硝酸纤维素等成膜剂的溶剂，包括以下三类。

① 低沸点溶剂　沸点在 100℃以下，如丙酮、乙酸乙酯和丁酮等。这类溶剂蒸发速度快，其硝化纤维素溶液黏度较低。成膜干燥后，容易"发霜"变浊。

② 中沸点溶剂　沸点在 100～150℃，如乙酸丁酯、二甘醇单甲醚和二甘醇单乙醚等。流展性好，其硝化纤维素溶液黏度较高，能抑制"发霜"变混现象。乙酸丁酯是常用溶剂。

③ 高沸点溶剂　沸点在 150℃以上，如乙二醇-乙醚（溶纤剂）、乙酸溶纤剂、乙二醇二丁醚（丁基溶纤剂）和一些溶剂型增塑剂。这类溶剂配制的硝化纤维溶液黏度高，不易干、流展性较差，涂膜光泽好，密着性高，不会引起"发霜"变浊。

使用时一般将三类溶剂复配使用。

（2）助溶剂 助溶剂单独使用对成膜剂无溶解性，与真溶剂合用能大大增加溶解性，并能改善指甲油的流动性，常用乙醇和丁醇。如乙酸乙酯溶解硝化纤维时，溶解度缓慢，加入乙醇可促进其溶解作用，但乙醇本身不能溶解硝化纤维。

（3）稀释剂 稀释剂对成膜剂无溶解能力和促进溶解的能力，与真溶剂合用能增加树脂的溶解能力，并能调整产品的黏度，降低指甲油的成本。常用甲苯和二甲苯等。

5. 着色剂

着色剂能赋予指甲油以鲜艳的色彩，并起不透明的作用。一般采用不溶性的颜料和色淀，以产生不透明的美丽色调，另外，常还添加二氧化钛以增加乳白感，添加珠光颜料（如鸟嘌呤、氯氧化铋、二氧化钛-云母）增强光泽。

6. 悬浮剂

为了防止颜料沉淀，需要添加悬浮剂增加指甲油的稳定性和调节其触变性。最常用的悬浮剂是季铵化的黏土类，如苄基双甲基氢化牛油脂基季铵化蒙脱土、双甲基双十八烷基季铵化膨润土和双甲基双十八烷基季铵化水辉石等。悬浮剂用量为 $0.5\% \sim 2\%$。

7. 其他成分

根据需要可添加防晒剂、抗氧化剂、油脂等。

（二）配方实例

表 10-23 所列为指甲油配方实例，其中配方 1 为珠光型指甲油，配方 2 为不透明型指甲油，配方 3 为透明型指甲油。

表 10-23 指甲油配方实例

组分名称	质量分数/%			作用
	配方 1	配方 2	配方 3	
硝酸纤维素	12	12	13	成膜
醇酸树脂		7	8	黏合
对甲苯磺酰胺甲醛树脂	5			黏合
乙酰柠檬酸三丁酯	2	5	2	增塑
樟脑	3			增塑
蓖麻油			3	增塑
丙酮	4			低沸点溶剂
乙酸乙酯	7	23	9	低沸点溶剂
乙酸丁酯	30	11	26	中沸点溶剂
乙基溶纤剂	3	4	4	高沸点溶剂
乙醇		5	7	助溶
季铵化水辉石	1	1		悬浮
二氧化钛-云母	4			珠光
BHT	0.1	0.1	0.1	抗氧化
着色剂	适量	适量	适量	着色
香料	适量	适量	适量	赋香
甲苯	余量	余量	余量	稀释

另外，现在有一些颜料生产企业把颜料、硝酸纤维素、树脂和增塑剂等预制成干片或浓缩浆液出售，一些溶剂混合物也配套出售。指甲油生产企业可成套购买，进行稀释混合，甚

至可购买到现成指甲油桶装原料，进行灌装即可出售，较少厂家自己从原料开始制造指甲油。

二、指甲油去除剂

指甲油去除剂是用来去除涂在指甲上的指甲油膜的产品。其主要组成是硝酸纤维素溶剂，可以用单一溶剂，也可用混合溶剂，为了减少溶剂对指甲的脱脂而引起的干燥感觉，可适量加入油脂、蜡及其他类似物质。表 10-24 所列为指甲油去除剂配方实例。

表 10-24　指甲油去除剂配方实例

组分名称	质量分数/%	作用
乙酸乙酯	40	低沸点溶剂
乙酸丁酯	30	中沸点溶剂
丙酮	13	低沸点溶剂
乙基乙二醇醚	10	高沸点溶剂
肉豆蔻酸异丙酯	5	滋润
单甘酯	2	滋润

三、其他指甲用品

（一）指甲白

指甲白又称为指甲增白剂，是用于指甲尖里面修出一条平整的白色边缘，使之变白、美化而用的糊状或膏状的化妆品。配方实例如表 10-25 所列。

表 10-25　指甲白配方实例

组分名称	质量分数/%	作用
氧化锌	20	遮盖
钛白粉	10	遮盖
高岭土	25	吸收、遮盖
羧甲基纤维素	2	增稠、悬浮
去离子水	余量	溶解、稀释

（二）指甲漂白剂

指甲漂白剂用于漂洗掉指甲上的污垢，如墨水、烟渍或食物污迹等，使指甲变白，一般采用氧化剂或还原剂为原料，可制成溶液或膏霜状。配方实例如表 10-26 所列。

表 10-26　指甲漂白剂配方实例

组分名称	质量分数/%	作用
2%过氧化氢	50	漂白
甘油	10	保湿
苯甲酸	0.1	防腐
去离子水	余量	溶解、稀释

（三）去表皮剂

去表皮剂是修甲术中的必备用品，用于指甲剪好后修饰指甲根部。当皮肤接近指甲处就开始角质化，而死去的细胞和脂肪一起形成一层不规则的附加物，这层附加物越长越厚越粗糙，可用去表皮剂将其软化除去。去表皮剂一般以碱性物质为主要原料，再配入保湿剂降低刺激性，可制成液状或膏状。配方实例如表 10-27 所列。

表 10-27　去表皮剂配方实例

组分名称	质量分数/%	作用
三乙醇胺	8	软化皮肤
甘油	15	保湿
丙二醇	5	保湿
乙醇（95%）	25	角质溶解
去离子水	余量	溶解、稀释

第 5 节　生产工艺与质量控制

一、粉类化妆品的生产工艺和质量控制

（一）生产工艺

粉类化妆品，如香粉、爽身粉和痱子粉等的生产过程基本一致，其工艺流程如图 10-1 所示。

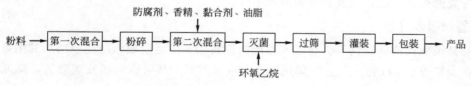

图 10-1　粉类化妆品的生产工艺流程

1. 混合

混合的目的是将各种粉料用机械的方法使其拌和均匀，是香粉生产的主要工序。第一次混合属于粉料初步混合，将各种粉料拌和在一起即可，有的生产企业也省略这一步。第二次混合属于精细混合，将粉碎后的粉料均匀地混合起来，混合设备的种类很多，早期一般采用带式混合机、立式螺旋混合机、V 型混合机，现在生产企业则一般采用高速混合机。目前所用的高速混合机一般含有喷油装置，即在粉料混合过程中可将液体油性混合物（由防腐剂、香精、黏合剂、油脂等混溶而成的混合物）呈雾状喷入粉料中，易分散均匀，克服了传统混合机易出现结团和粉尘飘扬的缺陷。

2. 粉碎

粉碎的目的是将颗粒较粗的粉料进行粉碎，并使加入的颜料分布得更均匀，显出应有的

色泽。经粉碎后的粉料色泽应均匀一致，颗粒应均匀细小。目前，粉碎设备一般多采用高速粉碎机。

3. 粉料灭菌

滑石粉、高岭土、钛白粉等粉末原料具有吸附性，会吸附细菌、霉菌等微生物，而这类制品是用于美化面部及皮肤表面的，为保证制品的安全性，所以必须对粉料进行灭菌。粉料灭菌方法有环氧乙烷气体灭菌法、钴 60 放射性源灭菌法等。放射性射线穿透性强、对粉类灭菌有效，但投资费用高。现在，大部分企业采用预防控制方法，即控制原料来源和生产过程卫生，确保产品卫生标准。

4. 过筛

通过粉碎后的粉料或多或少会存在极少部分较大的颗粒，为保证产品质量，要经过筛处理。常用的是振动筛粉机。由于筛粉机内的筛孔较细，一般附装有不同形式的刷子，过筛时不断在筛孔上刷动，使粉料易于筛过。过筛后粉料颗粒度应能通过 120 目标准筛网。

5. 灌装

灌装是粉类产品生产的最后一道工序，一般采用的有容积法和称量法。对定量灌装机的要求是应有较高的定量精度和速度，结构简单，并可根据定量要求进行手动调节或自动调节。

（二）质量控制

1. 香粉的黏附性差

主要是硬脂酸镁或硬脂酸锌用量不够或质量差，含有其他杂质，另外粉料颗粒粗也会使黏附性差。应适当调整硬脂酸镁或硬脂酸锌的用量，选用色泽洁白、质量较纯的硬脂酸镁或硬脂酸锌；如果采用微黄色的硬脂酸镁或硬脂酸锌，容易酸败，而且有油脂气味；另外，将香粉尽可能磨得细一些，以改善香粉的黏附性能。

2. 香粉吸收性差

主要是碳酸镁或碳酸钙等具有吸收性能的原料用量不足所致，应适当增加其用量。但用量过多，会使香粉 pH 值上升，可采用陶土粉或天然丝粉代替碳酸镁或碳酸钙，降低香粉的pH 值。

3. 加脂香粉成团结块

主要是由于香粉中加入的黏合剂（油脂）用量过多或烘干程度不够，使香粉内残留少量水分所致，应适当降低黏合剂中的油脂量，并将粉中水分尽量烘干。

4. 有色香粉色泽不均匀

主要是由于在混合、磨细过程中，采用设备的效能不好，或混合、磨细时间不够。应采用较先进的设备，如高速混合机、超微粉碎机等，或适当延长混合、磨细时间，使之混合均匀。

5. 杂菌数超过规定范围

原料含菌多，灭菌不彻底，生产过程中不注意清洁卫生和环境卫生等，都会导致杂菌数超过规定范围，应加以注意。

二、粉块类化妆品的生产工艺和质量控制

(一) 生产工艺

粉块类化妆品包括粉饼、胭脂、眼影粉饼等块状的化妆品。

粉块类化妆品与粉类化妆品的生产工艺基本类同，即要经过粉碎、混合、灭菌与过筛等，其不同点主要是粉饼要压制成型。粉块类化妆品的工艺流程如图 10-2 所示。

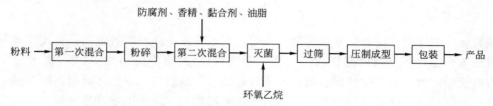

图 10-2　粉块类化妆品的生产工艺流程

粉料经混合、过筛后，按规定质量将粉料加入模具内压制，压制时要做到平、稳，不要过快，防止漏粉、压碎，应根据配方适当调整压力。压制粉饼通常采用压粉机，压力大小与压粉机的类型、产品外形、配方组成等有关。

压制粉块时，要注意压力适度，避免压力过大或过小造成胭脂过硬或过软。此外，粉料黏合剂（油脂）过多，会粘模具；黏合剂过少，黏合力就差，胭脂块容易碎。因此在整个压制粉块的过程中，应保持粉料中有合适的黏合剂。

(二) 质量问题与控制

1. 粉饼过于坚实、涂抹不开

黏合剂品种选择不当，黏合剂用量过多或压制粉饼时压力过高都会造成粉饼过于坚实而难以涂抹开。应在选用适宜黏合剂的前提下，调整黏合剂用量，并降低压制粉饼的压力。

2. 粉饼过于疏松、易碎裂

黏合剂用量过少，滑石粉用量过多以及压制粉饼时压力过低等，使粉饼过于疏松，易碎。应调整粉饼配方，减少滑石粉用量，增加黏合剂用量，并适当增加压制粉饼时的压力。另外，运输时因包装不当震碎，或震动过于强烈也会导致碎裂，应改进包装，同时，装卸、运输过程中，尽量减少过度震动。

3. 压制时粘模和涂擦时起油块

其主要原因是配方中油脂成分过多所致，应适当减少配方中的油脂含量，并尽量烘干。另外，黏合剂用量过大也会导致压制时出现粘模现象，应注意调整黏合剂的加入量。

三、唇膏的生产工艺与质量控制

(一) 工艺流程

唇膏的生产工艺可分为四个阶段：颜料的研磨，颜料相与基质的混合，铸模成型和火焰表面上光等。生产工艺流程如图 10-3 所示。

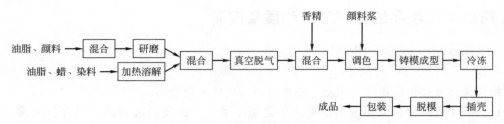

图 10-3 唇膏生产工艺流程

1. 颜料研磨

颜料研磨的作用是破坏颜料粉体结块成团，而不是减小颜料颗粒粒径。首先将部分油分与颜料粉体在搅拌混合锅内搅拌均匀，其中颜料粉体/油质量比约为 1∶2，由于物料黏度高，需要使用高剪切力的搅拌器。制得的浆料通过三辊研磨机（或用球磨机、砂磨机、胶体磨研磨）分散，或均质器剪切分散，使颜料粉体分散均匀。用研磨细度规测量，颗粒直径约为 20μm 时可认为分散均匀，一般需要经过多次研磨才能达到所要求的细度，即为颜料相。

2. 颜料相与基质的混合、脱气和调色

将油分和蜡类及其他组分在蒸汽夹套锅内熔化后，即为基质相。

将颜料相和基质相通过 250 目不锈钢筛网滤入不断搅拌的混合锅中。搅拌几小时后，取样观察浆料均匀度，混合均匀后，通过 200 目不锈钢筛网滤入真空脱气锅中进行脱气。

在生产过程中，首先应尽可能减少空气混入料浆，料浆和粉体表面吸附的气体是很难除去的。脱气不良，会造成唇膏出现"针孔"，减慢生产速度，增加废品率。其次，在混料终结时应取样，观察产品的色调是否均匀，与标准样是否一致，然后才进行调色。

3. 铸模成型和脱模

唇膏模具是最常用的对开式直模，如图 10-4 所示。开口经过每支唇膏的中心。大多数唇膏配方的熔点范围为 75～80℃。模具需预热到 35℃，避免冷却得太快，造成"冷痕"。在倒模时，常将模具稍稍倾斜，避免或减少可能混入的空气。浆液不应直接倒入模具底部，以免混入气泡。浆液倒入后，急冷是很重要的，这样可获得较细、均匀的结晶结构，其次会获得较稳定和光亮的产品。冷却后，立刻将模具打开，取出，放入专用托盘上，准备火焰表面上光。

唇膏制作

图 10-4 唇膏模具图

4. 表面上光

脱模后的唇膏，表面平整度和光亮度不够，一般将已插入唇膏包装底座的产品通过火焰加热，使唇膏表面熔化，形成光亮平滑的表面。

目前，彩妆国际品牌采用的是自动化灌装，硅胶脱模技术。这种技术制得的唇膏外观光滑、平整，不需要再进行表面上光处理。

（二）质量问题与控制

1. 唇膏冒汗

唇膏表面冒出小油滴的现象，俗称"冒汗"。造成"冒汗"的原因主要有以下几方面。

① 油脂、蜡混溶时，蜡结晶形成骨架，油脂存在于晶格中间，如果晶体结构不当，液体油脂用量过多时，容易扩散渗出，出现"冒汗"。所以，配方设计时要注意油脂、蜡的性质和配比及互溶性，获得具有良好晶体结构的配方。另外，加入油溶性表面活性剂改善唇膏配方，能使"冒汗"现象明显减弱。

② 白油与蓖麻油等多种油脂相容性较差，白油用量过多会加重"冒汗"。配方中加入地蜡或微晶蜡可以防止白油渗出。

③ 如果浇模后冷却速度缓慢，得到粗而大的结晶，贮存若干时间后就会出现"冒汗"现象。所以，生产中浇模后应快速冷却。

④ 如果颜料色淀颗粒聚结或与油蜡之间存有空气，就可能因毛细管现象渗出油脂。因此，生产时真空脱气要彻底。

2. 表面光亮度差

唇膏表面光亮度差主要与下面的因素有关。

① 与所用模具粗糙度有关，表面不光滑、清洁不干净都会导致表面光亮度差。所以，唇膏模具要光滑、平整、清洁。

② 冷却速度过慢也会导致表面光亮度差。所以，生产时浇模后应快速冷却。

③ 配方中油脂和蜡的组成也对亮度有影响。白油、油醇等液体油脂可提高光亮度，但用量过多会出现"冒汗"现象，应通过反复试验筛选配方。

3. 膏体有气孔

导致唇膏膏体有气孔的原因有以下两个。

① 脱气不彻底导致，导致膏体中有气泡。

② 浇模过程中未按工艺标准操作，导致模具表面与膏体间留有空隙或产生气泡。

4. 冷痕和粘模

导致唇膏出现冷痕和粘模的原因有以下几个。

① 模具未预热到 35℃左右，导致出现冷痕。

② 脱模之前冷冻过度，也会出现冷痕。

③ 液体油脂含量过高，膏体过软，而出现粘模现象。

5. 涂抹性差

唇膏的涂抹性取决于唇膏的硬度和触变特性。唇膏是棒状结构，需要有一定的骨架，同时也要求有一种弹性的效果，即触变特性。触变特性对唇膏的稳定性和抵抗运输中震动以及温度变化是很重要的。涂抹性好的唇膏能轻易地点涂于嘴唇上形成均匀的膜，使嘴唇润滑而有光泽，并且不过分油腻，亦无干燥不适的感觉，不会向外化开。配方中液态油脂含量高，制得的膏体就会很软，好像没有骨架一样，不成型。配方中固态蜡分含量高，制得的膏体就会很硬，没有足够的弹性，在冷冻过程中容易脆裂，制得的唇膏涂抹性差。因此，唇膏具有适当硬度和触变特性的关键在配方上，如果唇膏中蜡分含量为 20% 左右，各种蜡的熔点分布范围宽，就会使唇膏具有适当的硬度和良好的触变特性，使制品具有良好的涂抹性能。

四、笔状化妆品的生产工艺与质量控制

（一）生产工艺

笔状化妆品主要有眉笔、唇线笔和眼线笔等。其生产工艺与唇膏类似，只是在成型方面与唇膏不同，具体工艺流程如图 10-5 所示。

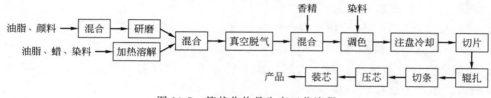

图 10-5　笔状化妆品生产工艺流程

（二）质量问题与控制

1. 膏体"冒汗"

膏体表面冒出小油滴的现象，俗称"冒汗"。造成"冒汗"的原因主要有以下几个方面。

① 油脂、蜡混溶时，蜡结晶形成骨架，油脂存在于晶格中间，如果晶体结构不当，晶格中的液体油脂容易扩散渗出，出现"冒汗"。所以，配方设计时要注意油脂、蜡的性质和配比及互溶性，获得具有良好晶体结构的配方。

② 各种液体油脂相互间及与蜡类相容性较差，易出现"冒汗"；配方中加入微晶蜡可以防止液体油脂析出，尤其是液体石蜡（白油）渗出。

③ 如果浇模后冷却速度缓慢，得到粗而大的结晶，贮存若干时间后就会出现"冒汗"现象。所以，生产中浇模后应快速冷却。

④ 如果颜料色淀颗粒聚结或与油蜡之间存有空气，就可能因毛细管现象渗出油脂。因此，生产时真空脱气要彻底。

2. 膏体有气孔

导致笔类膏体有气孔的原因有以下两个。

① 脱气不彻底导致膏体中有气泡。

② 浇模过程中未按工艺标准操作导致膏体表面有气泡。

3. 涂抹性差

笔类产品的涂抹性取决于膏体的硬度和触变特性。笔类是笔芯状结构，需要有一定的骨架，同时也要有一定的触变特性。触变特性对笔类产品的稳定性及温度变化是很重要的。涂

抹性好的笔类能轻易地点涂于嘴唇、眼线或眉上形成均匀的膜，令使用部位产生滋润、柔滑、流畅的效果，并且不过分油腻，亦无干燥不适的感觉，不会向外化开。如配方中液态油脂含量高，制得的膏体就会比较软，涂抹时易断，不成型。配方中固态蜡类含量高，制得的膏体就会比较硬，缺少足够的触变性，导致涂抹性差。因此，笔类膏体应具有适当硬度和触变特性，关键在配方上，如果膏体中蜡分含量为 20％左右，各种蜡的熔点分布范围宽，就会使膏体具有适当的硬度和良好的触变特性，使制品具有良好的涂抹性能。

4. 易晕染

造成眼线笔易晕染的主要原因是配方中缺少足够的成膜剂或所成的膜韧性不够或所成的膜防水抗汗效果不够。通过配方实验调整膏体配方中成膜剂的种类和配比可以克服以上不良现象的发生。

五、指甲油的生产工艺和质量控制

（一）生产工艺

指甲油的生产工艺流程如图 10-6 所示。

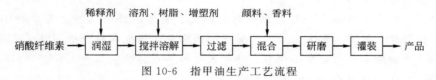

图 10-6　指甲油生产工艺流程

指甲油中含有大量的溶剂，所以在指甲油制备的过程中，应特别注意以下几个方面。

① 指甲油含有大量溶剂，属于易燃气体，容易在空气中积聚，易发生燃烧爆炸。

② 生产过程中，物料输送速度过快也可产生静电并积聚，可能放电，产生电火花，引发火灾爆炸。

③ 硝酸纤维素在空气中易发生自燃，在运输、贮存、使用过程中要注意。

④ 有机溶剂对人体危害大，应避免吸入。

（二）质量问题与控制

1. 黏度失当，过厚或过薄

① 各类溶剂配比失当，引起硝酸纤维素黏度变化。针对这种现象，配方设计时应优化各类溶剂的比例，使混合溶剂在挥发过程中保持一定的平衡。

② 硝酸纤维素的黏度与含氮量和聚合度有关，含氮量和聚合度大，黏度也大。如果不同批次的硝酸纤维素的含氮量和聚合度有波动，将引起指甲油黏度变化。针对这种现象，应控制每批硝酸纤维素的含氮量和聚合度一致，如果不一致，则应根据每批硝酸纤维素调整配方。

2. 附着力差

① 涂指甲油前未清洗指甲，指甲上留有油污，导致附着力差。针对这种现象，在产品说明中应写清每次涂用指甲油前要清洗指甲。

② 配方不够合理，特别是硝酸纤维素与树脂搭配不合理，也会导致附着力差。针对这

种现象，应通过试验不断优化配方，适当增加树脂的用量。

3. 光亮度差

① 指甲油黏度过大，流动性差，涂抹时涂不均匀，表面粗糙，导致光泽差。针对这种现象，应调整指甲油的配方，适当增加溶剂用量，或减少硝酸纤维素的用量，使产品黏度在合适的范围内。

② 指甲油黏度太低，造成颜料沉淀，色泽不均匀，涂抹太薄，光泽差。针对这种现象，应调整指甲油的配方，适当减少溶剂用量，或增加硝酸纤维素用量，使产品黏度在合适的范围。

③ 颜料细度不够，也会导致光泽度差。针对这种现象，应控制好研磨工艺，达到细度要求。

 案例分析 1

事件过程：某企业生产的眼影粉饼，在实验室做好的样板，粉块牢固度好且易于上色，但大生产的眼影粉饼却易碎。

原因分析：配方中添加了油脂类黏合剂，因实验室的搅拌机的转速是 20000r/min，粉类和油脂黏合剂分散均匀；而大生产时，直接把油脂黏合剂投入粉料中，大生产的机器设备转速慢，粉类及油脂黏合剂分散不均匀，导致压制的半成品粉块黏合不紧密、不结实，在使用或运输过程中易出现眼影粉块碎裂的现象。

事故处理：在大生产时把油脂黏合剂加入"雾化"料桶中，以"喷雾"状加入粉中，再搅拌分散，即可。

 案例分析 2

事件过程：某企业生产的一批面膜粉，经检验，细菌超标。

原因分析：经过排查之后，不存在配错料和防腐剂漏加的问题；也不存在生产时人员、设备、工器具、包装材料卫生条件差的问题。因而可以确定就是面膜粉灭菌不彻底，经调查生产过程发现：面膜粉灭菌时采用的是紫外线杀毒灭菌，而不是采用环氧乙烷或钴 60 射线灭菌。因紫外线只是对物体表面有杀菌作用，而穿透杀菌性作用不强，导致灭菌不彻底。

事故处理：在工艺操作中改用环氧乙烷或钴 60 射线灭菌，保证足够的时间和浓度（剂量）即可。

 案例分析 3

事件过程：某企业生产的一批唇膏在使用过程中易断裂。

原因分析：导致唇膏易断裂的情况可能存在以下几个方面：

① 配料的时候不正确；

② 唇膏成型模具与灌装包材尺寸不配套；

③ 工艺操作不正确。

经过排查，不存在配错料和成型模具与包材不配套的问题；应该是工艺操作中存在的问题，即蜡基未完全熔好或膏体没有搅拌分散均匀导致膏体中蜡分散不均匀。

事故处理：将膏体重新升温加热到 95℃，再中等匀速搅动 30min，解决了蜡基分散均匀的问题，因而也解决了唇膏在使用过程中易断裂的问题。

 案例分析 4

事件过程：某企业生产的唇彩出现涂抹时有色浆颗粒的现象，有时生产出来的产品在涂抹时含有未分散好的色浆颗粒。

原因分析：配方中使用了各类颜料作为着色剂。导致出现这种事故的原因有两个方面：一是生产中颜料没有先浸泡就直接进行混合搅拌和研磨，由于颜料未被油脂充分润湿，导致颜料在研磨中未充分研磨均匀，做出来的产品出现色浆聚集、有颗粒；另一个是，由于色浆投入唇彩膏体基料时，基料温度过高（如基料温度高于 90℃），色浆因未及时分散突然遇高温导致聚集形成色浆颗粒，导致产品在涂抹时有颗粒现象出现。

经分析公司的生产工艺过程，发现是第一种原因导致的质量问题。

事故处理：采用颜料在混合搅拌前先浸泡，再研磨的工艺，解决了这个问题。

实训 1　面膜粉的配制

一、实训目的

1. 通过实训，进一步学习粉类化妆品的制备原理。
2. 掌握面膜粉的配制操作工艺过程。
3. 学习如何在实训中不断改进配方的方法。
4. 通过实训，提高动手能力和操作水平。

二、实训内容

1. 制备原理

将具有吸收性、黏附性的粉体混合均匀制备。

2. 制备实训配方

如表 10-28 所示。

表 10-28　面膜粉制备实训配方

组分名称	质量分数/%	作用
玉米淀粉	余量	滑爽
滑石粉	20	吸收污垢,清洁
膜材	8	黏合,使面膜粉成膜
薄荷脑	0.02	清凉

续表

组分名称	质量分数/%	作用
羟苯甲酯	0.05	防腐
羟苯丙酯	0.05	防腐
香精	0.1	赋香

3. 实训步骤

① 取一 500mL 烧杯，加入滑石粉、玉米淀粉和膜材等粉状物质混合均匀，加入羟苯甲酯、羟苯丙酯，混合均匀，再喷入适量香精和薄荷混合物，混合均匀，即为面膜粉。

② 取适量面膜粉，加入适量水，调成面膜浆，涂于脸部，20min 后取下，感受面膜美容的舒服感觉。

三、实训结果

请根据实训情况填写表 10-29。

表 10-29　实训结果评价表

使用效果描述	
使用效果不佳的原因分析	
配方建议	

实训 2　粉饼的配制

一、实训目的

1. 通过实训，进一步学习粉块类化妆品的制备原理。

2. 掌握粉饼的配制操作工艺过程。

3. 学习如何在实训中不断改进配方的方法。

4. 通过实训，提高动手能力和操作水平。

二、实训内容

1. 制备原理

将具有遮盖性、吸收性、黏附性的粉体和黏合剂混合均匀，并用压粉机压制成块制备。

2. 制备实训配方

如表 10-30 所示。

表 10-30 粉饼制备实训配方

组分名称	质量分数/%	作用
滑石粉	余量	滑爽
高岭土	13	吸收
碳酸镁	7	吸收
氧化锌	10	遮盖
淀粉	10	吸收
液体石蜡	0.2	赋脂、黏附
GTCC	1	赋脂、黏附
DC-200	1	赋脂、黏附
丙二醇	2	保湿
香精	0.1	赋香
铁红	0.3	着色
铁黄	0.6	着色
铁黑	0.05	着色
羟苯甲酯	0.1	防腐
羟苯丙酯	0.1	防腐
苯氧乙醇	0.5	防腐

3. 制备步骤

① 将羟苯甲酯、羟苯丙酯溶于苯氧乙醇、丙二醇中，装入带喷头的瓶中，为组分 A。

② 将液体石蜡、GTCC 和 DC200 混合，装入带喷头的瓶中，为组分 B。

③ 将粉类物质按配方量混合均匀，用粉碎机粉碎，过 80 目筛，粗粒再粉碎和过筛，然后混合均匀，喷入组分 A、B，再混合均匀，为组分 C。

④ 将组分 C 装入粉饼模具中，用压粉机将粉压成块状，即为粉饼。

三、实训结果

请根据实训情况填写表 10-31。

表 10-31 实训结果评价表

使用效果描述	
使用效果不佳的原因分析	
配方建议	

实训 3　润唇膏的配制

一、实训目的

1. 通过实训，进一步学习唇膏类化妆品的制备原理。
2. 掌握唇膏的配制操作工艺过程。
3. 学习如何在实训中不断改进配方的方法。
4. 通过实训，提高动手能力和操作水平。

二、实训内容

1. 制备原理

将具有油脂、蜡类物质混合熔解均匀，浇铸到模具中成型制备。

2. 制备实训配方

如表 10-32 所示。

表 10-32　润唇膏制备实训配方

组分名称	质量分数/%	作用
巴西棕榈蜡	10	润肤,成型
鲸蜡	10	润肤,成型
单甘酯	15	润肤,成型,改善冒汗
十六-十八醇	6	润肤,成型,改善冒汗
羊毛脂	7	润肤
IPP	3	润肤
IPM	4	润肤
白油	15	润肤
白凡士林	15	润肤
薄荷脑	0.1	清凉
蓖麻油	余量	润肤,黏度调节

3. 制备步骤

按配方将各种油混合加热至 80℃，搅拌熔解均匀后，注入唇膏模具中，放置于冰箱中急冷 10min 左右，凝固后从模具中取出即可。

三、实训结果

请根据实训情况填写表 10-33。

表 10-33　实训结果评价表

使用效果描述	
使用效果不佳的原因分析	
配方建议	

实训 4 指甲油的配制

一、实训目的

1. 通过实训，进一步学习指甲油的制备原理。
2. 掌握指甲油的配制操作工艺过程。
3. 学习如何在实训中不断改进配方的方法。
4. 通过实训，提高动手能力和操作水平。

二、实训内容

1. 制备原理

以硝酸纤维素为成膜剂，用溶剂将成膜剂和增塑剂溶解，与着色剂混合均匀即可。

2. 制备实训配方

如表 10-34 所示。

表 10-34 指甲油制备实训配方

组分名称	质量分数/%	作用
硝酸纤维素	13	成膜
醇酸树脂	7	黏合
磷酸三甲苯酯	1.5	增塑
乙酸乙酯	16	低沸点溶剂
乙酸丁酯	36	中沸点溶剂
丙酮	4	低沸点溶剂
甲苯	余量	稀释
珠光颜料	3	珠光
红色色淀	2	着色

3. 制备步骤

按配方将各种物质混合搅拌均匀，加入颜料，调成色浆，然后用研磨机研磨到一定细度即可。

三、实训结果

请根据实训情况填写表 10-35。

表 10-35 实训结果评价表

使用效果描述	
使用效果不佳的原因分析	
配方建议	

思考题

1. 常用的用于遮盖皮肤瑕疵的物质有哪些？
2. 在粉类产品中用作吸收汗液和油脂的物质有哪些？
3. 粉饼与香粉在配方上有什么不同？扫描看答案。
4. 粉饼的配方与胭脂配方又有何区别？扫描看答案。
5. 香粉和粉饼类化妆品容易出现哪些质量问题？应如何克服？
6. 唇膏用油脂和蜡分别有什么特点？
7. 唇膏的生产工艺是怎样的？
8. 与唇膏生产工艺相比，你觉得睫毛膏的生产工艺有何不同？
9. 指甲油中含有哪些成分？分别有什么作用？
10. 指甲油产品容易出现哪些质量问题？应如何控制？

思考题答案

第 11 章
特殊用途化妆品

🔖 **知识点** 特殊用途化妆品；育发化妆品；染发化妆品；烫发化妆品；脱毛化妆品；美乳化妆品；健美化妆品；除臭化妆品；祛斑美白化妆品；防晒化妆品。

🔖 **技能点** 设计育发化妆品的配方；设计染发化妆品的配方；设计烫发化妆品的配方；设计脱毛化妆品的配方；设计美乳化妆品的配方；设计健美化妆品的配方；设计除臭化妆品的配方；设计祛斑美白化妆品的配方；设计防晒化妆品的配方。

🔖 **重　点** 各种特殊用途化妆品活性原料；各种特殊用途化妆品的配方设计。

🔖 **难　点** 各种特殊用途化妆品的配方设计。

🔖 **学习目标** 掌握各种特殊用途化妆品活性原料的性能和作用；掌握各种特殊用途化妆品的配方设计方法。

　　根据《化妆品卫生监督条例实施细则》第五十六条对特殊用途化妆品的规定：育发化妆品是指有助于毛发生长、减少脱发和断发的化妆品；染发化妆品是指具有改变头发颜色作用的化妆品；烫发化妆品是指具有改变头发弯曲度，并维持相对稳定的化妆品；脱毛化妆品是指具有减少、消除体毛作用的化妆品；美乳化妆品是指有助于乳房健美的化妆品；健美化妆品是指有助于使体形健美的化妆品；除臭化妆品是指有助于消除腋臭的化妆品；祛斑化妆品是指用于减轻皮肤表皮色素沉着的化妆品；防晒化妆品是指具有吸收紫外线作用、减轻因日晒引起皮肤损伤功能的化妆品。

第1节　育发类化妆品

一、脱发与防治

　　头发是有一定寿命的，短的几个月，长的几年。正常情况下，老的脱落和新的生长是保持一定平衡的，但如果脱落的多于新生的，就应引起重视。

引起脱发的原因很多，在生理上引起脱发的直接原因有以下三个。

① 雄性激素分泌旺盛，皮脂分泌过多，从而导致毛囊萎缩引起脱发。

② 头皮生理机能低下，血液循环不好，毛乳头供血不足引起脱发。

③ 受到细菌感染，刺激头皮瘙痒、发炎，头屑过剩而堵塞毛孔口，变为秕糠性脱发症。

所以杀菌、改善血液循环和抑制皮脂过多分泌等是促进头发生长的主要措施。

育发类化妆品是在乙醇溶液中加入各种杀菌消毒剂、养发剂和生发成分而制成的液状制品。具有促进头皮的血液循环，提高头皮的生理功能，营养发根，防止脱发，去除头皮和头发上的污垢，祛屑止痒，杀菌、消毒等作用，能保护头皮和头发免遭细菌侵害，有助于保持头皮的正常机能，促进头发的再生，且具有幽雅清香的气味。

二、常用原料及作用

育发类化妆品（hair tonic）的主要原料是乙醇和水，再加入适当的添加剂（见表 11-1）。

表 11-1　育发类化妆品常用添加剂

组分	生发添加剂	
	合成型	天然型
局部刺激剂	蚁酸酊、奎宁及其盐类、烟酸苄酯、新药 920、水合氯醛、壬酸香草酰胺	生姜酊、辣椒酊、斑蝥酊、薄荷脑、大蒜、金鸡纳碱
抗炎杀菌剂	4-异丙基环庚二烯酚酮，水杨酸，季铵盐，六氯酚、间苯二酚、感光素、薄荷醇	樟脑、春黄菊、当归、甘草
皮脂分泌抑制剂	10-羟基癸酸、半胱胺、氨基硫醇	谷胱甘肽
雄性激素抑制剂	长压定、非那雄胺、爱普列特、依立雄胺、度他雄胺	菟丝子提取物
保湿剂	透明质酸、甘油、丙二醇、山梨醇	冬虫夏草提取液
营养剂	胱氨酸、维生素 B_6、维生素 H、卵磷脂	水解蛋白、人参、丹参、黄芪、当归
细胞赋活剂	泛酰乙基醚、长压锭可乐定、谷维素	芍药、当归、苦参、银杏、红花、桃仁、海狗肉萃取物
毛根赋活剂	尿囊素、泛酸及其衍生物、胆固醇	胎盘提取液、茜草科生物碱
毛发生长促进剂	鞣质、二氧化锗、十五烷酸甘油酯、泛酸	脑肽素、首乌、女贞子、白藓皮、白及、高丽参
促渗剂	氮酮、乙醇	甘草提取液

1. 乙醇

育发类化妆品是一种乙醇溶液。乙醇具有杀菌、消毒作用。乙醇浓度太低，会导致制品浑浊、沉淀析出而影响制品的外观、使用性能和使用效果。但太浓的乙醇有脱水作用，会吸收头发和头皮的水分，使头发干燥发脆、易断。如将乙醇以水冲淡，则脱水作用就会随所加入水量的增加而下降，因此适度的含水乙醇是较为理想的。

乙醇还有从皮肤和头发中溶出油脂的作用，即脱脂作用，因此在乙醇内，溶入一些脂肪性物质如蓖麻油、油醇、乙酸化羊毛脂、胆固醇、卵磷脂就会减少脱脂作用，使皮肤和头发不产生干燥的感觉。同时上述油性物质也是头皮和头发的营养滋润剂，能赋予头发柔软、光泽的外观。保湿剂如甘油、丙二醇等的加入具有缓和头皮炎症的润湿效果及赋予头皮和头发保湿性的作用。另外乙醇可溶性多肽能防止头皮干燥，保持毛发水分与柔软性，亦可适量加入。

2. 添加剂

常用添加剂汇总于表 11-1 中。

刺激剂具有刺激头皮，改善血液循环，止痒，增进组织细胞活力，防止脱发，促进毛发再生等作用。常用的有金鸡纳酊（0.1%～1.0%）、水合三氯乙醚（2%～4%）、斑蝥酊（1%～5%）、辣椒酊（1%～5%）、间苯二酚、水杨酸等。这些物质的稀溶液，大部分敷用后会使皮肤发红、发热，促进局部皮肤血液循环。而较浓的溶液对皮肤有强烈的刺激性。有些人对某些物质有过敏反应，因此应选择适宜的加入量，并需做过敏性试验，以确保制品的安全性。

杀菌剂中除上述的金鸡纳酊、盐酸奎宁（驻留≤0.2%，洗去≤0.5%，以奎宁计）、水杨酸（驻留≤2.0%，洗去≤3.0%）、乙醇等具有杀菌作用外，还有苯酚衍生物如对氯间甲酚（≤0.2%）、对氯间二甲酚、邻苯基酚、邻氯邻苯基酚、对戊基苯酚、氯麝香草酚、间苯二酚（用量<0.5%）和 β-萘酚等。另外，甘草酸、乳酸、季铵盐等也是常用的杀菌剂。季铵盐除具有杀菌作用外，还能吸附于毛发纤维表面，而起到柔软、抗静电等作用。

激素类如卵胞激素、肾上腺激素等，具有抑制表皮的生长而减少皮脂腺分泌，防止脱发，促进生发的作用。但激素在化妆品中是禁用的。

维生素如维生素 E、维生素 B_2、维生素 B_6、维生素 H、肌醇、泛酸及泛醇等，具有扩张末梢血管，促进血液循环，提高皮肤的生理机能，防止脱发，促进生发的作用。

现代育发类化妆品，大多由多种成分复配而成，以有利于发挥协同效应，提高其药理效果。

由于育发类化妆品是头发用"香水"，因此对它的芳香性须特别慎重考虑，涂于头发上应留下令人愉快舒适的香气。

三、参考配方

育发类化妆品根据其原料组成和性能可分为育发水、奎宁头水和营养性润发水（养发水）三种。发水中含有杀菌消毒剂，其作用是杀菌、消毒、止痒、保护头皮和使头发免遭细菌的侵害；以盐酸奎宁作为消毒止痒剂时习惯上称为奎宁头水，其作用与育发水相同；营养性润发水，不仅具有育发水的作用，而且由于加有营养性物质和治疗性药物，可去除头皮屑和防止脱发。

表 11-2 所示为去屑育发水配方实例，表 11-3 所列为奎宁头水配方实例，如表 11-4 所示为防脱养发水配方实例。

表 11-2 去屑育发水配方实例

组分名称	质量分数/%	作用
水杨酸	0.3	杀菌
1831	0.1	杀菌
樟脑	0.1	杀菌
当归提取物	1.0	促进血液循环

续表

组分名称	质量分数/%	作用
10-羟基癸酸	0.3	抑制皮脂分泌
薄荷醇	0.05	清凉、刺激头皮
乙醇(95%)	45	溶解
去离子水	余量	稀释

表 11-3　奎宁头水配方实例

组分名称	质量分数/%	作用
奎宁硫酸盐	0.15	刺激头皮
辣椒酊	0.3	刺激头皮
甘油	5	保湿
泛醇	0.5	头发营养
乙醇(95%)	35	溶解
去离子水	余量	稀释

表 11-4　防脱养发水配方实例

组分名称	质量分数/%	作用
间苯二酚	0.2	刺激头皮、杀菌
薄荷醇	0.05	刺激头皮、清凉
尿囊素	0.1	软化角质层
甘油	5	保湿
维生素 B	0.5	头发营养
丝氨酸	0.5	头发营养
人参提取液	2	头发营养
乙醇(95%)	30	溶解
去离子水	余量	稀释

　　育发类化妆品的使用方法是先用香波洗发，然后敷以育发水，如能结合局部按摩对促进头皮血液循环和增进皮脂腺的活力使其达到正常功能是有一定帮助的。因为脱发、生发的生理机能与多种因素有关，为保持健康、秀丽的头发，除使用育发类化妆品外，还须注意日常的食物营养和身心健康。

第 2 节　染发化妆品

　　染发化妆品（hair colorants）是用来改变头发的颜色，达到美化毛发之目的的一类化妆品。

　　按染后色彩的持久时间长短，染发剂可分为暂时性、半永久性和持久性三类。暂时性、半永久性染发剂色彩牢固性差，不耐洗，多为临时性的头发表面修饰之用。永久性染发剂的染料中间体能有效地渗入头发毛髓内部，发生化学反应使其着色，染色后耐洗涤，耐日晒，色彩持久时间长，是普遍使用的一类染发剂。

　　理想的染发剂应具备如下特性：

① 色彩准确、饱和；

② 色彩稳定持久、耐冲洗、耐日晒；

③ 氨味低、气味清香、对皮肤刺激小；

④ 对头发损伤小；

⑤ 染后头发柔顺有光泽；

⑥ 染料中间体要环保、对人体副作用要低；

⑦ 质量稳定、使用方便、沾污到皮肤上易冲洗。

一、持久性染发剂

持久性染发剂是目前市场上最为流行的染发用品。这类染发剂所用的是低分子量的染料中间体，如对苯二胺、对氨基苯酚、间氨基苯酚等，这些染料中间体本身是无色的，两种染料中间体在氧化剂的氧化作用下偶合成有色大分子化合物。它们色调范围广，染后耐光、耐汗、耐洗，一般能保持 40 天以上，即使用发油、喷发胶等化妆品也不会导致变色或溶出，且具有使用方便、作用迅速、色泽自然、不损伤头发等特点。

（一）作用机理

持久性染发剂的具体染发机理如图 11-1 所示，但其过程可简单概括为：染发剂用于头发上后，碱性条件下，头发表皮层毛鳞片膨胀，小分子的染料中间体和氧化剂渗入头发内部，氧化剂将头发中的黑色素氧化而脱色，然后染料中间体被氧化剂氧化偶合成大分子不溶色素，锁闭在头发内部而达到染发目的。根据所用染料中间体的种类和组合不同，其颜色可自灰色、黄色、蓝色、绿色、红色、紫色、铜色、橙色、棕色至黑色。

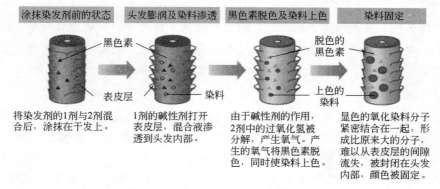

涂抹染发剂前的状态	头发膨润及染料渗透	黑色素脱色及染料上色	染料固定
将染发剂的1剂与2剂混合后，涂抹在干发上。	1剂的碱性剂打开表皮层，混合液渗透到头发内部。	由于碱性剂的作用，2剂中的过氧化氢被分解，产生氧气。产生的氧气将黑色素脱色，同时使染料上色。	显色的氧化染料分子紧密结合在一起，形成比原来大的分子，难以从表皮层的间隙流失，被封闭在头发内部，颜色被固定。

图 11-1　持久性染发剂的染发机理

对苯二胺是目前使用最广泛的染料中间体，被氧化后能将头发染成黑色，其氧化过程如下：

$$对苯二胺 \longrightarrow 对苯二亚胺 \longrightarrow 缩合物$$

一般采用过氧化氢氧化，此反应过程进行得不是很快，室温时需 10～15min。因此有足够的时间使部分氧化染料小分子渗透到头发内部，然后氧化成锁闭在头发上的黑色大分子。采用对苯二胺能使染后的头发有良好的光泽和自然的光彩。研究和实验表明对苯二胺是目前最稳定的染料中间体。

有许多因素影响染发的色调和染色力，如染料中间体的品种、染料中间体的浓度、表面活性剂的种类、pH 值、作用时间长短、头发的状态等。按等摩尔比，制成 1% 的染发剂，各种染料中间体复配显色如表 11-5 所示。

表 11-5　各种染料中间体复配显色

染料中间体	间苯二酚	m-氨基苯酚	4-羟基-2-氨基甲苯	2,4-二氨基苯氧乙醇盐酸盐
p-苯二胺	淡绿色	棕褐色	紫红色	蓝黑色
p-氨基苯酚	亚麻色	淡黄色	橙红色	淡蓝色

实际上，单独采用某种染料中间体是不能达到所要的色彩的，通常是采用几种染料中间体混合使用，使之搭配显现出所喜欢的颜色。如对苯二胺与间氨基苯酚搭配，偶合反应出棕褐色；对苯二胺与 2,4-二氨基苯氧乙醇盐酸盐搭配，偶合反应出深蓝黑色；对苯二胺与间苯二酚搭配，偶合反应出淡绿色；对苯二胺＋间苯二酚＋间氨基苯酚＋2,4-二氨基苯氧乙醇盐酸盐，就能显现出东方人头发的棕黑色。因此染料中间体的选择至关重要，选用不同的染料中间体配伍，就能得到不同的色彩。

另外，设计染料中间体的搭配时还应考虑头发的底色对色彩的影响。头发漂白后，会显现出橙黄到亚麻黄色调，此头发色调与染料中间体偶合反应出的色彩混合后会显现出另外的色调来。如染料中间体偶合反应出红色，与头发的黄色混合后就会显出橙红色调。

（二）组成与配方实例

市售的持久性染发剂有多种形式，如粉状、液状、膏状等。一般为双剂型，即两瓶分装的染发剂，一剂含有染料中间体和碱剂，二剂含有过氧化氢。使用时，将两剂等量混合，然后均匀地涂敷于头发上，过 30～40min 后用水冲洗干净即可。

1. 染发剂的组成

（1）染料中间体基质的组成　染料中间体基质是持久性染发剂的第一剂，主要功能是提供染料中间体和起到护发作用，主要由染料中间体、表面活性剂、增稠剂、溶剂、抗氧化剂、氧化减缓剂、螯合剂、头发护理剂、碱剂、香精等组成。

① 表面活性剂　持久性染发化妆品中可采用非离子、阴离子或阳性离子表面活性剂或者它们的复配组合。表面活性剂在染发剂中具有多种功能，具有渗透、分散、偶合、发泡的功能，在染发香波中还具有清洁作用。常用的表面活性剂有：脂肪醇硫酸酯钠、烷基酰胺、脂肪醇聚氧乙烯醚、甘油硬脂酸酯等，其中最常用的是脂肪醇聚氧乙烯醚。为达到理想的膏体状态和匀染效果，实际上是非离子与阴离子或非离子与阳离子复配使用。

② 增稠剂　为使染发剂有一定的黏度，易于黏附在头发表面上，不易粘染头皮，可加入增稠剂。常用的增稠剂有高级脂肪醇、聚丙烯酸、羟乙基纤维素等。

③ 溶剂　去离子水是最主要的溶剂。为了提高染料中间体和水不溶性物质的溶解性，一般还需要加入其他溶剂，如乙醇、异丙醇、乙二醇、丁二醇、甘油、丙二醇、二甘油-乙

醚等。但如用量过多，对头发染色效果有减弱的作用。另外，甘油、乙二醇、丙二醇是保湿剂，可避免染发时，因水分蒸发过快而使染料干燥，影响染色的效果。这些保湿性物质能使染料中间体均匀分散在毛发上，并被均匀吸收，具有匀染作用。

④ 抗氧化剂　持久性染发化妆品所用染料中间体在空气中易发生氧化反应，即使是部分染料被氧化，也将影响染发的效果。为防止氧化反应发生，除在制造及贮存过程中尽量减少与空气接触的机会（如制造和灌装时填充惰性气体，灌装制品时应尽量装满容器等）外，通常是在染发基质中加入一些抗氧化剂。广泛使用的抗氧化剂是亚硫酸钠、连二亚硫酸钠、L-半胱氨酸盐酸盐。最常使用的是亚硫酸钠，一般用量为 0.3%～0.5%。

⑤ 氧化减缓剂　如果氧化作用太快，染料中间体还未充分渗入到毛皮质之内，就被氧化成大分子色素，会造成染色不均匀而降低染色效果。因此，为了有足够的时间使小分子的染料中间体渗透到头发内部，然后再发生氧化反应形成锁闭在头发上的大分子色素而显色，在染发剂的配方中，通常加入氧化减缓剂，以减慢氧化速度。常用的氧化减缓剂是异抗坏血酸钠。另外，抗氧化剂也有一定的减缓氧化的作用。

⑥ 螯合剂　由于染料中间体及其基质中含有微量金属，会加速染料中间体的自动氧化，影响染发的效果。通常是加入金属离子螯合剂来控制上述影响，常用乙二胺四乙酸四钠（EDTA-4Na），建议用量为 0.1%～0.2%。

⑦ 碱剂　碱性条件能使头发柔软和膨胀，有利于染料中间体渗入毛皮质层中，并且能提高氧化剂的氧化力。因此，持久性染发剂的碱性，其 pH 值可达 8～10.5。最常用的碱剂是氨水，一些有机胺如乙醇胺等也可采用或部分代替氨水。

⑧ 头发护理剂　前述的很多原料如脂肪醇、表面活性剂、多元醇等对头发有一定的护理作用。另外，一般还添加有十八烯醇、D-泛醇、水解蛋白质、白矿油、羊毛醇、水貂油、聚季铵盐、硅油等头发调理剂。油脂类除了能赋予头发顺滑感及光泽外，还能在头皮上形成保护膜，降低碱剂和氧化剂对头皮的刺激。

⑨ 其他　除了以上成分，为了在使用染发剂时降低碱剂的不愉快味道，会在基质中添加香精，由于基质是碱性的，在选择香精时要充分考虑香精的稳定性。

（2）染料基质配方实例　表 11-6 所列为持久性染发剂染料基质配方实例。

表 11-6　持久性染发剂染料基质配方实例

组分名称	质量分数/%				作用
	配方 1	配方 2	配方 3	配方 4	
去离子水	余量	余量	余量	余量	溶解
对苯二胺	2.1	0.1			染料中间体
间苯二酚	0.7				染料中间体
间氨基苯酚	0.5	0.1			染料中间体
对氨基苯酚				0.5	染料中间体
4-羟基-2-氨基甲苯		0.5	0.59	0.6	染料中间体
2,4-二氨基苯氧乙醇盐酸盐	0.2				染料中间体
4-氨基间甲酚		0.6			染料中间体
2,5-二氨基甲苯硫酸盐			0.71		染料中间体
EDTA-2Na	0.2	0.2	0.2	0.2	螯合
亚硫酸钠	0.4	0.3	0.3	0.3	抗氧化

组分名称	质量分数/%				作用
	配方1	配方2	配方3	配方4	
异抗坏血酸钠	0.4	0.3	0.3	0.3	氧化减缓
丙二醇	3	3	3	3	保湿
十六-十八醇	12	10	10	10	增稠
硬脂醇聚醚-25	3	3	3	3	表面活性
十六烷基三甲基氯化铵	1	1	1	1	表面活性
白矿油	2	2	2	2	头发护理
羊毛醇	1	1	1	1	头发护理
氨水(25%)	4	7	7	7	碱
香精	0.5	0.5	0.5	0.5	赋香

注：配方1为黑色；配方2为棕红色；配方3为紫色；配方4为橙色。

制作方法：将增稠剂、表面活性剂、头发护理剂放入油相锅内加热到80～85℃熔解；另外将染料中间体、螯合剂、氧化减缓剂、保湿剂投入80～85℃的热水中，搅拌溶解。然后将油相和水相分别投入到乳化搅拌锅内乳化搅拌，冷却至45℃时加入抗氧化剂、碱剂和香精搅拌均匀即可。由于抗氧化剂是固体，先用少量的去离子水溶解后再加入基质中，以保证分散均匀。

2. 氧化剂基质

(1) 氧化剂基质组成　氧化剂基质是持久性染发剂的第二剂，也叫双氧乳，主要功能是提供氧化剂，将头发的天然黑色素漂白以及将染料中间体氧化偶合生成大分子色素。可以配成水溶液，也可以配成膏状基质。

① 氧化剂　双剂型持久性染发剂最常用的氧化剂成分是过氧化氢，它在高温和碱性条件下易分解，而在酸性条件下则比较稳定。故在配制过氧化氢溶液时应适当控制氧化剂的pH值。一般控制其pH值为3～4。反之，pH值过低，与染料基质混合后会降低染发剂的游离碱含量，影响染发效果。

② 过氧化氢稳定剂　过氧化氢易分解，光靠控制pH值来稳定氧化剂是不够的；温度也是影响过氧化氢稳定性的重要因素，因此，还需加入稳定剂，常用的稳定剂是8-羟基喹啉、非那西汀。

③ 酸度调节剂　酸度调节剂用来调节产品的pH值，常用的酸度调节剂是磷酸、磷酸氢二钠、磷酸二氢钠等。

④ 赋形剂　如果要配成膏状产品，则需要加入十六-十八醇等作为赋形剂基质，同时这些成分也具有润滑头发的作用。另外，用卡波姆类高分子增稠剂可以配制出透明的膏体。

⑤ 乳化剂　如果要配成膏状产品，则需要加入乳化剂，常用的是一些非离子乳化剂，如脂肪醇聚氧乙烯醚、甘油硬脂酸酯、海美氯铵、月桂醇硫酸钠等。

⑥ 螯合剂　水中和原料中含有的一些微量金属离子对双氧水稳定性影响非常大，所以配方中需要加入羟基磷酸、水杨酸、锡酸钠等铁和铜离子的螯合剂。

⑦ 赋香剂　为了掩盖原料的味道，可以添加适量的香精。由于氧化剂基质是酸性的，选择香精应考虑耐酸性类的产品。

(2) 氧化剂基质配方实例　表11-7所列为持久性染发化妆品氧化剂基质配方实例。

表 11-7　持久性染发化妆品氧化剂基质配方实例

组分名称	质量分数/％		作用
	配方 1	配方 2	
去离子水	余量	余量	溶解
十六-十八醇	3		增稠
硬脂醇聚醚-25	1		乳化
海美氯铵	0.2		乳化
卡波 940		1.2	增稠
8-羟基喹啉	0.1	0.1	稳定
羟基磷酸	0.3	0.3	螯合
磷酸氢二钠	0.3		pH 调节
过氧化氢（50％）	12	12	氧化
三乙醇胺		0.3	pH 调节
香精	0.2	0.2	赋香
壬基酚聚氧乙烯醚		0.5	增溶

注：配方 1 为乳白型膏体基质；配方 2 为透明型膏体基质。

配方 1 的制作方法：在油相中放入增稠剂和乳化剂加热至 $80\sim85℃$，然后把 $85℃$ 的去离子水和油相放入乳化搅拌锅中乳化搅拌，冷却搅拌至 $45℃$ 时，再加入稳定剂、螯合剂、pH 调节剂搅拌均匀，最后加入氧化剂和香精搅拌均匀即可。为了方便使用，稳定剂、螯合剂、pH 调节剂先用少量的去离子水溶解后再加入基质中。

（三）安全性

持久性染发剂中的染料中间体的安全性一直备受质疑，生产操作人员要特别引起重视，在生产制备时应注意防护，皮肤有破损者应尽量避免接触染料中间体的粉末和蒸气，平时操作制备时应注意避免从呼吸道吸入染料中间体的粉末和蒸气。

一些使用者对持久性染发剂过敏，因此初次使用持久性染发剂的人，使用之前应做皮肤接触试验，其方法是：按照调配染发剂的方法调配好少量染发剂溶液，在耳后的皮肤上涂上小块染发剂（注意不能被擦掉），经过 24h 后仔细观察，如发现被涂部分有红肿、水疱、疹块等症状，表明此人对这种染发剂有过敏反应，不能使用。另外，头皮有破损或有皮炎者，不可使用此类持久性染发剂。

此外，持久性染发剂对头发有损伤，在设计配方时要尽量控制染料基质的 pH 值以及添加对头发有利的护理剂，尽量降低染发剂对头发的损伤。

二、半持久性染发剂

染发剂分为物理性染发和化学性染发。在相关化妆品的执行标准中，物理性染发被归为一般化妆品类，而化学性染发被定为特殊化妆品类。

属于一般化妆品类的染发剂中，有用香波一次性即可将染色洗去的“临时性染发剂”（彩色喷雾发胶、彩色发膜等），和染后颜色能维持一段时间的“半持久性染发剂”。

半持久性染发剂和属于特殊化妆品的将 1、2 剂混合后再使用的染发剂相比，它几乎是单剂型的状态。因为是单剂使用的，所以其染色结构是以色素渗透为手段。经常可看到用彩妆型染发剂染发时同时进行加温，这是由于提高温度可使毛发膨胀，促进色素的渗透。

（一）作用机理

酸性染料在水中溶解后呈现带负电子性质，毛发本身的 pH 值呈酸性。这个酸性对染色的构成非常重要。若将酸性液涂抹在毛发上，毛发上的正电子就利用了带电作用。

将酸性染发剂涂抹于毛发上，在酸性的作用下，毛发带有正电子。在此情况下，带有负电子的酸性染料被吸附在毛鳞片表面。因酸性染料的分子量较大，如含有帮助渗透的溶剂，一部分可渗透至毛皮质的浅表部分。这正如磁铁的 N 极和 S 极相吸引那样，酸性染料的负极和毛发的正极形成电子性的结合（也称离子结合），酸性染料被吸留在毛发内形成染色效果。

由于是靠如此的电子吸力而染发，所以可维持比较长（三个星期左右）的染色时间。但是，它和皮肤的亲和力也较好，容易染在皮肤上。并且，如使用含有阳离子表面活性剂等带有强正电荷的焗油剂，会导致阳离子表面活性剂的正电荷和酸性染料的负电荷相结合，从而酸性染料从毛发中被吸出，加速褪色。

另外，使用直接染料的染发剂与使用酸性染料的染发剂相比，直接染料的分子量较小且非离子结合，可渗透至毛发内部染色。但也因为可以简单地进入毛发内部染色，故染后维持染色时间也较短（一个星期左右）。然而不需要离子结合，也无 pH 值限制，可与阳离子表面活性剂共存，配制成有高护理性的染发剂。

（二）组成与原料

市场上，半持久性染发化妆品的剂型一般为凝胶形态。使用时将染发化妆品涂于头发上并适当加温，让产品在头发上停留一段时间，使染料分子有足够时间渗入头发，然后用水冲洗干净即可。

半持久性染发化妆品主要成分是使用对毛发角质亲和性好的酸性染料和低分子量染料，主要有：酸性紫 2 号，酸性蓝 2 号，橙色 205 等。

为促进染料分子渗入发髓，提高染发效果，还加入一些增效剂，例如加入表面活性剂增加渗透能力；加入苯氧基乙醇、苯甲醇、甲醇等帮助染料的渗透。

半持久性染发化妆品的典型组成如表 11-8 所示。

表 11-8　半持久性染发化妆品的典型组成

组分名称	组分	作用及性质	用量范围(质量分数)/%
着色剂	酸性染料或直接染料	功能着色	0.1～3
表面活性剂	烷基糖苷	增加渗透	0.5～5
溶剂	乙醇、甲醇	作载体溶剂	10～30
增稠剂	羟乙基纤维素	增加体系黏度	0.2～2
pH 剂	柠檬酸	pH 调节	适量
缓冲剂	柠檬酸钠	pH 调节	适量
稀释剂	去离子水	稀释	余量

（三）配方实例

表 11-9 所示为透明凝胶状半持久性染发剂的配方实例。

表 11-9　透明凝胶半持久性染发剂配方实例

组分名称	质量分数/%		作用
	配方 1(红色)	配方 2(橙色)	
去离子水	余量	余量	溶解
羟丙基甲基纤维素	1.5	1.5	增稠
柠檬酸	0.5	0.5	pH 调节
柠檬酸钠	0.2	0.2	pH 调节
苯甲醇	10	10	增溶
甲醇	15	15	增溶
苯氧乙醇	20	20	助渗透
酸性红色 2 号	0.2		着色
酸橙色 2 号		0.2	着色

制作方法：把增稠剂于去离子水中充分溶解，加入 pH 调节剂；把染料于增溶剂中溶解后放入溶解好的增稠剂中，最后加入助渗透剂，搅拌均匀。

三、暂时性染发剂

（一）作用机理

暂时性染发剂的作用机理是使用分子量较大的染料，通过其他载体（如油脂、高分子聚合物等），黏附在头发表面，不能渗入头发内部，染色的牢固度很差，一次洗涤即脱色，是一种使头发暂时着色的染发剂，适用于染发后新生头发的修饰或供演员化妆用等。

（二）组成与原料

1. 染料

暂时性染发化妆品的主要成分是一些大分子的涂料或焦油色素等。

2. 其他成分

用水或水-乙醇溶液作溶剂，将染料溶解于溶剂中制成液状产品，为了提高染发效果，可配入有机酸如酒石酸、柠檬酸等；用油、脂、蜡作为基质成分，混合可制成棒状、条状或膏状等，可直接涂敷于头发上，或者用湿的刷子涂敷于头发上；加入聚合物增加产品稠度。

（三）参考配方

表 11-10 所示为暂时性染发液配方实例，表 11-11 所示为暂时性染发膏配方实例。

表 11-10　暂时性染发液配方实例

组分名称	质量分数%	作用	组分名称	质量分数%	作用
炭黑	1.5	染发	丙二醇	2.5	保湿
丙烯酸吡咯烷酮	2.0	染料固色	去离子水	余量	溶解
乙醇(95%)	5	增溶			

表 11-11　暂时性染发膏配方实例

组分名称	质量分数%	作用	组分名称	质量分数%	作用
十六-十八醇	5	增稠剂	炭黑	2.5	着色
丙二醇	3	保湿剂	焦糖色素	0.5	着色
硬脂醇聚醚	1	乳化剂	乙内酰脲	0.1	防腐
单硬脂酸甘油酯	0.5	乳化剂	去离子水	余量	溶解

四、其他类型的染发剂

1. 植物性染发剂

这类染料是从植物中提取出来的，因为它毒性低、安全，虽然染发效果较差，但仍普遍受到重视。天然染料主要是指甲花、春黄菊和苏木等的提取物。指甲花的叶萃取物为橘红色染料。在酸性条件下显色最好，与槐蓝配合使用，根据比例不同可将头发染成红褐色到蓝黑色；若与春黄菊提取物配合，可将头发染成金黄、苏褐或栗色；指甲花液与苏枋、尖叶香泻树、鼠尾草、儿茶等提取物合用，可制成各种颜色的染发剂。此外，它也可与丹宁酸、铜、铁等金属染料并用，将头发染成各种颜色。苏木精天然染料，可将头发染成黑色，效果持久。

另外，也有应用天然成分，如焦性没食子酸、茶多酚来配制持久性染发化妆品的，发明专利 ZL201010153805.1 就报道了一种采用焦性没食子酸和硫酸亚铁为主要成分的两剂型黑色染发剂，克服了对苯二胺等染料中间体和双氧水对人体的危害。

2. 金属染发剂

矿物性染发剂也是较早被采用的染发剂，这类染发剂其实也是一类半持久性的染发剂。这类染发原料为银、铁等金属的盐类或氧化物，如硝酸银、硫酸铜、氧化铁黑、硫酸亚铁等。这些金属染料在特定条件下反应而显色，如硝酸银在太阳光（紫外线）的照射下而还原变成黑色。因为金属染发剂操作不方便，质量不稳定，成本又高，基本上已被持久性染发剂和半永久染发剂所代替了。

第 3 节　烫发化妆品

烫发化妆品是改变头发弯曲度、美化发型的一类化妆品。美化头发是一种重要的化妆艺术，有的人希望将直发改变形状使之成为波浪型——卷发；而有的人头发本来是曲卷的则希望改变发型成直发飘逸型——直发。所以烫发化妆品的完善概念应包括卷发和直发两大类型。

烫发是改变头发形态的一种手段，应用机械能、热能、化学能使头发的结构发生变化后而达到相对持久的卷曲或垂直。以前，利用加热的方法使头发卷曲，如把铁棒烧热后缠绕头发形成卷发，故称为烫发。由于传统的烫发技术不能长时间维持卷度，后来就发明了以还原剂为主成分的两剂式化学烫发剂。

一、烫发的原理

采用Ⅰ剂、Ⅱ剂组合的烫发剂，可使毛发形成持久性的波浪。首先烫发剂的第Ⅰ剂将毛发中处于连接状态的二硫键还原、断开，然后烫发剂第Ⅱ剂将被断开的二硫键氧化、再连接。

（一）头发的软化过程

对头发形状起决定作用的是多肽链间的三种键力，当这三种键力发生改变后，头发就能软化、拉伸、弯曲，并可被整成各种形状。

1. 水对头发软化的作用

头发在水中可被软化、拉伸或弯曲，这主要是由于水切断了头发中的氢键。因此，当头发由于某种物理作用而暂时变形时，可通过润湿或热敷使之回复原状。同理，烫发时，如单用水，则只能起到暂时的卷发作用，当润湿后，头发会自动回复到原来的形状。

2. pH 值改变对头发软化的作用

强酸或碱可以切断头发中的离子键，使头发变得柔软易于弯曲或拉直，但当中和或用水冲洗使头发恢复原有的 pH 值（pH＝4～7）后，头发即可恢复原状，因此单纯改变 pH 值还不能有效地形成耐久性卷发或直发。

3. 还原剂对头发软化的作用

由胱氨酸形成的二硫键比较稳定，常温下不受水或碱的影响，因此是形成耐久性卷发或直发的关键。还原剂如亚硫酸钠、硫代硫酸钠等可和头发中的二硫键发生反应，切断二硫键，使头发变得柔软易于弯曲，其反应式如下：

$$R{-}S{-}S{-}R' + Na_2SO_3 \longrightarrow R{-}S{-}SO_3Na + R'{-}SNa$$

但此反应在室温时进行得很慢，在碱性介质和在加热（大于 65℃）条件下，可加快反应速率，缩短烫发时间，因此，较后的烫发液均加入了亚硫酸钠、硫代硫酸钠。

含巯基的化合物可在较低的温度下和二硫键反应，其反应式如下：

$$R{-}S{-}S{-}R' + R''{-}SH \longrightarrow R{-}SH + R'{-}SH + R''{-}S{-}S{-}R''$$

在碱性条件下，可加快反应速率，因此是较为理想的切断二硫键的方法。目前的冷烫剂主要是采用此类化合物作为烫发的成分。

水可使氢键断裂，碱可使离子键断裂，而含巯基化合物、亚硫酸钠等还原剂可使二硫键断裂并在碱的存在下而加快，所以这三者是烫发剂不可缺少的组成。

（二）头发的卷曲和拉直过程

由于上述作用使头发中的氢键、离子键、二硫键均发生破坏，使头发变得柔软易于弯曲或拉直成型。此时可用卷发器将头发卷曲成各种需要的形状或用直发器将头发拉直。

（三）头发的定型过程

当卷曲或拉直成型后，这些键如不修复，发型就难以固定下来。同时由于键的断裂，头发的强度降低，易断。因此在卷曲或拉直成型后，还必须修复被破坏的键，使卷曲或拉直后的发型固定下来，形成持久的卷发或直发。

在卷发或直发的全过程中，干燥可使氢键复原；调整 pH＝4～7 可使离子键复原；二硫键的修复则是通过氧化反应来完成的，其反应式如下：

$$R{-}SH + R'{-}SH \xrightarrow{[O]} R{-}S{-}S{-}R'$$

此氧化反应是在过氧化氢、溴酸钠或其他化学氧化剂的作用下完成的，单硫键在新的位置与另一个单硫键组成一个新的二硫键。但事实上这一过程比较复杂，除了两个巯基被氧化成二硫键外，巯基也可能被氧化成磺酸基 RSO_3-，这种产物不能再还原成巯基，因而磺酸基的形成会相应地减弱头发的强度。鉴于这一原因，不宜选用过强的氧化剂，同时氧化剂的浓度也不宜过高，避免磺酸基的生成，使之有利于形成二硫键。

综上所述，烫发的基本过程可概述为：首先用烫发剂将头发中的二硫键切断，此时头发即变得柔软易弯曲成各种形状，当头发弯曲或拉直成型后，再涂上氧化剂（固定液），将已打开的二硫键在新的位置上重新接上变成了另外一个二硫键，使已经弯曲或拉直的发型固定下来，形成持久的卷发或直发，此即化学烫发的基本原理，可用图 11-2 表示。

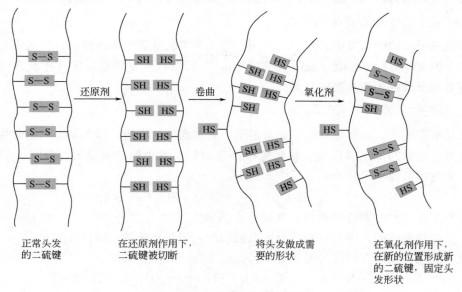

图 11-2　烫发剂的作用原理

二、烫发化妆品的组成和配方

现今，市售的烫发化妆品一般为两剂型：第一剂是碱性的软化剂，第二剂是酸性或中性的定型剂。

（一）软化剂

1. 原料及作用

软化剂的作用是使头发软化，以能切断毛发中胱氨酸二硫键的还原剂为主成分。为使其发挥效果更佳，软化剂中还含有碱剂、稳定剂、表面活性剂、润湿剂、油分等。

（1）还原剂　前几年，应用比较广泛的还原剂是巯基乙酸、巯基乙酸盐（如铵盐或有机胺盐）、巯基乙酸甘油酯。巯基乙酸，在日化行业简称"硫代"，其还原作用比较强，在实验室中将头发浸入过量的碱性冷烫液中 5min，头发中约有 85% 的胱氨酸（二硫键）被还原。但在实际烫发时，在烫发剂浓度下，10min 内有 25% 左右的二硫键被还原。还原剂的用量将直接影响卷烫发的效果，还原剂的含量越高，烫发速度和效果越好，但为了人体安全和头发的健康，还原剂的用量为 5%～11%。巯基乙酸及其盐不稳定易氧化，所以要求容器密封；制成的烫发剂，在贮存过程中，常常会产生变色、pH 值下降和还原剂浓度降低等情况，影响其使用效果，设计配方和选用容器时要考虑这些因素。巯基乙酸的还原能力强，配成的烫发剂的味道比较重，但因其综合性能好，仍是目前使用最广的还原剂。

半胱氨酸还原力较弱，但由于分子结构与头发的胱氨酸相似，对头发有保湿及修复功能，而且配成的烫发剂没有刺激性气味，一般用于受损发质的配方，可以与巯基乙酸复配使用起到协同作用。

亚硫酸盐是一种早期用于热烫的还原剂，但由于其还原力非常弱，且烫发效果不持久，近年来已经被巯基乙酸类还原剂代替。

（2）碱剂　在常温下，常用的还原剂只有在碱性条件下，才能起到烫发作用，这主要是由于碱剂的存在使头发角蛋白膨胀，有利于还原剂的渗透，从而发挥断开二硫键的效果，缩短了烫发的操作时间。在相同还原剂含量的情况下，如果溶液的 pH 值及游离氨含量不同，其卷发效果也不一样。pH 值和游离氨含量越高，软化速度越快，但是烫发的效果不能完全依靠无限地增加 pH 值和游离氨的含量来达到，当 pH 值高于 9.5，而没有挥发性碱存在时，烫发剂可能发生脱除毛发的危险。因此以巯基乙酸为还原剂的冷烫液，其 pH 值一般控制在 9.5 以下，游离氨含量控制在 0.02 以下。

可用于烫发剂的碱剂有氨水、一乙醇胺、碳酸氢铵、氢氧化钠、氢氧化钾等。氨水的分子量小，易于渗透，其碱性比较温和而且易挥发无残留，在烫发时，由于氨的挥发而降低药剂的 pH 值，相对减少了碱性对头发的过度损伤，因而在烫发剂中得以广泛应用，但也具有刺激性气味的缺点。

单乙醇胺没有氨水那样的刺激性气味，而且碱性强，对头发的膨胀快，可配制成较强力度的烫发剂，但是它不挥发，容易残留在头发上，造成软化过度，对头发有较大的损伤。

碳酸氢铵与前两者相比，碱性较弱，pH 值呈中性，它对头发的膨润度较低，不必担忧其在头发软化过度和残留方面的问题，一般用碳酸氢铵配制成中性或弱碱性烫发剂。

实际中也可采用两种或两种以上的碱混合使用，以克服各自的缺点，产生更好的烫发效果。

（3）渗透剂　表面活性剂的加入有助于烫发剂在头发表面的铺展，促进头发软化膨胀，有利于还原剂渗透到头发内，提高软发速度和烫发效果。同时加入表面活性剂，可起到乳化和分散作用，有助于水不溶性物质在水中分散或将制品制成乳状液。此外加入表面活性剂还能改善卷发的持久性和梳理性，赋予烫后头发柔软、光泽。可采用的表面活性剂有阴离子型、阳离子型和非离子型，它们可单独使用，也可复配使用。常用有低 EO 数的聚醚类、低碳链的季铵盐等。

（4）增稠剂　为了提高烫发剂与头发的黏附性，避免在烫发操作时滴落、沾染皮肤和衣服，可加入羧甲基纤维素、高分子量的聚乙二醇和脂肪醇等来赋予药剂一定的黏稠度。

（5）护发调理剂　为减轻头发由于化学处理所引起的损伤以及增强头发的质感，可添加一些油脂类、润湿剂和阳离子纤维等，如甘油、不饱和醇、羊毛醇、矿物油等。值得注意的是，由于添加了油脂，油脂会在头发表面形成一层保护膜，从而降低了药剂的渗透，因此在设计配方时要进行平衡点的测试。

（6）金属螯合剂　含巯基化合物还原能力强，因而容易与铁、铜等金属离子发生氧化还原反应而使烫发剂变色，同时降低烫发效果。所以要选用金属含量低的原料并在生产过程中避免与含铁的容器接触，另外，要加入如 EDTA、羟基磷酸等金属配位剂。

另外，在以巯基乙酸为主成分的烫发剂中添加少量的双巯基乙酸有缓冲还原剂的作用，防止头发因软化时间过长而断发。

2. 配方实例

表 11-12 所示为烫发液配方实例。

表 11-12　烫发液配方实例

组分名称	质量分数/%		作用
	配方 1	配方 2	
去离子水	余量	余量	溶解
巯基乙酸(99%)	10	2	还原
羟基磷酸	0.15	0.15	金属螯合
半胱胺盐酸盐(99%)	1	6	还原
氨水(25%)	7.4	3	碱
单乙醇胺	4	1.5	碱
碳酸氢铵	1.5	1	碱
水溶羊毛醇	1	1	头发护理
壬基酚聚醚-10	1	1	渗透
香精	0.5	0.5	赋香

注：配方 1 为健康头发用药剂；配方 2 为受损头发用药剂。

制作方法：把金属螯合剂溶解在去离子水中，然后依次投入还原剂和氨水，待混合液冷却到 40℃ 后，再依次投入余下的原料搅拌均匀。

（二）定型剂

经过卷发或直发处理以后，需用中和剂使头发的化学结构（主要是二硫键）在卷曲或直发成形后回复到原有状态（生成新的二硫键），从而使卷发或直发形状能够固定下来。在烫发过程中，软化剂起的是还原作用，而中和剂则是起的氧化作用，所以又称为氧化剂。

1. 原料和作用

烫发第Ⅱ剂（定型剂）的作用，是将被第Ⅰ剂还原断开的二硫键氧化再连接。在第Ⅱ剂的有效成分中，有"溴酸钠"和"双氧水"。

双氧水如同脱染剂的第Ⅱ剂那样，在酸性条件下虽然呈稳定的状态，但在碱性条件下双氧水可达到将黑色素分解的强氧化力度。因此，烫发第Ⅱ剂中使用双氧水，氧化力要比使用溴酸钠强，有缩短氧化（定型）时间的优点。但因其氧化力度较强，如氧化时间过长，则会导致氧化过量，使毛发受损的可能性非常高。故使用了碱性烫发第Ⅰ剂后，若中间冲洗不充分，毛发中残留有第Ⅰ剂的碱剂，残留碱会引发双氧水分解而形成脱色力，将黑的发色变成褐色。不过，双氧水在毛发中经反应后所形成的残留物仅为水，无任何其他残存物，毛发可获得接近原本状态的柔软效果。

溴酸钠无双氧水那样的强氧化力。在第Ⅱ剂使用的场合，需要获得充分的定型时间。不过即使在碱性的情况下，溴酸钠几乎不会对毛发形成脱色力。溴酸钠经反应后会生成盐性物并存留在毛发中，形成僵硬的质感。

那么，能否将溴酸钠和双氧水复配使用呢？能否体现出双方各自的长处呢？答案是"否"。若将溴酸钠与双氧水混合，双氧水会使溴酸钠分解，产生有害气体。不仅得不到想象中的效果，且还有危险，不可以复配使用。

配方中加入表面活性剂，可改善氧化剂在头发上的铺展性能，改进其氧化性能。为了使烫后头发光亮和柔软，可加入阳离子表面活性剂等。

2. 参考配方

表 11-13 所示为定型剂配方实例。

表 11-13　定型剂配方实例

组分名称	质量分数/%		作用
	配方 1	配方 2	
去离子水	余量	余量	溶解
羟基磷酸	0.2		金属螯合
磷酸氢二钠	0.2	0.02	pH 调节
8-羟基喹啉	0.05		稳定
溴酸钠		8	氧化
过氧化氢(50%)	4.4		氧化
壬基酚聚醚 10	1	1	香精分散
香精	0.5	0.5	赋香
水溶羊毛醇		1	头发护理

注：配方 1 为双氧水体系的定型剂；配方 2 为溴钠体系的定型剂。

制作方法：依次将原料加入去离子水中搅拌均匀。

三、烫发化妆品的安全性

烫发用的巯基乙酸等还原剂对人体皮肤具有刺激性和过敏性。所以消费者在使用该类产品时，要注意以下几个方面。

① 初次烫发者建议先做一下皮肤试验。

② 患有高血压、心脏病的人及处于怀孕、分娩期的妇女慎用。

③ 烫发剂尽量不要接触皮肤。

④ 头皮有破伤、疮疖及皮炎者不宜烫发。

⑤ 烫发剂对头发损伤很大，不宜在头发上停留过长时间。

⑥ 不要过于频繁烫发。

⑦ 烫发后也不宜马上染发。

第 4 节　脱毛化妆品

脱毛剂是一种不需要利用剃刀或电动脱毛器而能除去皮肤上绒毛的化妆品，主要用于将面部和小腿的柔毛、腋下毛去除，主要为妇女所用。除毛的方法包括剃毛、拔毛和脱毛剂除毛。剃毛、拔毛是物理过程。下面主要介绍化学脱毛剂。

一、化学脱毛的原理

1. 脱毛剂的作用原理

毛发结构的稳定性主要是由二硫键来保证的，二硫键的数目越大，纤维的刚性越强，如果毛发肽键特别是二硫键被破坏，那么毛发的机械强度将变低，容易被折断除去。脱毛剂就是使毛发角质蛋白胱氨酸中的二硫键受到破坏，使毛发的渗透压力增加，膨胀并变得柔软，从而切断毛发纤维，使毛发脱除。这种脱毛方法是从毛孔中除去毛发，因此不仅毛发以后生长可以缓慢，而且脱毛后的皮肤光滑，留下的感觉就舒适得多了。为此，脱毛化妆品的研究与生产迅猛发展，颇受爱美女性的青睐。

　　2. 脱毛剂与烫发剂的区别

　　脱毛剂与烫发剂均要将毛发的二硫键破坏，那么二者有何区别？二者的主要不同点是pH 值不同。烫发用的卷发剂的 pH 值一般约为 9，而脱毛剂一般要达到 11。在越高 pH 值下，二硫键的破坏速度越快，破坏程度越高。

二、常用脱毛剂

　　脱毛剂是指添加在脱毛化妆品中具有脱除毛发作用的物质。脱毛剂的目的是破坏二硫键，使毛发分解。好的脱毛剂必须具备下列一些条件：

　　① 涂敷 5～15min 即可使毛发完全柔软脱除；

　　② 对皮肤无刺激性和毒性，无致敏性；

　　③ 敷用方便，不会沾污皮肤和衣服，有舒适的气味，质量稳定。

　　脱毛剂主要是指化学脱毛剂。可分为以下四类。

　　1. 硫化物

　　可用碱金属和碱土金属的硫化物，如硫化钠、硫化镁、硫化铝、硫化钙、硫化钡等。这些硫化物是最早使用的脱毛剂，具有较好的脱毛效果，价格低廉。其缺点是易氧化变色，并产生令人不快的臭味，且不稳定，易使硫化氢逸走而降低其脱毛效果。在配制时必须加入稳定剂，以便确保产品质量。

　　2. 巯基乙酸盐

　　巯基乙酸盐类是目前使用最多的脱毛剂，它具有脱毛速度快，对皮肤刺激性缓和，几乎无臭的优点，最常用的有巯基乙酸钙。

　　巯基乙酸盐类在脱毛化妆品的建议使用量为 2.5%～4%，低于 2%作用缓慢，高于4%，效果提高不显著，但会加大刺激性和提高成本。

　　3. 天然脱毛剂

　　20 世纪 80 年代初，天然脱毛剂问世并日趋活跃，这更能满足人们崇尚天然的需求。天然脱毛剂有生姜粉、姜油酮、腊菊类和金盏花属提取物等。

　　4. 脱毛增效剂

　　为了促进脱毛剂的效果，在配方中常常添加适量的增效辅助剂如：尿素、碳酸胍等有机氨，使毛发角质蛋白溶胀变性，从而使胱氨酸分子中的二硫键与脱毛剂得以充分接触，促进二硫键的切断，达到毛发容易脱除的效果。

三、配方实例

　　市售脱毛化妆品有脱毛露、脱毛霜、脱毛蜜、脱毛摩丝、脱毛凝胶、脱毛膏、脱毛胶纸等。表 11-14 所示为脱毛膏配方实例。

表 11-14　脱毛膏配方实例

组分名称	质量分数%	作用
去离子水	余量	溶解
鲸蜡硬脂醇	7.5	增稠

续表

组分名称	质量分数%	作用
硬脂醇聚醚	1	乳化
甘油硬脂酸酯	1.2	乳化
白油	2	护肤
丙二醇	3	保湿
巯基乙酸钙	3	脱毛
尿素	3	增效
氢氧化钠	1.8	pH 调节

四、脱毛剂化妆品的安全性

脱毛用还原剂都具有一定的刺激性，都是一些限用物质，所以脱毛化妆品在生产中要严格控制有效成分含量。脱毛化妆品的 pH 值很高，非常容易造成皮肤灼伤。在使用时应严格控制使用时间，产品不能用于面部脱毛。初次使用，须先在局部少量试用，确认无过敏反应和副作用后再扩大使用。使用后应加强皮肤护理，脱毛部位用清水洗净，搽些微酸性的护肤品，及时补充皮肤所需要的油分和营养。

第 5 节　防晒用化妆品

一、紫外线的危害和作用

阳光中的紫外线能杀死或抑制皮肤表面的细菌，能促进皮肤中的脱氢胆固醇转化为维生素 D，还能增强人体的抗病能力，促进人体的新陈代谢，对人体的生长发育具有重要作用。

但并不是说日晒时间越长对身体越有好处，相反，过度的日晒对人体是有害的。因为阳光中的一部分紫外线（波长 290～400nm）可使皮肤干燥、失去弹性、加快衰老和出现皱纹，还能使皮肤表面出现鲜红色斑，有灼痛感或肿胀，甚至起泡、脱皮，以致成为皮肤癌的致病因素之一。另外，面部的雀斑、黄褐斑等也会因日晒过度而加重。患粉刺的人在阳光的照射下会加快粉刺顶端的氧化作用，变成黑头留下疤痕。故保护皮肤、防止皮肤衰老、预防皮肤癌的关键是防止阳光中紫外线对皮肤的损伤。

所谓紫外线（ultraviolet ray），是指波长为 200～400nm 的射线，属太阳光线中波长最短的一种，约占太阳光线中总能量的 6%。紫外线分为如下三个区段。

① 200～290nm 范围称为 UVC 段，又称杀菌段，透射能力只到皮肤的角质层，且绝大部分被大气层阻留，不会对人体皮肤产生危害，不会引起晒黑作用，但会引起红斑。

② 290～320nm 范围为 UVB 段，又称晒红段，UVB 可穿透臭氧层进入地球表面，透射能力可达表皮层，对皮肤的作用能力最强，能使皮肤表皮细胞内的核酸或蛋白质变性，发生急性皮肤炎症（红斑或灼伤），是人们防止晒伤的主要波段。

③ 320～400nm 范围为 UVA 段（其中 320～340nm 为 UVA Ⅱ波段，340～400nm 为 UVA Ⅰ波段），这一区段紫外线一般不会晒红，但可晒黑，是喜欢晒黑的人们主要利用的波段。UVA 的穿透能力强，可到达真皮，作用缓慢、持久，并具有累积性，日久会引起皮

肤光老化。

研究表明：

① UVB 是导致皮肤晒伤的根源，轻者可使皮肤红肿，产生痛感，严重的则会产生红斑及水泡，并有脱皮现象。红斑反应是迅速的，一般在阳光直晒几个小时内即可出现，在12～24h 内发展到高潮，数天后逐渐消退，皮肤反应的剧烈程度视皮肤对日光的敏感性及其吸收能量的高低而有所不同。

② UVA 引起皮肤红斑的可能性仅为 UVB 的千分之一，从表面上看，一般它不引起皮肤急性炎症。但由于其对玻璃、衣物、水及人体表皮具有很强的穿透能力，其到达人体皮肤的能量高达紫外线总能量的 98%，直接作用深达真皮。虽然 UVA 对人体皮肤的作用较 UVB 缓慢，但其作用具有累积性，且这种累积性可能是不可逆的，它可以引起难以控制的损伤，增加 UVB 对皮肤的损害作用，甚至引起癌变。因此 UVA 对人体的危害已引起人们的广泛关注。

③ 人体除皮肤外，其他组织（如头发、唇部）也会受到紫外线辐射的影响，头发表现为褪色或变黄，毛发脱水失去弹性及发质变硬、变粗、干枯易分叉断裂；嘴唇由黏膜组成，比表皮角质层薄得多，本身不会产生黑色素自我保护，所以极易晒伤。

二、常用防晒剂

理想的防晒剂应具备如下性能：

① 颜色浅，气味小，安全性高，对皮肤无刺激，无毒性，无过敏性和光敏性；

② 在阳光下不分解，本身稳定性好；

③ 防晒效果好，成本较低；

④ 配伍性好，与化妆品中的其他组分不起化学反应；

⑤ 不与生物成分结合。常用的防晒剂主要有以下几类。

1. 物理防晒剂（无机防晒剂）

常用的物理防晒剂有钛白粉、氧化锌等，这类防晒剂主要是通过散射作用减少紫外线与皮肤的接触，从而防止紫外线对皮肤的侵害，一般采用超细钛白粉等。使用时将超细钛白粉用 $C_{12\sim15}$ 烷基苯甲酸酯等油脂先分散。

2. 化学防晒剂（有机防晒剂）

化学防晒剂对紫外线有吸收作用的物质，一般由具有羰基共轭的芳香族有机化合物组成，如水杨酸薄荷酯、苯甲酸薄荷酯、水杨酸苄酯、对氨基苯甲酸乙酯等（见表 11-15）。这些紫外线吸收剂的分子能够吸收紫外线的能量，然后再以热能或无害的可见光效应释放出来，从而保护人体皮肤免受紫外线的伤害，现代防晒化妆品所加防晒剂主要以化学防晒剂为主。

表 11-15　常用防晒剂名称、性能和用途

化学名称(英文名称)	防护波段	性能和用途
双-乙基己氧苯酚甲氧苯基三嗪（bis-ethyloxyphenol methoxy-phenyl triazine）	UVA/UVB	油溶性晶体粉末,需用甲氧基肉桂酸乙基己酯等帮助溶解,用于高 SPF 值和高 PA 值产品,具有良好的光稳定性。目前在中国最高添加量为 10%
丁基甲氧基二苯甲酰基甲烷（butyl methoxydibenzoylmethane）	UVA	油溶性晶体粉末,需用甲氧基肉桂酸乙基己酯等帮助溶解,用于高 PA 值产品,但光稳定性差,配方需添加奥克立林、4-甲基苄亚基樟脑等提高稳定性。目前在中国最高添加量为 5%

续表

化学名称（英文名称）	防护波段	性能和用途
二乙胺羟苯甲酰基苯甲酸己酯（diethylamino hydroxybenzoyl hexyl benzoate）	UVA	油溶性晶体粉末，需用甲氧基肉桂酸乙基己酯等帮助溶解，用于高 SPF 值和高 PA 值产品，具有良好的光稳定性。目前在中国最高添加量为 10%
亚甲基双-苯并三唑基四甲基丁基酚（methylene bis-benzotriazolyl tetramethylbutylphenol）	UVA/UVB	一般预先配制为水分散液，用于高 SPF 值和高 PA 值产品，具有良好的光稳定性。目前在中国最高添加量为 10%
氧化锌（zinc oxide）	UVA/UVB	为粉末状，或预先配制为油分散液或水分散液，一般采用表面处理过的纳米级氧化锌，该原料目前在欧盟还没被认定为防晒剂。目前在中国最高添加量为 20%
4-甲基苄亚基樟脑（4-methylbenzylidene camphor）	UVB/UVAI	油溶性晶体粉末，需用甲氧基肉桂酸乙基己酯等帮助溶解，用于辅助提高 SPF 值和 PA 值产品，具有良好的光稳定性。目前在中国最高添加量为 5%
二苯酮-3（benzophenone-3）	UVB/UVAI	油溶性晶体粉末，需用甲氧基肉桂酸乙基己酯等帮助溶解，用于辅助提高 SPF 值和 PA 值产品，具有良好的光稳定性。但含有该原料的产品包装必须另外注明含有该成分。目前在中国最高添加量为 5%
甲氧基肉桂酸乙基己酯（ethylhexyl methoxycinnamate）	UVB	油溶性液体，性价比高的 UVB 防晒剂，结晶型防晒剂的良好溶剂。经过光照会有小部分降解。目前在中国最高添加量为 10%
水杨酸乙基己酯（ethylhexyl salicylate）	UVB	油溶性液体，用于辅助提高 SPF 值，光稳定性良好，结晶型防晒剂的良好溶剂。目前在中国最高添加量为 5%
乙基己基三嗪酮（ethylhexyl triazone）	UVB/UVB	油溶性晶体粉末，需用甲氧基肉桂酸乙基己酯等帮助溶解，用于辅助提高 SPF 值和 PA 值产品，具有良好的光稳定性。目前在中国最高添加量为 5%
胡莫柳酯（homosalate）	UVB	油溶性液体，用于高 SPF 配方，辅助提高 SPF 值，光稳定性良好。目前在中国最高添加量为 10%
p-甲氧基肉桂酸异戊酯（isoamyl p-methoxycinnamate）	UVB	油溶性液体，用于高 SPF 配方，辅助提高 SPF 值，光稳定性良好，结晶型防晒剂的良好溶剂。原料味较重，使用时注意用量和香精的选择。目前在中国最高添加量为 10%
奥克立林（octocrylene）	UVB	油溶性液体，用于辅助提高 SPF 值，光稳定性良好，结晶型防晒剂的良好溶剂。目前在中国最高添加量为 10%
苯基苯并咪唑磺酸（phenylbenzimidazol sulfonic acid）	UVB	水溶性粉末，须中和，配方 pH 值保持在 7 以上，防止结晶析出，配合油溶性防晒剂使用可显著提高 SPF 值，特别适用于高 SPF 值配方，目前在中国最高添加量为 8%（以酸计）
聚硅氧烷-15（polysilicone-15）	UVB	油溶性液体，用于高 SPF 配方，辅助提高 SPF 值，光稳定性良好，目前在中国最高添加量为 10%
二氧化钛（titanium dioxide）	UVB/UVB	为粉末状，或预先配制为油分散液或水分散液，一般采用表面处理过的金红石型纳米级二氧化钛。目前在中国最高添加量为 25%

3. 动植物提取液

我国许多防晒化妆品采用天然动植物提取液配制而成，具有无刺激性、无毒副作用，防晒效果良好等特点，深受消费者欢迎。可作为防晒剂的动植物很多，如沙棘、芦荟、薏苡仁、胎盘提取液、貂油、山姜、罗勒、草果、椴树花、鼠尾草、款冬花等。这些植物提取物除了能吸收紫外线外，还具有清除自由基的功能，对于晒后皮肤的修复具有良好的作用。

三、防晒化妆品配方设计

（1）产品功效性　具有较高的防晒值和全波段防晒效果。每一种防晒剂均有其局限性，只使用一种化学防晒剂很难达到好的防晒效果，所以很多企业的防晒产品配方往往会含有两种以上的防晒剂。复配的方式多种多样，例如采用有机防晒剂与无机防晒剂复配，降低有机防晒剂用量；再如利用采用 UVB 防晒剂与 UVA 防晒剂复配，达到 UVB、UVA 同时防护的目的；又如两种 UVB 防晒剂复配，利用防晒剂间的协同增效作用，提高防晒效果。某知名企业采用甲氧基肉桂酸乙基己酯、奥克立林、二乙胺羟苯甲酰基苯甲酸己酯三种化学防晒剂按照 7：2：3 的质量比混合，获得了性价比很高的防晒产品。

至于防晒剂的用量要根据产品设计的 SPF 值和 PA 值相匹配。我国规定防晒化妆品的 SPF 值最高只能标注 SPF 50＋。即使实际 SPF 值超过 50 很多，也只能标注 SPF 50＋。另外，化学防晒剂用量越大，刺激性也越大，成本也越高。所以没有必要追求过高的 SPF 值而加大化学防晒剂用量。

（2）产品安全性　根据最新版的《化妆品安全技术规范》，化学防晒剂是化妆品的限用原料，其安全性一直备受争议，如甲氧基肉桂酸乙基己酯在中国允许的最大使用量是 10%。为了获得好的防晒效果，一般采用复配的方式，以避免单一防晒剂的使用量超过法规允许的使用量。另外，加入适当的抗敏剂和皮肤修复剂，降低刺激性。常用的抗敏剂有 a-红没药醇和甘草酸二钾，对紫外线损伤皮肤具有修复功能的常用原料有芦荟、燕麦葡聚糖、燕麦多肽、维生素 E、维生素 C 和中药提取物等。

（3）有一定的抗水性　防晒产品可配成 W/O 和 O/W 体系，W/O 比 O/W 有更好的防水抗汗效果。为了提高配方的防水抗汗效果，一般将防晒产品制成 W/O 体系，如果要制成 O/W 体系，则需要在配方中添加抗水成膜剂。

（4）容易涂抹，肤感清爽　选择硅油包水的剂型肤感清爽，且防水抗汗效果良好。另外，选择铺展性好、渗透性强的油脂有助于防晒剂在皮肤上的均匀分散和防晒能力的提高。

（5）注意防晒剂与化妆品基质成分的相容性　有的防晒剂在油脂中会出现降解现象，如丁基甲氧基二苯甲酰甲烷、N,N-二甲基 PABA 辛酯、对甲氧基水杨酸辛酯等。有的防晒剂不能与防腐剂配伍，如 Parsol 1789 不能与甲醛释放体防腐剂复配。

（6）注意配制工艺问题　如 Parsol 1789 遇铁离子容易变色，配方中需要加入 EDTA 等作为螯合剂，生产中不得接触铁质器具；化学防晒剂不能长时间高温加热，生产中应予以避免。

四、防晒化妆品配方实例

目前市售的防晒化妆品中，按形态主要有防晒乳液（sunscreening lotion）和防晒霜（sunscreening cream）等。

防晒乳液和防晒霜既能保持一定油润性，又不至于过分油腻，使用方便，是比较受欢迎的防晒制品，可制成 O/W 型，也可制成 W/O 型。其配方结构在普通乳液和膏霜的基础上添加防晒剂，达到防晒效果，其制法同一般乳液类化妆品。

表 11-16 所示为防晒乳液配方实例。

表 11-16　防晒乳液配方实例

组分名称	质量分数/%	作用
鲸蜡硬脂基葡糖苷	2.5	乳化
鲨甘醇	0.5	抗敏
羟苯甲酯	0.25	防腐
羟苯丙酯	0.15	防腐
$C_{12\sim15}$醇苯甲酸酯	4	润肤
碳酸二辛酯	6	润肤
甲氧基肉桂酸乙基己酯	7	防晒
二乙胺羟苯甲酰基苯甲酸己酯	2	防晒
维生素 E 乙酸酯	0.4	抗氧化
硅胶	2	肤感调节
二甲基硅油 5cps	4	润肤
去离子水	余量	溶解
EDTA-2Na	0.05	螯合
甘油	4	保湿
丁二醇	4	保湿
鲸蜡醇磷酸酯钾	1.5	乳化
二氧化钛分散液	4	防晒
丙烯酰二甲基牛磺酸铵/山嵛基聚醚-25甲基丙烯酸酯交联共聚物	0.4	增稠
红没药醇	0.3	抗敏
辣蓼提取物	0.1	抗敏
苯氧乙醇	0.4	防腐
香精	0.15	调香

表 11-17 所示为防晒霜配方实例。

表 11-17　防晒霜配方实例

组分名称	质量分数/%	作用
月桂基 PEG-9 聚二甲基硅氧乙基聚二甲基硅氧烷	3.5	乳化
PEG-10 聚二甲基硅氧烷	2	乳化
二硬脂二甲铵锂蒙脱石	1	增稠稳定
羟苯甲酯	0.25	防腐
羟苯丙酯	0.15	防腐
C_{12-15}醇苯甲酸酯	4	润肤
碳酸二辛酯	6	润肤
辛基聚甲基硅氧烷	8	润肤
甲氧基肉桂酸乙基己酯	7	防晒
奥克利林	3	防晒
二乙胺羟苯甲酰基苯甲酸己酯	2	防晒
维生素 E 乙酸酯	0.4	抗氧化
硅胶	2	肤感调节
二甲基硅油 5cps	4	润肤
去离子水	余量	溶解
EDTA-2Na	0.05	螯合
甘油	4	保湿
丁二醇	4	保湿

续表

组分名称	质量分数/%	作用
二氧化钛分散液	4	防晒
氯化钠	1	稳定
红没药醇	0.3	抗敏
辣蓼提取物	0.1	抗敏
苯氧乙醇	0.4	防腐
香精	0.15	调香

五、防晒效果的评价

防晒化妆品的防晒效果用 SPF 值（sun protection factor）和 PA 值（protection of UVA）来评价。

1. SPF 值

SPF 值是指在涂有防晒剂防护的皮肤上产生最小红斑所需能量与未加防护的皮肤上产生相同程度红斑所需能量之比。在美国，FDA 对防晒产品的 SPF 值测定有较为明确的规定。它以人体为测试对象，采用疝弧日光模拟器模拟太阳光或用日光对 20 名以上的被测试者的背部进行照射。先不涂防晒产品，以确定其固有的最小红斑量（MED），然后在测试部位涂上一定量的防晒产品，再进行紫外线照射，得已防护部位的 MED，对每个受试者的每个测试部位，由式（11-1）计算各个 SPF 值，然后取平均值作为样品的 SPF 值。

$$SPF = \frac{使用防晒品防护的\ MED}{未用防晒品防护的\ MED} \tag{11-1}$$

式中，MED 为最小红斑量（minimal erythema dose）的缩写，是指引起皮肤红斑，其范围达到照射点边缘所需要的紫外线照射最低剂量（J/m^2）或最短时间（s）。

根据食品药品监管总局制定的《防晒化妆品防晒效果标识管理要求》规定：我国防晒指数（SPF）的标识应当以产品实际测定的 SPF 值为依据。当产品的实测 SPF 值小于 2 时，不得标识防晒效果；当产品的实测 SPF 值小于 2~50（包括 2 和 50，下同）时，应当标识该实测 SPF 值；当产品的实测 SPF 值大于 50 时，应当标识为 SPF50＋。

2. PA 值

因 UVA 能量较低，以往未受到人们的重视。近几年来，UVA 对人体皮肤的伤害十分引人注意，国外已开始研究有关 UVA 防护能力的评价方法。PA 值就是评价防晒产品对 UVA 紫外线防护能力的指标。

UVA 防护指数 PFA 值是指引起被防晒化妆品防护的皮肤产生黑化所需的最小持续性黑化量（MPPD）与未被防护的皮肤产生黑化所需的 MPPD 之比。对每个受试者的每个测试部位，由式（11-2）计算各个 SPF 值，然后取平均值作为样品的 SPF 值。

$$PFA = \frac{使用防晒品防护的\ MPPD}{未用防晒品防护的\ MPPD} \tag{11-2}$$

式中，MPPD 为辐照后 2~4h 在整个照射部位皮肤上产生轻微黑化所需要的最小紫外线辐照剂量或最短辐照时间。

PFA 值只取整数部分，按下列方式表达 PA 值。

PFA 值小于 2　　　　　无 UVA 防护效果

PFA 值 2~3　　　　　PA＋

PFA 值 4~7　　　　　PA＋＋

PFA 值 8～16 　　　　PA＋＋＋
PFA 值大于 16 　　　　PA＋＋＋＋

第 6 节　祛斑类化妆品

一、色斑及其形成

祛斑类化妆品是用于减轻面部皮肤表皮色素沉着的化妆品。面部色素沉着症主要是雀斑、黄褐斑和瑞尔氏黑皮症，是色素障碍性皮肤病。研究认为，色素沉着与人体的内分泌腺中枢——脑下垂体有密切联系。脑下垂体有两种黑色素细胞刺激分泌激素（MSH），即 α-MSH 和 β-MSH。MSH 能使黑色素细胞内酪氨酸活性增强，使酪氨酸的铜化物变成亚铜化物，加速表皮细胞吞噬黑色素颗粒，并在紫外线照射下促使黑色素颗粒从还原状态变成氧化状态，导致皮肤色素沉着。具体的黑色素形成机制如图 11-3 所示。

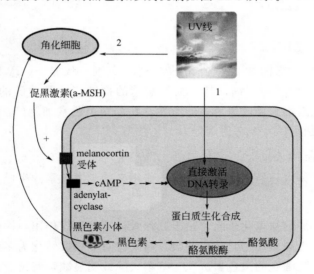

图 11-3　皮肤黑色素形成机制

黑色素（melanin）的形成经历了如下化学反应：

酪氨酸　　　　　　多巴　　　　　　多巴醌

5,6-二羟基吲哚　　　吲哚-5,6-醌　　　黑色素

要形成黑色素，需要有酪氨酸、酪氨酸酶、氧及黑色素体。黑色素体内的酪氨酸酶活性越大，含量越多，越易形成黑色素。因此通过抑制黑色素细胞活性，抑制酪氨酸酶的活性，

清除活性氧，减少紫外线照射，防止氧化反应发生等途径，可有效地减少黑色素的形成。另外，对已形成的黑色素通过漂白等方法可淡化色斑。

对于色斑的防治，目前国内外尚无特效疗法，当体内患有疾病时，要直接去除病因，并相应地服用维生素 C、维生素 B 等抑制黑色素形成的药物。从化妆品的角度主要从以下途径达到美白的目的，如表 11-18 所示。

表 11-18　美白祛斑途径及相应活性物质

主要途径	活性物质
阻止紫外线的照射	防晒剂
清除氧自由基	维生素 E 及其衍生物、维生素 C 及其衍生物、SOD、甘草黄酮、阿魏酸酯
抑制酪氨酸酶	维生素 C 及其衍生物、甘草黄酮、曲酸衍生物、熊果苷、苯乙基间苯二酚（SymWhite 377）等
对黑色素细胞特异的毒性	氢醌（属于化妆品禁用成分）
对黑色素细胞外信息调控	内皮素拮抗剂
促进生成的黑色素排出体外	烟酰胺、胎盘素提取液、果酸、维生素 C 及其衍生物

二、常用祛斑有效成分

377 使用配方
工艺技巧

1. 苯乙基间苯二酚

苯乙基间苯二酚是德国德之馨公司的专利美白剂，代号 SymWhite 377，具有优异的酪氨酸酶抑制剂，其对酪氨酸酶的抑制能力是曲酸的 22 倍；能有效抑制黑色素细胞合成黑色素的活性，其抑制黑色素细胞的能力是曲酸的 210 倍，是熊果苷的 32 倍。扫码学习 377 使用配方工艺技巧。

2. 超氧化物歧化酶（SOD）

通过阻抑和消除体内超氧阴离子自由基的作用来减少黑色素的生成。

3. 曲酸

最近采用曲酸制成的祛斑化妆品，由于其疗效显著，无副作用，深受消费者欢迎。曲酸的作用机制与其他祛斑剂不同，它经皮肤吸收后直接对酪氨酸转化为多巴的过程具有较强的抑制作用，因此能消除细胞的黑色素沉积，基本去除或明显减轻雀斑、黄褐斑及继发性色素沉着等。曲酸在祛斑霜中的用量一般为 1.5%～2.5%。试验证明曲酸与维生素 C 及其衍生物具有很好的协同增效作用，两者配合使用，祛斑效果更理想。另外，曲酸与其他制剂（如SOD、胎盘提取物、氨基酸、防晒剂和各种植物提取物等）共同使用也有一定的增效作用。

4. 熊果苷

能抑制酪氨酸酶活性，同时对黑色素细胞也具有细胞毒性作用，从而抑制黑色素生成，对黄褐斑、雀斑和晒斑有疗效，在化妆品中主要用作皮肤增白剂。

5. 维生素

含维生素 C 的化妆品，对抑制黑色素也很有效，可以降低酪氨酸酶的活性，从根本上减少黑色素的生成，从而起到减退色素沉着症的作用。但维生素 C 本身易氧化，不稳定，又不易被皮肤吸收，无法用于化妆品中，所以一般用其衍生物，如维生素 C 磷酸酯镁盐、维生素 C 棕榈酸酯和维生素 C 乙基醚（Only VCE），这些衍生物的稳定性和吸收效果大大优于维生素 C。

烟酰胺，即维生素 B_3、维生素 PP。烟酰胺是美容皮肤科学领域公认的皮肤抗老化成分，其在皮肤抗老化方面最重要的功效是减轻和预防皮肤在早期衰老过程中产生的肤色黯淡发黄、菜色。美白祛斑的机理是能促进已经生成的黑色素快速排出体外。

6. 阿魏酸异辛酯

昂立达公司生产的阿魏酸异辛酯是一种集抗氧化、抑制酪氨酸酶和吸收紫外线三种功效于一身的高效美白剂。抗氧化活性高，约为维生素 E 的 4 倍；具有非常好的防晒效果，能有效隔离 $280\sim360nm$ 波段的紫外线辐射；能强效抑制酪氨酸酶、DHICA 酶等的活性，具有强效美白效果。

7. 中草药提取物

目前国内的祛斑类产品中，很多是以中草药制成的，如白及、白术、白茯苓、当归以及配合使用维生素 C、维生素 E 及 SOD 等，对祛除色素沉着有一定作用。近年来的研究表明，甘草、当归、川芎、沙渗、柴胡、防风等的抗酪氨酸酶的作用最强，效果显著。也就是说，这些中药可以抑制和减少黑色素的形成，对于祛除色素沉着症是有科学依据的。

8. α-羟基酸及其衍生物

α-羟基酸（α-hydoxy acids，AHAs）又称为水果酸，是由水果提取出来的有机酸的统称。AHAs 在"换肤术"中用作皮肤角质层的剥离剂，当新生角质层形成时，AHAs 起着降低表皮角质细胞的黏着作用，使之容易成片脱落，改变表皮外观，增强了角质层的柔韧性，达到"换肤"美白作用。

9. 光甘草定

光甘草定是从光果甘草中分离得到的黄酮类化合物，能深入皮肤内部并保持高活性，美白并高效抗氧化。能有效抑制黑色素生成过程中多种酶的活性，特别是抑制酪胺酸酶活性。同时还具有防止皮肤粗糙和抗炎、抗菌的功效。光甘草定是一种疗效好、功能全面的美白成分，其缺点是价格太高，容易变色。

10. 内皮素拮抗剂

20 世纪 90 年代中期皮肤生理学家发现人体皮肤被紫外线（UVB）照射后，角朊细胞释放出内皮素，该内皮素的信息被黑色素细胞膜上的受体接受后，刺激了黑色素细胞的分化、增殖并激活酪氨酸酶的活性，从而黑色素急剧增加。内皮素拮抗剂能调控内皮素的信息网络作用，抑制黑色素的增长。如 OLI-2168 内皮素拮抗剂就是一种天然的美白剂。

11. 其他

除上述外，二苯甲酮、水杨酸苯酯、二氧化钛等也有美白效果，其作用是避免紫外线的照射，降低氧化的程度，从而减少黑色素的生成，但不是抗氧化剂，所以不能从生理上抑制黑色素的产生。

三、配方设计与配方实例

由于引起色素沉着症的原因很多，所以消除色斑的方法也不尽相同。有的药物对某些人有效，而对另一些人则不起作用，还有待进一步研究和开发。

1. 配方设计

（1）有效性 美白化妆品的效果是消费者的关注点，也是配方设计的一个难点。提高美白活性成分的用量，固然可以提升效果，但成本会上升，而且会刺激皮肤。目前，大多采用多种美白活性成分复配的方式，例如将阻止黑色素生产的物质（如苯乙醇间苯二酚、熊果苷、曲酸二棕榈酸酯等）与促进黑色素排出的物质（维生素 C 磷酸酯镁、烟酰胺等）复配，达到比较全面的祛斑美白效果。

（2）安全性　祛斑美白化妆品的安全性也是国家有关监管部门和消费者的关注点，因为祛斑化妆品的违规添加比较严重。所以，选择祛斑美白剂时要注意原料的安全性，不得添加违禁品。

（3）稳定性　祛斑美白化妆品最大的稳定性问题是变色，这主要是美白活性成分易氧化造成的。所以配方设计时要注意避免产品变色，生产时不宜高温长时间加热。另外，也要注意美白活性成分与乳化剂、增稠剂、防腐剂和油脂的配伍性。

2. 配方实例

祛斑类化妆品可制成水剂、膏霜和乳液状等形式，其中尤以膏霜和乳液类产品最为流行，不仅具有增白，防止黑色素生成和在皮肤上沉着的作用，而且具有护肤、养颜作用。其配方结构是在膏霜的基础上加入祛斑类药物而成，但必须注意所用乳化剂与祛斑类药物之间的配伍性。

祛斑化妆品配方实例见表 11-19。

表 11-19　祛斑化妆品配方实例

组分名称	质量分数/%			作用
	膏霜型	水剂型	乳液型	
十六-十八醇	2		1.2	增稠
单甘酯	2		1	增稠
鲸蜡硬脂基葡糖苷	2.5		2	乳化
碳酸二辛酯	6		6	润肤
白池花籽油	2		1	润肤
异构十六烷	2		2	润肤
熊果苷	3			美白
苯乙基间苯二酚	0.5		0.3	美白
曲酸二棕榈酸酯		0.5	1	美白
乳酸	0.5	1	0.5	美白
维生素 C 磷酸酯镁			1	美白
胎盘提取液	2	2	2	美白
甘草黄酮	2			美白
1,2-丙二醇	5	4	5	保湿
乙醇(95%)		25		溶解
柠檬酸钠		0.3		pH 调节
EDTA-2Na		0.01		螯合
柠檬酸		0.1		pH 调节
防腐剂	适量	适量	适量	防腐
香精				赋香
去离子水	余量	余量	余量	溶解

第 7 节 除臭化妆品

除臭化妆品是指有助于消除腋臭的化妆品。一般人的体臭可用香水、花露水等来消除，但汗臭症严重时，会发出一股油脂般的酸臭味，用一般的香水和花露水难以消除。抑汗祛臭化妆品就是为达到祛除或减轻体臭的要求而设计配制的。

一、体臭的成因

人的全身布满了汗腺，不时分泌汗液，以保持皮肤表面的湿润并排泄废弃物。有些人的腋窝下，腋下腺异常，常排出大量的黄色汗液，发出一种刺鼻难闻的臭味，俗称狐臭。

狐臭是由于腋窝中大汗腺的分泌所致，分泌物呈半液体状，与牛乳相仿。它与皮脂腺所分泌的脂肪酸、蛋白质等物以及皮肤表皮的死亡细胞、污垢一起经细菌作用，发生酸败而产生一种狐臭的臊气。

二、除臭的方法和祛臭活性物

为了消除或减轻汗臭，应从以下几方面着手。

1. 抑制汗液分泌

抑汗活性物能使皮肤表面的蛋白质凝结，使汗腺膨胀，阻塞汗液的流通，从而产生抑制或减少汗液分泌量的作用。其主要成分是收敛剂。

收敛剂的品种很多，大致可分为两类：一类是金属盐类，如苯酚磺酸锌、硫酸锌、硫酸铝、氯化锌、氯化铝、碱式氯化铝、明矾、氯化羟锆铝、甘氨酸铝锆等；另一类是有机酸类，如单宁酸、柠檬酸、乳酸、酒石酸、琥珀酸等。

2. 利用化学反应除臭

利用化学物质与引起臭味的物质反应达到除臭目的，常用的除臭物质有碳酸氢钠和钾、甘氨酸锌、$Zn(OH)_2$、ZnO 等。

3. 采用臭味吸附剂除臭

利用臭味吸附剂防止或消除所产生的臭味，常用的吸附剂有阳离子和阴离子交换树脂、硫酸铝钾、2-萘酚酸二丁酰胺、异壬酰基-2-甲基-γ-氨基丁酸酐、聚羧酸锌和镁盐、分子筛等。

4. 采用杀菌剂除臭

利用杀菌剂抑制细菌繁殖，达到爽身除臭的功能。祛臭化妆品的主要成分是杀菌祛臭剂，常用的有二硫化四甲基秋兰姆、六氯二羟基二苯甲烷、3-三氟甲基-4,4'-二氯-N-碳酰苯胺，以及具有杀菌功效的阳离子表面活性剂如十二烷基二甲基苄基氯化铵、十六烷基三甲基溴化铵、十二烷基三甲基溴化铵等。也可使用氧化锌、硼酸、叶绿素化合物以及留香持久且具有杀菌消毒功效的香精等。

5. 香精掩盖除臭

利用香精掩盖体臭，达到改善气味的目的。

三、除臭化妆品和配方实例

除臭化妆品有液状、膏霜状和气雾型等类型，但尤以除臭液效果显著，市场上也比较畅销。气雾型除臭剂配方在第 8 章已经介绍，在此主要介绍除臭液和除臭霜配方实例。

1. 除臭液配方实例

除臭液俗称香体露，可用十六烷基三甲基季铵盐、十二烷基二甲基苄基季铵盐等季铵类化合物作除臭剂，这类化合物能杀菌除臭、无毒性及刺激性，且易吸附于皮肤上，作用持久，用量一般为 0.5%～2.0%。也可采用水溶性叶绿素衍生物作为除臭剂或与季铵盐并用。以六氯二羟基二苯甲烷等氯代苯酚衍生物配制除臭液时应先用丙二醇或乙醇溶解后再用水稀释，但应注意不与铁、铝容器接触，以免发生变色，用量一般为 0.25%～0.5%。

除臭液配方实例见表 11-20。

表 11-20　除臭液配方实例

组分名称	质量分数/%	作用	组分名称	质量分数/%	作用
十六烷基三甲基溴化铵	2	杀菌	CMC	0.1	增稠
苯酚磺酸锌	5	收敛	香精	0.7	赋香
1,2-丙二醇	8	保湿	去离子水	余量	溶解
乙醇(95%)	60	溶解			

2. 除臭霜配方实例

除臭霜可制成 O/W 型，也可制成 W/O 型，以氯代苯酚衍生物作为除臭剂，当与苯酚磺酸盐、氯化锌等配合则可制成粉质膏霜，但所用乳化剂必须与所用除臭剂相和谐。如采用氯代苯酚类除臭剂，则不能使用影响杀菌性能的非离子表面活性剂作乳化剂，而选用硬脂酸钾可收到良好的乳化效果，又不影响其活性。若使用氧化锌作除臭剂，则可选用非离子表面活性剂作乳化剂。

除臭霜配方实例见表 11-21。

表 11-21　除臭霜配方实例

组分名称	质量分数/%		作用
	配方 1	配方 2	
硬脂酸	8		硬脂酸与氢氧化钾反应
氢氧化钾	1		硬脂酸钾乳化
十六-十八醇	3	2	润肤、赋形
矿物油		20	润肤
凡士林		8.5	润肤
纯地蜡		6	润肤
羊毛脂		4.5	润肤
单甘酯	3		润肤、助乳化
IPM	2.5		润肤
失水山梨醇倍半油酸酯		4	乳化
六氯二羟基二苯甲烷	0.5		杀菌
硫酸镁		0.15	乳化稳定

续表

组分名称	质量分数/%		作用
	配方 1	配方 2	
氧化锌		15	除臭
苯酚磺酸铝		10	除臭
甘油	5		保湿
香精	适量	适量	赋香
去离子水	余量	余量	稀释

配方 1 制作方法：将六氯二羟基二苯酚甲烷与油性成分混合，加热熔化，保持在 75℃；将氢氧化钾、水和甘油混合，加热至与油相相同温度；在搅拌下将水相加入油相，继续搅拌，待温度降至 45℃时加入香精，在室温下静置过夜，在包装前再搅拌数分钟。

配方 2 制作方法：将油相成分混合加热至 80℃，将硫酸镁溶于水中加热至 80℃，搅拌下将水相加入油相，继续搅拌待温度降至 50℃时缓缓加入氧化锌，并缓慢冷至 40℃，在搅拌下缓缓加入苯酚磺酸铝和香精，搅匀冷却至室温即可。

第 8 节　健美化妆品

健美化妆品是有助于使体形健美的化妆品，又称为减肥产品（slimming products）。近年来国外这类产品有较大的发展，对其作用机理的研究也不断深入，将这类产品称为抗脂肪团产品。

一、脂肪团的形成

来自人体未利用的营养物的贮存，会引起过量脂肪在人体内的积聚。当哺乳动物的代谢超过热量的摄取时，体内的碳水化合物、脂质或蛋白质在代谢过程中变为甘油三酯，贮存在脂肪细胞的空泡内。过量脂肪的积存也可能是由胞内酶和激素分泌功能的异常引起的，激素能减少脂解酶的水平或加速有利于脂肪积聚的酶的生物合成。

脂肪细胞位于上皮层与肌肉之间联结组织的纤维网格内。这一高度血管化的中间层称为脂肪层或皮下组织，它也含有弹性纤维、蛋白葡聚糖和胶原等。

至今，局部脂质不良的可能病因还未完全了解清楚。目前，有两种主要的观点：脂肪细胞代谢调节失调和微循环血流分配不均。前者与体内激素有关，一些激素，如肾上腺素、去甲肾上腺素、高血糖素和促肾上腺皮质激素（ACTH）等通过膜的受体对腺嘌呤环化酶活化作用迅速刺激脂解作用，如果这些激素失调则会引起脂肪积聚。后者与血液循环有关，慢的循环促进脂肪生长，快的循环促进脂解，加速血液循环有助于减肥。

二、减肥常用活性物质

1. 黄嘌呤类生物碱

甲基黄嘌呤、咖啡因、氨茶碱、可可碱、茶碱、茶碱乙酸和海藻酸等黄嘌呤类生物碱能抑制磷酸双酯化酶，因而提供 β-肾上腺素的刺激作用，分解脂肪。这类黄嘌呤类生物碱使甘油三酯代谢，有助于局部地使过剩的脂质转移变成FFAs，然后由淋巴系统消除。

2. 硅烷醇及其复合物

硅烷醇可改善静脉和淋巴微细管的通透性，使之更容易除去排出物。在正常使用的含量下，硅烷醇甘露糖醛酸的活性比其他一般脂解化合物（如茶碱）大7倍。该化合物亦表现出突出的抗自由基（特别是O_2^-和丙醛）、抗炎和抗水肿活性。它可减少弹性纤维的破坏和胶原的降解。由于硅烷醇甘露糖醛酸对细胞膜糖蛋白葡糖有强的亲和作用，因而它可以反复地重组蛋白葡聚糖和糖蛋白，有助于产生联结组织。

甲基硅烷三醇也能阻止不饱和甘油三酯的积聚，增加甲基黄嘌呤的活性。尽管甲基硅烷三醇不能抑制磷酸双酯酶，但其存在有利于甘油三酯的脂解，刺激腺嘌呤环化酶。

3. 辅酶A和L-肉碱

临床试验结果证明，将β-肾上腺素刺激剂、α_2-肾上腺素抑制剂与磷酸双酯酶抑制剂（如咖啡因）结合，对加速体内局部脂肪沉积的减少是更有效的。三种成分中可能是磷酸双酯酶最有效，其次为β-肾上腺素刺激剂，再次为α_2-肾上腺素抑制剂。从微循环讨论中可知，静脉和淋巴微循环作用和联结组织的降解对过度脂肪沉积起着重大的作用，如果找到一些微循环的调节剂，便可增强和增加β-肾上腺素刺激剂、α_2-肾上腺素抑制剂的作用。

生化介质辅酶A和L-肉碱可使FFAs进入线粒体的氧化作用位置，供给线粒体呼吸链的燃料，不断将FFAs消耗，因而不断增加甘油三酯的分解。在此，生化介质辅酶A和L-肉碱就相当于一种催化剂的作用。

4. 中草药提取物

一些草药，如大黄、大麦、常春藤、假叶树、蘑菇、地下车轴草、蓟类、柠檬和海藻提取物等都含有一些对静脉血管有营养作用的组分。这些草药的使用可改善皮肤末梢的微循环，使不易透滤的排泄物排出，组织变化，并能提供收敛、营养和局部加固的作用。

三、配方实例

减肥凝胶配方实例见表11-22。

表 11-22　减肥凝胶配方实例

组分名称	质量分数/%	作用
茶碱	1	促进脂肪分解
茶叶提取物	4	促进脂肪分解
常春藤提取物	2	改善微循环
大黄提取物	1	改善微循环
Carbomer 940	1	与氨甲基丙醇反应,增稠
乙醇(95%)	30	溶解
氨甲基丙醇	0.4	与Carbomer 940反应,增稠
甘油	3	保湿
香精、防腐剂	适量	赋香、防腐
去离子水	余量	稀释

减肥膏霜配方实例见表11-23。

表 11-23　减肥膏霜配方实例

组分名称	质量分数/%	作用
十六-十八醇	2	润肤、赋形、助乳化
单甘酯	2	润肤、赋形、助乳化
白油	18	润肤
DC-200	5	润肤
IPP	4	润肤
薄荷脑	0.2	清凉、刺激皮肤
L-肉毒碱	0.1	抗脂肪团活性物
辣椒油	0.5	促进血液循环
Brij72 乳化剂	1.5	乳化
Brij721 乳化剂	2	乳化
防腐剂	适量	防腐
香精	适量	赋香
去离子水	余量	稀释

第 9 节　美乳化妆品

美乳化妆品是指有助于乳房健美的化妆品。对于绝大多数女性来说，拥有丰满迷人的身段是她们不懈的追求。然而，由于遗传和后天发育不良等诸多因素，造成不少女性对自己的形体难以达到满意。因此，丰胸保健用品在市场上越来越流行。

一、丰胸活性成分

目前，用于丰胸的活性物质主要有如下物质。

1. 乳酸钠硅烷醇

乳酸钠硅烷醇通过刺激乳房皮肤下层纤维细胞和改善表层皮肤的水分，增加皮肤组织的再生能力，重新建立它的生理平衡，达到丰胸目的。

2. 透明质脂硅烷醇

透明质脂硅烷醇结合了透明质酸的保湿特性与硅烷醇的通性，是用于合成和构造皮肤结缔组织（胶原蛋白、弹性蛋白）的一个元素，为皮肤的构造成分之一，也是使皮肤弹性得以保留的一个重要因素，它能帮助保存皮肤中的黏多糖的完整性，并具有维护弹性纤维的作用。通过对乳房发育提供营养达到丰胸的目的。

3. 水杨酸酯硅烷醇

水杨酸酯硅烷醇具有抗炎症、抗浮肿、重组细胞膜和抵抗细胞膜中自由基产生的脂肪过氧化的毒素的作用，从而使乳房更坚挺。

4. 肝素钠

肝素钠是由猪或牛的肠黏膜中提取的硫酸氨基葡聚糖的钠盐，属黏多糖类物质。该物质具有促进血液循环的作用，是抗凝血药的活性成分。

5. 营养成分

营养成分能及时为乳房发育提供所需养分，增加脂肪量。营养成分包括水解蛋清、各种氨基酸、维生素及一些营养性油脂、植物提取物（如花粉、啤酒花精、人参、甘草精、丹参、红花、元胡、赤芍、郁金、印度没药树脂提取物等）、生化制剂（如胶原蛋白、果酸、DNA、海藻多糖等）也应用于美乳产品中。啤酒花精和甘草精具有荷尔蒙的功能，能增强乳房的弹性。印度没药树脂提取物丰胸的机理主要有两个方面：能刺激甘油醛-3-磷酸脱氢酶活性，从而增加甘油三酯在脂肪细胞的存贮；能抑制环磷酸腺苷的生成，从而抑制脂肪的分解。

二、配方实例

将以上活性物质加入膏霜、乳液和其他护肤产品配方中即可制得丰胸化妆品。目前，我国市场上的美乳产品以膏霜为主要剂型。表 11-24 所示为一种美乳按摩霜的配方实例。

表 11-24　美乳按摩霜配方实例

组分名称	质量分数/%	作用
十六-十八醇	1.5	润肤、赋形、助乳化
单甘酯	1.5	润肤、赋形、助乳化
白油	18	润肤
GTCC	5	润肤
IPP	6	润肤
乳酸钠硅烷醇	1	丰胸活性物
印度没药树脂提取物	1	丰胸活性物
红花提取物	2	营养
Brij72 乳化剂	1.5	乳化
Brij721 乳化剂	2	乳化
防腐剂	适量	防腐
香精	适量	赋香
去离子水	余量	稀释

第 10 节　防粉刺化妆品

防粉刺化妆品俗称祛痘化妆品，目前虽然没有列入特殊化妆品行列，但作为功效性化妆品，也在此一并介绍。

一、粉刺形成和治疗

1. 粉刺的形成

粉刺俗称痘痘，又称为痤疮（acne），是一种毛囊皮脂腺的慢性炎症。由于青春期雄性激素的分泌量增多，导致皮脂分泌量增多，同时使毛囊、皮脂腺导管角质化过度，角质层脱落的扁平的死细胞落下毛囊漏斗部，与皮脂结合，产生混合物，如果这些皮脂混合物不能自由地排出至皮肤表面，而淤积于毛囊内便形成脂栓，再经继发性感染引起慢性化脓性毛囊炎。长期以来，虽然已逐步掌握了粉刺的生成原因，对粉刺的治疗方法也进行过多方面的研究，但到目前还没有一种完美速效的治疗方法。

2. 粉刺的治疗方法

粉刺的治疗主要包括：减少皮脂排出，减轻毛囊潴留性角质化过度，减少痤疮丙酸菌数量等。非药物处理方面，主要是油性皮肤的处理，应尽量避免使用封闭性化妆品和油脂，每天对患处清洁处理 2～3 次，以使表面油脂减少，也可在医生的指导下进行局部化疗或冷疗及将粉刺挤出。粉刺的药物治疗是根据毛囊化程度、封闭度和发炎情况决定的，以非处方制剂如硫、间苯二酚、水杨酸、过氧化苯甲酰、乳酸和乳酸乙酯等单独或复配应用，如果未能奏效，可采用作用更强的药物如维生素 A 酸、局部抗生素和过氧化苯甲酰联合治疗。过氧化苯甲酰的抗菌作用强，而角质溶解作用则甚小，单用时虽可能足以减少痤疮丙酸菌增生，但局部和系统性应用抗生素也是必要的，而且两者对皮脂的生成无多大影响，所以配合维生素 A 酸使用效果更好。

防粉刺化妆品对生有粉刺的人是一种较为理想的化妆品，它是根据青少年发育的生理特点及粉刺形成的病理原因而配制的。主要有霜剂和水剂两类：霜剂其配方结构是在膏霜的基础上添加治疗粉刺的药物而制成的产品，即粉刺霜；水剂则以水为基质，添加乙醇、甘油、树脂和治疗粉刺的药物等配制而成，因不含油分，对油性皮肤较为适宜。

二、常用有效成分

1. 传统原料

以前的防粉刺类制品多用硫黄、间苯二酚等杀菌剂，其主要作用是杀菌、防止继发感染，两者一般配合使用，对于寻常痤疮、脂溢性皮炎、浅表霉菌感染有效，但不能使脂肪及黑头粉刺松弛。

2. 维生素 A 酸

近年来用维生素 A 酸制成的粉刺类制品，对于治疗粉刺有了较大进展。它可抑制毛囊角化，减小毛囊细胞的黏性，增强细胞活力，加速表皮细胞分裂和更新，阻止粉刺的生成，并促使已有微观粉刺排出，有特殊的治愈粉刺的效果。高浓度（0.2% 以上）的维生素 A 酸敷用时常使皮肤血管猛烈扩张，出现红斑，产生强烈的刺激作用，并呈银屑病样皮炎反应；低浓度时则因表层肥厚而没有角化改变，对治疗粉刺有较好的效果。

3. 中草药提取液

许多中草药有消炎、止痛、排脓等作用，对治疗粉刺有良好效果，且无副作用。如薏苡仁提取物、甘草提取物等制成的粉刺霜具有消炎、排脓、止痛作用，对于医治面部粉刺，改善皮肤粗糙有着良好的效果。另外，沙棘果、芦荟、洋甘菊、茶树等很多中草药具有良好的杀菌功效，能用于祛痘化妆品中。

4. 壬二酰二甘氨酸钾

昂立达公司生产的壬二酰二甘氨酸钾（代号 K-ADG）是壬二酸衍生物，能强效抑制人体皮脂合成的关键酶 $5-\alpha$-还原酶，从而抑制雄性激素转化成 5-雄性激素醛，从而抑制皮脂腺中游离脂肪酸的分泌，调节皮脂正常分泌，具有强效控制油脂分泌和治疗粉刺的功效。另外，K-ADG 还具有较强抑制酪氨酸酶活性的能力，具有美白祛斑的功能；而且能提高皮肤保湿能力，改善皮肤弹性。K-ADG 是一种具有多种功效的祛痘活性成分。

5. α-羟基酸

据介绍，AHAs（α-羟基酸）是从苹果、柠檬和甘蔗等水果中提取的，又称水果酸，其中主要含有乳酸、羟基乙酸和柠檬酸等。具有加快表皮死细胞脱落、促进表皮细胞更新、改善皮肤屏障功能、可渗透皮肤毛孔并起到清洁皮肤毛孔等作用，因此对粉刺可起到明显的治疗作用。

6. 水杨酸

水杨酸是角质溶解剂，略具抗菌性，用量为 0.5%～2% 时对治疗粉刺安全有效。

7. 辛酰-胶原酸

辛酰-胶原酸（capryloyl-collagenic acid）是含有 8 个碳原子的脂质氨基酸，具有抗痤疮丙酸菌的作用，是一种新型粉刺治疗剂。

8. 过氧化苯甲酰

过氧化苯甲酰对痤疮丙酸菌有抑制作用，可使毛囊内刺激性游离脂肪酸生成减少，同时还具有轻微角质溶解作用，可单独使用，也可与其他药物（如维生素 A 酸、局部抗生素）联合应用，对治疗寻常粉刺有效。

9. 其他

抗生素，如氯霉素、红霉素等是非常有效的祛痘原料，但抗生素在化妆品中是禁止使用的。另外，甲硝唑也是一种比较有效的祛痘原料，但是甲硝唑在化妆品中也是禁止使用的。

三、配方

防粉刺化妆品是根据青少年发育的生理特点及粉刺形成的病理原因而配制的。主要有霜剂和水剂两类：霜剂其配方结构是在雪花膏的基础上添加治疗粉刺的药物而制成的产品，即粉刺霜；水剂则以水为基质，添加乙醇、甘油、树脂和治疗粉刺的药物等配制而成，因不含油分，对油性皮肤较为适宜。表 11-25 所示为一种粉刺霜的配方实例，表 11-26 所示为一种粉刺露的配方实例。

表 11-25 粉刺霜的配方实例

组分名称	质量分数/%	作用
硬脂酸	5	硬脂酸与氢氧化钾反应生成硬
氢氧化钾	0.7	脂酸钾,乳化
十六-十八醇	2	润肤,助乳化
单甘酯	1	润肤,助乳化
白油	10	润肤
甘油	5	保湿
茶树油	5	祛痘活性物
K-ADG	0.1	祛痘活性物
春黄菊提取液	3	祛痘活性物
防腐剂	适量	防腐
香精	适量	赋香
去离子水	余量	稀释

表 11-26　粉刺露的配方实例

组分名称	质量分数/%	作用
沙棘果提取物	1	祛痘活性物
芦荟粉	0.3	祛痘活性物
洋甘菊提取物	2	祛痘活性物
甘草酸二钾	0.2	祛痘活性物
丙二醇	4	保湿
Carbomer 940	0.3	Carbomer 940 与氨甲基丙醇
氨甲基丙醇	0.15	反应,增稠
香精	适量	赋香
防腐剂	适量	防腐
去离子水	余量	稀释

　　粉刺霜制作方法：水相和油相分别加热到 85℃，然后混合搅拌乳化，降温至 65℃ 时加入维生素 A 酸，使其分散均匀，45℃ 时加入香精和春黄菊提取液，40℃ 时停止搅拌，冷却至室温即可包装。

　　粉刺露制作方法：首先将甘草酸二钾和芦荟粉溶于水中，在搅拌下加入中药提取物和 Carbomer 940，使之均匀分散。将丙二醇加入上述分散液中，最后加入氨甲基丙醇，充分搅拌，此时混合液的黏度增高。

 案例分析 1

　　事件过程：某公司生产的一批白发染成黑发的染发膏（共 500kg），发给客户使用，使用者投诉按说明书使用染膏后只能将头发染成深灰色，但不能染成黑色。

　　原因分析：这个产品已经生产了半年时间，以前没有出现类似的投诉，说明配方不存在问题。查看生产记录单发现，对苯二胺在配方中的含量为 4%，生产 500kg 染膏应该加入对苯二胺 20kg，但生产记录单上显示只有 8kg。由于配料加入对苯二胺过少，导致了染色效果不好，也就是货不对板。

　　事故处理：召回这批产品。

 案例分析 2

　　事件过程：某公司生产的一批烫发液，在出锅前品管部检验发现，该批产品的 pH 值达到 10.3，明显高于公司的内控标准（8.5～9.5）。

　　原因分析：这个产品已经生产了多批，以前没有出现 pH 值超标问题，说明不是配方和生产工艺的问题。那就只能是生产过程中存在的问题，查看生产记录单发现，配料员在加氨水时加入量过多，导致 pH 值过高。

　　事故处理：加入柠檬酸调节 pH 值到 8.5～9.5。

案例分析 3

事件过程：某公司生产的一批含钛白粉的防晒霜，在出锅前品管部检验发现，该批产品膏体中有细小的颗粒。

原因分析：这个产品已经生产了多批，以前没有出现类似问题，说明不是配方和生产工艺的问题。那就只能是原料本身和生产过程中存在的问题。经检查，按照同样原料已经生产了一批产品，没有出现这个问题，说明原料不存在问题。查看生产记录单发现粉相研磨（用三辊研磨机研磨）出现了问题，工艺规定要研磨三次，但由于配料工只研磨了 2 次后就到交接班时间了，交班时忘记通知下一班的生产工再研磨一次，导致了粉相中有一些细小颗粒存在。

事故处理：将这批产品用研磨机研磨，直到分散均匀，不存在细小颗粒。

  案例分析 4

事件过程：某公司生产了几批祛斑霜，在出锅前品管部检验发现，连续几批产品的黏度达不到内控标准要求，均出现偏低的现象。

原因分析：这个产品已经生产了多批，以前没有出现黏度超标问题，说明不是配方和生产工艺的问题。那就只能是原料本身和生产过程中存在的问题。查看生产记录单发现，每批产品从配料到生产结束都是按照原来制订的生产工艺进行，不存在配错料和不按生产工艺操作的问题。检测原料时发现，这几批产品用的卡波 940 与以前生产用的卡波 940 是不同厂家生产的。实验室用新的卡波 940 打小样也发现了黏度偏低的问题，说明这次生产事故的原因是变更原料生产企业导致的。因为不同企业生产的原料的性能是有区别的。

事故处理：补加少量卡波 940，或加入少量膏霜增稠剂，调整到规定的黏度。

实训 1　染发化妆品的制备

一、实训目的

1. 通过实训，进一步学习染发化妆品的制备原理。
2. 掌握染发化妆品操作工艺过程。
3. 学习如何在实训中不断改进配方的方法。
4. 通过实训，提高动手能力和操作水平。

二、实训内容

1. 实训原理

持久性染发化妆品由染料基质和氧化剂基质两剂组成，使用时将两剂混合均匀后涂到头发上染色。

2. 实训配方

(1) 染料基质实训配方　见表 11-27。

表 11-27　染料基质实训配方

组相	组分名称	质量分数/%	作用
A	染料中间体		
	对苯二胺	0.15	染料中间体
	间苯二酚	1.0	染料中间体
	2,4-二氨基苯甲醚	0.01	染料中间体
	邻氨基苯酚	0.2	染料中间体
	对氨基苯酚	0.2	染料中间体
B	基质		
	油酸	20	溶解、分散
	油醇	15	增稠
	Brij72	2.5	乳化
	Brij721	3	乳化
	1,2-丙二醇	12	保湿、匀染
	异丙醇	10	溶解
	EDTA-2Na	0.5	螯合
	亚硫酸钠	0.5	抗氧化
	氨水(28%)	4	碱化
	凯松	0.1	防腐
	香精	0.1	赋香
	去离子水	余量	溶解

(2) 氧化剂基质实训配方　见表 11-28。

表 11-28　氧化剂基质实训配方

组分名称	质量分数/%	作用
8-羟基喹啉硫酸盐	0.1	稳定
过氧化氢(35%)	17	氧化
磷酸氢二钠	适量	调节 pH 值至 3～4
去离子水	余量	溶解

3. 制备步骤

染料基质制作方法：将油酸、油醇、表面活性剂等一起混合均匀；另将 EDTA-2Na、亚硫酸钠溶解于丙二醇、水、氨水混合液中。分别加热至 65～70℃，混合搅拌均匀，冷却至 50℃时加入染料中间体，搅拌至室温时，用适量氨水调节 pH 值至 9～10.5 即为染料基质。

氧化剂基质制作方法：将 8-羟基喹啉硫酸盐加入去离子水中，搅拌至完全溶解，加入过氧化氢，继续搅拌均匀，用磷酸将 pH 值调节至 3.5 左右即可。

三、实训结果

该产品染色效果为棕色，请根据实训情况填写表 11-29。

表 11-29   实训结果评价表

使用效果描述	
使用效果不佳的原因分析	

实训 2   烫发化妆品的制备

一、实训目的

1. 通过实训，进一步学习烫发化妆品的制备原理。
2. 掌握烫发化妆品操作工艺过程。
3. 学习如何在实训中不断改进配方的方法。
4. 通过实训，提高动手能力和操作水平。

二、实训内容

1. 实训原理

烫发化妆品由卷发剂和中和剂两剂组成，使用时先将卷发剂涂到头发上，做出所需要的发型后，喷上中和剂，达到定型效果。

2. 实训配方

（1）卷发剂实训配方   见表 11-30。

表 11-30   卷发剂实训配方

组分名称	质量分数/%	作用
巯基乙酸	6	还原
亚硫酸钠	2	稳定
氨水（28%）	4	碱剂增强还原
甘油	3	调理
OP-10	0.3	表面活性
EDTA-2Na	0.1	螯合
去离子水	余量	溶解

（2）中和剂基质实训配方   见表 11-31。

表 11-31   中和剂实训配方

组分名称	质量分数/%	作用
过氧化氢	6	氧化
锡酸钠	0.01	稳定
柠檬酸	pH=3.5	酸度
去离子水	余量	溶解

3. 制备步骤

卷发剂制作方法：将巯基乙酸溶于水中，加入配方用量的一半的氨水，搅拌均匀，然后加入其他辅料，搅拌使其溶解均匀，然后用另一半氨水调整 pH 值达到需要的值（8.5～9.5之间）。

中和剂制作方法：将锡酸钠加入去离子水中，搅拌至完全溶解，加入过氧化氢，继续搅拌均匀，用柠檬酸将 pH 值调节至 3.5 左右即可。

三、实训结果

请根据实训情况填写表 11-32。

表 11-32　实训结果评价表

使用效果描述	
使用效果不佳的原因分析	

实训 3　防晒霜的制备

一、实训目的

1. 通过实训，进一步学习防晒霜的制备原理。
2. 掌握膏霜操作工艺过程。
3. 学习如何在实训中不断改进配方的方法。
4. 通过实训，提高动手能力和操作水平。

二、实训内容

1. 实训原理

防晒体系由物理防晒剂和化学防晒剂复配组成，配方中含有钛白粉等粉体，需要将粉体研磨。本实验将制成 W/O 型防晒霜。

2. 实训配方

见表 11-33。

3. 制备步骤

① 将白油与钛白粉混合后用三辊研磨机研磨，或用研钵研磨均匀，为 C 组分。
② 将其他油溶性物质混合加热至 85℃，保温 20min，为 A 组分。
③ 将水和水溶性物质混合溶解，加热至 85℃，保温 20min，为 B 组分。

表 11-33　W/O 型防晒霜实训配方

组分名称	质量分数/%	作用
EM-90	3	乳化
羟苯甲酯	0.25	防腐
羟苯丙酯	0.15	防腐
IPP	8	润肤
DC-200	6	润肤
白油	6	润肤
1618 醇	2	润肤、助乳化
单甘酯	1	润肤、助乳化
甲氧基肉桂酸乙基己酯	7	防晒
奥克利林	3	防晒
钛白粉	3	物理防晒
EDTA-2Na	0.05	螯合
甘油	6	保湿
氯化钠	1	稳定
香精	0.15	调香
去离子水	余量	溶解

④ 将 B 组分加入 A 组分中，搅拌 2min，再剧烈搅拌（均质）3min，然后加入 C 组分，搅拌冷却至 50℃ 以下时加入香精，混合搅拌冷却至 38℃ 即可。

⑤ 将产品放在真空箱中脱泡。如果没有真空箱则应在均质完成后在 70℃ 左右保温 15min 左右，使泡沫脱除。

三、实训结果

请根据实训情况填写表 11-34。

表 11-34　实训结果评价表

使用效果描述	
使用效果不佳的原因分析	

思考题

1. 设计一款育发液配方，并说明配方中各种物质在配方中的作用。
2. 持久性染发化妆品与半刺激性化妆品的作用原理有何区别？
3. 设计一款染发化妆品的配方，并说明配方中各种物质在配方中的作用。
4. 烫发化妆品与脱毛化妆品的作用原理有何共同点和不同点？
5. 烫发化妆品与脱毛化妆品的配方组成有何共同点和不同点？

6. 紫外线有哪三个区段？分别有什么危害？

7. 常用的防晒剂有哪些？

8. 设计一款防晒霜配方，并说明配方中各种物质在配方中的作用。

9. 色斑是如何形成的？有哪些祛斑的途径？

10. 常用的祛斑活性物有哪些？

11. 设计一款祛斑霜配方，并说明配方中各种物质在配方中的作用。

12. 常用的丰胸物质有哪些？其作用原理是怎样的？

13. 常用的减肥物质有哪些？其作用原理是怎样的？

14. 常用的祛痘成分有哪些？其作用原理是怎样的？

第 12 章
口腔卫生用品

知识点 牙齿；牙膏；牙粉；含漱水。

技能点 生产牙膏；设计牙膏配方；设计含漱水配方。

重　点 牙膏的组成与常用原料；牙膏的配方设计；牙膏的生产工艺；牙膏生产质量控制；含漱水的配方设计。

难　点 牙膏的配方设计；含漱水的配方设计。

学习目标 掌握牙膏生产工艺过程和工艺参数控制；掌握牙膏常用原料的性能和作用；掌握牙膏和含漱水的配方技术；能正确地确定牙膏生产过程中的工艺技术条件；能根据市场需要自行设计牙膏和含漱水配方并能将配方用于生产。

第 1 节　牙齿与口腔清洁

口腔是消化道的起始部分。前借口裂与外界相通，后经咽峡与咽相续。口腔内有牙、舌、唾腺等器官。口腔的前壁为唇、侧壁为颊、顶为腭、口腔底为黏膜和肌等结构。

一、牙齿的结构

牙齿的结构如图 12-1 所示。

从外部观察，整个牙齿由牙冠、牙根和牙颈三部分组成。平时在口腔里能看到的部分就是牙冠，它是发挥咀嚼功能的主要部分，其形态因功能而各异。牙根固定在牙槽窝内，是牙齿的支持部分，有单根牙和多根牙。牙冠和牙根交界处叫牙颈。如果把牙齿纵向剖开来观察，牙冠从外到里可见牙齿是由牙釉质（俗称珐琅质）、牙本质两层硬组织以及最里面的牙髓软组织构成的。牙釉的硬度很高，可达莫氏硬度 6～7 度，与水晶的硬度相近，它是人体组织中最硬的部分。牙釉的化学组成主要是无机磷酸盐，牙釉含羟基磷灰石达 96%，其余

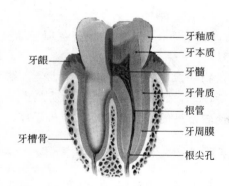

牙龈

牙釉质
牙本质
牙髓
牙骨质
根管
牙周膜
根尖孔

牙槽骨

图 12-1　牙齿的结构

为有机角质类及水分。磷灰石的结晶度很高，晶体质地坚硬，使牙齿能承受长期的咀嚼压力和磨碎食物的作用。牙本质是构成牙齿的主体，其中约含羟基磷灰石 70%，其余为骨胶原和少量有机物。牙髓的神经、血管通过根尖孔与牙槽骨和牙周膜的神经、血管相连接。营养物质通过血液供给牙髓，营养牙齿，所以牙齿和牙周组织密不可分。

牙根的表面是一层很薄的牙骨质，其内侧是牙质，再内部是齿髓，齿髓中分布着血管和神经。若龋齿的牙釉已损坏，牙质接触到酸、冷食物时，齿髓神经就会有痛感。

包绕牙根和牙颈部的是牙周组织，它由牙周膜、牙槽骨和牙龈（俗称牙花肉）三部分组成，其主要功能是支持、固定和营养牙齿。牙龈是围绕齿颈并覆盖在牙槽骨上的那一部分牙组织，其作用是保护牙齿的基础组织，对细菌的感染起到屏障作用。

二、常见口腔疾病和口腔的清洁

常见口腔疾病主要有口腔溃疡、牙周炎、牙髓炎、龋病和牙本质敏感症等。口腔疾病产生的原因有全身和局部的因素：全身因素包括营养缺乏、内分泌和代谢障碍等；局部因素主要是附着在口腔，特别是牙面上的沉积物对牙齿、牙龈和牙周组织的作用。

口腔内存在着各种细菌，能使食物残渣、脱落的上皮细胞等物质腐败、发酵，产生对牙齿和口腔黏膜有害的物质。为此需通过各种方式去除这些有害物质，保持牙齿和口腔的清洁。

常用的口腔卫生用品有牙膏、牙粉、漱口水等。

第 2 节　牙　　膏

中国牙膏工业协会将牙膏定义为：牙膏是和牙刷一起用于清洁牙齿，保护口腔卫生，对人体安全的一种日用必需品。根据牙膏的定义，牙膏应该符合以下各项要求：

① 能够去除牙齿表面的薄膜和菌斑而不损伤牙釉质和牙本质；

② 具有良好的清洁口腔及其周围的作用；

③ 无毒性，对口腔黏膜无刺激；

④ 有舒适的香味和口味，使用后有凉爽清新的感觉；

⑤ 易于使用，挤出时成均匀、光亮、柔软的条状物；

⑥ 易于从口腔中和牙齿、牙刷上清洗；

⑦ 具有良好的化学和物理稳定性，仓贮期内保证各项指标符合标准要求；

⑧ 具有合理的性价比。

牙膏可分为普通牙膏和药物牙膏（或特种牙膏）两大类。在牙膏中加入某些活性物质或药物，使牙膏除了有洁齿功能以外，还具有除牙结石、防龋齿、消炎、脱敏等功效，这类牙膏称为药物牙膏，药物牙膏比较常见的有含氟牙膏和中药牙膏。

一、牙膏组成和常用原料

牙膏是一种复杂的混合物，它通常由保湿剂、胶黏剂、甜味剂、发泡剂、摩擦剂、稳定剂、特殊添加剂、香精以及去离子水等成分组成。

（一）摩擦剂

摩擦剂（abrasive）是牙膏的主体原料，一般占配方的 40%～50%。借摩擦剂的摩擦作用帮助除去牙齿上的牙垢、牙结石等。摩擦剂大多是粉状无机物质，一般应具备下列条件：

① 无味、无臭、无毒的白色粉末；

② 有适当的硬度和摩擦值，硬度以低于莫氏硬度 5 度为宜，确保不损伤牙齿质地，而且粒子的晶形不应是针状或具有尖锐棱角，否则易损伤牙齿；

③ 粒子直径为 1～20μm；

④ 不溶于水或微溶于水。

具备上述条件的常用摩擦剂有下面几种物质。

1. 碳酸钙

碳酸钙的资源丰富，价格便宜，一般用于中低档牙膏中。牙膏用的碳酸钙有沉淀碳酸钙和天然碳酸钙两种。沉淀碳酸钙通过化学反应制得，其硬度低于天然碳酸钙，且因其价格比天然碳酸钙高，pH 值偏高，且纯度不易控制，故国内很少用于生产牙膏。天然碳酸钙有方解石粉和云石粉两种，但碳酸钙含量都达 98% 以上，白度较好，是目前价廉物美的牙膏原料。方解石粉因其不同的晶体结构，其硬度和摩擦值较云石粉高，不宜单独作为摩擦剂，往往与摩擦值较低的磷酸盐共同使用。

2. 磷酸氢钙

磷酸氢钙有无水盐与二水合物，两者性能不同，无水磷酸氢钙硬度较高，莫氏硬度为 3.5 度，不宜单独使用，常添加在二水合磷酸氢钙中复配使用。二水合磷酸氢钙的硬度为 2～2.5 度，硬度适中，pH 值适中，口感良好，是一种优良的摩擦剂，而且与牙釉有亲和力，有利于牙质的再矿化。它常用作高档牙膏的摩擦剂。

3. 不溶性多偏磷酸钠

它是一种非钙盐摩擦剂，与氟化物相容性好。它配于牙膏中，具有酸性性质，易腐蚀铝管，一般不单独使用。常与焦磷酸钙混合配制在氟化物牙膏中。

4. 二氧化硅

二氧化硅化学性质呈惰性，与牙膏中的氟化物和其他药物相容性较好，与其他原料的配伍性也很好，几乎在所有的牙膏配方中都可以使用二氧化硅，所以是近年来发展很快的一种牙膏原料。牙膏用二氧化硅基本有两种，一种是沉淀二氧化硅，有一定的摩擦值可作牙膏摩擦剂；另一种是气相二氧化硅，基本无摩擦值，但它有一定的水合作用，可用作增稠剂。

二氧化硅是开发透明牙膏的独特原料，其折射率为 $1.45 \sim 1.46$，接近甘油（1.47）和山梨醇（1.46）的折射率，利用固相与液相的折射率相近的原理而使膏体呈透明状态。因此，如果在甘油或山梨醇中加少量水为液相，以二氧化硅干凝胶作摩擦剂为固相，可以制造出透明牙膏。

5. 三水合 α-氧化铝

氢氧化铝也称为三水合 α-氧化铝，它质量稳定，摩擦值适中，外观洁白，pH 值接近中性，是一种两性化合物，在膏体中能平衡酸碱度，具有良好的配伍性能，对氟化物有较好的相容性，所以也是一种较好的摩擦剂。牙膏用氢氧化铝价格比磷酸氢钙低，碱性比碳酸钙低，是制造含氟牙膏或其他药物牙膏较理想的摩擦剂。

6. 硅铝酸钠

硅铝酸钠是人工合成的无机摩擦剂，其中 SiO_2 的比例较高，SiO_2 与 Al_2O_3 的摩尔比至少为 45：1。硅铝酸钠也可用于制造透明牙膏。

不溶性的无机摩擦剂除上述几种外，还有碳酸镁、磷酸镁、硅酸钙、硅酸镁等。

（二）增稠剂

增稠剂是维持牙膏稳定性的关键原料，其主要作用是防止牙膏中固相组分与液相组分的分离。

牙膏中常用的增稠剂有三类：一类是有机合成胶，如羧甲基纤维素钠、羟乙基纤维素、聚乙烯吡咯烷酮等；一类是天然植物胶，如鹿角菜胶、海藻胶、汉生胶等；还有一类是无机胶，如二氧化硅气凝胶、胶性硅铝酸镁、胶性膨润土等。

下面介绍几种用得较多的增稠剂。

1. 羧甲基纤维素钠

羧甲基纤维素钠（CMC）是目前国内外最普遍使用的牙膏增稠剂，它是具有阴离子的纤维素衍生物。用于牙膏的 CMC 替代度一般为 $0.7\% \sim 1.2$，2% 水溶液的黏度为 $800 \sim 1200 MPa \cdot s$。CMC 价格便宜，增稠性能好。但其黏度受可溶性电解质，特别是钠盐和重金属离子的影响较大，还易受酶的作用发生生物降解。

2. 羟乙基纤维素

羟乙基纤维素（HEC）是非离子的纤维素衍生物。用于牙膏的 HEC 要求替代度为 1.7。HEC 抗电解质能力优于 CMC，但它也能受酶的作用而降解。

3. 鹿角菜胶

鹿角菜胶是一种天然的增稠剂，在钠、钾、铝等正离子存在下，形成热可逆性凝胶，即低于某一温度时形成凝胶，温度升高时又熔化。鹿角菜胶有好几种类型，其中 K 型和 I 型有较好的胶凝作用，适合于制造牙膏。K 型鹿角菜胶在牙膏中的凝胶于 50℃ 以上熔化，而 I 型于 80℃ 以上熔化。鹿角菜胶的凝胶具有触变性，切力增加时膏体变薄。因此用鹿角菜胶制成的膏体有骨架而不黏腻，挤出性能好，刷牙时易分散。鹿角菜胶与牙膏中有效成分相容性好，不易受生物酶的作用而降解。

（三）保湿剂

保湿剂（humectants）是牙膏中的主要组分之一，其主要作用是：

① 保持膏体的水分，当牙膏暴露在空气中时，能防止水分蒸发，在管口处的牙膏就不致发硬、黏结；

② 保持膏体的流变性，便于机械加工；

③ 降低牙膏的冻点，防止牙膏在低温下结冻发硬，即使在低温下（一般−10℃下）也能正常使用；

④ 提高牙膏的共沸点，牙膏冰冻后再融化时，不会导致膏体中水分分离，即使在高温（一般为50℃）下膏体仍然稳定。

常用的保湿剂有甘油、山梨醇、丙二醇、木糖醇、聚乙二醇（分子量为200～600）等，现在最常使用的是山梨醇，或甘油和山梨醇的混合物。

（四）表面活性剂（发泡剂）

牙膏中加入表面活性剂兼有乳化、发泡和清洁作用，通过乳化作用有助于香精等油溶性物质与膏体中的其他组分均匀组合成稳定的体系；通过洗刷时产生丰富的泡沫有助于清除牙垢和牙菌斑。牙膏级的发泡剂，必须对牙龈和口腔黏膜无刺激性，安全无毒，无不良气味，以不干扰牙膏香味为准，最常用的表面活性剂是十二烷基硫酸钠（俗称 K_{12}）。此外还有 N-月桂酰肌氨酸钠（L-30）、椰油单甘油酯硫酸钠等。

（五）香精

香精是牙膏中极为重要的组成部分，牙膏的口感、风格、档次等因素基本上取决于所选用的香精。

配制和使用牙膏香精时须遵循以下几点原则：

① 牙膏香精作用于口腔，属于食品香精的一部分，香精配方中所选用的香料必须全部符合食品安全规格；

② 牙膏中某些原料可能存在不舒适气味和口味，因此需要选用口味适合、留香适合的香精与甜味剂相配合，形成舒适调和的复味，以掩盖原料不好的气味；

③ 牙膏香精本身不仅要求有良好的嗅觉，更重要的是使用之后口腔中要留有清凉、爽口和新鲜的味觉。此外香精中基香必须和主香协调，同时能将主香衬托出来，形成明显的香型如薄荷香型、留兰香型、甜橙香型等；

④ 为了使香精中各种成分更加协调，使主香和润突出，并在刷牙后口腔中留有舒适的香味，还需加入某些定香剂；

⑤ 牙膏的颜色大多数为白色，故在选配香精时应避免选用深色香精，同时需通过试验以确认香精在膏体中与其他组分有良好的配伍性能，在使用时膏体不变色、不变味。

国内外牙膏中常用的香型大致有下面六种：薄荷香型、留兰香型、冬青香型（沙士香型）、水果香型、肉桂香型以及茴香香型。

（六）去离子水

牙膏中一般含有20%～30%的水分，牙膏配方用水必须用纯水，因为如果水中含杂质，则某些杂质可能与膏体的组分发生化学反应产生气胀、异味等质量问题，如果膏体是铝管装还可能造成腐蚀穿孔。牙膏配方用水，目前最常采用的是通过离子交换法制成的去离子水。

（七）其他添加剂

1. 着色剂

牙膏有时也添加着色剂，以增加其外观的美感，一般常用一些食用色素，如叶绿素铜钠等。

2. 漂白剂

牙膏中添加漂白剂有助于除去牙齿上的污斑。有用的漂白剂有过硼酸钠、过氧化氢、过氧化氢-尿素化合物等，但这类牙膏由于稳定性或安全性等技术性问题，市场并不多见。

3. 甜味剂

牙膏中常用的甜味剂是糖精，它用来改善牙膏的口感，如掩盖一些摩擦剂的碱土味，一些特殊药剂的苦涩味。它和香料配合形成调和的复味，并赋予牙膏特定的口感和风格。

4. 活性添加剂

活性添加剂是特种牙膏中必需添加的成分，如为了防止龋齿而添加氟化物，为了抗敏加入氯化锶等。

二、牙膏配方设计

牙膏是由多种原料组成的，这些原料就其形态而言分为固态和液态。固态主要是粉末摩擦剂，液态是水相（包括水溶性物质）和油相（香料等）所形成的乳状液。膏体的基本结构是固体粉末、乳状液粒子以及未脱除干净的气泡悬浮于胶性凝胶中所形成的一种复杂的多相分散体系。因此，要调好牙膏的配方，除了掌握各种原料的性能及其在牙膏中的作用外，还要了解各原料之间的关系，即胶态分散体中有关的表面化学和胶体化学的一些基本理论。

在确定牙膏配方时，除了考虑各组分在清洁牙齿、口腔中的功能以外，还须考虑它们对膏体的稳定性和流变性的影响。特别是摩擦剂、增稠剂、保湿剂、香精、水分这几种组分相互之间的比例，稍有变化就会对稳定性和流变性带来很大的影响。在确定配方时须注意以下几点。

① 增稠剂配成的亲液胶体的黏度较高时，摩擦剂粉料的需要量就较少，否则膏体太稠厚，反之，如果是低黏度的亲液胶体，则需投入较多的摩擦剂粉料。

② 甘油、山梨醇等保湿剂属非水溶液，用量要适当，如果甘油的浓度过高，CMC 等亲液溶胶将受影响，轻则溶胶的黏度下降，重则发生沉淀。所以必须控制好水分和非水溶液的比例。

③ 脂肪醇硫酸盐等离子型表面活性剂也能使亲液溶胶的黏度下降，这类表面活性剂在牙膏中的用量不宜过多，以适当的发泡量为宜。

牙膏配方中各种组分的用量可在一定范围内变动，以求各种作用相互平衡，最终达到较满意的效果。现将不透明牙膏和透明牙膏中各组分配比的范围列举在下面。

1. 不透明牙膏配方设计

不透明牙膏的配比：摩擦剂（40%～50%）；保湿剂（20%～30%）；增稠剂（1%～

2%）；表面活性剂（1.5%～2.5%）；甜味剂（0.1%～0.5%）；防腐剂（0.1%～0.5%）；添加剂（0.1%～2%）；香精（1%～1.5%）；水（余量）。表 12-1 所示为一种不透明普通牙膏的配方实例。

表 12-1　一种不透明普通牙膏的配方实例

组分名称	质量分数/%	作用
二水合磷酸氢钙	49.0	摩擦
焦磷酸钠	1.0	稳定
甘油	25.0	保湿
羧甲基纤维素	1.2	黏合
十二烷基硫酸钠	2.0	起泡
糖精	0.3	甜味
香精	1.3	赋香
山梨酸钾	0.5	防腐
去离子水	余量	稀释

2. 透明牙膏配方设计

透明牙膏的配比：摩擦剂（10%～20%）；保湿剂（50%～75%）；增稠剂（0.2%～1%）；表面活性剂（1%～2%）；甜味剂（0.1%～0.5%）；防腐剂（0.1%～0.5%）；添加剂（1%～2%）；香精（1%～2%）；水（余量）。表 12-2 所示为一种透明普通牙膏的配方实例。

表 12-2　一种透明普通牙膏的配方实例

组分名称	质量分数/%	作用
二氧化硅	25.0	摩擦
山梨醇(70%)	30.0	保湿
甘油	25.0	保湿
羧甲基纤维素	0.5	黏合
十二烷基硫酸钠	2.0	起泡
糖精	0.2	甜味
香精	1.3	赋香
山梨酸钾	0.5	防腐
去离子水	余量	稀释

三、特种牙膏和配方实例

由于普通牙膏防治牙病的能力较差，正逐渐被特种牙膏取代。特种牙膏中含特种添加剂或活性物质，其目的在于防治龋齿、牙周病、牙本质过敏等牙病。这些添加剂作用的机理不外乎下面几种：

① 增加牙釉的抗酸蚀能力，如含氟牙膏；
② 将口腔内的糖类、蛋白质等食物残余物分解掉，如含酶牙膏；
③ 杀灭或抑制口腔中的细菌，如消炎止血牙膏；
④ 抑制或消除牙菌斑及牙结石，如防牙结石牙膏。

（一）含氟牙膏

1. 氟化物的作用

氟化物是牙膏中最常用的添加剂，目前在欧美市场上，含氟牙膏占了极大部分的牙膏市场；在我国牙膏市场上，含氟牙膏也逐渐增多。

牙釉质是由羟基磷灰石结晶形成，在中性、碱性介质中不溶于水，但随着 pH 值下降溶解度迅速提高，因此牙齿易遭酸蚀而形成龋齿。如唾液含有少量（1mg/L）氟化物，牙釉的酸溶度下降为无氟存在时的 1/5，这时羟基磷灰石遇氟化物会转变成氟磷灰石，它比羟基磷灰石难溶于酸，因此增加了牙釉的抗酸蚀能力，防止龋齿的发生。

必须注意的是，适当量的氟是人体必需的，但过量的氟化物对人体是有害的，我国很多地区的水体中氟含量比较高，这些地区的人们就不建议使用含氟牙膏。

牙膏中常用的氟化物有氟化钠、氟化亚锡、单氟磷酸钠、氟化锌等。氟化钠遇到钙盐会产生无活性的氟化钙，故氟化钠不宜用于以钙盐为摩擦剂的牙膏内。氟化亚锡有使牙齿着色的倾向。单氟磷酸钠离解时先产生 PO_3F^{2-}，再缓慢产生游离的活性 F^-，因此不易失去活性，有较好的配伍性。

2. 含氟牙膏配方

表 12-3 所示为含氟牙膏的配方实例。

表 12-3　含氟牙膏配方实例

组分名称	质量分数/%					作用
	配方 1	配方 2	配方 3	配方 4	配方 5	
焦磷酸钙					48	摩擦
二水合磷酸氢钙	48.8	5	43			摩擦
氢氧化铝		1	4	52		摩擦
不溶性偏磷酸钠		42				摩擦
甘油	22	20	25		25	保湿
山梨醇(70%)				27		保湿
羧甲基纤维素钠	1		0.8	1.1		黏合
海藻酸钠				1.5		黏合
爱尔兰苔浸膏		1				黏合
聚乙烯吡咯烷酮	0.1					黏合
十二烷基硫酸钠	1.2		2	1.5		起泡
N-月桂酰肌氨酸钠		2			2	起泡
单氟磷酸钠	0.76	0.76	0.7	0.8		抗酸蚀,防龋齿
氟化亚锡					0.5	抗酸蚀,防龋齿
氟化钠			0.1			抗酸蚀,防龋齿
糖精	0.2	0.3	0.2	0.2	0.2	甜味
二氧化钛		0.4				降低膏体透明度
苯甲酸钠	0.5	0.5	0.5	0.5	0.5	防腐
香精	适量	适量	适量	适量	适量	赋香
去离子水	余量	余量	余量	余量	余量	稀释

(二) 含酶牙膏

在牙膏中加酶，就是利用酶的催化，使难溶的菌斑基质、食物残渣分解为易溶物，在刷牙漱口时排出口腔，达到洁白牙齿、预防龋齿及牙龈炎的效果。

1. 常用的酶

牙膏配方中常用的酶有以下几种。

(1) 蛋白酶　其功能是催化分解蛋白质类食物残渣，并可以软化血管，对防治牙龈出血有一定效果。

(2) 葡聚糖酶　是牙膏用酶中最重要的一种。牙菌斑是通过葡聚糖黏附在牙齿表面作为骨架而形成的。这种葡聚糖是蔗糖受细菌作用转化而成的。它不能由单独的葡萄糖和果糖形成。而葡聚糖酶能把蔗糖分解成葡萄糖和果糖，使其不被细菌作用。葡聚糖酶还能催化分解牙菌斑中的黏多糖基质。因此葡聚糖酶有预防和清除牙菌斑的功能，从而杜绝龋齿的发生。

(3) 溶菌酶　其功效是杀灭口腔中能促使形成龋齿的链球菌、乳酸杆菌、丝状菌等有害菌种。在唾液的协同作用下，其灭菌效果更为显著。

(4) 纤维素酶　其作用是分解附着在牙齿上的纤维素类食物残渣。

加酶牙膏配方设计的关键是酶的保活和配伍问题。酶的活性对其所处的条件有密切的关系，稍有不当，酶的活性就会下降甚至完全失去。例如十二醇硫酸钠能降低酶的活性；香料中的茴香脑和电解质氯化钠、氯化镁对酶有保活作用，而高温、强酸、强碱都会使酶破坏。酶能分解某些纤维素衍生物，因此加酶牙膏不能用 CMC 作增稠剂。

2. 含酶牙膏配方

表 12-4 所示为含酶牙膏的配方实例。

表 12-4　含酶牙膏配方实例

组分名称	质量分数/%		作用
	配方 1	配方 2	
磷酸氢钙	50		摩擦
氢氧化铝		40	摩擦
二氧化硅		3	摩擦
甘油	25		保湿
山梨醇(70%)		26	保湿
丙二醇		3	保湿
海藻酸钠	0.9	1	黏合
明胶	0.2		黏合
N-月桂酰肌氨酸钠		3	起泡
蔗糖酯		2	起泡
十二烷基硫酸钠	0.5		起泡
糖精	0.36	0.2	甜味
蛋白酶/[U/g(膏体)]	1500～2000		酶
葡聚糖酶/[U/g(膏体)]		2000	酶
苯甲酸钠	0.4	0.4	防腐
香精	适量	适量	赋香
去离子水	余量	余量	稀释

（三）消炎止血牙膏

1. 常用抗菌剂

抗菌剂的功能是抑制口腔细菌的生长，间接地防止葡聚糖和酸的产生，并消除炎症，除前面介绍的中草药外，其他常用的化学合成抗菌剂有以下几种。

（1）季铵盐　季铵类化合物有很好的抗菌效果。如在牙膏中加入 0.25%～1% 的季铵硅氧烷，对抑制牙菌斑有较长久的效果，这种牙膏每两星期用一次已足够了。洗必泰是一种适用于牙膏的阳离子杀菌剂，其化学名为 1,6-双（对氯苯缩二胍）己烷，常以葡萄糖酸洗必泰的形式使用。另外，研究表明用洗必泰与氟化钠合并使用比单独使用效果好。洗必泰与其他成分的配伍性差，应避免与羧甲基纤维素钠配合使用，但可与羟乙基纤维素配合使用。

（2）叶绿素铜钠盐　水溶性叶绿素铜钠盐具有抑菌和有助于人体细胞组织再生的作用。添加在牙膏中对于祛除口臭，缓解呼吸道炎症及抗酸均有效。

（3）止血环酸　化学名为反式-4-氨甲基环己烷-11-羧酸，易溶于水，微溶于热的乙醇，是一种具有良好消炎作用的化合物。一般物质由于其不能被口腔黏膜吸收，因此不能发挥应有的作用。而止血环酸能够在短时间内有相当数量被口腔黏膜吸收，所以能发挥良好的作用。而且它还能和牙膏中的表面活性剂起互促效应，使其均匀分散于口腔内，增强牙膏的清洁效果。对抑制口腔炎、出血性疾患以及祛除口臭有较好的效果。在牙膏中的用量为 0.05%～1.0%。

2. 消炎止血牙膏

表 12-5 所示为消炎止血牙膏的配方实例。

表 12-5　消炎止血牙膏的配方实例

组分名称	质量分数/%					作用
	配方 1	配方 2	配方 3	配方 4	配方 5	
磷酸氢钙	50					摩擦
磷酸三钙			49			摩擦
二氧化硅				16		摩擦
碳酸钙		50			50	摩擦
甘油	25	25		8	15	保湿
丙二醇			25			保湿
聚乙烯吡咯烷酮				20		黏合
海藻酸钠			1.7			黏合
羧甲基纤维素钠	1	1.4			1.4	黏合
羟丙基纤维素				3.4		黏合
十二烷基硫酸钠	2	2.6	2.6		2.5	起泡
蔗糖酯				2		起泡
止血环酸	0.2				0.05	消炎、止血
二葡糖酸洗必泰				5.3		杀菌、消炎
氟化钠				0.22		抗酸蚀、防龋齿
冬凌草提取液		0.5				抑菌、消炎
叶绿素铜钠盐			0.1		0.05	抗酸蚀、抑菌

组分名称	质量分数/%					作用
	配方 1	配方 2	配方 3	配方 4	配方 5	
草珊瑚浸膏					0.05	抑菌、消炎
木糖醇	0.3	0.35	0.3	0.1	0.5	甜味
香精	适量	适量	适量	适量	适量	赋香
防腐剂	适量	适量	适量	适量	适量	防腐
去离子水	余量	余量	余量	余量	余量	稀释

（四）脱敏牙膏

脱敏剂的作用是减缓牙本质的过敏症状。氯化锶、柠檬酸盐和硝酸盐是常用的脱敏剂。氯化锶的脱敏机理在于锶离子能被牙釉、牙本质吸收，结合成碳酸锶、氢氧化锶等沉淀，降低了牙体硬组织的渗透性，提高牙组织的缓冲作用。锶离子又能与牙周组织密切结合，增加牙周组织防病能力，达到脱敏效果。柠檬酸阴离子与牙本质小管和骨骼晶质表面的钙盐生成配合物，柠檬酸钙配合物起到保护和封闭的作用，因而有脱敏效果。具有镇静止痛作用的草珊瑚、白藤发等中草药也有脱敏功能。表 12-6 所示为脱敏牙膏的配方实例。

表 12-6　脱敏牙膏的配方实例

组分名称	质量分数/%				作用
	配方 1	配方 2	配方 3	配方 4	
二氧化硅	24				摩擦
焦磷酸钙		41.7			摩擦
磷酸氢钙			50		摩擦
氢氧化铝				50	摩擦
甘油	25	10	15	25	保湿
山梨醇(70%)		12			保湿
羧甲基纤维素钠		0.85	1.5	1	黏合
羟乙基纤维素	1.6				黏合
月桂醇硫酸钠		1.2	1.5	2.5	起泡
蔗糖酯	2				起泡
硝酸钾	1				脱敏
$SrCl_2 \cdot 6H_2O$			0.3		脱敏
柠檬酸锌		0.2			脱敏
中草药脱敏剂				0.5	脱敏
焦磷酸钠			0.25	0.5	稳定
木糖醇	适量	适量	适量	适量	甜味
香精	适量	适量	适量	适量	赋香
防腐剂	适量	适量	适量	适量	防腐
去离子水	余量	余量	余量	余量	稀释

（五）防牙结石牙膏

柠檬酸锌是抑制菌斑和结石的传统药物，锌离子能阻止磷酸钙沉淀的生成，从而防止牙结石的形成。柠檬酸锌还有明显的抑菌作用和脱敏效果。由于具有上述多种功效，所以柠檬酸锌是一种安全有效的抗菌斑、抗结石剂。聚磷酸盐也是安全有效的抗结石剂，它的作用是阻止初期的无定形磷酸钙转变成结晶型羟基磷灰石。止血环酸在表面活性剂的协同作用下有清除牙垢的效果，并有抑菌作用。也可作为除垢剂添加在牙膏中。表 12-7 所列为防牙结石牙膏的配方实例。

表 12-7　防牙结石牙膏配方实例

组分名称	质量分数/%	作用
氢氧化铝	45	摩擦
甘油	18	保湿
羧甲基纤维素钠	1.2	黏合
十二烷基硫酸钠	2	起泡
柠檬酸锌	0.5	抗结石
氟化钠	0.1	抗结石
三聚磷酸钠	1	抗结石
山梨酸钾	0.5	防腐
香精	适量	赋香
去离子水	余量	稀释

（六）中草药牙膏

在我国生产的牙膏中，常加入草珊瑚、千里光、两面针、田七、连翘、丹皮、金银花、野菊花等中草药的有效成分。这些中草药具有抗菌、消炎、活血等效果，而且对人体安全无害，因此中草药牙膏深受消费者欢迎，目前在我国牙膏市场上，这类中草药牙膏占 40%～60% 的市场份额，占有举足轻重的地位。

四、牙膏的生产工艺

牙膏生产的全过程是由制膏、制管和灌装三个工序组成的，其中制膏是牙膏生产的关键工序。制造稳定优质的膏体，除选用合格的原料、设计合理的配方外，制膏工艺及制膏设备也极为重要。工艺路线的正确与否，设备均质、分散能力的高低，都对膏体的最终质量产生影响。牙膏生产工艺流程如图 12-2 所示。

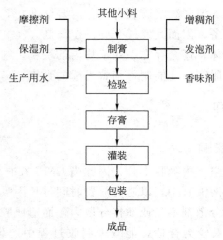

图 12-2　牙膏生产工艺流程

根据溶胶制法上的不同，牙膏的生产工艺分为湿法溶胶制膏工艺和干法溶胶制膏工艺两种。

（一）湿法溶胶制膏工艺

湿法溶胶制膏工艺是目前国内外普遍采用的一种工艺路线，有常压法和真空法两种。

常压法制膏工艺由制胶、捏合、研磨、真空脱气等工序组成，其中制胶工序与其他工序分开，不在同一台设备中进行，所以也称二步湿法制膏。我国牙膏行业早期主要采用该法制膏，随着技术的进步，该制膏方法已被逐渐淘汰，目前一般采用真空法制膏工艺。

真空法制膏工艺，又称为一步湿法制膏，是将制膏的四个主要工序（即制胶、捏合、研磨、脱气）都放在同一台设备中连续操作完成。该制膏法的主要设备是多效制膏釜，习惯称为"四合一"制膏设备，是目前国际上先进的制膏设备。其工艺过程如下。

① 根据配方预混制备胶水相、水相和粉相。将黏合剂预混溶于部分保湿剂（如甘油、丙二醇等）得到胶水相；将水溶性成分和其余保湿剂溶于水中，制成水相；将摩擦剂和其他粉体混于粉料罐中得到粉相。

② 在真空制膏机真空度达到工艺要求时依次用管道输送系统加入水相和胶水相，搅拌均匀后加入粉相，二次搅拌均匀后进行均质搅拌、研磨。搅拌和研磨过程中，膏料中会产生气泡，故需同时进行抽真空，直至真空度达 0.096MPa 为止，时间约为 50min。搅拌、研磨结束后，打出少量的膏体进行检验，合格后，将膏体贮存于贮存锅进行陈化，使物料自然冷却至常温，同时使物料充分膨胀形成均相的黏合体，提高物料的弹性，陈化时间约为120min。在制膏过程中，因搅拌、研磨过程会摩擦放热，故在夏季需用夹套冷却水控制温度≤45℃。

（二）干法溶胶制膏工艺

干法溶胶制膏工艺与湿法溶胶制膏工艺的主要差别在于溶胶前防止干胶结团的方法不同。干法溶胶制膏工艺是把增稠剂粉料与摩擦剂粉料按配方比例预先用粉料混合设备混合均匀，在捏合设备内与水、甘油溶液一次捏合成膏，搅拌均匀后再加入香精和洗涤发泡剂。省掉了制胶水的工序，极大地缩短了生产流程，特别是由原制膏一条线改革为制膏一台机，有利于生产的自动化、连续化。但干法溶胶制膏工艺需要细度在 50μm 的增稠剂粉料以及高效能的粉料混合设备和制膏设备，因而其发展受到一定限制。

采用上述方法制成的膏体，还会存在一些不均匀的块粒，同时膏体中还会混入一定量的空气，所以必须经过研磨和脱气，才能制得细致光滑的膏体。

五、牙膏生产质量控制

1. 投料次序对质量的影响

甘油吸水性很强，能从空气中吸收水分，因此当 CMC 在甘油中分散均匀后应立即溶解于配方规定的全部水（或水溶液）中，以避免放置时间过长因吸潮而变浓甚至结块。甘油胶应一次加入水中，以避免因分散剂不足或搅拌分散力差而造成胶团凝聚结层。十二烷基硫酸钠（K_{12}）一般在捏合时加入较为合适，能减少制胶过程中产生的大量泡沫。此外，CMC是高分子化合物，溶液具有高黏度，不易扩散的特点，所以制胶时必须搅拌一定时间，使其充分分散均匀。

2. 物料之间的配伍性

在制膏过程中，必须考虑物料之间的相互作用。如氯化锶是脱敏型药物牙膏的常用药，它与十二烷基硫酸钠极易起反应，生成十二醇硫酸锶和硫酸锶白色沉淀，从而使泡沫完全消失。又如加酶牙膏中不宜用 CMC 作增稠剂，因酶会破坏 CMC 胶体。故在配方设计时，应避免这类现象的发生。

3. 膏体的黏度

黏度是膏体的主要特性指标。实践表明，采用高黏度的亲水胶体，在较高的浓度时，加入较多的粉质摩擦剂，就不能吸收到需要的水分，从而会使膏体十分稠厚。反之，低黏度的亲水胶体，即使在较高的浓度时，也能容纳较多量的粉质摩擦剂的加入。

将牙膏从软管中挤出一条在易吸水的纸条上以检查其弹性、黏度和可塑性等。管内膏料受到手指轻微的压力时即应润滑地从管中挤出来，挤出的膏条必须细致光滑，按管口的大小成圆柱形，并应保持这一形状至适当的时间，膏条放置一段时间，表面不应很快干燥，水分不应很快渗入纸条，膏条应黏附在纸面上，即使纸条倾斜也不应该落下，这些都是正常膏体应有的现象。

4. 腐蚀现象和解决办法

牙膏是多种无机盐混合含水的胶状悬浮乳化体，装牙膏的软管如果为铝制品，当膏体与之接触，铝表面与膏体界面会发生化学腐蚀和电化学腐蚀。解决减缓腐蚀的途径：一是在铝管内壁喷涂防腐层，使铝管表面与膏体隔离；二是在膏体中加入缓蚀剂，如正磷酸盐、硅酸盐、铝酸盐等；三是使用塑料管代替铝管。

5. 离浆现象和解决办法

离浆现象即牙膏生产中常见的脱壳现象，是由于胶团之间的相互吸力和结合的增强，逐渐将牙膏胶体网状结构中包覆的水排挤出膏体外，使膏体微微分出水分，失去与牙膏管壁或生产设备壁面的黏附现象（即称脱壳现象）。可根据增稠剂的黏度调整其用量，降低胶团在膏体中的浓度，缓和胶团间的凝结能力或适当加大粉料用量，利用粉料的骨架作用，都可减缓离浆现象的发生。

6. 解胶现象和解决办法

解胶现象是由于化学反应或酶的作用，使膏体全部失掉增稠剂，固、液相之间严重分离，不仅将包覆水排出膏体外，就连牢固的结合水也可分离，使胶团解体，胶液变为无黏度的水溶液，粉料因无支垫物而沉淀分离。这种不正常的解胶现象无论发生得急缓，其后果均严重影响牙膏的质量。为尽量避免解胶现象的发生，当发现亲水胶体浓度增加时，粉质摩擦剂的用量就必须减少；亲水胶体的黏度越高，粉料的需要量则越少；甘油用量增加时，水分应该减少并增添稳定剂，甘油浓度过高会引起亲水胶体的黏度减弱，甚至使有些亲水胶体沉淀；如果加入发泡剂的量太多，就会使亲水胶体水溶液的黏度显著下降。因此在牙膏生产中应根据每批原料的性能及其相互间的关系适当进行配方和操作的调整，以保证制膏的正常生产。

7. 气胀现象与解决办法

气胀现象是指膏体中产生了气体，管内压力过大，使包装膨胀甚至冲破包装的现象。引起气胀现象的原因主要有：

① 配方不合理，有的原料 pH 值过低，引起碳酸钙等原料释放出二氧化碳气体；

② 配方不合理，原料之间或原料中含有的杂质与原料反应产生气体；

③ 微生物污染，特别是酵母菌污染产生气体。

生产中应针对不同的气胀原因采取不同的措施，如果是配方不合理引起的就应重新制订配方，如果是微生物引起的就应控制生产过程的卫生。

第 3 节　其他口腔卫生用品

一、牙粉

尽管牙膏以卫生、使用方便、口感好等优点占口腔卫生用品之主流，但仍有相当多的人习惯于使用牙粉。牙粉的功用成分与牙膏相类似，只是省去了液体部分，其生产工艺简单，同时还给携带及贮存、包装带来便利。

牙粉一般由摩擦剂、洗涤发泡剂、增稠剂、甜味剂、香精和某些特殊用途添加剂（如氟化钠、叶绿素、尿素和各种杀菌剂等）组成。上述各成分的作用与在牙膏中相同，只是牙粉中用的胶质其作用仅仅是稳定泡沫而没有形成凝胶的必要。

牙粉的生产工艺简单，可先将小料与部分大料（摩擦剂等）预先混合，再加入其他大料中，然后在具有带式搅拌器的拌粉机内进行混合拌料，最后在粉料中喷入香精，也可先在部分摩擦剂中混合及过筛后加入，同时将混合好的牙粉再一次过筛即可进行包装。

二、含漱水

含漱水简称漱口水，与牙膏、牙粉的使用方法不同，牙膏、牙粉要与牙刷配合使用，且主要靠配方中的摩擦剂进行物理清除，而含漱水不需特别的用具，单独用于口腔内漱口，其主要作用是祛除口臭和预防龋齿。我国含漱水发展较慢，但随着现代文明社交的需要，含漱水将越来越受欢迎。

（一）含漱水的组成

含漱水的组成有水、乙醇、保湿剂、表面活性剂、香精及其他添加剂等，其功能和代表物如表 12-8 所列。

表 12-8　含漱水的功能和代表物

结构成分	主要功能	代表性原料	含量范围（质量分数）/%
食用香料	使含漱水在使用时有愉快感，使口腔即时用和用后有清新、凉爽的口感；用香料愉快的气味压抑口臭，使口气暂时感到清新、愉快，有些香料有杀菌作用	最流行为薄荷，肉桂香也很流行	0.8～2
乙醇	有刺激和清新感，增强香料的作用，有助于使某些香料组成加溶，对清洁作用和杀菌作用也有贡献	食用级乙醇	0～25
保湿剂	赋予产品"体质感"，抑制在瓶盖上因水分蒸发析出结晶	甘油、丙二醇、山梨（糖）醇	0～2
表面活性剂	加溶香精；如果有需要，可有起泡作用；降低表面张力，有助于除去口腔骨内的污垢；有些表面活性剂有杀菌或抑菌作用	月桂醇硫酸酯钠盐、聚醚	0～2

结构成分	主要功能	代表性原料	含量范围(质量分数)/%
增稠剂	赋予产品"体质感"和黏度	天然或合成水溶性聚合物(食品级)	0~2
水	溶剂和介质	去离子水	加至100
特殊制剂:抗菌剂、收敛剂、氟化物	增加抗菌作用能与唾液蛋白和口腔黏膜作用	洗必泰氟化钠	按需要添加
着色剂	改善产品外观,赋色,薄荷香用绿色,肉桂香用红色,也可为无色透明显示出纯净	食用色素	适量

各种组分的用量根据不同的漱口水功能变化幅度较大。如乙醇在不同的配方中可加入10%~50%,当香精用量高时,乙醇用量应多些,以增加对香精的溶解性,同时乙醇本身也具有轻微的杀菌效力。保湿剂在含漱水中的主要作用是缓和刺激作用,但用量过多有利于细菌的生长,一般用量为10%~15%。香精在含漱水中起重要作用,它使含漱水具有令人愉快的气味,漱口后在口腔内留有芳香,掩抑口腔内的不良气味,给人以清新、爽快之感,常用的香精有冬青油、薄荷油、黄樟油和茴香油等,用量为0.5%~2.0%。

为使含漱水具有更好的杀菌效果,通常采用的杀菌剂有硼酸、安息香酸、薄荷、苯酚、麝香草脑等。近年来则采用季铵类表面活性剂代替许多老的杀菌剂,常用的阳离子表面活性剂为含 $C_{12~18}$ 的长链烃的季铵化合物,如氯化十二烷基三甲基铵、氯化十六烷基三甲基铵等,它们具有优良的杀菌性能,但由于它们能使含漱水稍带苦味,用量受到限制,且应注意,阳离子表面活性剂不能和阴离子表面活性剂混用。

用于含漱水的表面活性剂还有非离子型(如吐温类)、阴离子型(如十二醇硫酸钠等)以及两性表面活性剂等,它们除增溶香精外,还有起泡和清除食物碎屑的作用。此外,含漱水还需加入适量的甜味剂,如糖精、葡萄糖和果糖等,用量为0.05%~2%。

(二) 含漱水配方

表 12-9 所列为含漱水的配方实例。

表 12-9　含漱水配方实例

组分名称	质量分数/%			作用
	配方1	配方2	配方3	
乙醇(95%)	10	31	18	清新
山梨醇(70%)	20	10		保湿
甘油		15	13	保湿
乙酸钠			2	pH 值缓冲
安息香酸		1		杀菌
硼酸		2		杀菌
葡萄糖洗必泰	0.1			杀菌
Tween-20			1	发泡、增溶
Tween-60	0.3			发泡、增溶
月桂酰胺甲胺乙酸钠			1	发泡、增溶
薄荷油	0.1	0.1	0.3	清新

续表

组分名称	质量分数/%			作用
	配方 1	配方 2	配方 3	
肉桂油	0.05			清新
叶绿素铜钠		0.1		抗菌
糖精钠		0.1		甜味
柠檬酸	0.1			pH 值缓冲
香精	适量	适量	适量	赋香
食用色素	适量	适量	适量	着色
去离子水	余量	余量	余量	稀释

含漱水与水剂类化妆品的生产过程一致，包括混合、陈化和过滤。配制成的含漱水应有足够的陈化时间，确保不溶物全部沉淀。溶液最好冷却至 5℃ 以下，然后在这一温度下过滤，以保证产品在使用过程中不出现沉淀现象。

 案例分析 1

事件过程：2007 年 5 月，巴拿马和多米尼加相继查出含有二甘醇的牙膏。6 月 1 日，美国食品和药品管理局发布进口警报称，从中国的牙膏中检出了最高含 4% 的二甘醇，对中国的牙膏采取了扣留措施，其在中国香港、新加坡、欧盟、日本也陆续遭禁。

事故处理：7 月 12 日国家市场监督管理总局发出公告，禁止含二甘醇成分的牙膏产品出口和进口，同时明确牙膏生产企业不得使用二甘醇作为原料。

对二甘醇的认识：二甘醇，又称为一缩二乙二醇、二乙二醇醚、二乙二醇。约在 2000 年前被作为一种使配方稳定的添加剂添加到牙膏中，起到增溶的作用，并广泛应用于牙膏中。二甘醇属于低毒类化学物质，进入人体后由于代谢排出迅速，无明显蓄积性，迄今未发现有致癌、致畸和诱变作用的证据，一定剂量内的二甘醇对人体无害，但大剂量摄入会损害肾脏。

 案例分析 2

事件过程：某牙膏生产企业在生产一批牙膏后，进行出锅前检验时，发现有轻微的出水现象，黏度也有所下降。

原因分析：该产品已经连续生产了多年，不存在配方的问题。而且生产用的原料与上一批次生产用的原料的厂家、批次也是一样的，说明不存在原料厂家和批次变更带来的质量问题。那就只能是配制过程的问题。查看生产记录单发现，配制员没有完全按照生产工艺要求进行操作，剪切均质的时间比上一批次要长很多，导致配方中的 CMC 的网状结构由于长时间剪切而破坏，破坏了胶体的稳定性，导致黏度下降和膏体出水。

事故处理：补加适量的 CMC 胶水，调整黏度到产品要求的黏度范围。返工后，检测有关指标能达到产品标准要求。

实训　牙膏的制备

一、实训目的

1. 学习牙膏和含漱水的配制工艺过程。

2. 学习如何在实训中改进实验配方的方法。

3. 通过实训，提高动手能力和操作水平。

二、牙膏的制备

1. 制备原理

采用常压湿法制膏工艺。

2. 制备实训配方

见表 12-10。

表 12-10　牙膏制备实训配方

组分名称	质量分数/%	作用
CMC	1	黏合
甘油	22	保湿
二水磷酸氢钙	48	摩擦
K_{12}	1.5	发泡
焦磷酸钠	0.42	稳定
单氟磷酸钠	0.7	抗酸蚀,防龋齿
糖精钠	0.2	甜味
薄荷香精	0.9	赋香
去离子水	余量	稀释

3. 制备步骤

① 在搅拌下，将增稠剂 CMC 分散于甘油中，搅拌 10min，以达到足够的分散，加入焦磷酸钠和糖精钠并搅拌 5min，加入部分水（约总水量的 85%）并搅拌 30min。在搅拌下于 65℃水浴中将分散体加热至 60℃，并在 60℃保持 5min，此时不可有结块现象，即制得胶水。

② 将胶水加入拌和机中，加入二水磷酸氢钙，慢速拌和 5min，膏体应细致光滑。加入单氟磷酸钠，继续拌和 15min。加入香精，拌和 1min。加入用剩余水溶解的 K_{12}，缓慢拌和均匀，得膏体。

③ 将膏体移入真空机中于 86.65～101.32kPa 脱气 20min，脱气时应缓慢搅拌，以免产生过多的气泡。

④ 将牙膏灌入软管，封管尾，即得牙膏。

三、实训结果

请根据实训情况填写表 12-11。

表 12-11　实训结果评价表

使用效果描述	
使用效果不佳的原因分析	
配方建议	

思考题

1. 牙膏中常用的摩擦剂有哪些？透明牙膏用什么摩擦剂？
2. 含氟牙膏中常用哪些氟化物？这些氟化物使用时应注意哪些问题？
3. 可用于牙膏的酶制剂有哪些？分别有什么作用？
4. 牙膏中常用的脱敏剂有哪些？分别有什么作用？
5. 牙膏中使用的消炎杀菌剂有哪些？
6. 牙膏生产中常见的质量问题有哪些？如何克服？

企业配方（漱口水）

第13章
化妆品配方研发创新设计思路

牛顿曾经说过："如果说我看得比别人更远些，那是因为我站在巨人的肩膀上。（If I have seen further，it is by standing on the shoulders of giants.）"牛顿的科学研究成果确实是在以哥白尼、伽利略、开普勒等诸多科学家的科研成果基础上研究发展取得的。

化妆品配方的研发与创新也不例外，做化妆品配方的研发与创新最好是基于前人的研究成果，切忌我行我素，不着边际，更不要天马行空。如果一出道就能得到一位大师级的前任指导，站在"大师"的肩膀上，研发之路就会少走许多弯路。如果没有那么幸运，那么也要想办法间接地站在"大师"的肩膀上。

编者结合多年化妆品配方的研究心得认为，对知名化妆品的成分表进行学习、剖析、推导，是一条做好化妆品配方研发与创新的途径。通过学习，不但能够很好地规避各种专利，不掉入违法的泥淖，而且对推动个人创新能力的提升以及推动整个化妆品工业的发展都是有益的。

一、熟悉化妆品法规

如何参照知名化妆品的成分表来研发配方呢？在参照成分表、开始研发配方之前，应熟知两部法规：一是《消费品使用说明——化妆品通用标签》，二是《国产非特殊用途化妆品备案管理办法》。

根据国家质量检验检疫总局和国家标准化管理委员会发布的《消费品使用说明——化妆品通用标签》的规定，从2010年6月17日起，所有在中国境内生产和进口报检的化妆品都需要在产品包装上明确标注产品配方中加入的所有成分的名称。

为加强国产非特殊用途化妆品管理，2014年6月1日国家食品药品监督管理总局组织制定了《国产非特殊用途化妆品备案管理办法》，当中有规定产品配方信息应当符合相关法律规范的要求。

这两部法律颁布实施之后，中国执法部门开始对所有上市化妆品实施备案审查制度，所有化妆品都必须进行全成分标注。立法者的初衷在于：

① 给予消费者知情权；

② 提供更全面的信息给消费者，以方便消费者选择需要和喜爱的产品。

　　这两部法律的颁布实施对化妆品配方工程师的产品开发提供了帮助，因为包括知名品牌在内的所有化妆品的成分都必须全成分标注，不得隐藏，所以对知名化妆品的成分表进行剖析、推导与学习，变得更为容易，参考知名化妆品的成分表进行产品创新也变得更为必要。

二、掌握配方三要素

　　在开始研发化妆品配方之前，作为配方师，还要先明白下面这个重要的问题：什么是化妆品配方。参阅相关资料，并结合编者的认知，将化妆品配方定义为：为生产某种化妆品需要的配料所提供的方法和配比。这个定义规定了"配方三要素"：

　　① 配料；

　　② 方法（生产工艺）；

　　③ 配比。

　　下面分别详细介绍"配方三要素"：

　　第一，配料即生产者按照产品的设计，有目的地添加到产品配方中，并在最终产品中起到一定作用的所有成分，包括单体成分和混合物。如果是研习知名化妆品，那么，其"配料"可以说是已知的。《消费品使用说明——化妆品通用标签》6.4.1规定"在化妆品销售包装的可视面上应真实地标注化妆品全部成分的名称"。比如有一款"保湿柔润精华霜"，在盒子的右侧面就能看到其所有的配料（成分）如下。

　　成分：水、环五聚二甲基硅氧烷、1,3-丙二醇、甘油、环己硅氧烷、PEG-10聚二甲基硅氧烷、角鲨烷、二苯基甲硅烷氧基苯基聚三甲基硅氧烷、二硬脂二甲铵锂蒙脱石、氯化钠、兰科植物提取物、透明质酸、1,2-己二醇、腺苷、月桂基PEG-9聚二甲基硅氧乙基聚二甲基硅氧烷、聚硅氧烷-11、聚二甲基硅氧烷、聚二甲基硅氧烷/乙烯基聚二甲基硅氧烷交联聚合物、乙基己基甘油、甜菜碱、EDTA-2Na、高岭土、葡萄糖、生育酚（维生素E）、精氨酸/赖氨酸多肽、（日用）香精。

　　观察盒子上印刷的化妆品成分表，就可以了解到该产品的所有成分。但是，市场上流通的化妆品原料有时是以混合物的形式存在的，单一的成分有时购买不到，或者根本不存在。相关法规也有约定：对混合物成分应按照其混合前的物质标注。所以只观察盒子上印刷的化妆品成分表，不能弄清楚这个产品的成分是以单一成分还是以混合物的形式加入配方中，这时候就要登录"国产非特殊化妆品备案查询平台"，输入相关知名化妆品的商标和产品名称进行查询。为了行文方便，将盒子上的成分表命名为"成分表"，"国产非特殊用途化妆品备案查询平台"查询到的包含混合物的成分表命名为"组分表"。如这一瓶"保湿柔润精华霜"，查询到该产品的组分表如下。

　　成分：配方导入模板：{水，1,3-丙二醇，（环己硅氧烷，环五聚二甲基硅氧烷），甘油，（PEG-10聚二甲基硅氧烷，环五聚二甲基硅氧烷，二硬脂二甲铵锂蒙脱石），二苯基甲硅烷氧基苯基聚三甲基硅氧烷，PEG-10聚二甲基硅氧烷，角鲨烷，氯化钠，（聚硅氧烷-11，聚二甲基硅氧烷），（甘油，甜菜碱，葡萄糖，兰科植物提取物，聚二甲基硅氧烷，1,3-丙二醇，水），1,2-己二醇，（环己硅氧烷，聚二甲基硅氧烷/乙烯基聚二甲基硅氧烷交联聚合物，环五聚二甲基硅氧烷），二硬脂二甲铵锂蒙脱石，（精氨酸/赖氨酸多肽，水），（月桂基PEG-9聚二甲基硅氧乙基聚二甲基硅氧烷，生育酚），（日用）香精，（生育酚，乙基己基甘油），腺苷，高岭土，EDTA-2Na，透明质酸}。

　　大括号"{　}"里的内容就是该产品的所有组分，有些配料是括在小括号"（　）"里的，其意思是这个括号里的组分是个混合物，不止一个成分。比如（环己硅氧烷，环五聚二甲基硅氧烷），如果只看盒子上的成分表，还可能真以为分别加入环己硅氧烷、环五聚二甲基硅氧烷，事实上纯的环己硅氧烷成本有些高，添加进入配方不是很经济，参看组分表后，就应该直接添加 XIAMETER（R）PMX-0345。

第二，方法，即产品的生产工艺。有经验的化妆品配方工程师，看了产品的成分表或者组分表之后，都比较容易推导出产品的生产工艺。如果是膏霜，基本上只有油包水乳化工艺、水包油乳化工艺或者位阻式乳化工艺的区别。还以这盒"保湿柔润精华霜"为例，里面用到了经典的硅油包水乳化剂：PEG-10 聚二甲基硅氧烷、月桂基 PEG-9 聚二甲基硅氧乙基聚二甲基硅氧烷，还含有硅油包水稳定剂：氯化钠，因此基本上可以判定其工艺是油包水乳化工艺。

第三，配比，即某成分在产品中的百分含量。一个产品配方其配料少则十几种组分，多则五十几种组分，每种组分可能又含有三、五种成分，每种成分都要推导出其合理的配比，的确不是一件容易的事。但也并非无章可循，凡事都有规律。从《消费品使用说明——化妆品通用标签》《国产非特殊用途化妆品备案管理办法》入手，找出规律，可以总结出化妆品成分配比的推导原则。但在学习推导之前，先介绍一个非常重要的数据库——化妆品成分配比经验值数据库。

三、建立"化妆品成分配比经验值数据库"

在任何一个配方里，任一成分的配比都不可能无限大，也不可能无限小，它有一个理想的配比，但找到某一成分在某一特定配方里的理想配比是很难的。比如在一个只有 20 种成分的面膜配方里，一个有经验的配方师，如果非要通过实验去论证这 20 种成分在面膜配方里的理想配比，要做的正交实验不下 3000 次。

编者初步调查过，在广州，一个做自主品牌兼做代工、年销售额 5000 万元的化妆品厂，它的配方工程师平均每天要开发 1 个配方，但一个专做化妆品 OEM 加工、年销售额也有 5000 万元的化妆品厂，它的配方工程师平均每天就要开发 20 个以上的配方。如果每个配方都要做正交实验，那么 1 个配方做 3000 次实验，20 个配方 6 万次，平均每次实验时间要 30min。如果是这样，化妆品配方开发将是一件无法完成的事，化妆品配方工程师一生的时间就可能"荒废"在这无休止的实验之中，一辈子也做不出几个配方。幸好，化妆品配方开发既是科学，也是艺术，更是经验，"化妆品成分配比经验值"在化妆品配方开发中起到的即使不是主导作用也是关键作用。

比如在设计一个保湿霜时，无论是有经验的还是无经验的配方工程师，都会考虑添加甘油和透明质酸钠，但甘油和透明质酸钠的配比各是多少呢？编者的经验是：甘油配比设定在 5%～15%，透明质酸钠的配比设定在 0.03%～0.25%，为什么这样设计配比呢？这是经验值！就像中医的许多经典药方的疗效也得到现代科学的佐证一样，化妆品成分配比经验值并不违背科学，相反，合理的化妆品成分配比经验值都无一例外地遵循了某种科学原理，都有它的科学合理性。再以甘油在热乳化型膏霜中的使用为例，在保湿霜中甘油的配比经验值设定在 5%～15% 是有它的科学合理性的：首先，甘油具有很好的抗冻性，能很好地保护保湿霜在 -20℃ 不被冻坏，为了保证甘油发挥它的抗冻作用，甘油在热乳化型保湿霜中的使用量不应低于 5%；其次，甘油虽然是很好的保湿剂，但如果配比偏高，在非常干燥的气候环境里它反而会从皮肤深处吸收水分而导致皮肤更干燥，所以甘油在化妆品配方中的使用量不应超过 20%；最后，一个保湿霜配方除了含有甘油之外，常常还复配丁二醇、戊二醇、二丙二醇、聚乙二醇、甜菜碱、海藻糖、透明质酸钠、PCA钠等多种保湿成分，为达到良好的保湿性能以及使用手感，甘油在化妆品配方中的合理配比不应超过15%。

　　以上是结合经验，又依据科学，建立了甘油在热乳化型膏霜里的配比经验值。化妆品成分配比经验值的定义可以概括为：化妆品配方工程师根据经验，并遵循科学，设定某一成分在某种剂型化妆品配方中的配比数值范围。化妆品配方工程师为每一个所用到的化妆品成分建立配比经验值，就建立了属于他个人的"化妆品成分配比经验值数据库"。

　　在与化妆品配方工程师交流"化妆品成分配比经验值数据库"时，有些配方工程师觉得这个数据库应该是实用的化妆品配方设计工具，感叹自己之前没有建立过这样的数据库。其实，每个化妆品配方工程师都建立过一个只属于他自己的"化妆品成分配比经验值数据库"，或大或小，或合理或不合理而已，所谓化妆品配方就是有意或无意地使用这种数据库的数值进行加工的产物，即使他从来没有在笔记本上或电脑里建立过这样的数据库，也从来没有意识到已经在大脑里建立了这样一个数据库，并时时应用它。"化妆品成分配比经验值数据库"植根于经验，并牢牢地存储在每一个化妆品配方工程师的大脑里。为什么许多配方工程师设计一个保湿霜配方时，油脂的总配比不会超过30%？这就是配比经验值！打板打多了的配方工程师就知道油脂总配比超过30%的保湿霜太油腻了，现在的人，特别是年轻的消费者，不会喜欢这么油腻的配方。那为什么同一个配方师在设计按摩膏的配方时，油脂的总配比又要超过40%？其实这也是配比经验值。只要在手背上按摩十几分钟就知道如果按摩膏里的油脂含量少了，润滑度就不够，不好按摩。

　　虽然说，存在于配方工程师脑海里的"化妆品成分配比经验值数据库"也可以指导人们设计修改配方，但编者还是强烈建议具有3年以上研发实践经验的配方工程师，最好还是在电脑里建立"化妆品成分配比经验值数据库"，这样既能提高个人工作效率，也有利于指导年轻的配方工程师尽快成才。比如一个不太常用的原料：香兰基丁基醚，通过试验验证它在紧致霜里的配比为0.2%就能取得良好的发热感，最好就把数据登记在电脑里的"化妆品成分配比经验值数据库"，那么在90天后设计另一个类似配方时一旦忘记了香兰基丁基醚的配比，也可以通过查阅数据库轻易得到，不用再重新试验一番。

　　"化妆品成分配比经验值数据库"既然是经验值，那么它就是私有的、个性化的东西，每个人都有他的经验值，没有谁对谁错，只有谁的经验值更加趋向理想而已。为了帮助初入行者，或者入行多年但未入深者做好化妆品配方创新，这里选了部分广州某化妆品有限公司"化妆品成分配比经验值数据库"的资料（表13-1），供大家参考、学习。由于是护肤品配方工程师，因此只建立了护肤品成分配比经验值数据库。

　　在表13-1中，分别列出了油脂在乳化膏霜、乳液、凝乳/凝霜、面膜等产品中的总配比，也列出了保湿剂在乳化膏霜、乳液、凝乳/凝霜、化妆水、精华素、面膜等产品中的总配比。这是一个非常实用的数据，初入行的准配方师，一定要熟记于心，如果做到了，可保证准配方工程师在职业生涯的初期不犯或少犯严重的错误。以乳化膏霜为例，在数据库里，规范了在乳化膏霜里油脂的总配比是10%～30%，为什么这样设定呢？油脂总配比超过30%一来不好乳化、配方可能也不稳定，二来市场不需要油脂含量那么大的油腻产品（按摩膏例外）；但油脂总配比低于10%，对于一个乳化膏霜来说其滋润度太低了，不符合消费者的心理预期，买一个不滋润的保湿霜会令其感到失望。其他产品如乳液、凝霜等的油脂、保湿剂的总配比都是基于市场要求、消费者需求、配方开发经验等多方面而得出的经验数据。

表 13-1　广州某化妆品公司建立的"化妆品成分配比经验值数据库"

成分类型	标准中文名称	配比范围/%					
		乳化膏霜 油脂总配比 10%~30% 保湿剂总配比 5%~15%	乳液 油脂总配比 8%~15% 保湿剂总配比 5%~10%	凝乳/凝霜 油脂总配比 3%~10% 保湿剂总配比 5%~20%	化妆水 油脂总配比 0~2% 保湿剂总配比 2%~15%	面膜液 油脂总配比 0~2% 保湿剂总配比 2%~10%	精华素 油脂总配比 0~2% 保湿剂总配比 5%~20%
油脂	液体石蜡	5~20(在按摩膏里的配比可达 30)	5~10	2~5	—	—	—
	矿脂	1~8	1~3	1~3	—	—	—
	氢化聚异丁烯	3~10	4~8	2~4	—	—	—
	氢化聚癸烯	3~10	2~6	2~4	—	—	—
	碳酸二辛酯	0.5~5	0.5~3	0.5~3	—	—	—
	辛酸/癸酸甘油三酯	5~10	3~8	2~5	—	—	—
	棕榈酸乙基己酯	3~10	4~8	2~5	—	—	—
	异壬酸异壬酯	2~8	1~5	1~5	0.1~0.5	0.1~1	0.1~1
	甘油三(乙基己酸)酯	5~10	3~8	2~5	—	—	—
	季戊四醇四(乙基己酸)酯	2~8	1~5	1~3	—	—	—
	二异硬脂醇苹果酸酯	1~3	1~3	0.5~2	—	—	—
	聚二甲基硅氧烷(5~350cst)	1~3	1~3	1~3	0.1~0.5	0.1~1	0.1~1
	环五聚二甲基硅氧烷	2~5(在油包水型膏霜里的配比为 5~20)	1~3(在油包水型乳液里的配比为 10~30)	1~3	0.3~1	0.5~2	0.5~2
	苯基聚二甲基硅氧烷	0.5~2	0.5~2	0.5~2	0.3~1	0.5~2	0.5~2
	环五聚二甲基硅氧烷,聚二甲基硅氧烷醇(DOW PMX-1401/PMX-1501)	0.5~2	0.5~2	0.5~5	0.1~0.5	0.1~1	0.1~1

续表

成分类型	标准中文名称	配比范围/% 乳化膏霜 油脂总配比 10%~30%	乳化膏霜 保湿剂总配比 5%~15%	乳液 油脂总配比 8%~15%	乳液 保湿剂总配比 5%~10%	凝乳/凝霜 油脂总配比 3%~10%	凝乳/凝霜 保湿剂总配比 5%~20%	化妆水 油脂总配比 0~2%	化妆水 保湿剂总配比 2%~15%	面膜液 油脂总配比 0~2%	面膜液 保湿剂总配比 2%~10%	精华素 油脂总配比 0~2%	精华素 保湿剂总配比 5%~20%
油脂	环五聚二甲基硅氧烷/聚二甲基硅氧烷交联聚合物（DC-9040）	0.5~5		0.5~3		0.5~5		—		—		—	
	鲸蜡硬脂醇	0.5~3		0.2~1		—		—		—		—	
	霍霍巴籽油	0.5~5		0.5~3		0.5~3		0.1~0.5		0.1~1		0.1~1	
	角鲨烷	0.1~5		0.1~5		0.1~3		—		—		—	
	油橄榄果油	1~8		1~4		0.5~3		—		—		—	
	山茶籽油	1~8		1~4		0.5~3		—		—		—	
	稻糠油	1~5		1~3		—		—		—		—	
	氢化椰油甘油酯类	1~5		1~3		—		—		—		—	
	牛油果树果脂	1~5		1~3		—		—		—		—	
乳化剂	甘油硬脂酸酯，PEG-100 硬脂酸酯［GAR-LACEL 170-PA-(SG)]	1~3		1~3		—		—		—		—	
	PEG-20 甲基葡糖倍半硬脂酸酯（Glucamate SSE-20）	1~2.5		1~2.5		0.5~1		0.2~0.5		0.2~0.5		0.2~0.5	
	甲基葡糖倍半硬脂酸酯（Glucamate SS）	0.5~1.5		0.5~1.5		—		—		—		—	
	聚山梨醇酯-20(吐温-20)	1~2		1~2		0.3~2		0.1~0.3		0.1~0.3		0.1~0.3	
	聚山梨醇酯-60	1~2		1~2		0.3~2		0.1~0.3		0.1~0.3		0.1~0.3	
	山梨坦硬脂酸酯（司盘-60）	1~3		1~3		—		—		—		—	
	$C_{12} \sim C_{20}$ 烷基葡糖苷、$C_{14} \sim C_{22}$ 醇（Montanov L）	1~3		1~3		—		0.1~0.5		0.1~0.5		0.1~0.5	

续表

成分类型	标准中文名称	乳化膏霜 油脂配比 10%~30%	乳化膏霜 保湿剂总配比 5%~15%	乳液 油脂总配比 8%~15%	乳液 保湿剂总配比 5%~10%	凝乳/凝霜 油脂总配比 3%~10%	凝乳/凝霜 保湿剂总配比 5%~20%	化妆水 油脂总配比 0~2%	化妆水 保湿剂总配比 2%~15%	面膜液 油脂总配比 0~2%	面膜液 保湿剂总配比 2%~10%	精华素 油脂总配比 0~2%	精华素 保湿剂总配比 5%~20%
乳化剂	鲸蜡硬脂醇橄榄油酸酯,山梨坦橄榄油酸酯(Olivem 1000)	1~2		1~2		0.5~1		0.1~0.5		0.1~0.5		0.1~0.5	
	聚丙烯酸酯-13、聚异丁烯、聚山梨醇酯20(SEPIPLUS 400)	0.5~1.5		0.5~1.5		0.5~2.5		0.1~0.5		0.1~0.5		0.1~0.5	
	PEG-10聚二甲基硅氧烷(KF-6017)	1~3		1~3		0.1~0.5		—		—		—	
	月桂基 PEG-9 聚二甲基硅氧乙基聚二甲基硅氧烷(KF-6028)	0.8~2		0.8~2		—		—					
	鲸蜡基 PEG/PPG-10/1 聚二甲基硅氧烷(EM90)	0.8~2.5		0.8~3									
	C₂₀~C₂₂醇、C₂₀~C₂₂醇磷酸酯(SEN-SANOVWR)	0.3~1		0.3~1		0.1~0.3		0.1~0.3		0.1~0.3		0.1~0.3	
	丙烯酸(酯)类共聚物钠、卵磷脂(Lecigel)	0.3~1		0.3~1		0.8~2		0.1~0.3		0.1~0.5		0.1~0.5	
	丙烯酸羟乙酯/丙烯酰二甲基牛磺酸钠共聚物(EMT-10)	0.3~1.5		0.3~1		0.3~2		0.1~0.3		0.1~0.5		0.1~1	
保湿剂	丙二醇		3~15		3~15		3~15		3~15		1~5		1~5
	丁二醇		3~15		3~15		3~15		3~15		1~5		1~5
	双丙甘醇		3~15		3~15		3~15		3~15		1~5		1~5
	戊二醇		0.3~3		0.3~3		0.3~3		0.3~2		0.3~2		0.3~2
	己二醇		0.3~2		0.3~2		0.3~2		0.3~2		0.3~2		0.3~2
	辛甘醇		0.1~0.5		0.1~0.5		0.1~0.5		0.1~0.5		0.1~0.5		0.1~0.5
	甘油		5~15		5~15		3~15		1~5		1~5		1~5

续表

成分类型	标准中文名称	配比范围/%					
		乳化膏霜 油脂总配比 10%~30% 保湿剂总配比 5%~15%	乳液 油脂总配比 8%~15% 保湿剂总配比 5%~10%	凝乳/凝霜 油脂总配比 3%~10% 保湿剂总配比 5%~20%	化妆水 油脂总配比 0~2% 保湿剂总配比 2%~15%	面膜液 油脂总配比 0~2% 保湿剂总配比 2%~10%	精华素 油脂总配比 0~2% 保湿剂总配比 5%~20%
保湿剂	聚甘油-10	1~5	1~5	1~5	0.5~3	0.5~3	0.5~3
	甘油丙烯酸酯/丙烯酸共聚物、丙二醇、PVM/MA共聚物(lubrajel oil)	2~5	2~5	2~5	1~5	1~5	1~5
	尿素	0.5~5	0.5~5	0.5~3	—	—	—
	甜菜碱	0.1~3	0.1~3	0.1~3	0.1~3	0.1~3	0.1~3
	海藻糖	0.1~3	0.1~3	0.1~3	0.1~3	0.1~3	0.1~3
	赤藓醇	0.1~2	0.1~2	0.1~2	0.1~2	0.1~2	0.1~2
	透明质酸钠(100-230万分子量)	0.005~0.35	0.005~0.35	0.005~0.35	0.005~0.35	0.005~0.35	0.005~0.35
增稠剂	黄原胶	0.05~0.3	0.05~0.3	0.05~0.1	0.05~0.1	0.03~0.15	0.03~0.15
	丙烯酸(酯)类/C$_{10~30}$烷醇丙烯酸酯交联聚合物(Carbopol Ultrez-20)	—	0.05~0.3	—	0.03~0.15	0.03~0.15	0.03~0.15
	卡波姆940(卡波姆)	0.05~0.2	0.03~0.15	0.03~0.35	0.03~0.1	0.03~0.15	0.03~0.15
	聚乙二醇-90M	0.01~0.1	0.01~0.1	0.01~0.1	0.01~0.1	0.01~0.1	0.01~0.1
	羟乙基纤维素	0.05~0.2	0.05~0.2	0.05~0.2	0.02~0.1	0.05~0.1	0.05~0.2
防腐剂	羟苯甲酯	0.15~0.2	0.15~0.2	0.1~0.15	0.05~0.1	0.05~0.1	0.05~0.1
	羟苯丙酯	0.05~0.1	0.05~0.1	0.05~0.1	0.02~0.05	0.02~0.05	0.02~0.05
	甲基异噻唑啉酮(Microcare MT)	0.01~0.12	0.01~0.12	0.01~0.12	0.01~0.12	0.01~0.12	0.01~0.12
	双(羟甲基)咪唑烷基脲(桑普 杰马-A)	0.05~0.2	0.05~0.2	0.05~0.2	0.05~0.2	0.05~0.2	0.05~0.2

四、化妆品成分配比的推导原则和应用

下面从《消费品使用说明——化妆品通用标签》《国产非特殊用途化妆品备案管理办法》法规入手，以及结合编者建立的《化妆品成分配比经验值数据库》，总结出以下三个化妆品成分配比的推导原则，使用这些推导原则，就可以根据知名化妆品的包装盒上的成分表，以及"国产非特殊用途化妆品备案查询平台"查到的该产品的组分表，推导出知名化妆品的大致配方。

(一) 推导原则

原则一：在化妆品成分表中找出一个其配比等于或稍高于 1% 的成分，称之为"分水岭成分"，"分水岭成分"之前的其他成分的配比都≥1%，之后的其他成分的配比都小于 1%。

《消费品使用说明——化妆品通用标签》规定："成分表中成分名称应按加入量的降序列出。"这一条规定说明：成分表中的成分是"按加入量的降序列出"的，也就是说前面成分的含量一般情况下大于或者等于后一成分的含量。

《消费品使用说明——化妆品通用标签》规定："如果成分的加入量小于和等于 1% 时，可以在加入量大于 1% 的成分后面任意排列成分名称。"这一条规定说明：加入量≤1% 的组分的排列是随机排列，加入量是 0.1% 还是 1% 不得而知，但肯定不会超过 1%。

能否找出"分水岭成分"是能否推导出化妆品成分配比的一个关键成分，"分水岭成分"出现在成分表中间的位置或第十位以后位置的概率较高，因为要保证一个配方有足够的保湿度，总要添加大量的保湿剂和油脂，这些保湿剂和油脂通常都占据在前十的位置，且用量常常大于 1%。现以这款"保湿柔润精华霜"为例，来说明如何找到"分水岭成分"。

成分：水、环五聚二甲基硅氧烷、1,3-丙二醇、甘油、环己硅氧烷、PEG-10 聚二甲基硅氧烷、角鲨烷、二苯基甲硅烷氧基苯基聚三甲基硅氧烷、二硬脂二甲铵锂蒙脱石、氯化钠、兰科植物提取物、透明质酸、1,2-己二醇、腺苷、月桂基 PEG-9 聚二甲基硅氧乙基聚二甲基硅氧烷、聚硅氧烷-11、聚二甲基硅氧烷、聚二甲基硅氧烷/乙烯基聚二甲基硅氧烷交联聚合物、乙基己基甘油、甜菜碱、EDTA-2Na、高岭土、葡萄糖、生育酚（维生素 E）、精氨酸/赖氨酸多肽、（日用）香精。

成分：配方导入模板：{水，1,3-丙二醇，（环己硅氧烷，环五聚二甲基硅氧烷），甘油，（PEG-10 聚二甲基硅氧烷，环五聚二甲基硅氧烷，二硬脂二甲铵锂蒙脱石），二苯基甲硅烷氧基苯基聚三甲基硅氧烷，PEG-10 聚二甲基硅氧烷，角鲨烷，氯化钠，（聚硅氧烷-11，聚二甲基硅氧烷），（甘油，甜菜碱，葡萄糖，兰科植物提取物，聚二甲基硅氧烷，1,3-丙二醇，水），1,2-己二醇，（环己硅氧烷，聚二甲基硅氧烷/乙烯基聚二甲基硅氧烷交联聚合物，环五聚二甲基硅氧烷），二硬脂二甲铵锂蒙脱石，（精氨酸/赖氨酸多肽，水），（月桂基 PEG-9 聚二甲基硅氧乙基聚二甲基硅氧烷，生育酚），（日用）香精，（生育酚，乙基己基甘油），腺苷，高岭土，EDTA-2Na，透明质酸}。

这是一个硅油包水保湿霜。排在中间的位置有一个比较熟悉的成分"透明质酸"，假如这个"透明质酸"选用的是常规 115 万～175 万分子量的品种的话，其用量接近 1% 是不太可能的，因为配比太高会导致膏体太稠厚、黏滞。排在第十一位的成分"氯化钠"，极有可能是配比接近 1% 的成分，因为按照硅油包水乳化理论，氯化钠的加入可以使乳化颗粒带电，使得乳化颗粒在连续相中相互排斥，以稳定体系。氯化钠为什么是配比接近 1% 呢？根

据相关的专业乳化理论书籍，氯化钠配比建议是 1％左右。同时，氯化钠 1％的配比也是一个经验值，配比高了会刺激皮肤，配比低了产品不稳定。另外，前面的成分"二硬脂二甲铵锂蒙脱石"，是一种季铵化的蒙脱土，配比高在皮肤上会产生阻塞感，因此它的用量估计也是在 1％左右，这是一个经验值——因此说在化妆品配方研究中，经验值非常重要。基于以上分析，基本可以判定该产品的"分水岭成分"是"氯化钠"。"氯化钠"前面成分的配比都是大于或等于 1％，而后面成分的配比都是小于 1％。

　　原则二：通过在皮肤上涂抹试用化妆品，感受其使用时和使用后的效果，以及观察各成分在成分表中的所在位置，并参考"化妆品成分配比经验值数据库"的相关数据来判断该化妆品中配比≥1％的主体成分的添加量。

　　如果是护肤品，则根据滋润度来判断整体油脂和保湿剂的添加量；如果是洁面产品，则根据使用后的清洁度来推断表面活性剂的添加量；如果是口红，则要根据涂敷后的滋润感来推定各种油脂和蜡的比例。

　　以这盒"保湿柔润精华霜"为例，涂抹时感觉它是非常轻质的一款凝霜，厚重的成分估计是没有加入的，查看其成分表也验证了这一点。排在前面仅次于水的成分是"环五聚二甲基硅氧烷"，则判断它和排在第五位的"环己硅氧烷"同属一个组分，商品名为 XIAMETER(R) PMX-0345。PMX-0345 属于挥发性硅油，对皮肤来说没有任何滋润感可言，PMX-0345 在配方中的使用是想让这款精华霜在使用时产生轻盈透气的感觉。触摸涂敷本产品的皮肤，判断 PMX-0345 在本产品中的配比不低于 10％。考虑到硅油包水配方的稳定性，PMX-0345 作为油包水配方的外相的主要组成部分，其用量应该在 15％左右，否则该产品的稳定性欠佳。

　　排在第三位和第四位的成分是"1,3-丙二醇"和"甘油"，它们都属于保湿剂，对皮肤有补水保湿功效，考虑到这款"保湿柔润精华霜"的油脂主体成分是"环五聚二甲基硅氧烷""环己硅氧烷"，它们基本上没有滋润度，因此"1,3-丙二醇"和"甘油"的使用量一定不能低，否则，对皮肤而言这款霜除了爽滑的肤感之外没有任何好处，因此大胆地设定"1,3-丙二醇"的配比为 12％，"甘油"的配方为 8％。

　　原则三：所推导的知名化妆品，如果属于乳化体系，则应查找相关书籍或供应商资料，确定乳化剂的配比。

　　对于一个乳化体系的产品来说，乳化剂是该产品的灵魂，乳化剂的选择、用量、搭配合理与否，决定了该产品在长达 3 年的货架寿命时间里，其品质是否恒定不变。有经验的工程师看一眼成分表大概也可以推测出乳化剂的配比，比如这款"保湿柔润精华霜"，主乳化剂"PEG-10 聚二甲基硅氧烷"的配比设定为 2％，辅助乳化剂"月桂基 PEG-9 聚二甲基硅氧乙基聚二甲基硅氧烷"的配比设定为 0.5％。但没有经验的配方工程师，不能随意设定，乳化剂的配比从 0.1％～10％都有可能，从来没有使用过这两款乳化剂的配方工程师是不能推定出它的配比的。因此应多查阅专业资料或书籍。就上面这两款硅油乳化剂来说，它们极有可能是日本某化学有机硅有限公司生产的原料，要弄懂这两款乳化剂的属性以及在配方中的配比，查阅该公司的资料或者请教该公司技术人员是最好的方法。

　　以上是为配方设计人员总结出的化妆品成分配比的三个推导原则，不过，由于化妆品配方设计的复杂性，以及化妆品剂型的繁多，仅靠这三个推导原则的指导就能轻易地做出与名牌产品一样品质的产品，那是不可能的。但它作为一个指南，为初入行者指明方向；作为一缕阳光，为迷途者拨开迷雾，相信是可以的。下面举例说明对从市场上购买来的五款产品，如何使用三个推导原则推导出其大致配方。

（二）应用实例

1. 滋养保湿晚霜（水包油型膏霜）

（1）配方成分表

成分：水、角鲨烷、矿油、甘油、聚二甲基硅氧烷、鲸蜡醇、PEG-40 硬脂酸酯、甘油硬脂酸酯、山梨坦三硬脂酸酯、蜂蜡、微晶蜡、辛基十二醇、丙烯酰胺/丙烯酰基二甲基牛磺酸钠共聚物、水解大豆蛋白、苯氧乙醇、长柔毛薯蓣根提取物、香精、异十六烷、己基癸醇、石蜡、丙烯腈/甲基丙烯酸甲酯/亚乙烯基二氯共聚物、氯苯甘醚、硬脂醇、辛酰水杨酸、谷维素、羟苯甲酯、肉豆蔻醇、聚山梨醇酯-80、泛酰巯基乙胺磺酸钙、EDTA-2Na、素方花花提取物、芳樟醇、薰衣草油、迷迭香叶油、苧烯、CI 15985、丁香酚、香豆素、柠檬醛、香茅醇、氢氧化钠、香叶醇、苯甲醇。

（2）配方推导

参照以上成分表和下面的组分表，基于三个"推导原则"以及个人经验，可推导出"滋养保湿晚霜"的大致配方，见表 13-2。

表 13-2　滋养保湿晚霜推导配方

物质名称	质量分数/%
①水	加至 100
②角鲨烷	8
③甘油	8
④聚二甲基硅氧烷	2.5
⑤矿油	8
⑥（鲸蜡醇，肉豆蔻醇，硬脂醇）	3
⑦（矿油，微晶蜡，石蜡）	2
⑧PEG-40 硬脂酸酯	2.5
⑨甘油硬脂酸酯	1
⑩山梨坦三硬脂酸酯	0.5
⑪（丙烯酰胺/丙烯酰基二甲基牛磺酸钠共聚物，水，异十六烷，聚山梨醇酯-80）	0.6
⑫蜂蜡	1
⑬[己基癸醇，长柔毛薯蓣(dioscorea villosa)根提取物]	0.2
⑭辛基十二醇	1
⑮苯氧乙醇	0.5
⑯（水，水解大豆蛋白）	0.3
⑰[水，素方花(jasminum officinale)花提取物]	0.1
⑱（水解大豆蛋白，苯氧乙醇）	0.5
⑲香精	适量
⑳丙烯腈/甲基丙烯酸甲酯/亚乙烯基二氯共聚物	0.8
㉑谷维素	0.1
㉒羟苯甲酯	0.2
㉓氯苯甘醚	0.3
㉔辛酰水杨酸	0.2

物质名称	质量分数/%
㉕（泛酰巯基乙胺磺酸钙，水）	0.1
㉖（EDTA-2Na，水）	0.2
㉗氢氧化钠	0.02
㉘迷迭香（rosmarinus officinalis）叶油	0.01
㉙薰衣草（lavandula angustifolia）油	0.01
㉚CI 15985	适量
㉛苯甲醇、香茅醇、香叶醇、苧烯、芳樟醇、香豆素、丁香酚、柠檬醛	适量

（3）推导的理由和过程

1）先找出分水岭成分。根据在成分表中的位置以及经验，初步判定甘油硬脂酸酯就是"分水岭成分"，理由是甘油硬脂酸酯作为"滋养保湿晚霜"的配方的辅乳化剂配比不宜太高，且后面还有一个 HLB 值为 2.1 的辅乳化剂山梨坦三硬脂酸酯，因此将甘油硬脂酸酯的配比设定为1%，"甘油硬脂酸酯"前面成分的配比都≥1%，而后面成分的配比都<1%。

2）确定各主体成分的配比。由于成分②角鲨烷在成分表里排在第二位，仅次于水的位置，且它是成分表中为数不多的液体油脂，虽然角鲨烷的原料价格高达450元/kg，但考虑到该产品在中国市场的售价也高达350元/盒，所以角鲨烷在配方中的配比多少不太受原料成本的限制；再通过涂抹，感觉"滋养保湿晚霜"比较嫩滑滋润，因此确定突破"化妆品成分配比经验值数据库"的经验值：角鲨烷配比的上限为5%，将成分②角鲨烷的配比设定为8%。

由于成分③甘油在成分表里排在第四位，考虑到它是配方里唯一的多元醇保湿剂，配比不能过低，但前面已经将排在第二位的成分②角鲨烷的配比设定为8%，按降序排列原则，那么排在第四位的成分③甘油的配比也只能设定在8%。

成分④聚二甲基硅氧烷作为一种调节手感以及预防膏霜泛白的成分，只要起到这两方面作用就可以了，加多了也不会提高产品的滋润度，所以将其设定在2.5%。

成分⑤矿油在成分表里排在第三位，它的配比比较容易推导，因为排在第二位的成分②角鲨烷和排在第四位的成分③甘油都被设定在8%，那么按照化妆品成分降序排列规则，成分⑤矿油的配比也只能设定在8%。

成分⑥（鲸蜡醇，肉豆蔻醇，硬脂醇）在中国原料界这三个成分很少有原料厂家组合成一种原料来出售，可能是这款"滋养保湿晚霜"的生产厂家自己预配的一个原料。按照经验，不管什么样的高碳链醇如鲸蜡醇、肉豆蔻醇、硬脂醇、山嵛醇、花生醇，它们在一个膏霜里的总配比量不应超过3%，总配比大了，涂敷感很差，于是将⑥（鲸蜡醇，肉豆蔻醇，硬脂醇）的配比设定为3%。由于买不到这个原料，故将该组分拆分成三个单一原料分别加入配方中，配比为：鲸蜡醇2.5%，肉豆蔻醇0.2%，硬脂醇0.3%。

成分⑦（矿油，微晶蜡，石蜡）同样是在中国这三个成分也很少见有原料厂家组合成一种原料来出售，这又可能是这款"滋养保湿晚霜"的生产厂家预配的一个原料。按照对微晶蜡、石蜡这类高碳烷烃的认识，在配方中不会加太大量，因此决定将成分⑦（矿油，微晶蜡，石蜡）的配比设定为2%，也由于买不到该混合原料，故将该组分拆分成三个单一原料分别加入配方中，配比为：矿油1%，微晶蜡0.5%，石蜡0.5%。

3）确定乳化剂的配比。查阅某公司的相关资料，以及参考"化妆品成分配比经验值数据库"，将该产品的乳化剂成分⑧PEG-40 硬脂酸酯设定在 2.5％。成分⑧PEG-40 硬脂酸酯是"滋养保湿晚霜"的主乳化剂，其配比不能太低，否则乳化能力可能不足，PEG-40 硬脂酸酯紧跟排在鲸蜡醇的后面，在成分⑥（鲸蜡醇，肉豆蔻醇，硬脂醇）的组分里，单独设定过鲸蜡醇的配比为 2.5％，按降序排列规则，成分⑧PEG-40 硬脂酸酯的配比不得大于2.5％，所以它的配比设定为 2.5％。

　　成分⑨甘油硬脂酸酯作为"滋养保湿晚霜"的辅乳化剂，已经被设定为分水岭成分，配比为 1％；根据 HLB 值，成分⑩山梨坦三硬脂酸酯的配比也不宜设定太高，所以将其设定为 0.5％。

　　4）非主体成分的配比。由于其他成分在成分表中的位置都排在分水岭成分——甘油硬脂酸酯的后面，它们的含量都小于 1％，依照成本以及参考"化妆品成分配比经验值数据库"，分别对它们的配比给出了如表 13-2 所示的数据。

　　2. 滋养保湿乳液（水包油型乳液）

　　（1）配方成分表

　　成分：水、丁二醇、甘油、白池花籽油、辛酸/癸酸甘油三酯、聚二甲基硅氧烷、氢化卵磷脂、水解大豆蛋白、苯氧乙醇、羟苯甲酯、PEG-100 硬脂酸酯、甘油硬脂酸酯、丙烯酰二甲基牛磺酸铵/硬脂醇聚醚-25 甲基丙烯酸酯交联聚合物、黄原胶、氯苯甘醚、鲸蜡醇、香精、卡波姆、硬脂醇、季戊四醇四（双-叔丁基羟基氢化肉桂酸）酯、泛酰巯基乙胺磺酸钙、EDTA-2Na、1,2-戊二醇、素方花花提取物、芳樟醇、苧烯、肉豆蔻醇、氢氧化钾、苯甲醇、香叶醇、香茅醇 [774382/08；C187808/1A]。

　　（2）配方推导

　　参照以上成分表和下面的组分表，基于三个"推导原则"以及经验，将推导"滋养保湿乳液"的大致配方，见表 13-3。

表 13-3　滋养保湿乳液推导配方

物质名称	质量分数/%
①水	加至 100
②丁二醇	8
③甘油	8
④白池花(limnanthes alba)籽油	7
⑤辛酸/癸酸甘油三酯	6
⑥聚二甲基硅氧烷	2
⑦氢化卵磷脂	2
⑧(甘油硬脂酸酯,PEG-100 硬脂酸酯)	1
⑨(水,水解大豆蛋白,1,2-戊二醇)	0.5
⑩[水,1,2-戊二醇,素方花(jasminum officinale)花提取物]	0.5
⑪(水解大豆蛋白,1,2-戊二醇,苯氧乙醇)	0.5
⑫苯氧乙醇	0.5
⑬羟苯甲酯	0.18
⑭丙烯酰二甲基牛磺酸铵/硬脂醇聚醚-25 甲基丙烯酸酯交联聚合物	0.8
⑮(鲸蜡醇,肉豆蔻醇,硬脂醇)	0.9
⑯氯苯甘醚	0.3

续表

物质名称	质量分数/%
⑰硬脂醇	0.2
⑱香精	适量
⑲黄原胶	0.15
⑳卡波姆	0.15
㉑（泛酰巯基乙胺磺酸钙，水）	0.5
㉒季戊四醇四（双-叔丁基羟基氢化肉桂酸）酯	0.1
㉓（水，EDTA-2Na）	0.1
㉔（氢氧化钾，水）	适量
㉕苯甲醇、香茅醇、香叶醇、苧烯、芳樟醇	适量

（3）推导的理由和过程

1）先找出分水岭成分。这个配方是比较容易找出分水岭成分的。防腐成分苯氧乙醇、羟苯甲酯在成分表中的位置排名很靠前，分别排在第九、第十位，而这两款防腐剂的配比不可能超过1%，一方面是因为防腐剂加多了可能触犯法规，同时也会导致皮肤敏感，另一方面本产品中还有一种防腐剂氯苯甘醚，所以它们的配比不可能是1%或以上，按经验，苯氧乙醇的配比应为0.3%～0.6%，羟苯甲酯配比可能在0.1%～0.2%。所以分水岭成分还必须向前面找。成分表中前面的一个成分是水解大豆蛋白，作为一个植物成分，不好判断它的配比，植物成分加0.01%也行、加10%也有可能，故先跳过它。再往前看前一个成分是氢化卵磷脂，也是一种植物成分，但其实它是已经被修饰过化学结构的，有经验的配方工程师都知道它是一种乳化剂。参看成分表，这个配方还有另外一个乳化剂：成分⑧（甘油硬脂酸酯，PEG-100硬脂酸酯），但它排在成分⑬羟苯甲酯的后面，配比不能超过1%，所以更显得成分⑦氢化卵磷脂肯定是主乳化剂，且配比不能低，否则乳化可能不稳定，所以将氢化卵磷脂的配比设定为2%，同时将它作为分水岭成分，"氢化卵磷脂"前面成分的配比都≥2%，而后面成分的配比都＜1%。

2）确定各主体成分的配比。由于成分②丁二醇、成分③甘油在成分表里排在第二、第三位，仅次于水的位置，通过涂抹，感觉"滋养保湿乳液"还是比较滋润的一款乳液，参照"化妆品成分配比经验值数据库"配比范围，将成分②丁二醇的配比设定为8%，成分③甘油的配比也设定为8%。

成分④白池花（limnanthes alba）籽油、成分⑤辛酸/癸酸甘油三酯在成分表里排在第四、第五位，是这款乳液的主要油脂成分，既然本品宣称为滋养保湿乳，那它保湿度不能太低，通过涂抹也能感受到其油脂含量不低，参照"化妆品成分配比经验值数据库"：乳液中的油脂总配比为8%～15%，故将本配方中的油脂总配比设定到接近上限——设定成分④白池花（limnanthes alba）籽油的配比为7%，成分⑤辛酸/癸酸甘油三酯的配比设定为6%。

成分⑥聚二甲基硅氧烷估计是350cst的中等黏度的硅油，作为一种调节手感以及预防膏霜泛白的成分，只要达到这两方作用就可以了，加多了也不会提高滋润度，故将其设定在2%。

3）确定乳化剂的配比。成分⑦氢化卵磷脂、成分⑧（甘油硬脂酸酯，PEG-100硬脂酸酯）是这款产品的乳化剂，在前面分水岭成分寻找的时候已经探讨过其配比的推导，这里不再重复。但有一点对新入行的配方工程师提醒一下，甘油硬脂酸酯和PEG-100硬脂酸酯在组分表中作为一个组分：（甘油硬脂酸酯，PEG-100 硬脂酸酯）出现的时候，表明它是一个复合成分，这个复合成分在化妆品技术界非常有名，最早被英国禾大公司成功复配出来，型号叫 A165，至今化妆品配方界仍称之为 A165。

4）非主体成分的配比。由于其他成分在成分表中的位置都排在分水岭成分——氢化卵磷脂的后面，它们的含量都小于或等于 1%，参考成本以及参照"化妆品成分配比经验值数据库"对它们的配比分别进行推定。

3. 保湿柔润精华霜（油包水型膏霜）

（1）配方成分表

成分：水、环五聚二甲基硅氧烷、1,3-丙二醇、甘油、环己硅氧烷、PEG-10 聚二甲基硅氧烷、角鲨烷、二苯基甲硅烷氧基苯基聚三甲基硅氧烷、二硬脂二甲铵锂蒙脱石、氯化钠、兰科植物提取物、透明质酸、1,2-己二醇、腺苷、月桂基 PEG-9 聚二甲基硅氧乙基聚二甲基硅氧烷、聚硅氧烷-11、聚二甲基硅氧烷、聚二甲基硅氧烷/乙烯基聚二甲基硅氧烷交联聚合物、乙基己基甘油、甜菜碱、EDTA-2Na、高岭土、葡萄糖、生育酚（维生素 E）、精氨酸/赖氨酸多肽、（日用）香精。

（2）配方推导

参照以上成分表和表 13-4 的组分表，基于三个"推导原则"以及个人经验，可推导出"保湿柔润精华霜"的大致配方，见表 13-4。

表 13-4　保湿柔润精华霜推导配方

物质名称	质量分数/%
①水	加至 100
②1,3-丙二醇	12
③（环己硅氧烷，环五聚二甲基硅氧烷）	15
④甘油	8
⑤（PEG-10 聚二甲基硅氧烷，环五聚二甲基硅氧烷，二硬脂二甲铵锂蒙脱石）	3
⑥二苯基甲硅烷氧基苯基聚三甲基硅氧烷	1.5
⑦PEG-10 聚二甲基硅氧烷	2
⑧角鲨烷	2
⑨氯化钠	1
⑩（环五聚二甲基硅氧烷，聚硅氧烷-11，聚二甲基硅氧烷）	1
⑪[甘油，甜菜碱，葡萄糖，兰科植物（orchid）提取物，1,3-丙二醇，水]	0.3
⑫1,2-己二醇	0.5
⑬（环己硅氧烷，聚二甲基硅氧烷/乙烯基聚二甲基硅氧烷交联聚合物，环五聚二甲基硅氧烷）	1
⑭二硬脂二甲铵锂蒙脱石	0.01
⑮（精氨酸/赖氨酸多肽，水）	0.01
⑯[月桂基 PEG-9 聚二甲基硅氧乙基聚二甲基硅氧烷，生育酚（维生素 E）]	0.5
⑰（日用）香精	0.02
⑱[生育酚（维生素 E），乙基己基甘油]	0.2
⑲腺苷	0.1
⑳高岭土	0.1
㉑EDTA-2Na	0.02
㉒透明质酸	0.01

（3）推导的理由和过程

1）先找出分水岭成分。根据在成分表中的位置以及研究经验，判定成分⑨氯化钠就是"分水岭成分"，将其配比设定为1%，"氯化钠"前面成分的配比都≥1%，而后面成分的配比都<1%。

2）确定各主体成分的配比。由于成分②1,3-丙二醇排在第三位，通过涂抹，感觉"保湿柔润精华霜"有一定的保湿补水性能，作为主要保湿剂的丙二醇，配比不能低，因此设定为12%。

由于成分③（环己硅氧烷，环五聚二甲基硅氧烷）由成分表里排在第二位和第五位的成分混合而成，混合物的配比含量仅次于水，按照降序排列规则，它的单一成分"环五聚二甲基硅氧烷"配比要比丙二醇大才能确保排在第二位，又通过查阅资料得知（环己硅氧烷，环五聚二甲基硅氧烷）混合物里"环五聚二甲基硅氧烷"的含量不低于85%，因此将（环己硅氧烷，环五聚二甲基硅氧烷）设定在15%，从而确保该配比符合降序规则。

由于成分④甘油的排名仅次于1,3-丙二醇，于是甘油设定在8%，保证该产品有足够的滋润度。

设定成分⑤（PEG-10聚二甲基硅氧烷，环五聚二甲基硅氧烷，二硬脂二甲铵锂蒙脱石）在3%是一个经验值，它是一个混合物，有可能是化妆品厂自己复配，也有可能购买，但不管如何，二硬脂二甲铵锂蒙脱石在复合物中的含量可能为20%～30%，在配方中的总用量为0.5%～1%，因此设定在3%符合经验值。

由于成分⑧角鲨烷所在的位置刚好在分水岭成分⑨氯化钠的前面一个位置，又考虑到该成分高达450元/kg的原料价格，加之这款"保湿柔润精华霜"市场定价在125元/盒，因此设定在2%较为经济合理。

由于成分⑥二苯基甲硅烷氧基苯基聚三甲基硅氧烷在成分表中的位置排在配比已设定为2%的成分⑧角鲨烷之后，又在成分⑨氯化钠之前，因此设定它的配比为1.5%比较合理。

3）确定乳化剂的配比。查阅该公司的相关资料，以及参考"化妆品成分配比经验值数据库"，将该产品的乳化剂成分⑦PEG-10聚二甲基硅氧烷设定为2%，［月桂基PEG-9聚二甲基硅氧乙基聚二甲基硅氧烷，生育酚（维生素E）］设定为0.5%。

4）非主体成分的配比。由于其他成分在成分表中的位置都排在分水岭成分——氯化钠的后面，它们的含量都≤1%，故参考成本以及参照"化妆品成分配比经验值数据库"对它们的配比分别进行推定。

4. 清润补水凝霜（位阻式乳化凝霜）

（1）配方成分表

成分：水、甘油、乙醇、环己硅氧烷、辛酸/癸酸甘油三酯、季戊四醇四异硬脂酸酯、丙二醇、氢化聚异丁烯、聚丙烯酰基二甲基牛磺酸铵、硬脂基聚二甲基硅氧烷、山嵛醇、甘油硬脂酸酯、合成蜡、泛醇、苯氧乙醇、甘油硬脂酸酯柠檬酸酯、二椰油酰乙二胺PEG-15二硫酸酯二钠、丙烯酸（酯）类共聚物、维生素E、EDTA-2Na、辛甘醇、香精、葡糖酸钙、葡糖酸镁、氢氧化钠、己基肉桂醛、芳樟醇、苧烯、透明质酸钠、乙酸丁酸纤维素、葡糖酸铜、丁二醇、葡糖酸锰、聚磷酸胆碱乙二醇丙烯酸酯、聚乙烯醇、氯化钠、苯甲醇、葡萄果提取物、CI 17200［899067/04；C171930/1A］。

（2）配方推导

参照以上成分表和表13-5的组分表，基于三个"推导原则"以及个人经验，可推导出

"清润补水凝霜"的大致配方，见表 13-5。

表 13-5　清润补水凝霜推导配方

物质名称	质量分数/%
①水	加至 100
②甘油	10
③乙醇	5
④环己硅氧烷	5
⑤辛酸/癸酸甘油三酯	4
⑥季戊四醇四异硬脂酸酯	4
⑦丙二醇	3
⑧(二椰油酰乙二胺 PEG-15 二硫酸酯二钠,氢化聚异丁烯,山嵛醇,甘油硬脂酸酯,甘油硬脂酸酯柠檬酸酯)	1.5
⑨聚丙烯酰基二甲基牛磺酸铵	1
⑩硬脂基聚二甲硅氧烷	0.8
⑪[丙烯酸(酯)类共聚物,水]	1
⑫泛醇	0.5
⑬苯氧乙醇	0.5
⑭合成蜡	0.5
⑮(聚乙烯醇,聚丙烯酰基二甲基牛磺酸铵,聚磷酸胆碱乙二醇丙烯酸酯,乙酸丁酸纤维素,丁二醇,苯氧乙醇,透明质酸钠,氯化钠,辛甘醇,水)	1
⑯辛甘醇	0.5
⑰生育酚(维生素 E)	0.1
⑱(EDTA-2Na,水)	0.1
⑲香精	0.06
⑳葡糖酸钙	0.001
㉑葡糖酸镁	0.001
㉒氢氧化钠	0.1
㉓乙基肉桂醛	0.001
㉔芳樟醇	0.001
㉕苧烯	0.001
㉖透明质酸钠	0.03
㉗葡糖酸铜	0.001
㉘葡糖酸锰	0.001
㉙苯甲醇	0.3
㉚葡萄(vitis vinifera)果提取物	0.5
㉛CI 17200	0.0001

（3）推导的理由和过程

1）先找出分水岭成分。根据在成分表中的位置以及研究经验，判定成分⑨聚丙烯酰基二甲基牛磺酸铵就是"分水岭成分"，将其配比设定为 1%，聚丙烯酰基二甲基牛磺酸铵前面成分的配比都≥1%，而后面成分的配比都＜1%。

2）确定各主体成分的配比。由于成分②甘油在成分表里排在第二位，它的含量肯定不会太低，通过涂抹感觉"清润补水凝霜"具有很强的保湿补水性能，因此其配比设定为 10%。

由于成分③乙醇在成分表里排在第三位，仅次于甘油，初步判断不会太低，但乙醇本身对皮肤的渗透能力较强，如果添加量太大，会对皮肤造成刺激。通过涂抹试验，根据其对皮肤的清凉度，判断它的添加量在5%左右。

成分④环己硅氧烷为5%，成分⑤辛酸/癸酸甘油三酯为4%，成分⑥季戊四醇四异硬脂酸酯为4%，之所以设定这样的比例，一是考虑降序排列，二是因为涂抹之后的滋润度，因此辛酸/癸酸甘油三酯、季戊四醇四异硬脂酸酯这两款有点滋润的油脂其总配比不可能低于8%，但膏霜本身又不黏腻，估计是挥发性硅油的降黏感在起作用，因此环己硅氧烷设定为5%。

3）确定乳化剂的配比。该配方用到两种乳化剂，一种是成分⑨聚丙烯酰基二甲基牛磺酸铵，由于它是"分水岭成分"，其配比被设定为1%；另一种是成分⑧（二椰油酰乙二胺PEG-15二硫酸酯二钠，氢化聚异丁烯，山嵛醇，甘油硬脂酸酯，甘油硬脂酸酯柠檬酸酯），它是作为一个整体加入配方之中的，这个乳化剂有点少见，入行不深的配方工程师可能不知道。它其实是Sasol（沙索）公司复配好的乳化剂，作为一个整体货品售卖，它的商品名叫：CERALUTIONH。据沙索介绍，它是一款新型表面活性剂，是一种层状液晶凝胶网络O/W乳化剂，易与神经酰胺配伍，减少皱纹，具有抗衰老效果，且能有效乳化各种油脂，兼具成膜性能，强效保湿，抗氧化活性，能在宽pH值（3～12）范围内使用，能耐受高电解质同时提供优雅的肤感。根据经验，将其配比设定为1.5%。

4）非主体成分的配比。由于其他成分在成分表中的位置都排在分水岭成分——聚丙烯酰基二甲基牛磺酸铵的后面，它们的含量都≤1%，参考成本以及参照"化妆品成分配比经验值数据库"对它们的配比分别进行推定。

5. 维生素C透亮补水面膜

（1）配方成分表

成分：水、丁二醇、双丙甘醇、烟酰胺、1,2-己二醇、葡萄柚果提取物、甜橙果皮油、香橼果皮油、薰衣草油、西伯利亚冷杉油、辣薄荷油、蓝桉叶油、北美圆柏油、丁香叶油、温州蜜柑果皮提取物、兰科植物提取物、甘油聚醚-26、茶叶提取物、山茶叶提取物、胭脂仙人掌果提取物、PEG-60氢化蓖麻油、甘油、甜菜碱、卡波姆、精氨酸、抗坏血酸磷酸酯镁、纤维素胶、EDTA-2Na。

（2）配方推导

参照以上成分表和组分表13-6，基于三个"推导原则"以及个人经验，可推导出"维生素C透亮补水面膜"的大致配方，见表13-6。

表 13-6　维生素C透亮补水面膜推导配方

物质名称	质量分数/%
①水	加至100
②丁二醇	5
③双丙甘醇	2.5
④葡萄柚(citrus paradisi)果提取物	0.1
⑤烟酰胺	2
⑥1,2-己二醇	1.5
⑦甘油聚醚-26	0.8

续表

物质名称	质量分数/％
⑧甜菜碱	0.5
⑨PEG-60 氢化蓖麻油	0.02
⑩纤维素胶	0.1
⑪EDTA-2Na	0.02％
⑫卡波姆	0.09
⑬精氨酸	0.12
⑭(甜橙果皮油,香橼果皮油,丁香叶油,北美圆柏油,蓝桉叶油,辣薄荷油,西伯利亚冷杉油,薰衣草油)	0.05
⑮[(甘油,胭脂仙人掌果提取物,山茶叶提取物,茶叶提取物,兰科植物提取物,温州蜜柑果皮提取物,水)]	适量
⑯抗坏血酸磷酸酯镁	0.01

（3）推导的理由和过程

1）先找出分水岭成分。根据在成分表中的位置以及研究经验，初步判定成分⑥1,2-己二醇就是"分水岭成分"，因为排在它后面的 10 个成分都是精油或提取物，在面膜里添加每种精油都超过 1％的配比是不可能的，因为会导致皮肤不适。所以理论上将成分⑥1,2-己二醇设定为"分水岭成分"是合理的，所以可以将其配比设定为 1％，但又考虑到 1,2-己二醇在配方中作为唯一的防腐成分，为保证三年的货架寿命，其用量应偏高，因此将它设定为 1.5％。

2）确定各主体成分的配比。由于成分②丁二醇在成分表里排在第二位，因为它是这款面膜的主要保湿成分，所以它的含量肯定不会太低，再通过涂抹感觉这款面膜具有很强的保湿补水性能，又根据"化妆品成分配比经验值数据库"中丁二醇面膜里的上限为 5％，因此将其配比设定为 5％。

由于成分③双丙甘醇是保湿成分，根据"化妆品成分配比经验值数据库"中的数据，它的用量一般为 1％～5％，又因其在成分表中排第三位，仅次于丁二醇，根据配方保湿需要，将其设定为 2.5％。

由于成分⑤烟酰胺在成分表里排在第四位，初步判断配比不会太低，由于这款面膜主打亮肤、美白，所以烟酰胺的含量应该在 2％或以上，但考虑这是一款面膜，如果烟酰胺添加量太大，会刺激皮肤，所以设定在 2％比较安全。

3）非主体成分的配比。其他成分由于其含量都≤1％，参考"化妆品成分配比经验值数据库"以及配方成本推导出了各自的配比。要注意的是成分⑯抗坏血酸磷酸酯镁，设定其配比为 0.01％，主要基于其时间长会氧化变黑，不能加多，所以只能说这是一款概念性面膜，所谓维生素 C（抗坏血酸）含量微乎其微。如果在此款面膜中添加抗氧化较好的 3-O-乙基抗坏血酸，配比超过 1％也不太会变色，将是一款名副其实的维生素 C 面膜。

五、化妆品配方创新设计

（一）基于市场定位的化妆品配方创新

在模仿创新这条道路上无论仿版仿得多逼真，其实都清楚：并没有创造出属于自己的作品。如果学习了本章内容之后只陶醉于仿版的方法，而不是更进一步锤炼技术，那么离真正的化妆品配方创新其实还很遥远。毋庸置疑，一个知名化妆品品牌市场的成功意味着它的产品配方创新是成功的，但令人困惑的是，有时将仿造得不分伯仲的配方去生产出类似的产品投放市场，却未能取得成功。

多年前，A名牌"小×瓶"驰名中外、备受青睐。有个配方工程师把"小×瓶"仿了出来，连味道都仿得一模一样，没有人能区分得出来。仿造出这样一款名牌产品，该配方师觉得兴奋不已，就极力鼓动他的老板生产一种类似的产品投放市场。于是一次就生产了10万瓶S牌"小×罐"投向市场。半年过去了，S牌"小×罐"只卖出1850瓶。后来调查该产品失败的原因在于产品的气味，许多消费者描述其气味简直就像米饭发馊的味道。但其实S牌"小×罐"和A名牌"小×瓶"都是植物精油复配的香氛，其气味可以说是相差无几的。如果说S牌"小×罐"是米饭发馊的味道，那么A名牌"小×瓶"其实闻起来也是米饭发馊的味道。但直到今天，A名牌"小×瓶"虽然闻起来还是米饭发馊的味道，但是依然是那么受人追捧。

从成分和配料的角度来分析，S牌"小×罐"和A名牌"小×瓶"的配方是极其相像的，但一个品牌成功了，另一个却失败了。之所以产生这样截然不同的结果，是产品市场定位错乱所导致。以上面的S牌"小×罐"为例，事后调查得知：它定位为中低端市场，售价为60元/瓶，目标消费人群是18～30岁的年轻工薪一族。由于收入稍低，年轻工薪一族基本没有消费过定价为580元/瓶的A名牌"小×瓶"，更加不知道"小×瓶"的米饭发馊的味道其实是乳酸杆菌发酵过的滤液才有的"高科技味道"。A名牌"小×瓶"的消费人群基本上都是40岁以上的高消费人群，他们早就习惯了这种米饭发馊的"高科技味道"，并以此为傲。但S牌"小×罐"的消费人群——年轻工薪一族，由于年轻和阅历，他们在使用产品时更注重的是对产品的感官体验，那种用起来舒服、闻起来好闻、用后摸起来嫩滑的产品，他们就觉得是好产品；而闻起来很是难闻的S牌"小×罐"，他们认为是变质的劣质产品，并不相信商家所说的这种米饭发馊的味道就是乳酸杆菌发酵滤液才有的"高科技味道"。

"苟日新，日日新，又日新"，作为配方工程师，做好化妆品配方创新是使命，也是价值所在。但不能为模仿而模仿，也不能为创新而创新。真正的化妆品配方创新离不开产品的市场定位，也离不开对消费者的深刻理解，更离不开对消费者发自内心的关怀。再高雅的配方、再高超的技术，终究逃不过消费者最后的审判。如果配方的创新不考虑产品的市场定位，不管目标消费人群是谁，或者即使考虑到了也无视消费者的感受，那么对消费者的这种漠不关心就注定了产品配方创新的失败。

前面说过化妆品配方创新"切忌我行我素，不着边际，更不要天马行空"，不能为创新而创新。要间接地站在"大师"的肩膀上——通过对知名化妆品的成分表进行学习、剖析、推导，来做好化妆品配方创新。但这并不代表主张抄袭，相反要反对抄袭，抄袭的结果只能是一败涂地，因为为模仿而模仿的产品是没有灵魂的，知名品牌的产品特点一旦抄袭过来极有可能成为模仿产品的硬伤，就像A名牌"小×瓶"的"高科技味道"到S牌"小×罐"这里变成了"米饭发馊的味道"。

创新主张学习，而学习的目的在于应用，为学习而学习，或者为抄袭而学习是空谈家或投机者的做派。化妆品配方工程师是实践家，因为配方师的杰作——产品，最终都要经过市场的检验。所以配方师在开发新产品时，要做到脑海里有市场，心目中有消费者。最先要考虑的是产品的市场定位，之后是对消费者的深刻理解，最后才是配方的设计。做好了市场定位，并理解了消费者的内心需求时，之前所学习到的知名品牌的配方设计思路、成分选择标准、原料复配方案、配方数据推导，才能成为有用的"化妆品成分配比经验值数据库"。开发新产品时，可以从这个"化妆品成分配比经验值数据库"里抽出与打版要求类似的配方，再用"市场定位"与"对消费者的深刻理解"这两把工具去裁剪配方，把不符合定位的原料删除，再加入一些能满足目标消费人群功效诉求的成分，这样就能创造出一个全新的、有价值的配方。

综上所述，化妆品配方创新应包括以下五个步骤：

① 市场定位和深刻理解消费者；

② 配方设计思路；

③ 设计产品配方；

④ 产品试用调查；

⑤ 根据试用结果修正并确定配方。

下面举个案例详细阐明"化妆品配方创新五步骤"。

（二）化妆品配方创新实例

在此以"××水光美白亮肤精华液"研发为例阐述化妆品的配方创新。

1. 市场定位和深刻理解消费者

市场定位是指为使产品在目标消费者心目中相对于竞争产品而言占据清晰、特别和理想的市场位置而进行的安排。因此，化妆品配方工程师所研究的配方技术必须使产品有别于竞争品牌，并能取得在目标市场中的最大战略优势。化妆品配方工程师创新的配方一定要有利于产品塑造出与众不同的、给人印象鲜明的形象，并将这种形象生动地传递给消费者，从而使该产品在市场上确定适当的位置。化妆品配方工程师一定是为了消费者而研究配方。

在开始研究"××水光美白亮肤精华液"的配方之前，就已经有了清晰的产品定位：产品目标消费人群是 18～30 岁初入职场的一部分年轻人，他们肤色偏向暗沉，偶尔还长色斑，普遍缺水干燥，且毛孔粗大，他们为此而苦恼多时，所以该产品的美白效果要明显些，正所谓一白遮百丑。由于初入职场的一部分年轻人由于收入不是太高，500 元以上的高端产品可能不适合他们，所以定价在 120 元/盒。由于该产品的容量已设定为 30mL，且瓶子和盒子的包材成本以及产品加工费为每盒 6 元，按照行规，产品的生产成本不应超过零售价的 10%，可以推算出"××水光美白亮肤精华液"的每千克料体成本为：200 元/kg［即 (120×0.1−6)/0.03］，这个成本可以做中高档的美白配方，有许多高效的美白成分都可以选择加入配方中。年轻人对产品的补水效果较为看重，所以在配方创新时可加大补水成分的添加量。

2. 配方设计思路

美白配方的创新开发遵循以下两种配方设计思路。

（1）第一种思路，将某种美白成分添加到极致甚至远超原料商建议的上限

这种思路设计的配方，其美白成分相对单一，集中点在对黑色素生成、转运、代谢等的某个环节进行干扰，从而起到美白效果。比如添加浓度为 10% 的烟酰胺精华液，在加速黑色素颗粒代谢、快速净白皮肤方面可取得不俗的效果；添加浓度为 5% 的曲酸精华液，在抑制人体内的酪氨酸酶活性、控制皮肤的色素沉淀方面具有非常优异的效果；添加浓度为 10% 的乙基抗坏血酸精华液，在还原已生成的黑色素、提亮肤色方面也能取得显著的效

果等。

　　这种配方设计思路的产品代表是号称原料桶的"The Ordinary"，The Ordinary 是加拿大 DECIEM 旗下的一个品牌。其配方设计思路最大的特点：单一有效成分添加量是原料生产商指导最大添加量的几倍，也远远超过普通品牌的添加量，号称低价"猛药""原料桶"品牌。

　　这种配方思路的好处是：如果某类消费者皮肤刚好缺乏这个成分，或者这个成分对某类消费者皮肤的效用特别明显，那么就可轻易地起到显著的效果。但这种配方思路，不可避免地忽视了皮肤的耐受力，如果碰上敏感性的肤质，这种设计思路设计出来的配方可能会引发严重的过敏现象，比如 10% 的烟酰胺精华液对皮肤较薄的脆弱性皮肤、红血丝类皮肤，就可能产生严重的红肿现象。基于对消费者的理解以及表达对消费者的关怀，更倾向于选择第二种配方设计思路。

　　（2）第二种思路，多种美白提亮成分的协同复配以求达到最佳的美白效果

　　每种美白成分都有它独有的美白作用机理，每种美白成分也都有它的缺点甚至是对皮肤有害的一面，配方工程师所要做的事情，就是充分了解各种美白成分的优缺点，通过复配，将配方中美白成分的美白功效都发挥到较佳状态的同时，又使它们的缺点得到了规避，还人体皮肤无负面作用。知名的美白产品，基本上采用的都是第二种配方设计思路。

　　按照第二种配方设计思路来开发"××水光美白亮肤精华液"，第一件事就是从 100 多种美白成分中筛选出几种美白成分，因为不可能将 100 多种美白成分都添加进配方中。在开发"××水光美白亮肤精华液"的时候，美白产品已归为特殊用途化妆品，也就是说在国内上市的国产或进口的美白化妆品都要遵循中国的化妆品法规，其美白成分要全部列在成分表上公之于世。通过学习 30 种知名品牌的美白产品，对里面的美白成分逐一分析，再参考供应商提供的文献资料，并结合多年对美白化妆品成分的认知，筛选出 5 种美白成分进行复配。详细的筛选过程比较琐碎，这里不详述，现给出这 5 种美白成分和 6 种关键辅助成分的复配数据（表 13-7）。

表 13-7　5 种美白成分和 6 种关键辅助成分的复配数据

物质名称	质量分数/%
苯乙基间苯二酚	0.2
3-O-乙基抗坏血酸	1.2
光果甘草提取物（光甘草定）	0.05
烟酰胺	2
凝血酸	1.2
橙皮苷甲基查尔酮	0.1
乳酸	0.1
马齿苋提取物	3
红没药醇/姜根提取物（SymRelief® 10）	0.2
生物糖胶-1	5

　　下面分别讲述如何发挥这 5 种美白成分的优点，又如何规避它们各自的缺点。

　　① 第一种美白成分：苯乙基间苯二酚。俗称 377，是德国德之馨公司开发的专利成分，又名馨肤白。苯乙基间苯二酚美白效果独占鳌头，备受护肤界的推崇、偏爱。经多次试验证

明，包括人体测试、体外细胞培养实验，苯乙基间苯二酚的美白效果均超过了曲酸、熊果苷等传统美白成分。在现有的国家药监局批准使用的美白成分里面，苯乙基间苯二酚是唯一在1个皮肤生长周期约 28 天时间里能达到肉眼可分辨出有美白效果的成分。所以当"××水光美白亮肤精华液"的目标消费人群是 18～30 岁初入职场的一部分年轻人，要修护好这部分年轻人的皮肤问题，非苯乙基间苯二酚莫属。

使用苯乙基间苯二酚也应斟酌，因为通过以往的应用经验都说明苯乙基间苯二酚并非是一个温和的美白原料。药监局规定它的最高添加量不得超过 0.5％，估计也是考虑到它的刺激性问题才设定它的限量。在 2015 年，苯乙基间苯二酚刚刚被批准可以在化妆品里使用时，某知名品牌就推出了含有 0.5％苯乙基间苯二酚的一款美白霜，但由于配方没有做好防敏措施，导致产品过敏率过高而退市。

为了降低"××水光美白亮肤精华液"的刺激性，配方中又复配了三种防敏感成分：马齿苋提取物、红没药醇/姜根提取物（SymRelief® 10）、生物糖胶-1。在化妆品配方创新进入第四个环节即产品试用调查的时候，发现产品的过敏率很低；一共发出 1000 份样品，只有 3 例反馈用后有不适现象，过敏率在 0.3％左右，在美白类产品中过敏率已经是非常低的了，尤其是产品含有高达 0.2％的苯乙基间苯二酚就更显得尤其难得。事后研究分析得知，配比量高达 5％的生物糖胶-1 是让产品变得温和的一个关键因素。生物糖胶-1 具有成膜性，能产生"第二层皮肤效应"。生物糖胶-1 可与皮肤角质蛋白以离子键形式结合，在皮肤上形成一层三维网状结构——一层透气的糖膜，不仅提供卓越的肤感，更被视为一种皮肤的天然保护膜。这一层具有保护功能的活性薄膜就像人体第二层皮肤一样，它能有效地缓解苯乙基间苯二酚的刺激性。苯乙基间苯二酚由于双羟基键的存在使其对皮肤有天然的亲和度，导致其对皮肤的瞬间渗入量过大，皮肤细胞短时间难以承受这么大剂量的美白成分，导致产生刺痛感以至于过敏。5％配比的生物糖胶-1 能减缓苯乙基间苯二酚对皮肤的渗透速度，让其在长达 4h 的时间里慢慢渗入皮肤，大大减少皮肤的不适感，也大大降低皮肤的过敏概率。

② 第二种美白成分：3-O-乙基抗坏血酸。3-O-乙基抗坏血酸是在抗坏血酸 3 号羟基位上引入了乙基，不仅提高了维生素 C 的稳定性，还具有亲水性和亲油性，方便在配方中使用，并且这种双亲结构物质容易透过角质层并到达真皮，进入皮肤后被生物酶分解转化为维生素 C 和 H_2O，从而发挥维生素 C 的作用。研究表明：3-O-乙基抗坏血酸主要通过两个方面来实现美白效果：一方面能配合酪氨酸酶的活性中心铜离子（Cu^{2+}），从而抑制酪氨酸酶的活性，有效阻止黑色素的合成；另一方面具有强大的抗氧化性，能够将氧化型黑色素（深黑色）还原成浅色的类黑色素（棕色），使皮肤的色泽和明亮度在 2 周左右的时间获得明显的提升。

3-O-乙基抗坏血酸比较稳定，尽管相对于维生素 C 而言，3-O-乙基抗坏血酸的稳定性得到了很大改进，但也不是恒定不变色。3-O-乙基抗坏血酸添加入含水的配方中时，由于水中存在微量的氧气，也可能是由于 3-O-乙基抗坏血酸发生部分水解的原因，3～6 个月之后，配方料体也会出现变黄现象。经试验得知，3-O-乙基抗坏血酸 pH 值在 5～5.5 的配方环境中比较稳定，所以在配方中加入了 0.1％的乳酸，将配方的 pH 值控制在 5～5.5。另外，考虑到在长达 3 年的货架寿命时间里，一旦光照或氧化等原因使产品发生变色可能也会引起消费者的疑虑，所以在配方中加入了 0.1％的橙皮苷甲基查尔酮，该物质一方面能够抗蓝光、保护产品不被光照变质，另外一方面它本身是一个颜色很黄的物质，可以作为天然色素使用，使料体稍稍显黄色，即使 3-O-乙基抗坏血酸由于水解等原因变色了，肉眼也分辨不出来。为什么不选择柠檬黄这些合成色素呢？因为现在的消费者抗拒合成色素，而添加0.1%的橙皮苷甲基查尔酮不仅起到了调色的功能，而且它在成分表中是以天然成分来体现的，消费者乐于接受。

③ 第三种美白成分：光果甘草提取物（光甘草定）。光甘草定是一种黄酮类物质，提取自一种叫光果甘草的珍贵植物。光甘草定因为其强大的美白作用而被人们誉为"美白黄金"。查阅文献可知，在中国对光甘草定美白机理的研究已经有长达30年的历史，经历了两代人。在体外细胞的测试当中发现：光甘草定显示出很强的抗自由基氧化作用，能明显抑制体内新陈代谢过程中所产生的自由基。故基本可以得出这样的结论：光甘草定一方面通过抑制酪氨酸酶来抑制黑色素的形成，另一方面通过抑制环氧化酶影响花生四烯酸的产生，从而减轻皮肤炎症，黑色素暴长的现象也就不会发生。推测光甘草定的抗炎舒缓作用，应该在某种程度上安抚了皮肤细胞，中和了苯乙基间苯二酚的刺激性，不至于发生皮肤炎症。

④ 第四种美白成分：烟酰胺。"原料桶"品牌 The Ordinary 也推出了超高含量的烟酰胺原液，含量为10%。烟酰胺的美白作用机理同其他美白成分不同，它并不像苯乙基间苯二酚那样在源头上控制黑色素的生长，也不像3-O-乙基抗坏血酸那样在最后环节将氧化型黑色素（深黑色）还原成浅色的类黑色素，而是在黑色素转运的中间环节发挥作用：通过"阻止黑色素小体向其他细胞扩散"，让黑色素细胞虽然产生了黑色素，但不能向角质细胞转运出去，迫使黑色素母细胞不再继续分泌黑色素，从而达到美白、淡斑的效果。

在配方中只添加了2%的烟酰胺，原因在于过高的烟酰胺添加量会导致皮肤敏感。烟酰胺本身并不致敏，但烟酰胺这个原料会残存微量的烟酸带入产品中，而且在长达3年的货架时间里烟酰胺也会部分水解为烟酸。烟酸即使极其少量的存在，也会通过活化免疫细胞释放前列腺素，导致毛细血管扩张，皮肤有可能会出现暂时的潮红刺痛现象，甚至产生药疹。除非找到了烟酰胺中的烟酸含量控制在微量的办法，否则超过2%的用量可能导致消费者使用时出现不适。

⑤ 第五种美白成分：凝血酸。和烟酰胺一样，凝血酸在抑制酪氨酸酶活性、抑制黑色素生成方面，表现并不优秀。据最早使用凝血酸作为美白成分的日本资生堂公司的相关研究表明：凝血酸的真正美白作用机理是抑制"促炎因子的释放"，并对黑色素小体的转运具有抑制作用。另外，凝血酸的化学性质相当稳定，不易受温度、环境的破坏，且没有刺激性，因此它是美白宝库里最自由应用的百搭原料。在"××水光美白亮肤精华液"里加入1.2%的凝血酸，考虑的是不同美白成分之间的协同效应，在黑色素形成、转运、代谢各个环节，都有相对应的美白成分发挥作用，而凝血酸在抑制"促炎因子的释放"方面起到了作用，为"××水光美白亮肤精华液"的美白效果的体现多了一重保障。

3. 设计产品配方

经过多次反复调试后，设计出了"××水光美白亮肤精华液"的配方。在设计配方时，一方面要考虑原料的水溶性，另一方面还要兼顾原料间的配伍性。传统的精华主体配方，如0.3%卡波姆941+0.1%透明质酸钠根本就没法配伍苯乙基间苯二酚，苯乙基间苯二酚加入卡波姆体系中，料体立马垮掉，卡波姆也被析了出来。于是采用了丙烯酰二甲基牛磺酸铵/VP 共聚物和聚丙烯酸酯交联聚合物-6，之所以用这两个原料复配作为赋形剂，原因在于前者是短流变的增稠剂，而后者是长流变的增稠剂，两者复配使用能使配方获得丰满的手感和精华液长流变的拉丝效果。"××水光美白亮肤精华液"初步设计的配方如表13-8所示。

表 13-8 初步设计的配方

组分	物质名称	质量分数/%
A₁	甘油	10
	丁二醇	4
	丙二醇	3
	双丙甘醇	4
	汉生胶	0.15
	甘草酸二钾	0.1
	海藻糖	1
	羟苯甲酯	0.1
	乳酸	0.1
	EDTA-2Na	0.05
	透明质酸钠	0.05
A₂	水	加至 100
	氢化卵磷脂	1
B₁	异壬酸异壬酯	2
	生育酚乙酸酯	0.3
	苯乙基间苯二酚	0.2
B₂	丙烯酰二甲基牛磺酸铵/VP 共聚物	0.35
	聚丙烯酸酯交联聚合物-6	0.23
C	3-O-乙基抗坏血酸	1.2
	光果甘草提取物(光甘草定)	0.05
	烟酰胺	2
	凝血酸	1.2
	橙皮苷甲基查尔酮	0.1
	马齿苋提取物	3
	红没药醇/姜根提取物(SymRelief® 10)	0.2
	生物糖胶-1	5
	双(羟甲基)咪唑烷基脲	0.2
	苯氧乙醇	0.3
	香精	适量

制备工艺步骤如下。

① 将 A₁ 倒入乳化锅，25r/min 中速搅匀。将 A₂ 也倒入乳化锅，25r/min 中速搅拌，加热到 85℃。

② B₁ 倒入油锅，25r/min 中速搅拌，加热到 85℃。B₂ 也倒入油锅，25r/min 中速搅拌均匀后，抽入乳化锅。

③ 乳化锅 25r/min 中速搅拌、50r/s 高速均质 360s。

④ 25r/min 中速搅拌，冷却到 50℃。将 C 倒入乳化锅，25r/min 中速搅拌、25～35r/s 中高速均质 120s。25r/min 中速搅拌冷却到 42℃以下，检测合格则可卸料。

4. 产品试用调查

产品试用调查是化妆品配方创新的第四个环节，也是最重要的一个环节，但也是最不受重视的一个环节。不能只局限于自己试用产品，自己认为好的配方就是好配方，自己不喜欢的配方就否定。有些做得稍微好一点的公司，会把产品配方样品分发给员工试用，之后再收集员工的意见。其实以上两种做法都不可取，都没有做到"深刻理解消费者"。一个产品的试用阶段，怎么可能没有消费者的参与呢？所以在开发"××水光美白亮肤精华液"时，因为目标消费人群是18~30岁的年轻人，他们应该喜欢清淡的香型，而不是浪漫粉香。试用结果证明判断是正确的，年轻人很喜欢清淡香型。一共发出1000份样品，共有3例反馈皮肤用后不适，过敏率在0.3％左右，合理也可控。但还有一个普遍反映的问题：产品用后有些黏腻、黏手，不是很舒服。收集到这些反馈意见之后，决定对配方进行调整，化妆品配方创新进入第五个环节，也是最后一个环节。

5. 根据试用结果修正并确定配方

根据上述的产品试用调查结果，对配方进行了修正，修正后的产品保湿度不变，但产品的用后肤感非常水润，不再有黏腻感。这主要是由于甘油的配比从10％降为5％，另外加入了2％的PEG/PPG/聚丁二醇-8/5/3甘油以及1％的双-PEG-18甲基醚二甲基硅烷，这两种成分都是比较好的抗黏腻原料。修正后的配方再打版出来50盒，分发给之前反映黏腻的消费者，获得了他们的一致好评。修正后的配方如表13-9所示，制备工艺不变。

表 13-9　修正后的配方

组分	物质名称	质量分数/％
A₁	甘油	5
	丁二醇	4
	PEG/PPG/聚丁二醇-8/5/3甘油	2
	双丙甘醇	4
	汉生胶	0.15
	甘草酸二钾	0.1
	双-PEG-18甲基醚二甲基硅烷	1
	羟苯甲酯	0.1
	乳酸	0.1
	EDTA-2Na	0.05
	透明质酸钠	0.05
A₂	水	加至100
	氢化卵磷脂	1
B₁	异壬酸异壬酯	2
	生育酚乙酸酯	0.3
	苯乙基间苯二酚	0.2
B₂	丙烯酰二甲基牛磺酸铵/VP共聚物	0.35
	聚丙烯酸酯交联聚合物-6	0.23
C	3-O-乙基抗坏血酸	1.2
	光果甘草提取物(光甘草定)	0.05
	烟酰胺	2
	凝血酸	1.2
	橙皮苷甲基查尔酮	0.1
	马齿苋提取物	3
	红没药醇/姜根提取物(SymRelief® 10)	0.2
	生物糖胶-1	5
	双(羟甲基)咪唑烷基脲	0.2
	苯氧乙醇	0.3
	香精	适量

值得一提的是，以上配方设计方案是基于达到高效美白效果的思路来设计的，如果是基于注重产品的温和性而不强调产品的功效，则应基于注重产品温和性的思路来设计。

六、对中国化妆品配方工程师的寄语

学习知名品牌化妆品的成分表，揣摩它背后的配方设计思路、关键成分的选择标准、原料复配的合理方案，从而推导出其合理的配方数据未必是难以企及的事。但不应该止步于此，只满足于所谓的"仿版"，那么在模仿这条道路上无论仿版仿得多逼真，都应该清楚：并没有创造出属于自己的作品。爬到巨人的肩膀上，目的是为了看得更远。要做的是刻苦钻研、精益求精，不停地锤炼技术！

要想在化妆品配方创新研究这条道路上走得比较久远，需要积累相当多的实战经验；不仅要热衷埋首伏案于实验室，还能够走进市场为创新的产品做好市场定位；能真正学会倾听消费者的心声，产品能真正满足消费者内心的渴望，那时便成了配方大师。即使不参考所谓的世界名牌的产品成分表，也能设计出大师级的配方来，或许那个时候也就到了所谓的世界知名品牌的配方师向我们学习配方技术的时候。

附　录

附录1　常用表面活性剂用途特性及简称

1. 阴离子表面活性剂

简称	全称	用途
AES-70	十二烷基醇聚氧乙烯醚硫酸钠	活性物含量70％,具有优良的去污、乳化和发泡性能,做香波、浴液、餐洗等发泡剂、洗涤剂
AESA-70	十二烷基硫酸铵	活性物含量70％,具有优良的去污、乳化及耐硬水性能,泡沫细腻丰富,性能温和,做香波、浴液、餐洗等发泡剂、洗涤剂
K12A-70	十二烷基硫酸铵	活性物含量70％,低刺激性阴离子表面活性剂,优良的去污能力。用于香波、沐浴液、洗涤灵、清洗剂
K12A-28	十二烷基硫酸铵	活性物含量70％,低刺激性阴离子表面活性剂,优良的去污能力。用于香波、沐浴液、洗涤灵、清洗剂
K12	十二烷基硫酸钠	优异的去污、发泡剂、乳化剂,用于香波、洗涤剂
磺酸	十二烷基苯磺酸	去污力强,泡沫丰富,用于洗涤剂
TEXAPHONT42	月桂基硫酸三乙醇胺	香波、泡泡浴、清洗剂(特殊玻璃清洗剂)
SAS60	仲烷基磺酸钠	具有良好的去污和乳化力,耐硬水和发泡力好,生物降解性极佳,系绿色表面活性剂,应用于香波、餐洗等洗涤剂(含量60％)
SCI65 SCI85	脂肪醇羟乙基磺酸钠	良好的皮肤相容性,良好的护肤性能,极温和,即洗发用品中可使皮肤柔软光滑,保持水分,头发易于梳理
Medialan LD30	N-月桂酰肌胺酸钠	具有良好的泡沫和润湿能力,耐硬水,良好的毛发亲和性,极温和,与各种表面活性剂配伍极强,用于香波、婴儿香波、浴液、洗面奶,剃须膏和牙膏
Hostapon CT	椰子酰甲基牛磺酸钠	具有良好的去污和乳化性能,泡沫性良好,耐硬水,极温和,与各种表面活性剂配伍极强,用于洗面奶、泡沫浴、香波等
Hostapon CLG	N-月桂酰基谷氨酸钠	具有良好的泡沫和润湿能力,耐硬水,良好的毛发亲和性,极温和,与各种表面活性剂配伍极强,用于香波、婴儿香波、浴液、洗面奶,剃须膏和牙膏
Ganapol AMG	酰氨基聚氧乙烯醚硫酸镁	用于婴儿和温和香波、沐浴制品、洗面奶和极温和清洁化妆品
Sandopan LS-24	月桂醇聚氧乙烯醚羧酸钠	具有良好的去污和乳化性能,泡沫性良好,耐硬水,极温和,与各种表面活性剂配伍极强,用于洗面奶、泡沫浴、香波等
MAP-85	十二烷基磷酸酯	医用级,乳化,由于其溶解特性,需于KOH,铵盐中和,泡沫丰富而细腻
MAP-K	十二烷基磷酸酯钾盐	优良的乳化、分散、洗涤、抗静电性,温和无刺激,配伍性好,对头发有明显润泽作用,用于洗面奶、香波、浴液中,泡沫稠密、稳定,洗后皮肤润泽
MAP-A	十二烷基磷酸酯三乙醇胺	优良的乳化、分散、洗涤、抗静电性,温和无刺激,配伍性好,对头发有明显润泽作用,用于洗面奶、香波、浴液中,泡沫稠密、稳定,洗后皮肤润泽
MES	十二醇聚氧乙烯醚磺基琥珀酸酯二钠	性能温和,有效降低其他表面活性剂的刺激性,泡沫丰富,有乳化分散、增溶能力,配伍性好,用于婴儿香波、洗面奶、浴液
AOS	α-烯基磺酸钠	用于轻垢洗涤剂、洗手剂、香波、液体皂及油田助剂

2. 非离子表面活性剂

简称	全称	用途
COMPERLAN 100C	椰油脂肪酸单乙醇酰胺	良好的增稠稳泡剂,用于香波、沐浴露、珠光浆、盥洗室用品等
COMPERLAN COD	椰油脂肪酸二乙醇酰胺	良好的增稠稳泡剂,用于香波、沐浴露、珠光浆、盥洗室用品等
GLUCOPON 600 CSUP(APG)	$C_{12\sim14}$烷基糖苷	可生物降解。用于餐洗剂、清洗剂、液体洗衣剂、硬表面清洗剂等
GLUCOPON 650 EC(APG)	$C_{8\sim14}$烷基糖苷	可生物降解。用于餐洗剂、清洗剂、液体洗衣剂、硬表面清洗剂等
PLANTACARE 1200 UP(APG)	$C_{12\sim16}$烷基糖苷	温和,可生物降解。用于香波、沐浴露、泡沫沐浴露中作辅助表面活性剂
PLANTACARE 2000 UP(APG)	$C_{8\sim16}$烷基糖苷	温和的、可生物降解。用于香波、沐浴露、泡沫沐浴露中作辅助表面活性剂
AEO-3/7/9	脂肪醇聚氧乙烯 3/7/9 醚	洗涤剂、乳化剂、脱脂剂,低发泡力,高效去污,耐硬水,用于低发泡洗衣粉等
TX-4.5/6.5/10/15/20/40	壬基酚聚氧乙烯醚	具有乳化、润湿、去污、破乳作用。在较宽的 pH 值和温度范围内都很稳定,用于各种洗涤剂、纺织助剂、润滑油、树脂的乳化剂
GENAPOL UD-080	羟基合成醇聚氧乙烯醚	泡沫性、生物降解性良好,用于各种硬表面清洗剂
CMEA	椰油脂肪酸单乙醇酰胺	非离子表面活性剂,良好的增稠、稳泡功能,香波、沐浴露、珠光浆、盥洗室用品
DEHYPON LS45	脂肪醇+4EO+5PO	低泡表面活性剂,良好的渗透力,用于餐洗剂等各类清洗剂
UD-080	羟基合成醇聚氧乙烯醚	泡沫性、生物降解性良好,用于各种硬表面清洗剂
CMEA	椰油脂肪酸单乙醇酰胺	非离子表面活性剂,良好的增稠、稳泡功能,香波、沐浴露、珠光浆、盥洗室用品
DEHYPON LS45	脂肪醇+4EO+5PO	低泡表面活性剂,良好的渗透力,用于餐洗剂等各类清洗剂

3. 两性表面活性剂

简称	全称	用途
DEHYTON K	椰油酰胺丙基甜菜碱	两性表面活性剂,各种洗涤产品的配制剂
BS-12	十二烷基甜菜碱/十二烷基丙基甜菜碱	两性表面活性剂,优良的去污、柔软、抗静电、增稠、稳泡性,手感温和,抗硬水性好
OA-12	十二烷基二甲基氧化胺	弱酸中呈阳离子特性,中性碱时呈非离子特性,优良的去污、柔软、抗静电、增稠、稳泡性,手感温和,抗硬水性好,可降低刺激,杀菌
CAB-35	椰油酰胺丙基二甲基甜菜碱	活性物含量35%,酰胺型的甜菜碱两性表面活性剂,与非酰胺甜菜碱(BS-12)相比,在配方中产生更高的黏度、更好的泡沫稳定性、更低的皮肤和眼睛刺激性
CHS-35	椰油酰胺丙基羟磺酸甜菜碱	洗发香波、泡沫浴和洗面奶中的发泡、增稠剂及织物的柔软抗静电剂

续表

简称	全称	用途
CAMA-30	椰油基咪唑啉(两性)	洗发香波、泡沫浴和洗面奶中的发泡、增稠剂及织物的柔软抗静电剂
MES	脂肪醇聚氧乙烯醚磺基琥珀酸二钠盐	温和的表面活性剂,用于香波、洗涤剂,低刺激,适用于婴儿产品
AEC-9	脂肪醇(9EO)醚羧酸盐	用于各种洗涤用品

4. 阳离子表面活性剂

简称	全称	用途
DIC	十二烷基咪唑啉阳离子	柔软,抗静电剂
2231	山嵛基三甲基氯化铵	可用于护发素、焗油中的乳化剂、抗静电剂
1831	十八烷基三甲基氯化铵	可用于护发素、焗油中的乳化剂、抗静电剂
1631	十六烷基三甲基氯化铵	可用于护发素、焗油中的乳化剂、抗静电剂
TE-90	二硬脂基羟乙基甲基硫酸甲酯铵	用于纺织助剂中,柔软织物
洁尔灭	十二烷基二甲基苄基氯化铵	用作消毒剂、防腐剂
新洁尔灭	十二烷基二甲基苄基溴化铵	俗称苯扎溴铵,用作消毒剂、防腐剂

附录2　常用饱和脂肪醇中英文对照表

通式：

总碳数	学名	常用名	
		英文	中文
8	1-octanol	capryl alcohol	辛醇
9	1-nonanol	pelargonic alcohol	壬醇
10	1-decanol	capric alcohol	癸醇
11	1-undecanol	undecyl alcohol	十一烷醇
12	1-dodecanol	lauryl alcohol	月桂醇,十二烷醇
13	1-tridecanol	tridecyl alcohol	十三烷醇
14	1-tetradecanol	myristyl alcohol	肉豆蔻醇,十四烷醇
15	1-pentadecanol	pentadecyl alcohol	十五烷醇

总碳数	学名	常用名	
		英文	中文
16	1-hexadecanol	cetyl alcohol	鲸蜡醇,十六烷醇
17	1-heptadecanol	heptadecyl alcohol	十七烷醇
18	1-octadecanol	stearyl alcohol	硬脂醇,十八烷醇
19	1-nonadecanol	nonadecyl alcohol	十九烷醇
20	1-eicosanol	arachidyl alcohol	花生醇,二十烷醇
21	1-heneicosanol	heneicosyl alcohol	二十一烷醇
22	1-docosanol	behenyl alcohol	山嵛醇,二十二烷醇
24	1-tetracosanol	lignoceryl alcohol	木焦醇,二十四烷醇
26	1-hexacosanol	ceryl alcohol	蜡醇,二十六烷醇
27	1-heptacosanol	heptacosyl alcohol	二十七烷醇
28	1-octacosanol	montanyl alcohol, cluytyl alcohol	蒙旦醇,二十八烷醇
29	1-nonacosanol	1-nonacosanol	二十九烷醇
30	1-triacontanol	myricyl alcohol, melissyl alcohol	蜂花醇,三十烷醇
32	1-dotriacontanol	1-dotriacontanol	三十二烷醇
34	1-tetratriacontanol	geddyl alcohol	三十四烷醇

注：饱和脂肪醇、脂肪酸的英文学名命名规则为：词根和碳数相同的对应烷烃一致，后缀由烷烃的-ane 变为醇的-anol 和酸的-anoic acid。如辛烷 octane，辛醇 octanol，辛酸 octanoic acid。

附录 3　常用饱和脂肪酸中英文对照表

通式：$CH_3(CH_2)_n COOH$

总碳数	英文常用名	中文常用名
2	acetic acid	醋酸,乙酸
3	propionic acid	初油酸,丙酸
4	butyric acid	酪酸,丁酸
5	valeric acid	缬草酸,戊酸
6	caproic acid	羊油酸,己酸
7	enanthic acid	葡萄花酸,庚酸

续表

总碳数	英文常用名	中文常用名
8	caprylic acid	羊脂酸,辛酸
9	pelargonic acid	天竺葵酸,壬酸
10	capric acid	羊蜡酸,癸酸
11	undecylic acid	十一酸
12	lauric acid	月桂酸
13	tridecylic acid	十三酸
14	myristic acid	肉豆蔻酸
15	pentadecanoic acid	十五酸
16	palmitic acid	棕榈酸
17	margaric acid	珠光脂酸
18	stearic acid	硬脂酸
19	nonadecylic acid	十九酸
20	arachidic acid	花生酸
21	heneicosylic acid	二十一酸
22	behenic acid	山嵛酸
23	tricosylic acid	二十三酸
24	lignoceric acid	木蜡酸,木焦油酸
25	pentacosylic acid	二十五酸
26	cerotic acid	蜡酸
27	heptacosylic acid	二十七酸
28	montanic acid	褐煤酸
29	nonacosylic acid	二十九酸
30	melissic acid	蜂花酸
31	hentriacontylic acid	三十一酸
32	lacceroic acid	虫漆蜡酸
33	psyllic acid	叶虱酸
34	geddic acid	三十四酸
35	ceroplastic acid	三十五酸
36	hexatriacontylic acid	三十六酸

附录 4 一些常用油性物质及其性能

序号	商品名	INCI名称(中文)	INCI名称(英文)	性能简介
1		乳木果油	butyrospermum parkii (shea butter)	润肤剂,从牛油果树的果实中提取而成,含有丰富的不饱和脂肪酸,能够加强皮肤的保湿能力,能滋润干性皮肤即角质层受损的肌肤,还可以调节产品的流动性,改善黏度,提高产品的感官品质和使用肤感
2	Water Clear Refined Jojoba Oil	霍霍巴籽油	simondsia chinensis (jojoba) seed oil	润肤剂,常温下为无色透明液体,天然来源,中度肤感,含有丰富的维生素,滋养软化肌肤
3	Evoil Olive Oil	油橄榄果油	olea europaea (olive) fruit oil	润肤剂,常温下为橙黄色透明液体,天然来源,中度肤感,对皮肤的渗透能力较羊毛脂,油醇差,但比矿物油好,还具有一定的防晒效果
4	Floraesters 60	霍霍巴酯类	jojoba esters	润肤剂,常温下为白色膏体状,天然来源,亲肤性好,较为滋润
5	NE-44 GRAPE SEED OIL	葡萄籽油	vitis vinifera (grape) seed oil	润肤剂,常温下为淡黄色透明液体,天然来源,含有丰富的维生素,滋养软化肌肤
6	CETIOL SB45	牛油果树果脂	butyrospermum parkii (shea butter) oil	润肤剂,常温下为奶白色脂状物,天然来源,肤感滋润,特别适用于防晒产品,可以增加产品的SPF值
7	MDF	白池花籽油	limnanthes alba (meadowfoam) seed oil	润肤剂,常温下为淡黄色液体,天然来源,中度肤感,含97%的长链脂肪酸,是一种非常稳定的油脂,不油腻
8	2039 N KAHL WAX	小烛树蜡	euphorbia cerifera (candelilla) wax	润肤剂,常温下为棕黄色蜡状固体,天然来源,可作为增稠剂,赋形剂,具较好的抗水性,常用于彩妆产品。一般用于W/O产品
9	PHARMALAN USP	羊毛脂	lanolin	润肤剂,常温下为黄色黏稠膏体,动物来源,滋润度好,具有良好的亲肤性好
10	PIONIER 3476	矿脂	petrolatum	润肤剂,常温下为白色软膏状,石油化工来源,封闭性好,适合做做官的保湿产品
11	WHITE BEESWAX SP-422P	白蜂蜡	cera alba	润肤剂,常温下为浅黄色颗粒状,动物来源,可作为增稠剂,温稳定性和蜡质感
12	Edenor C18-65 MY	硬脂酸	stearic acid	润肤剂,常温下为白色固体,可作乳化产品的增稠剂,清洁产品的皂基基料,泡沫较为细腻
13	LANETTE MY	鲸蜡硬脂醇	cetearyl alcohol	润肤剂,常温下为白色固体,可作增稠剂,助乳化剂,赋形剂
14	IPP	棕榈酸异丙酯	isopropyl palmitate	润肤剂,常温下为无色透明液体,合成油脂,肤感清爽不油腻
15	IPM	肉豆蔻酸异丙酯	isopropyl myristate	润肤剂,常温下为无色透明液体,合成油脂,肤感清爽不油腻

续表

序号	商品名	INCI 名称（中文）	INCI 名称（英文）	性能简介
16	DC 200	聚二甲基硅氧烷	dimethicone	润肤剂，常温下为无色透明液体，可作消泡剂，按照聚合度大小分为高黏度和低黏度，其中低黏度产品有挥发性，肤感清爽不黏腻，高黏度产品无需发性，但滋润性较好，并且防水性佳
17	EDENOR C14 99-100MY	肉豆蔻酸	myristic acid	润肤剂，常温下为白色固体，可作增稠剂，常作为面产品配方皂基料，泡沫粗大
18	LANETTE 16	鲸蜡醇	cetyl alcohol	润肤剂，常温下为白色固体，可作增稠剂，助乳化剂
19	EDENOR C12 98-100MY	月桂酸	lauric acid	润肤剂，常温下为白色固体，可作增稠剂，常作为洁面产品配方皂基料，泡沫粗大
20	PARLEAM LITE 合成角鲨烷	氢化聚异丁烯	hydrogenated polyisobutene	润肤剂，常温下为无色透明液体，合成油脂，清爽肤感，可降低配方的黏腻感
21	GTCC	辛酸/癸酸甘油三酯	caprylic/capric triglyceride	润肤剂，常温下为无色透明液体，合成油脂，中等润肤，铺展性良好
22	DC 345	环聚二甲基硅氧烷	cyclomethicone	润肤剂，常温下为无色透明液体，无味，不油腻且无刺激性。作为基本油相组分或作为活性物质的临时载体，可改善铺展性并易于涂抹。作为一种低黏度挥发性硅油，可降低配方的黏腻感，挥发后基本无残留，还可降低表面张力，有助于产品铺展，并促进固体颜料均匀分散
23	MT-1/GW Cosmacol EBI	C₁₂~₁₅ 醇苯甲酸酯	C₁₂~₁₅ alkyl benzoate	润肤剂，常温下为无色透明液体，合成油脂，防晒成分的分散，增溶剂，可增加防晒产品的 SPF 值
24	ESTOL 1543	棕榈酸乙基己酯	ethylhexyl palmitate	润肤剂，常温下为无色透明液体，合成油脂，有一定的封闭性，肤感清爽不油腻
25	PRISORINE 3631	季戊四醇四异硬脂酸酯	pentaerythrityl tetraisostearate	润肤剂，常温下为无色透明液体，合成油脂，非常润滑，光亮度高，与皮肤亲和性好，具较好的抗水性，适合于彩妆产品
26	S&P 地蜡	地蜡	ozokerite	润肤剂，常温下为白色固体，石油化工来源，可作增稠剂，赋形剂，一般用于 W/O 产品。常用于彩妆产品。
27	ARLAMOL HD	异十六烷	isohexadecane	润肤剂，常温下为无色透明液体，合成油脂，清爽肤感，可增加产品光泽度
28	DC 556	苯基聚三甲基硅氧烷	phenyl trimethicone	润肤剂，常温下为无色透明液体，合成油脂，易涂抹，透气性好，相容性好、柔软并护肌肤
29	CETIOL CC	碳酸二辛酯	dicaprylyl carbonate	润肤剂，常温下为无色透明液体，合成油脂，具有极干爽的铺展性，对结晶性的有机防晒剂、二氧化钛、氧化锌等有很好的溶解性，能显著提高 SPF 值，降低配方的黏腻感
30	EUTANOL G	辛基十二醇	octyldodecanol	润肤剂，常温下为无色透明液体产品，用于彩妆及清爽型护肤产品，中等肤感，中度肤感、肤感相当爽滑，适合用于润肤油及清爽型油脂，石油化工来源，经济型油脂
31	PARAFFIN OIL	矿油	mineral oil	润肤剂，常温下为无色透明液体，合成油脂，中度肤感，经济型油脂，封闭性好，可作二氧化钛分散剂

续表

序号	商品名	INCI 名称(中文)	INCI 名称(英文)	性能简介
32	PURESYN 4	氢化聚癸烯	hydrogenated polydecene	润肤剂,常温下为无色透明液体,合成原料,肤感滋润厚重,可代替矿物油产品,易吸收,特别适用于手霜、身体乳液及天然乳液方使用的产品
33	氢化蓖麻油	氢化蓖麻油	hydrogenated castor oil	润肤剂,常温下为白色固体,半合成原料,可作增稠剂,调节黏度
34	DC 2503	硬脂基聚二甲基硅氧烷	stearyl dimethicone	润肤剂,常温下为无色透明液体,人工改性硅蜡,肤感清爽,可降低配方的黏腻感
35	ABIL WAX 9801	鲸蜡基聚二甲基硅氧烷	organo-modified polysiloxane	润肤剂,常温下为黄色透明液体,人工改性有机硅氧烷,可为肌肤提供如丝般光滑感觉,有助于色粉和防晒剂分散,在防晒产品中可有效提高防晒指数
36	DERMOFEEL BGC	丁二醇二辛酸/二癸酸酯	butylene glycol dicaprylate/dicaprate	润肤剂,常温下为无色透明液体,人工合成,亲肤性好,中等极性,不油腻
37	CETIOL SN-1	鲸蜡醇乙基己酸酯	cetyl ethylhexanoate	润肤剂,常温下为无色透明液体,人工合成,具有非常好的铺展性和低封闭性,不油腻
38	Dragoxat 89	异壬酸异辛酯	ethylhexyl isononanoate	润肤剂,赋予产品独特别的柔软、细滑,不黏腻的肤感,减少油腻感和黏腻感,具有良好的抗水性能
39	Isoadipate	己二酸二异丙酯	diisopropyl adipate	润肤剂,具有优良的成膜性能,可提供愉悦的柔软和不黏腻感,是醇水体系配方的完美润肤剂,降低乙醇体系配方的干燥感
40	COSMACOL OE	二辛基醚	dicaprylyl ether	润肤剂,轻柔干爽,易铺展,适合制备极端 pH 值(高或低)的产品,能生产无黏腻感或要求降低产品黏腻感的产品
41	NACOL 22-98	山嵛醇	behenyl alcohol	润肤剂,油脂,赋形剂,做出的膏霜黏度稳定,肤感特别
42	DOMUSCARE AL	C12~15醇乳酸酯	C12~15 Alkyl Lactate	一种抗刺激的润肤剂,具有:低添加量强抗刺激性;明显的赋脂效果和保湿滋润效果;提高含有珠光剂产品的稳定性。可用于透明产品,清洁配方和皂基产品
43	DOMUSCARE MDIS	二异硬脂醇苹果酸酯	diisostearyl malate	润肤剂,中等黏度的润脂油;具有分散色粉/粉末的光泽和亮度,适用于干唇膏;彩妆产品
44	DOMUSCARE PTIS	季戊四醇四硬脂酸酯	pentaerythrityl tetraisostearate	润肤剂,淡黄色透明液体,油溶色润肤剂;高折射率,高光泽,高光泽有效肤感;留下丰富的长效肤感,适用于唇膏的润滑感;较好的封闭性,可形成亲和性的膜
45	SOFTISAN GC8	甘油辛酸酯	glyceryl caprylate	润湿效果,植物,植物来源,熔点为30℃左右,具有良好的铺展性;为皮肤带来良好的滋润和保湿效果,同时具有抗菌能力。实验表明:使用0.5%~1.0%的甘油辛酸酯就能有效改善产品的抗痘性。适用于祛痘,润肤,洗发,护发等产品
46	SOFTISAN PG2 C10	聚甘油-2癸酸酯	polyglyceryl-2 caprate	润肤剂,无色黏性液体,具有良好的铺展性,柔软的触感;具有脱臭,抗菌活性,呵护肌肤及赋脂的功能
47	MIGLYOL PPG 810	丙二醇二辛酸酯/二癸酸酯	propylene glycol dicaprylate/dicaprate	润肤剂,具有良好的铺展性,很好地分散油脂,在皮肤上不会留下油脂光泽,低黏度,低浊点,抗氧化稳定性高,适用于膏霜,乳液等

续表

序号	商品名	INCI名称(中文)	INCI名称(英文)	性能简介
48	MIGLYOL OE	油醛芥酸酯	oleyl erucate	润肤剂、霍霍巴油代用品、滋润不油腻、保湿能力优良，可防止皮肤干燥、赋予膏霜光泽
49	Refined Cupuacu Butter 精炼可可脂	大花可可树籽脂	theobroma grandiflorum seed butter	润肤剂、源自亚马孙流域的天然高纯度精炼油脂，对干性或受损皮肤具有特别强的保湿效果，熔点约27℃
50	Rice Germ Oil 大米胚芽油	稻(oryza sativa)胚芽油	oryza sativa (rice) germ oil	润肤剂、γ-谷维素含量较高，具有优异的消炎抗过敏作用，具有氧化和滋润效果
51	Sweet Almond Oil 甜杏仁油	甜扁桃油	prunus amygdalus dulcis (sweet almond)oil	润肤剂、极为温和，具有良好的亲肤性、连最娇嫩的婴儿都可以使用。中性、舒缓、清爽不腻，质地相当柔嫩、润滑，是最不油腻的基础油，与任何植物油皆可互相调和，还具有隔离紫外线的作用，因此也是最广泛使用的基础油
52	沙棘果油		hippophae rhamnoides fruit oil	润肤剂、富含100多种生物活性成分，可促进面部微血管的循环，其抗氧化功能可有效祛除面部色斑及皱纹，起到滋润、美白、祛斑、除皱等多方面功效
53	PCL Liquid 100 液体水鸟油100	鲸蜡硬脂醇乙基己酸酯	cetearyl ethylhexanoate	润肤剂、提供杰出的皮肤柔润度、高纯度油脂，显著的增水性能
54	PCL Solid 固体水鸟油	硬脂醇庚酸酯、硬脂醇辛酸酯	stearyl heptanoate、stearyl caprylate	润肤剂、有助于乳化体系达到适宜的稠度，可增强稳定性；具有良好的抗水性和赋脂性膜性(睫毛膏、眼线笔)等；在美妆产品中能改善成膜性
55	Isodragol 三异壬酸甘油酯		triisononanoin	润肤剂、是一种具有卓越展布性和铺展感的油脂；颜料分散剂；兼具润湿和油脂的性能

附录 5　常用乳化剂及其性能

序号	商品名	INCI名称(中文)	INCI名称(英文)	性能简介
1	Brij72/Brij721	硬脂醇聚醚-2/硬脂醇聚醚-21	steareth-2/steareth-21	Brij 72为W/O型乳化剂，Brij 721为O/W型乳化剂，两者配合使用可获得很好的乳化效果、膏体细腻光亮。在较大pH值范围固定
2	GLUCATE SS/GLUCATE SSE-20	甲基葡萄糖倍半硬脂酸酯/PEG-20甲基葡萄糖倍半硬脂酸酯	methyl clucose sesquistearate/PEG-20 methyl glucose sesquistearate	两者配合使用，为O/W型润滑剂，可制得细腻稳定的膏体。属于温和无刺激的乳化剂
3	A6/A25	鲸蜡硬脂醇聚醚-6(和)硬脂醇/鲸蜡硬脂醇聚醚-25	ceteareth-6(and)stearyl allcohol/ceteareth-25	A6为W/O型乳化剂，A25为O/W型乳化剂，两者常配合使用；具有强耐电解质和强耐酸碱能力

续表

序号	商品名	INCI 名称（中文）	INCI 名称（英文）	性能简介
4	Dracorin CE	甘油硬脂酸酯柠檬酸酯	glyceryl stearate citrate	植物来源的乳化剂,不含PEG,可提供清爽柔软的肤感,制备的微酸性乳液具有良好的皮肤兼容性,特别适用于敏感肌肤
5	EC-Fix SE	蔗糖硬脂酸酯（和）鲸蜡硬脂基葡糖糖苷（和）鲸蜡醇	sucrose stearate (and) cetearyl glucoside (and) cetyl alcohol	天然植物来源的复合乳化剂,性质温和,乳化后具有网络效应,提高体系的耐离子性和耐酸碱性,使得产品可以长期保持稳定
6	Dracorin GOC	甘油油酸酯柠檬酸酯	glyceryl oleate citrate	阴离子乳化剂,HLB值约为13,不含PEG,可快速吸收,轻质滋润,既可作主乳化剂,也可用作不含PEG的辅助乳化剂,对极性油与非极性油,低油分含量(10%~40%)都能稳定;适用于较宽pH值(4~9)
7	Novel A	鲸蜡醇（和）月桂基多葡糖苷	cetyl alcohol(and)dodecyl polyglucoside	一种新型的植物糖苷类O/W型乳化剂,可以乳化植物油、矿物油、硅油等油脂,具有极佳的铺展性能和良好的耐寒耐热稳定性。该乳化剂较温和,无任何刺激性
8	Span-20/Span-40/Span-60/Span-80 Tween-20/Tween-40/Tween-60/Tween-80	山梨坦月桂酸酯/山梨坦棕榈酸酯/山梨坦硬脂酸酯/山梨坦油酸酯 聚山梨醇酯-20/聚山梨醇酯-40/聚山梨醇酯-60/聚山梨醇酯80	sorbitan laurate/sorbitan palmitete/sorbitan stearate/sorbitan oleate polysorbate 20/polysorbate 40/polysorbate 60/polysorbate 80	Span-20、Span-40、Span-60、Span-80三者属于W/O型乳化剂,Tween-20、Tween-40、Tween-60、Tween-80属于O/W型乳化剂。两者一般配合使用,是传统的乳化剂
9	MONTANOV 68/MONTANOV 82/MONTANOV L/MONTANOV 202	鲸蜡硬脂醇（和）鲸蜡硬脂醇基椰子基糖苷（和）椰子基糖苷（和）山嵛醇（和）花生醇/花生醇（和）山嵛醇（和）花生醇葡糖苷	cetearyl alcohol (and) cetearyl glucoside/cetearyl alcohol (and) coco-glucoside/$C_{14\sim22}$ alcohols (and) $C_{12\sim20}$ alkyl glucoside/arachidyl alcohol(and)behenyl alcohol(and)arachidyl glucoside	O/W型乳化剂,天然来源,乳化能力强,手感舒适,性质温和
10	NIKKOL Lecinol S-10	氢化卵磷脂	hydrogenated lecithin	O/W型乳化剂,是安全的生物表面活性剂,具有两亲结构,非常适合做液晶产品,做出来的产品肤感柔滑滋润
11	EMULGADE® SUCRO	蔗糖多硬脂酸酯（和）氢化聚异丁烯	sucrose polystearate(and)hydrogenated polyisobutene	O/W型乳化剂,对肌肤非常温和,可改善肌肤的保湿性能,带来娇嫩的肤感和用后感

续表

序号	商品名	INCI名称（中文）	INCI名称（英文）	性能简介
12	OLIVEM 1000	鲸蜡硬脂基橄榄油酯（和）山梨醇橄榄油酯	cetearyl olivate(and)sorbitan olivate	O/W型乳化剂，由天然植物性橄榄油衍生的新一代温和亲肤乳化剂，不含EO，可形成自乳化体系；可形成液晶结构，得到清爽、丝般手感，且具有长效保湿性；极佳的皮肤亲和性，容易吸收，因为橄榄油是所有天然油脂中与皮肤亲和性最高的油脂
13	ABIL®Care XL 80	双-PEG/PPG-20/5 PEG/PPG-20/5 聚二甲基硅氧烷（和）甲氧基 PEG/PPG-25/4 聚二甲基硅氧烷（和）辛酸/癸酸甘油三酯	BIS-PEG/PPG-20/5 PEG/PPG-20/5 dimethicone(and) methoxy PEG/PPG-25/4 dimethicone(and)caprylic/capric triglyceride	硅酮类水包油乳化剂，具有卓越的稳定性，配方灵活性和良好的肤感。适用于：冷配乳液、热配乳液、热配状凝胶、冷配霜膏
14	WINSIER	环五聚二甲基硅氧烷（和）二硬脂基二甲铵甲壳脱石（和）PEG-10 聚二甲基硅氧烷	cyclopentasiloxane(and)PEG-10dimethicone (and)disteardimonium hectorite	硅油或者油包水型的乳化剂，制得的产品手感柔滑细腻，保湿和防水性能优越，产品稳定性极高
15	ABIL EM 97	双-PEG/PPG-14/14 聚二甲基硅氧烷（和）聚二甲基硅氧烷	BIS-PEG/PPG-14/14 dimethicone(and) dimethicone	硅油水包体系用乳化剂，也可用于油包水和水包油中的辅助乳化剂，赋予天鹅绒般丝滑肤感
16	ABIL EM 90	鲸蜡基 PEG/PPG-10/1 聚二甲基硅氧烷	cetyl PEG/PPG-10/1 dimethicone	液态非离子型W/O聚硅氧烷乳化剂，由于它的聚合和多功能基团使其具有高度的乳化稳定性，特别适于生产润肤乳液。具有极佳的耐热和耐寒冷稳定性，能乳化具有高含量植物油和活性成分的配方，也能乳化具有高含量有机和/或物理防晒剂的配方
17	Emulsiphos® 677660	鲸蜡硬脂醇磷酸酯钾（和）氢化棕榈油甘油酯类	potassium cetyl phosphate(and)hydrogen-ated palm glycerides	优良的乳化能力，对皮肤温和无刺激，理想的O/W乳化剂，涂抹容易、肤感柔软，广泛应用于各种膏霜和乳液，外观亮丽平整
18	K12	月桂醇硫酸酯钠	sodium lauryl sulfate	O/W型乳化剂，属于传统型的乳化剂，有很强的乳化能力，但有较大的刺激性，适合于制造比较低档的膏霜和乳液（如洗面奶等）
19	硬脂酸钾/硬脂酸钠	硬脂酸钾/硬脂酸钠	potassium stearate/sodium stearate	O/W型乳化剂，属于传统型的乳化剂，有很强的乳化能力，多用于制造雪花膏型的膏霜
20	蜂蜡（和）硼砂	蜂蜡（和）硼砂	beeswax(and)sodium borate	蜂蜡中的脂防酸与硼砂反应生成脂肪酸皂，作乳化剂，多用于制造冷霜型的膏霜
21	SEPIGEL 305	聚丙烯酰胺（和）C₁₃~C₁₄ 异链烷烃（和）月桂醇聚醚-7	polyacrylamide(and)C13~14 isoparaffin (and)laureth-7	可作为O/W型乳化剂，主要用作膏霜增稠剂，悬浮剂，可低温乳化

续表

序号	商品名	INCI 名称(中文)	INCI 名称(英文)	性能简介
22	DOMUSCARE PG8-DI	PEG-8 二硬脂酸酯	PEG-8 distearate	白色蜡状固体,可作为 O/W 乳化剂,肤感调节剂,调理剂,遮光剂,肤感调节剂;熔点 35℃左右,遇肤即熔。与传统乳化剂相比,具有更清爽、不黏腻的特点
23	DOMUSCARE PG-2 T3IS	聚甘油-2 三异硬脂酸酯	polyglyceryl-2 triisostearate	淡黄色透明液体,不含 PEG,可以作为 W/O 乳化剂,润肤剂,保湿剂使用。清爽无油腻感;黏附性强、折射率高,是良好的油相增溶剂,适用于彩妆产品
24	Hostaphat CS 120	硬脂醇磷酸酯	stearyl phosphate	白色粉末;高效的阴离子乳化剂,不含 EO 和氯;特别适用于防晒产品
25	Hostacerin DGI	聚甘油-2 倍半异硬脂酸酯	polyglyceryl-2 sesquiisostearate	澄清液体水;HLB 值约为 5;W/O 乳化剂;不含 EO;可以冷配;适用于 W/O 乳液和膏霜产品中;经 ECOCERT 认可
26	Hostacerin DGMS	聚甘油-2 硬脂酸酯	polyglyceryl-2 stearate	白色颗粒;HLB 值约为 5,不含 EO,复配使用可以提高体系黏度,基质更加细腻润泽,肤感更加滋润;适用于膏霜产品中;经 ECOCERT 认可
27	Hostacerin DGSB	PEG-4 聚甘油-2 硬脂酸酯	PEG-4 polyglyceryl-2 stearate	白色蜡状;HLB 值约为 7;复配使用可以提高体系黏度、基质更加细腻润泽,肤感更加滋润;适用于膏霜产品
28	Hostaphat KL 340D	三(月桂醇聚醚-4)磷酸酯	trilaureth-4 phosphate	澄清液体水;HLB 值约为 12;O/W 乳化剂;比传统阴离子乳化剂更温和;特别适用于乳液,防晒产品
29	Hostaphat KW 340D	三(鲸蜡硬脂醇聚醚-4)磷酸酯	triceteareth-4 phosphate	白色蜡状;HLB 值约为 10;O/W 乳化剂;比传统阴离子乳化剂更温和;特别适用于膏霜,防晒产品
30	Plantasens Natural Emulsifier HE 20	鲸蜡硬脂基葡萄苷、山梨坦橄榄油酸酯	cetearyl glucoside、sorbitan olivate	米色片状;HLB 值约为 9.5;O/W 乳化剂;天然植物来源;对皮肤有保湿作用,可以形成液晶结构;适用于 W/O 乳液和膏霜产品;经 ECOCERT 认可
31	OLI-9018 十八酰胺丙基二甲胺	硬脂酰胺丙基二甲胺、硬脂酸	stearamidopropyl dimethylamine、stearic acid	阳离子调理剂和乳化剂,在酸性条件下可改善头发干梳及湿梳性,赋予头发柔顺及蓬松感,酸性条件下作膏霜助乳化剂,赋予肌肤柔滑、丝绸感
32	OLI-9022 乳化剂	硬脂醇聚醚-25、硬脂醇聚醚-3、水	steareth-25、steareth-3、water	非离子型乳化剂复配物,是生产细腻亮泽 O/W 型膏霜类的优良乳化剂
33	IMWITOR 600	聚甘油-3 聚蓖麻酸酯	polyglyceryl-3 polyricinoleate	W/O 乳化剂;黄棕色黏稠液体;特别适用于柔软、低黏乳液;可提供持久而温润的肤感
34	IMWITOR 960K	甘油硬脂酸酯 SE	glyceryl stearate SE	自乳化剂;优良的 O/W 乳化剂,用于热配,有滋润肤感的膏霜和 butters 配方
35	IMWITOR GMIS	甘油异硬脂酸酯	glyceryl isostearate	W/O 助乳化剂;适用于冷配和热配,可作为乳液的稳定剂。在喷雾型配方中 IMWITOR375/liteMULS 复配 IMWITOR GMIS 可以有效提高其稳定性
36	IMWITOR PG3 C10	聚甘油-3 癸酸酯	polyglyceryl-3 caprate	助乳化剂,HLB 值为 10～13;赋脂,给予肌肤柔滑愉快的皮肤感觉,在表面活性体系中具有一定的增稠,稳泡作用

参 考 文 献

[1] 龚盛昭，揭育科. 化妆品配方与工艺技术. 北京：化学工业出版社，2019.

[2] 王世荣. 表面活性剂化学 [M]. 北京：化学工业出版社，2010.

[3] 董银卯，邱显荣，刘永国. 化妆品配方设计六步 [M]. 北京：化学工业出版社，2010.

[4] 王培义. 表面活性剂：合成·性能·应用 [M]. 北京：化学工业出版社，2012.

[5] 王军. 功能性表面活性剂制备与应用 [M]. 北京：化学工业出版社，2009.

[6] 周波. 表面活性剂 [M]. 北京：化学工业出版社，2010.

[7] 金谷. 表面活性剂化学 [M]. 合肥：中国科学技术大学出版社，2008.

[8] 焦学瞬. 表面活性剂分析 [M]. 北京：化学工业出版社，2009.

[9] 王军. 表面活性剂新应用 [M]. 北京：化学工业出版社，2009.

[10] 李奠础. 表面活性剂性能及应用 [M]. 北京：科学出版社，2008.

[11] 刘程. 表面活性剂性质理论与应用 [M]. 北京：北京工业大学出版社，2003.

[12] 赵世民. 表面活性剂：原理合成测定及应用 [M]. 北京：中国石化出版社，2005.

[13] 周波. 教育部高职高专规划教材：表面活性剂 [M]. 北京：化学工业出版社，2012.

[14] 赵国玺. 表面活性剂作用原理 [M]. 北京：中国轻工业出版社，2003.

[15] 钟振声. 表面活性剂在化妆品中的应用 [M]. 北京：化学工业出版社，2003.

[16] 王培义，徐宝财，王军. 表面活性剂：合成·性能·应用 [M]. 北京：化学工业出版社，2007.

[17] 董银卯. 本草药妆品 [M]. 北京：化学工业出版社，2010.

[18] 裘炳毅. 化妆品化学与工艺技术大全 [M]. 北京：中国轻工业出版社，2006.

[19] 龚盛昭. 化妆品与洗涤用品生产技术 [M]. 广州：华南理工大学出版社，2002.

[20] 李东光，翟怀凤. 实用化妆品配方手册. 北京：化学工业出版社，2009.

[21] 董银卯. 现代化妆品生物技术 [M]. 北京：化学工业出版社，2011.

[22] 赖小娟. 表面活性剂在个人清洁护理用品中的应用 [J], 中国洗涤用品工业，2007 (05).

[23] 陈文求，孙争关. 生物表面活性剂的生产与应用 [J], 胶体与聚合物，2007 (03).

[24] 田震，李庆华，解丽丽. 洗涤剂助剂的应用及研究进展 [J], 材料导报，2008 (01).

[25] 郭俊华，段秀珍. 微乳化香精在液体洗涤剂中的应用 [J], 中国洗涤用品工业，2011 (02).

[26] 张俊敏，骆建辉. 化妆品中 W/O 型乳化体性能的研究 [J], 广东化工，2009 (04).

[27] 袁仕扬，何小平，叶志虹. 常用皮肤保湿剂性能研究 [J], 广东化工，2009 (11).

[28] 贾艳梅. 乳状液化妆品 [J], 中国化妆品（行业），2009 (04).

[29] 赵冬云. 防腐剂对化妆品微生物学检验影响的观察 [J], 安徽预防医学杂志，2007 (04).

[30] 崔红梅. 美白化妆品配方设计研究 [J], 中国化妆品，2003 (05).

[31] 姜海燕，杨成. 香波中硅油在头发上的沉积作用 [J], 江南大学学报（自然科学版），2009 (03).

[32] 李世忠，刘慧珍. 香波配方技术与头发护理 [J], 日用化学品科学，2008 (10).

[33] 杨建中，James R. Schwartz. 有效去屑香波技术的设计原理 [J], 中国化妆品（行业），2008 (07).

[34] 岳霄. 日本沐浴产品研究的新进展 [J], 中国洗涤用品工业，2009 (04).

[35] 袁立新，蒋陈兰. 洗发、护发产品功能添加剂 [J], 日用化学品科学，2006 (02).

[36] 步平，徐良. 唇膏及其制备技术 [J], 中国化妆品（行业版），2001 (04).